高等学校计算机基础教育教材

C#程序设计教程

陈佳雯 编著

清华大学出版社
北京

内 容 简 介

本书基于上海市精品课程"面向对象程序设计（C♯）"编写，旨在培养学生的计算思维能力，通过面向对象的 C♯ 程序设计，让学生体悟到编程的乐趣与魅力，掌握基础知识，开阔视野，培养能力，为今后的编程学习打好基础。

在教材体系设计上采用由浅入深、循序渐进的方式，力图将 C♯ 语言基础、C♯ 可视化程序设计、面向对象程序开发、Windows 窗体应用程序开发、图形图像编程、数据库访问技术等内容有机结合。突出面向应用型高校学生的目标，以应用为主，用大量的案例帮助学习者理解和掌握知识，用精心设计的上机实验引导学习者进行编程实践，提高程序的设计和编码能力。

本书可作为高等院校计算机类专业的编程入门教材，以及其他各专业的程序设计公共通识课程教材，也可供相关技术人员学习参考。

本书封面贴有清华大学出版社防伪标签，无标签者不得销售。
版权所有，侵权必究。举报：010-62782989，beiqinquan@tup.tsinghua.edu.cn。

图书在版编目（CIP）数据

C♯ 程序设计教程/陈佳雯编著. —北京：清华大学出版社，2022.3（2024.7重印）
高等学校计算机基础教育教材
ISBN 978-7-302-60170-8

Ⅰ.①C… Ⅱ.①陈… Ⅲ.①C 语言－程序设计－高等学校－教材 Ⅳ.①TP312.8

中国版本图书馆 CIP 数据核字（2022）第 030450 号

责任编辑：袁勤勇
封面设计：常雪影
责任校对：韩天竹
责任印制：沈　露

出版发行：清华大学出版社
网　　址：https://www.tup.com.cn，https://www.wqxuetang.com
地　　址：北京清华大学学研大厦 A 座　　邮　　编：100084
社 总 机：010-83470000　　邮　　购：010-62786544
投稿与读者服务：010-62776969，c-service@tup.tsinghua.edu.cn
质量反馈：010-62772015，zhiliang@tup.tsinghua.edu.cn
课件下载：https://www.tup.com.cn，010-83470236

印 装 者：三河市科茂嘉荣印务有限公司
经　　销：全国新华书店
开　　本：185mm×260mm　　印　　张：27　　字　　数：627 千字
版　　次：2022 年 5 月第 1 版　　印　　次：2024 年 7 月第 3 次印刷
定　　价：69.00 元

产品编号：094450-01

前 言

C♯源于强大的 Microsoft 公司,作为一种强大且灵活的程序语言,占据着相当大的市场份额,受欢迎度高、影响力大,属于编程语言中的第一梯队。另外,C♯语言的易学易用性非常突出。因此,为保持大学计算机程序设计教学的稳定性和多样化,基于面向对象的 C♯程序设计语言开设程序设计课程,不失为一种明智的选择。

2012 年,C♯语言被列入上海市高等学校计算机等级考试(2020 年起更名为上海市高等学校信息技术水平考试)二级的编程语言之一,这在全国范围内实属首次。近十年过去了,如今各类编程语言百花齐放,C♯作为目前主流的程序设计语言,在微软.NET 架构的支持下,仍然占据着相当大的市场份额。从历年上海市高等学校计算机等级考试(二级)每年参考的数据看,参加 C♯语言的考生仍然占有相当数量。这说明,C♯语言目前仍然是大学生主要修学的程序设计语言之一。

从 2021 年起,上海市高等学校信息技术水平考试对若干程序设计语言考试进行了改革,首次将 C♯语言纳入二/三级联考科目。学生只要参加一次考试,就可以根据自身能力去获得相应等级的证书,这对广大考生来说是一件非常有利的事情。因此,把面向对象的 C♯程序设计课程做强做好,无论从实用的角度还是从考级考证的角度来说都是非常有益的。而教材的编写则是做好一门课程的重中之重。

本书在内容上由教学篇和实验篇两部分构成。

教学篇采用传统印刷的方式,共 6 章:C♯编程概述、C♯语言基础、面向对象程序设计、Windows 窗体应用程序开发、图形图像编程、数据库访问技术。每章除教学内容外,还有综合应用、能力提高和上机实验 3 个环节。其中,综合应用环节将该章所涉及知识点串联起来,设计出 1~2 个中型的案例程序,学生通过该环节学习后,能较好地掌握该章学习要点;能力提高环节紧扣该章知识内容,在学生掌握了该章主要知识内容后进行拓展,设计更为有趣、实用的案例程序;每章后附有若干上机实验,针对该章教学内容供读者检验和巩固所学知识。

实验篇采用电子资源的形式提供给读者,在章节内容安排上始终与教学篇保持一致,每章由"知识要点"和"实验题解"两部分构成;其中,"知识要点"部分归纳并总结了在教学篇的每章中必须掌握的内容,而"实验题解"部分则与教学篇中每章后的上机实验保持同步。从而帮助学生在每个知识要点学完后都有相应的上机实验可以进行自测,检验学习成果。另外提供了已调通的上机程序,包含书上所有教学实例和上机习题。

关于本书的教学学时,建议为理论教学 48 学时及实验教学 48 学时。如有条件,还可包含一个综合实践(课程设计)环节,引导学生完成一个中小型的、能与数据库交互的应用系统。教学中应以实验为驱动,引出语言基础、语法规则、语句结构,并强调编程思路及能力的培养。为实现课堂讲解与实验结合的教学方法,培养学生的独立思考及编程能力,本书实验篇采用一一对应的形式对教学篇中的上机实验进行解答。其中,有50%的习题在"编程提示"中给出了设计思路,要求读者独立完成程序的设计与编写工作;另有50%的习题则给出了"实验步骤",提供程序源代码并做了详尽的分析。

本书作者早年主编的《C#程序设计简明教程》曾获上海市优秀教材荣誉奖。在此基础上,本书吸收了作者十多年从事C#程序设计教学的经验,在内容上做了大量更新。同时,加强了上机实验的数量,所设计的上课实例和上机习题更富有新颖性、趣味性和实用性,着重培养在校大学生的计算思维能力、程序设计能力、动手能力及解决问题能力。秉承着党的二十大精神,本书鼓励学生在编程实践中践行社会主义核心价值观,引导学生在掌握C#编程技能的同时,培养积极向上、创新担当的精神,为建设社会主义现代化国家贡献青春力量。本书作为上海市精品课程主讲教材,沿用了前书的案例教学法,以实验案例为驱动,逐步引出教学内容及知识要点。语言描述简洁精练、图文并茂,并配有综合应用、能力提高及上机习题等相关学习环节,帮助学生提高实际的程序设计综合能力。

为C#语言的初学者考虑,在所有上课实例和上机实验的分析、解题过程中,本书尽量采用多种方法,兼顾界面丰富、知识广泛等特点,从而启发学生开拓思维,提高分析问题、解决问题的能力。同时,本教材深刻融合党的二十大报告的指引,精心结合C#语言特点,将思政元素其巧妙地融入各个章节之中,让学生在专业知识的学习过程中体验到思想政治教育的知识性、时代性和创新性,培养学生的科技强国意识、守正创新精神、大国工匠情怀等重要素养,培养具有扎实专业素养和高尚道德情操的创新型人才。此外,本教材配有教学课件、上课实例、实验素材和习题源码等数字资源,使用本书的学校可与本书作者联系获取相关教学资源,或者登录清华大学出版社官网(www.tup.tsinghua.edu.cn)下载。

本书的体例定制及编写工作由同济大学陆慰民教授亲自指导。陆慰民教授是国家级精品课程"大学计算机基础"及"Visual Studio 程序设计"建设者,他师德高尚,对青年教师关怀备至,时刻关心青年教师的职业发展。本书正是在陆慰民教授这样老一辈专家的带领下,才取得了今天的成绩。同时,邀请上海大学的陆铭教授作本书的主审,陆铭教授是上海市高等学校信息技术水平考试C#组的负责人。正是有了陆铭教授的参与,本书在质量上得到了有力的保证。在此,对两位教授的指导与帮助表示衷心感谢!

清华大学出版社的编辑对本书的出版也给予了很大的支持和帮助,在此一并感谢!

由于作者水平有限,疏漏在所难免,望有关专家和广大读者给予批评指正。

作　者

2021年9月

目 录

第1章 C♯编程概述 1

1.1 第一个 C♯应用程序 1
    1.1.1 引例——Hello World! 1
    1.1.2 代码分析 4
1.2 开发环境介绍 6
    1.2.1 启动 Visual Studio 开发环境 6
    1.2.2 Windows 窗体应用程序 7
    1.2.3 控制台应用程序 11
1.3 窗体和基本控件 13
    1.3.1 控件的基本属性 13
    1.3.2 窗体 16
    1.3.3 标签 19
    1.3.4 图像框 21
    1.3.5 文本框 23
    1.3.6 命令按钮 28
1.4 标识符和关键字 30
    1.4.1 命名约定 30
    1.4.2 关键字 30
    1.4.3 语句 31
1.5 控制台应用程序的开发 31
    1.5.1 一个简单的控制台应用程序 32
    1.5.2 从程序中输出文本 33
    1.5.3 格式字符串 34
    1.5.4 多重标记和值 34
    1.5.5 在程序中输入文本 35
    1.5.6 注释 36
1.6 综合应用 38
1.7 能力提高　数据校验 40

1.7.1 数据完整性校验	41
1.7.2 数据有效性校验	43
1.7.3 正则表达式	46
上机实验	49
实验篇：C#编程入门实验	54

第 2 章　C#语言基础 ····· 55

2.1 数据类型和变量	55
2.1.1 引例	55
2.1.2 值类型	56
2.1.3 引用类型	60
2.1.4 变量和常量	61
2.1.5 类型转换	63
2.2 运算符	65
2.2.1 基本运算符	65
2.2.2 条件运算符	68
2.2.3 is 运算符	68
2.2.4 sizeof 运算符	69
2.2.5 typeof 运算符	69
2.2.6 checked 和 unchecked 运算符	69
2.2.7 new 运算符	70
2.2.8 运算符优先级	70
2.3 分支结构	71
2.3.1 if 语句	71
2.3.2 if 语句的嵌套	75
2.3.3 switch 语句	76
2.4 循环结构	78
2.4.1 for 语句	79
2.4.2 while 语句和 do…while 语句	81
2.4.3 两类循环结构的比较	84
2.4.4 循环语句的嵌套	86
2.4.5 跳转语句	88
2.5 函数	89
2.5.1 自定义函数	90
2.5.2 数学函数	94
2.5.3 字符串函数	97
2.5.4 日期和时间函数	103
2.6 数组	106

		2.6.1　一维数组 107

		2.6.2　二维数组 117

		2.6.3　多维数组和交错数组 119

	2.7　综合应用 120

	2.8　能力提高——异常处理 123

		2.8.1　什么是异常 123

		2.8.2　try...catch 语句 124

		2.8.3　异常处理类 126

		2.8.4　try...catch...finally 语句 128

		2.8.5　抛出异常 129

	上机实验 129

	实验篇：C♯语言基础实验 139

第3章　面向对象程序设计 140

	3.1　面向对象程序设计基础 140

		3.1.1　什么是面向对象程序设计 140

		3.1.2　类和对象的概念 140

	3.2　封装和隐藏 141

		3.2.1　定义类 142

		3.2.2　定义类成员 142

		3.2.3　对象及其成员的访问 148

		3.2.4　构造函数和析构函数 150

	3.3　继承和派生 152

		3.3.1　基类和派生类 153

		3.3.2　定义派生类 153

	3.4　重载和重写 156

		3.4.1　重载 156

		3.4.2　重写 160

	3.5　综合应用 161

	3.6　能力提高——静态类和静态成员 167

		3.6.1　静态类 167

		3.6.2　静态成员 167

	上机实验 170

	实验篇：面向对象程序设计实验 172

第4章　Windows 窗体应用程序开发 173

	4.1　常用控件 173

		4.1.1　单选按钮、复选框和框架 173

		4.1.2	列表框和组合框	179
		4.1.3	日历和时钟	185
		4.1.4	滚动条和进度条	193
	4.2	菜单和工具栏		197
		4.2.1	引例——记事本程序	197
		4.2.2	菜单设计	198
		4.2.3	工具栏设计	203
	4.3	通用对话框		206
		4.3.1	建立通用对话框	206
		4.3.2	"打开文件"对话框	206
		4.3.3	"保存文件"对话框	208
		4.3.4	"字体"对话框	209
		4.3.5	"颜色"对话框	209
	4.4	多重窗体应用程序开发		213
		4.4.1	添加窗体	214
		4.4.2	窗体的实例化和显示	215
		4.4.3	窗体的隐藏和关闭	215
		4.4.4	多重窗体间的数据访问	216
	4.5	综合应用		220
	4.6	能力提高——文件流操作		226
		4.6.1	流的概念	227
		4.6.2	FileStream 类	227
		4.6.3	StreamReader 和 StreamWriter 类	234
		4.6.4	BinaryReader 和 BinaryWriter 类	237
	上机实验			238
	实验篇：Windows 窗体应用程序开发实验			245

第 5 章 图形图像编程 246

	5.1	GDI+绘图基础		246
		5.1.1	GDI+概述	246
		5.1.2	坐标系	249
		5.1.3	Graphics 类	251
		5.1.4	GDI+中常用的数据类型	255
	5.2	图形绘制		256
		5.2.1	绘制线条与形状	256
		5.2.2	图形填充	266
		5.2.3	文本输出	270
	5.3	图像处理		274

		5.3.1 图像的加载和显示 ································ 274
		5.3.2 图像的缩放和裁切 ································ 276
		5.3.3 图像的旋转、反射和扭曲 ························ 279
		5.3.4 图像的打开和保存 ································ 285
	5.4	非规则窗体和控件 ··· 288
	5.5	综合应用 ·· 291
	5.6	能力提高——图形处理技巧 ································ 297
		5.6.1 数据图表的输出 ······································ 297
		5.6.2 随机图形的生成 ······································ 301
	上机实验 ·· 307
	实验篇：图形图像编程实验 ·· 316

第 6 章 数据库访问技术 ··· 317

	6.1	数据库概述 ·· 317
		6.1.1 关系数据库模型 ······································ 317
		6.1.2 创建 Access 数据库及数据表 ·················· 318
		6.1.3 关系数据库标准语言 SQL ······················· 320
	6.2	ADO.NET 数据访问对象 ···································· 324
		6.2.1 ADO.NET 简介 ·· 324
		6.2.2 连接数据库：Connection 对象 ················ 326
		6.2.3 执行 SQL 语句：Command 对象 ············ 330
		6.2.4 读取数据：DataReader 对象 ··················· 338
		6.2.5 数据适配器：DataAdapter 对象 ·············· 339
		6.2.6 数据集：DataSet 对象 ···························· 341
	6.3	数据绑定技术 ·· 345
		6.3.1 数据绑定 ·· 345
		6.3.2 简单数据绑定 ·· 345
		6.3.3 复杂数据绑定 ·· 348
		6.3.4 使用 BindingSource 组件实现绑定 ·········· 352
	6.4	数据库操作 ·· 354
		6.4.1 数据库操作步骤 ······································ 354
		6.4.2 数据库查询 ·· 358
		6.4.3 数据库编辑 ·· 361
		6.4.4 二进制数据处理 ······································ 365
	6.5	综合应用 ·· 369
	6.6	能力提高——一些重要的需求设计 ···················· 392
		6.6.1 图形验证码 ·· 392

6.6.2　登录密码加密 …………………………………………………………… 395
　　　6.6.3　多用户权限管理 …………………………………………………………… 397
　　　6.6.4　数据同步 …………………………………………………………………… 401
　上机实验 ………………………………………………………………………………… 406
实验篇：数据库访问技术实验 …………………………………………………………… 421

第1章

C♯编程概述

本章通过一个"Hello World!"字幕动画程序,引导读者学习建立 C♯应用程序的过程并了解 Visual Studio .NET 集成开发环境的主要特性及编码规范,目的是教会读者创建程序的过程和了解程序文件的组成。通过本章的学习,可使读者对 C♯编程语言有大致的了解,能够编写简单的应用程序。

1.1 第一个 C♯应用程序

思政材料

本节从一个简单的"Hello World!"字幕动画程序入手,介绍 C♯应用程序的建立过程。

1.1.1 引例——Hello World!

例 1.1 在装载了背景图像的窗体上,使文字"Hello World!"自左向右移动。移动的方式有两种。

① 单击 按钮,文字自左向右移动 5 像素。

② 单击 按钮,文字按时钟触发的频率自左向右连续移动,当文字超出窗体右边界时,使其移动到窗体左边界外侧,重新自左向右移动。

程序运行界面如图 1-1 所示。

图 1-1 例 1.1 程序运行界面

1. 建立用户界面及进行属性设置

(1) 新建项目

进入 Visual Studio 集成开发环境后,通过"文件"→"新建"→"项目..."命令建立一个 C♯ Windows 窗体应用程序。

(2) 添加控件并设置属性

根据程序要求,展开 Visual Studio 左侧工具箱,在"公共控件"面板中把 Label(标签)、Button(命令按钮)控件移入窗体,在"组件"面板中把 Timer(时钟)控件移至窗体下方,然后在窗体上设置各控件对象的属性。属性设置参见表 1-1,窗体界面设计如图 1-2 所示。

表 1-1 例 1.1 控件属性设置

控件对象名称	属　性	设　置　值
Form1	Text	字幕动画
	BackGroundImage	导入背景图
	BackGroundImageLayout	Stretch
label1	Text	Hello World!
	Font	华文新魏,粗体,24pt
	BackColor	Transparent
button1	Text	(清空)
	Size	50 * 40
	Image	导入 hand.bmp 文件
button2	Text	(清空)
	Size	50 * 40
	Image	导入 clock.bmp 文件
timer1	Enable	False
	Interval	50,每隔 0.05 秒触发

2. 代码编写

单击"解决方案资源管理器"中的 <> (查看代码)按钮,切换到代码窗口,在该窗口中编写事件过程,如图 1-3 所示。

3. 程序调试

完成设计和代码编写工作后,单击工具栏上的 ▶(启动调试)按钮,进入程序运行状态。单击 ▉ 或 ▉ 按钮,进行动画演示。

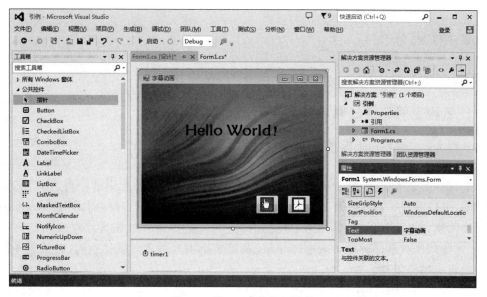

图 1-2 例 1.1 窗体界面设计

```
Form1.cs [设计]*   Form1.cs*
引例.Form1   Form1()

using System;
using System.Collections.Generic;
using System.ComponentModel;
using System.Data;
using System.Drawing;
using System.Linq;
using System.Text;
using System.Windows.Forms;

namespace 引例
{
    public partial class Form1 : Form
    {
        public Form1()
        {
            InitializeComponent();
        }

        private void button1_Click(object sender, EventArgs e)
        {
            timer1.Enabled = false;
            myMove();
        }

        private void button2_Click(object sender, EventArgs e)
        {
            timer1.Enabled = true;
        }

        private void timer1_Tick(object sender, EventArgs e)
        {
            myMove();
        }

        private void myMove()
        {
            label1.Left = label1.Left + 5;
            if (label1.Left > this.Width) label1.Left= -label1.Width;
        }
    }
}
100 %
```

图 1-3 例 1.1 程序代码

1.1.2 代码分析

下面对例 1.1 的程序代码进行分析。

1. 名称空间和类的概念

在图 1-3 所示的程序代码中，前 8 条语句以 using 关键字开头，这是名称空间的引用语句。

名称空间是 Microsoft .NET Framework 中提供应用程序代码的一种方式，它像一个容器，可以唯一标识代码及其内容。在建立 Windows 应用程序时，需要用到各种 .NET 框架类库所提供的组件（如例 1.1 中用到的控件）。这些组件被包含在对应的名称空间中，因此使用这些组件时都必须通过 using 关键字引用其所在的名称空间，以使编译器可以找到对应的标识符。

构成例 1.1 程序的各组件的标识符被包含在不同的名称空间中，因此在界面设计过程中，系统会自动将这些名称空间通过 using 关键字引用进来。

在 C#程序中，用户定义的源代码被包含在与当前项目同名的名称空间中，该名称空间的定义由关键字 namespace 引导，紧随其后的是这个名称空间的标识符（或名称）。整个名称空间的内容被包含在一对大括号{}中。

如图 1-3 所示，例 1.1 程序的源代码被包含在由"namespace 引例"引导的一对大括号中，该名称空间的名称为"引例"。在这个名称空间中，通过 partial class 关键字定义了一个 Form1 类，用户定义的源代码都写在这个类中。C#是一种面向对象的程序设计语言，所有代码都通过名称空间中的类来实现，在类中定义各类成员，包括类的属性、事件和方法（第 3 章将对此作详细介绍）。

2. 初始化窗体

在用户编写代码之前，Form1 类中只有一个与类同名的函数 Form1()，其源代码如下。

```
public Form1()
{
    InitializeComponent();
}
```

这个与 Form1 类同名的函数被称为构造函数，构造函数在实例化类对象时被自动调用，对窗体上安排的各控件进行初始化操作（关于类的构造函数的概念将在第 3 章中作详细介绍）。

3. 事件处理

例 1.1"引例"程序运行后，有两个功能。

① 单击 ■ 按钮，实现字幕"Hello World!"自左向右移动一次。

② 单击 ▣ 按钮，实现字幕"Hello World!"反复自左向右移动。

如图 1-3 所示，在编写代码时，在 Form1 类中输入了以下 4 段程序源代码。其中，名为 button1_Click()、button2_Click() 和 timer1_Tick() 的程序段被称为事件处理器（或事件处理程序），而名为 myMove() 的程序段则被称为自定义函数。

```csharp
private void button1_Click(object sender, EventArgs e)
{
    timer1.Enabled = false;
    myMove();
}

private void button2_Click(object sender, EventArgs e)
{
    timer1.Enabled = true;
}

private void timer1_Tick(object sender, EventArgs e)
{
    myMove();
}

private void myMove()
{
    label1.Left = label1.Left + 5;
    if (label1.Left > this.Width) label1.Left = -label1.Width;
}
```

(1) myMove() 函数的分析

先看自定义函数 myMove()，该函数中包含两条语句，从上往下依次执行，其作用是使字幕往右移动一次。

其中，语句 label1.Left = label1.Left + 5; 的作用是：将字幕（在标签 label1 中）到窗体左边界的距离增加 5 像素，使字幕右移。而语句 if (label1.Left > this.Width) label1.Left = -label1.Width; 的作用是：判断字幕的位置是否超出窗体右边界，如超出，则将字幕重新移动到窗体左边界外侧。

(2) 事件处理器 button1_Click() 的分析

当用户在窗体上单击 ▣ 按钮（该按钮的名称为 button1）时，触发事件处理器 button1_Click()，依次执行其中的语句。请先跳过第一条语句 timer1.Enabled = false; 不看，当第二条语句 myMove(); 执行时，程序调用函数 myMove() 从而实现单击 ▣ 按钮后字幕往右移动一次的功能。

(3) 事件处理器 timer1_Tick() 的分析

如前所述，myMove() 函数的作用是使字幕往右移动一次。那么，如果找到一种方法,能让用户在单击▶按钮时反复地调用 myMove()函数,就可以实现字幕的连续右移。

回想界面设计时,我们曾在窗体中建立过一个时钟对象 timer1。时钟(Timer)有两个重要的属性:Enabled 属性和 Interval 属性。时钟的 Enabled 属性决定了时钟是打开还是关闭的,默认情况下是关闭的(即 Enabled = false)。Interval 属性的值是一个整数,代表一个时间间隔,它的单位是毫秒(ms),其默认值是 100,代表 0.1 秒。当时钟被打开时(即 Enabled = true),程序会根据 Interval 属性所指定的时间间隔去反复执行事件处理器 timer1_Tick()中的语句,直到时钟再次关闭为止。

因此,在 timer1_Tick()事件的源代码中,写入调用 myMove()函数的语句 myMove();。只要时钟被打开,就会反复地执行该语句,使字幕不断右移。

(4) 事件处理器 button2_Click()的分析

单击▶按钮(该按钮的名称为 button2)时,触发 button2_Click()事件,在其中写入打开时钟的语句 timer1.Enabled = true;,就能每隔 0.1 秒反复触发 timer1_Tick()事件,并且反复调用 myMove()函数,从而实现字幕不断右移的功能。

(5) 时钟何时关闭

如果用户单击了▶按钮,字幕便不断滚动,那么何时滚动会停止呢?重新单击■按钮时,这种连续移动的状态被终止。这就需要程序能在用户单击■按钮时将时钟关闭。因此在 button1_Click()事件的源代码中,必须加入 timer1.Enabled = false;语句关闭时钟。如果缺少这条语句,在字幕滚动状态下单击■按钮时将无法使之前的连续滚动停止。

4. 总结

通过例 1.1 程序的代码分析,我们可将 C#的 Windows 应用程序运行过程归纳为以下步骤。

① 导入程序所需组件对应的名称空间。
② 创建窗体类对象并初始化窗体。
③ 运行窗体对象。
④ 等待用户行为,触发对应事件,执行事件处理程序。

1.2 开发环境介绍

Visual Studio 是一个非常复杂且庞大的产品,但使用它建立应用程序却是非常容易的一件事。本书兼容所有 Visual Studio 2010 以上的版本,因此首先必须介绍这个开发环境下的一些基础知识。

1.2.1 启动 Visual Studio 开发环境

Visual Studio 是一个强大的集成开发环境,支持 C#、C++、Visual Basic 等多种编程语言。Visual Studio 安装完成后,初次运行时,屏幕上会弹出一个设置开发环境和颜色主题的窗口,程序员可根据项目需要选择其中一种开发环境及颜色主题。这个选择会直接影响之后开发的许多方面,如窗口的布局、控制台窗口的运行方式等。这里选择 Visual C♯ 的开发环境即可。这样,以后每次启动 Visual Studio 时,会自动带领用户进入 C♯ 的开发环境,进行 C♯ 项目的建立与开发。

如果程序员在初次启动时误选了其他环境或者在开发过程中需要改变工作环境,可以在进入 Visual Studio 后,执行"工具"→"导入和导出设置"命令,在"导入和导出设置向导"对话框中重新设置默认开发环境为 Visual C♯(如图 1-4 所示)。

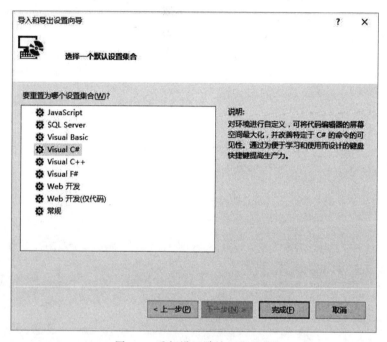

图 1-4　重新设置默认开发环境

使用 C♯ 可以创建不同类型的应用程序,对于初学者,常用的程序类型有两种。
- Windows 窗体应用程序;
- 控制台应用程序。

本章对这两种应用程序的开发过程分别作介绍,但在以后的程序案例中,主要采用 Windows 窗体应用程序的开发方式。

1.2.2　Windows 窗体应用程序

例 1.1 中建立的字幕动画程序就是典型的 Windows 窗体应用程序,这类程序有我们很熟悉的 Windows 外观和操作方式。本书将频繁使用 Windows 窗体应用程序,这里通过建立一个简单的 Windows 窗体应用程序介绍开发环境。

在 Visual Studio 中执行"文件"→"新建"→"项目…"命令,创建一个新的 Windows 窗体应用程序项目,指定项目名称和保存位置,如图 1-5 所示。

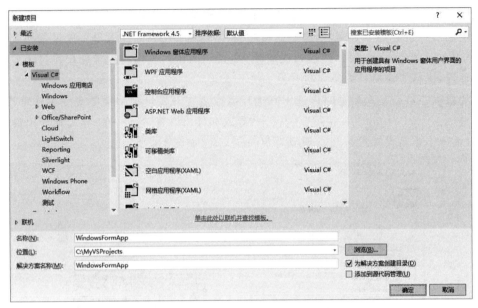

图 1-5 新建 Windows 窗体应用程序

新建项目后,可以看到 C♯ Windows 窗体应用程序的开发环境由若干窗口组成,如图 1-6 所示。

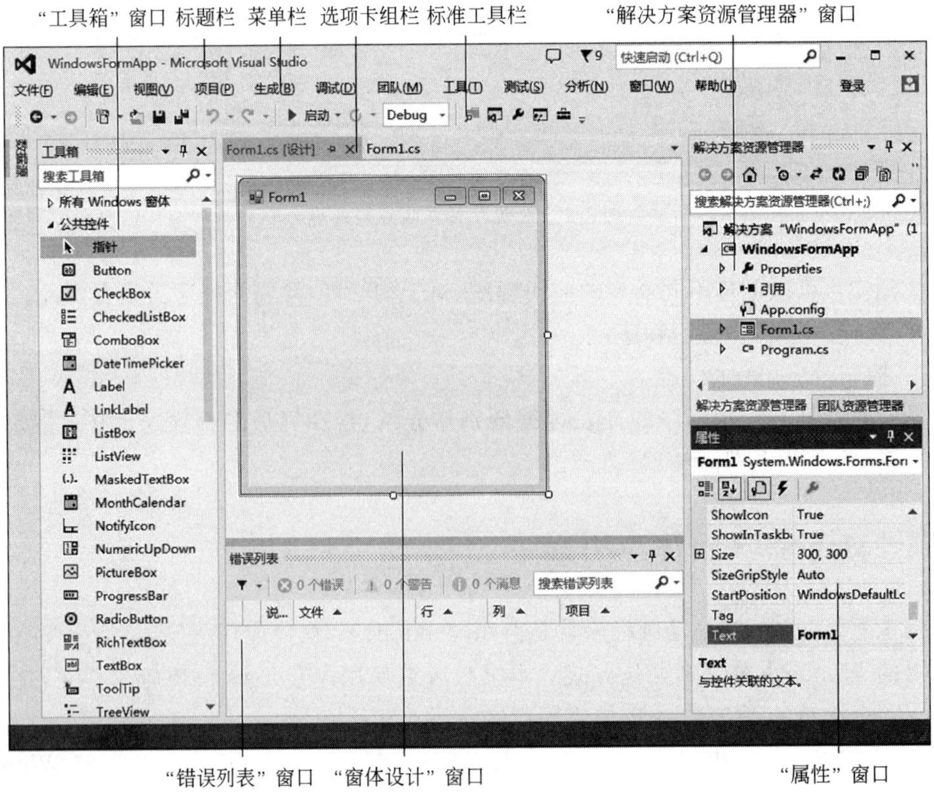

图 1-6 C♯ Windows 窗体应用程序的主窗口

1. 主窗口

图 1-6 所示的 C#开发环境主窗口中除包含通用的标题栏、菜单栏、标准工具栏外，还可添加各种其他窗口和工具栏，可以通过执行"视图"菜单中的各命令显示或隐藏这些窗口和工具栏。

2. "工具箱"窗口

图 1-6 所示的主窗口左侧是"工具箱"窗口，该"工具箱"窗口可以根据需要展开或收拢，它提供了 Windows 应用程序的用户界面控件。这些控件按其使用类型被划分在不同的选项卡中。当然，用户也可以根据自己的使用习惯添加自定义的选项卡，把自己经常使用的控件归入其中，以方便使用。这可以通过右击"工具箱"窗口，在弹出的快捷菜单中选择"添加选项卡"命令完成。

"工具箱"窗口也可以通过单击标准工具栏上的工具箱按钮显示或隐藏。

3. "窗体设计"窗口和"代码"窗口

开发窗体应用程序的大部分工作都是在"窗体设计"窗口和"代码"窗口中进行的。

（1）"窗体设计"窗口

"窗体设计"窗口如图 1-7 所示，在建立应用程序之初，用户在窗体上建立程序界面，以此决定程序窗口运行时的外观。如果一个应用程序包含多个窗体，可通过"项目"→"添加 Windows 窗体…"命令添加新窗体。

（2）"代码"窗口

窗体界面设计完成后，必须编写相应的程序代码，以实现程序功能。源代码的编写工作在"代码"窗口中完成，如图 1-8 所示。可以通过主窗口右侧"解决方案资源管理器"窗口中的 <> 按钮显示"代码"窗口，查看和编写程序。

图 1-7 "窗体设计"窗口

图 1-8 "代码"窗口

4. "解决方案资源管理器"窗口

"解决方案资源管理器"窗口显示当前运行的解决方案信息。在 Visual Studio 开发环境中建立的应用程序又可称为解决方案。一个解决方案可以包含一个或多个项目,用户可以管理和监控方案中的各个项目以及构成项目的各个文件,可以单击该窗口中的 ▦ (显示所有文件)按钮显示当前方案中的所有文件。该窗口类似于 Windows 资源管理器,双击文件名可以查看其中的代码,如图 1-9 所示。

请注意图 1-9 所示窗口中的 Form1.cs、Form1.Designer.cs 和 Program.cs 文件。其中,Form1.cs 文件包含了用户编写的源代码,Form1.Designer.cs 文件包含了用户在设计窗体界面时自动生成的源代码,而 Program.cs 文件包含了一个 Main()函数,该函数是整个程序运行时的"入口"。

"解决方案资源管理器"窗口也可以通过单击标准工具栏上的 ▦ (解决方案资源管理器)按钮显示或隐藏。

5. "属性"窗口

"属性"窗口如图 1-10 所示,它提供了当前项目中单个内容的详细信息,如窗体上的某个控件对象或解决方案资源管理器中的某个文件。用户经常通过该窗口设置选定的窗体控件对象的属性,修改对象的外观,如颜色、字体、大小等。此外,还可以利用该窗口管理某个控件对象的事件,可通过 ⚡(事件)按钮和 ▦ (属性)按钮在"事件"和"属性"管理器之间切换。对象的各属性或事件在"属性"窗口中可通过 ▦ (按分类顺序)和 ▦ (按字母顺序)按钮更改排序方式。

图 1-9 "解决方案资源管理器"窗口

图 1-10 "属性"窗口

"属性"窗口也可以通过单击标准工具栏上的 ▦ (属性窗口)按钮显示或隐藏。

6. "错误列表"窗口

在图 1-6 所示的主窗口中,有一个非常重要的窗口——"错误列表"窗口。该窗口在默认情况下是隐藏的,但可以通过"视图"→"错误列表"命令将其显示。

有时用户编写的代码中会包含错误,在编辑这些错误代码时,该窗口会自动显示,提示错误、警告和其他与项目相关的信息。这个窗口能帮助程序员发现代码中的错误,它会跟踪用户的工作,编译项目。双击该窗口中的出错信息,可以跳转到错误代码所在行,帮助程序员快速排除问题。

图 1-11 所示的"错误列表"窗口提示用户错误出现在 Form1.cs 文件的第 21 行,要求用户在提示位置输入";"。

图 1-11 "错误列表"窗口

7. 其他窗口

除上述几种常用的窗口外,在 C♯ 开发环境中还有一些其他窗口,包括"对象浏览器""输出""任务列表""类视图"等窗口,这些窗口都可通过"视图"菜单中的相应命令显示或隐藏。

1.2.3 控制台应用程序

还有一种 C♯ 应用程序叫作控制台应用程序,这类程序的界面与我们熟悉的 Windows 窗体不同,它通过一个类似于命令行的黑白窗口显示程序运行结果,有些类似于早期的 Turbo C 环境。本节介绍控制台应用程序的开发过程。

在 Visual Studio 中执行"文件"→"新建"→"项目…"命令,创建一个新的控制台应用程序项目,指定项目名称和保存位置,如图 1-12 所示。

图 1-12 新建控制台应用程序

新建项目后,可以看到如图 1-13 所示的主窗口。C#控制台应用程序的主窗口与 Windows 窗体应用程序的主窗口略有不同,原来的"窗体设计"窗口不见了,取而代之的直接是"代码"窗口(该窗口显示了 Program.cs 文件中的程序源代码,用户自定义的源代码都写在这里)。

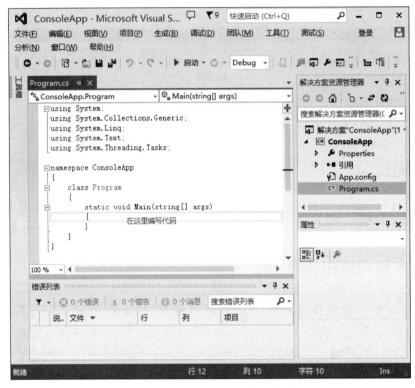

图 1-13　C#控制台应用程序的主窗口

在"代码"窗口中,找到 static void Main(string[] args)语句,在其后的一对大括号中添加下列程序清单中提示的两行代码。

```
namespace ConsoleApp
{
    class Program
    {
        static void Main(string[] args)
        {
            Console.WriteLine("Hello World!");      //在代码中添加此句
            Console.ReadKey();                       //在代码中添加此句
        }
    }
}
```

然后,单击标准工具栏上的 ▶ 按钮,查看程序运行结果,如图 1-14 所示。

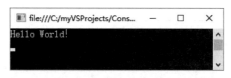

图 1-14　控制台应用程序运行窗口

程序运行后,可以看到控制台窗口中先显示文本"Hello World!"。然后,光标停留在第 2 行,等待用户从键盘输入任意字符,使程序结束运行。这里不必仔细研究项目中所使用的代码,只需要关心如何使用控制台应用程序开发环境来编写代码和调试程序。关于本程序中所加入代码的含义,我们将在 1.5 节作详细介绍。

1.3　窗体和基本控件

在开发 Windows 窗体应用程序时,不可避免会使用窗体和工具箱中的各种控件。本节将讨论窗体和几种基本控件的使用方法。

1.3.1　控件的基本属性

每一种控件都有各自的属性,这些属性决定了窗体的外观、功能等。不同的控件有不同的属性,也有相同的属性。例如,决定每种控件名称的属性为 Name,位置的属性为 Location,在其上面显示的文本内容的属性为 Text 等,我们把这种大多数控件所共有的属性称为基本属性。对控件的属性设置有两种方式。

① 在设计窗体时通过"属性"窗口设置。
② 在编写代码时通过赋值语句进行设置。语句格式如下。

对象名.属性名 = 属性值;

表 1-2 列出了控件的一些基本属性。

表 1-2　控件的基本属性

属 性 名	描　　述
Name	控件的名称,可以在代码中通过这个名称引用该控件
Text	控件上显示的文本内容
Location	控件在窗体上的位置,包括控件的水平和垂直位置。也可以由 Left、Top 两个属性共同表示
Size	控件的大小,包括控件的宽和高。也可以由 Width、Height 两个属性共同表示
Font	控件上显示文本的字体,包括字体名称、字号、字体样式等
ForeColor	控件的前景色,即控件上显示文本的颜色

续表

属性名	描述
BackColor	控件的背景色
Enable	控件的有效性。值为 True 时,控件有效;值为 False 时,控件无效
Visible	控件的可见性。值为 True 时,控件显示;值为 False 时,控件隐藏
TabIndex	控件的 Tab 键序号,在用户每次按下 Tab 键时,焦点会根据该序号有序地在各控件中移动

需要特别说明的是,在这些基本属性中,Location、Size 和 Font 属性由若干复合的值构成。

1. Location 属性和 Size 属性

Location 属性决定了控件在窗体上的位置,也可以用 Left 和 Top 两个属性来表示,它们分别表示控件左上角到窗体左边界、窗体顶部的距离。对窗体来说,这两个属性则表示窗体到屏幕左边界、屏幕顶部的距离。

Size 属性决定了控件的大小,也可以用 Width 和 Height 两个属性来表示,分别表示控件的宽度和高度。

例如,在窗体上建立一个命令按钮,如图 1-15 所示,可以在"属性"窗口中通过设置 Location、Size 属性的值来更改其位置和大小,也可以通过代码来改变其原有外观。

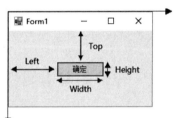

图 1-15 Location 和 Size 属性

```
button1.Location = new Point(80, 50);
button1.Size = new Size(80, 25);
```

可以用如下等同效果的语句设置。

```
button1.Left = 80;
button1.Top = 50;
button1.Width = 80;
button1.Height = 25;
```

2. Font 属性

Font 属性决定了控件上显示文本的字体、大小、样式等,一般通过 Font 属性对话框设置,如图 1-16 所示。

若在程序代码中需要改变文本的外观,可以通过以下语句格式设置。

```
对象名.Font = New Font(字体名称,字号,字体样式);
```

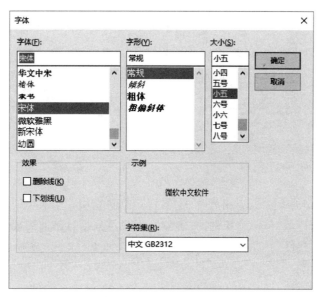

图 1-16　Font 属性对话框

其中,"对象名"代表要设置字体的控件对象名称;"字体名称"可以取如图 1-16 所示的左侧"字体"框中的任意值;"字号"可以是一个数字;"字体样式"可以通过 5 个 FontStyle 枚举类型的值任意组合而成,如表 1-3 所示。

以上枚举值可以通过符号"|"任意组合。例如,使文本具有粗斜体的样式可表示为:FontStyle.Bold | FontStyle.Italic。

如果要将图 1-15 中按钮上的文本设为黑体、25 号、粗斜体加下画线,可以通过以下代码完成。

表 1-3　FontStyle 枚举类型

FontStyle 的成员	意义
Regular	常规
Bold	粗体
Italic	斜体
Strikeout	删除线
Underline	下画线

```
button1.Font = new Font("黑体", 25, FontStyle.Bold | FontStyle.Italic | FontStyle.Underline);
```

在使用以上语句格式设置控件的 Font 属性时,"字体样式"参数是可以省略的。如果只改变字体名称和大小,完全可以像下面这样写。

```
button1.Font = new Font("黑体", 25);
```

但是,"字体名称""大小"这两个参数却不可以随意省略。如果只设置字体名称,则不可以像下面这样写。

```
button1.Font = new Font("黑体");
```

以上语句会报错,正确的写法应该如下。

```
button1.Font = new Font("黑体", button1.Font.Size);
```

这里的 button1.Font.Size 表示保留原控件上文本的字号。同理，如果只设置字号，可以利用 button1.Font.Name 保留原控件上文本的字体名称，如下所示。

```
button1.Font = new Font(button1.Font.Name,25);
```

1.3.2 窗体

创建 C# Windows 窗体应用程序的第一步是建立用户界面，即设计窗体（Form）。窗体好比一幅"画布"，它是所有控件的"容器"，用户可根据自己的需要在这个"容器"中添加各种工具箱中的控件。

1. 重要属性

窗体的属性决定了其外观和操作，如图 1-17 所示。除 1.3.1 节中列出的基本属性外，窗体还有一些重要的属性需要我们掌握，表 1-4 列出了这些属性。

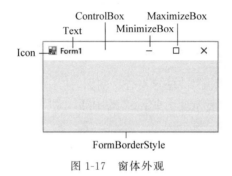

图 1-17 窗体外观

表 1-4 窗体的属性

属 性 名	描 述
MaximizeBox	最大化按钮。值为 True 时，显示最大化按钮；值为 False 时，隐藏最大化按钮
MinimizeBox	最小化按钮。值为 True 时，显示最小化按钮；值为 False 时，隐藏最小化按钮
Icon	窗体图标
ControlBox	控制菜单。值为 True 时，右击窗体标题栏会出现控制菜单；值为 False 时，不会出现该菜单。同时，窗体图标、最大化及最小化按钮将自动隐藏
FormBorderStyle	窗体的边框样式。共有 7 种样式，该属性的设置会影响窗体的边框、最大化或最小化按钮及控制菜单等
BackgroundImage	设置窗体的背景图像
BackgroundImageLayout	设置窗体背景图像的平铺方式。共有 5 种样式，只有在导入背景图像时该属性才有意义

需要注意的是,在编写代码时,不能直接引用窗体名称来设置窗体的属性,即不可以使用"对象名.属性名 = 属性值;"这样的语句格式。这一点与设置工具箱控件的属性有所不同。例如:

```
Form1.Text = "载入窗体";
```

以上代码会报错。因为在设计阶段所创建的窗体是一个类,Form1 实质上是一个类名(有关类的概念会在第 3 章详细解释),并不是对象名。当程序运行时,C♯会自动将窗体类实例化成一个窗体对象(对象名未知)。因此,当前窗体的对象名不可以用 Form1 表示。不过,可以用 this 关键字代替这个未知的窗体对象名,例如:

```
this.Text = "载入窗体";
```

以上代码是正确的,代表为当前窗体设置 Text 属性。

在表 1-4 所示属性中,Icon 属性若是以代码方式赋值,可以使用以下语句。

```
this.Icon = new Icon ("图标文件路径");
```

BackgroundImage 属性若以代码方式赋值,可以使用以下语句。

```
this.BackgroundImage = FromFile("图像文件名");
```

以上两个属性在赋值时,若不指定完整路径而直接给出图标或图像文件名,则需要将图标或图像文件事先保存到当前项目的 bin\Debug\目录下,否则程序会因无法找到文件而报错。

FormBorderStyle 和 BackgroundImageLayout 属性的值是枚举类型,若以代码方式赋值,则需要以"枚举类型.枚举值"形式引用。例如:

```
this.FormBorderStyle = BorderStyle.FixedSingle;
this.BackgroundImageLayout = ImageLayout.Zoom;
```

其中,BorderStyle 是表示边框样式的枚举类型,ImageLayout 是表示图像平铺方式的枚举类型。

2. 基本事件

窗体的事件有很多,最常用的有 Load、Click 和 DoubleClick 事件。

(1) Load 事件

载入窗体时(即单击 ▶ 按钮时)触发,触发后去执行名为 Form1_Load()的事件处理程序,通常用来在启动程序时对控件属性和变量进行初始化。Load 事件是窗体的默认事件。

(2) Click 事件

单击窗体时触发,触发后去执行名为 Form1_Click()的事件处理程序。

(3) DoubleClick 事件

双击窗体时触发,触发后去执行名为 Form1_DoubleClick() 的事件处理程序。

例 1.2 编写程序,在载入、单击和双击窗体时改变窗体的外观。要求:

① 载入窗体时,修改窗体图标为 hua.ico 图标文件,标题栏显示"载入窗体"文字,并且在窗体中载入 follow.jpg 作为背景图,要求背景图随窗体大小同比例自动调整,如图 1-18(a)所示。

② 单击窗体时,标题栏显示"单击窗体"文字,并且在窗体中载入 laugh.jpg 作为背景图;要求背景图在窗体上重复平铺,如图 1-18(b)所示。

③ 双击窗体时,标题栏显示"双击窗体"文字并把窗体背景图卸载,如图 1-18(c)所示。

(a) Load 事件运行效果　　(b) Click 事件运行效果　　(c) DoubleClick 事件运行效果

图 1-18　例 1.2 运行界面

程序的源代码如下。

```csharp
private void Form1_Load(object sender, EventArgs e)
{
    this.Icon = new Icon("hua.ico");
    this.Text = "载入窗体";
    this.BackgroundImage = Image.FromFile("follow.jpg");
    this.BackgroundImageLayout = ImageLayout.Zoom;      //图随窗体自动调整
}

private void Form1_Click(object sender, EventArgs e)
{
    this.Text = "单击窗体";
    this.BackgroundImage = Image.FromFile("laugh.jpg");
    this.BackgroundImageLayout = ImageLayout.Tile;      //图在窗体上重复平铺
}

private void Form1_DoubleClick(object sender, EventArgs e)
{
```

```
        this.Text = "双击窗体";
        this.BackgroundImage = null;                              //清除背景图
}
```

注意：在以上代码中,图标文件 hua.ico 以及图像文件 follow.jpg 和 laugh.jpg 要事先保存到当前项目的 bin\Debug\ 目录下,否则程序会因无法找到文件而报错。

在"窗体设计"窗口中,双击控件对象可以直接进入该对象默认事件的处理程序。对于窗体来说,其默认事件是 Load,因此可以直接双击窗体进入 Form1_Load() 事件处理程序。但是,若要为另两个事件(Click 和 DoubleClick)编写程序代码,就要使用另一种方式来完成。

例如,要为例 1.2 的 Click 事件编写处理程序。首先在"属性"窗口中单击 ≠ 按钮,会显示"事件"列表,如图 1-19 所示。

要给事件添加处理程序,直接在"事件"列表中双击事件名称,这会在"代码"窗口中生成事件处理程序代码块,如 Form1_Click(...){...}。然后,在该代码块的一对大括号{}中添加自己的程序源代码。以同样的方法可为本例的 DoubleClick 事件添加处理程序。

3. 常用方法

窗体的常用方法有 Show()、ShowDialog()、Hide()、Close() 等,主要用于窗体的显示和隐藏,这些方法将在第 4 章详细介绍。

图 1-19 "事件"列表

1.3.3 标签

标签(Label)是最为常用的控件。几乎在任何 Windows 窗体应用程序中,都可以看见标签,它最大的用途就是在窗体上显示文本。

1. 重要属性

标签有很多属性,除 1.3.1 节中列出的基本属性外,还有一些重要属性需要掌握,如表 1-5 所示。

表 1-5 标签的属性

属 性 名	描　　述
AutoSize	决定标签是否随其中的文本内容自动调整大小。默认值为 True,表示自动调整标签大小;若设为 False,则用户可任意调整标签大小
TextAlign	标签中显示文本的对齐方式。共有 9 种对齐方式,默认为左上角对齐。只有在 AutoSize 属性值为 False 时该属性才有意义
BorderStyle	标签的边框样式,共有 3 种边框样式

属 性 名	描 述
Image	指定在标签上显示的图像
ImageAlign	标签上显示图像的对齐方式。共有9种对齐方式，默认为左上角对齐。只有在标签上导入图像后这个属性才有意义

在表1-5所示属性中，Image属性与窗体的BackgroundImage属性一样，也是以"FromFile("图像文件名")；"代码形式赋值。

TextAlign、BorderStyle和ImageAlign属性的值是枚举类型，与窗体的FormBorderStyle和BackgroundImageLayout属性一样，都以"枚举类型.枚举值"形式赋值。可以通过查阅对象浏览器来确定每个控件属性对应的枚举值类型。具体做法是：单击工具栏上的 按钮，然后根据属性名称进行相应的搜索。

2．基本事件

标签经常响应的事件有Click、DoubleClick、MouseEnter、MouseLeave等。其中，Click是标签的默认事件。MouseEnter事件在鼠标进入标签时触发，MouseLeave事件在鼠标离开标签时触发。

例1.3 为例1.1"Hello World!"字幕动画程序添加功能。要求：

① 鼠标进入标签时，"Hello World!"文字变为红色，并且为标签加上3D边框，如图1-20所示。

图1-20　鼠标进入标签时的效果

② 鼠标离开标签时，标签外观还原。

在例1.1程序的基础上，为label1添加MouseEnter和MouseLeave事件处理程序，源代码如下。

```csharp
private void label1_MouseEnter(object sender, EventArgs e)
{
    label1.ForeColor = Color.Red;                       //前景色变为红色
    label1.BorderStyle = BorderStyle.Fixed3D;           //边框变为 3D
}

private void label1_MouseLeave(object sender, EventArgs e)
{
    label1.ForeColor = Color.Black;                     //前景色变回黑色
    label1.BorderStyle = BorderStyle.None;              //取消边框
}
```

1.3.4 图像框

图像框(PictureBox)是专门用于显示图片的控件,可以导入 BMP、JPG、JPEG、GIF、WMF、PNG 等多种格式的图片文件。

除基本属性外,图像框还有两个重要的属性:Image 和 SizeMode(如表 1-6 所示)。

表 1-6 图像框的属性

属 性 名	描 述
Image	指定图像框中的图片
SizeMode	控制图片在图像框中的显示方式

(1) Image 属性

将图片装入图像框有两种方法。最简单的方法是在"属性"窗口中直接设置 Image 属性,选择要导入的图片。这样程序运行时,图片就会加载进来。另外,还可以通过编写代码的方法将图片导入图像框,这种方法比较灵活,可以在程序运行后通过某个事件触发导入图片。语句格式如下。

```
图像框控件对象名.Image = Image.FromFile("图片路径");
```

在以上代码格式中,"图片路径"代表要在图像框中显示的图片文件的绝对路径。若不指定路径而直接给出图片文件名,则需要将图片事先保存到当前项目的 bin\Debug\ 目录下,否则程序会因无法找到图片而报错。

如果要在当前程序中清除已经装入的图片,则可通过以下语句完成。

```
图像框控件对象名.Image = null;
```

(2) SizeMode 属性

如果展开图像框的 SizeMode 属性列表,可知该属性的值为枚举类型

PictureBoxSizeMode。可以看到该类型一共有 5 个值,它们是 Normal、StretchImage、AutoSize、CenterImage 及 Zoom。由于装入图像框的图片的大小与图像框本身的大小不可能总是相同的,因此这些值的选取决定了装入的图片在图像框中的显示方式。若希望图像框随着装入的图片大小自动调整,则把 SizeMode 属性设为 AutoSize;若希望装入的图片随图像框的大小自动调整,则把 SizeMode 属性设为 StretchImage。对于其他属性值的意义,读者可自行在窗体中建立一个图像框尝试效果。

例 1.4 利用图像框控件完成一个图片缩放器程序。要求:

① 设计窗体时,只加入图像框和两个按钮,暂不导入图片,如图 1-21(a)所示。

② 载入窗体时,在图像框中装入图片 Purple flower.jpg,图片大小随图像框自动调整,同时"放大"按钮无效,如图 1-21(b)所示。

③ 单击"缩小"按钮时,图片宽、高各缩小一半,同时"缩小"按钮无效,如图 1-21(c)所示。

④ 单击"放大"按钮时,图片宽、高各放大一倍,同时"放大"按钮无效,如图 1-21(b)所示。

(a) 窗体设计时效果

(b) 图片放大时效果

(c) 图片缩小时效果

图 1-21 例 1.4 运行界面

分析:

① 为放大或缩小图片,将 SizeMode 属性设置为 StretchImage,使图片大小随图像框自动调整。

② 在单击"放大""缩小"按钮时,设置图像框的 Width 和 Height 属性,改变图片大小。

程序的源代码如下。

```
private void Form1_Load(object sender, EventArgs e)
{
    pictureBox1.Image = Image.FromFile("Purple flower.jpg");    //装入图片
    pictureBox1.SizeMode = PictureBoxSizeMode.StretchImage;
                                                //图片大小随图像框调整
    button1.Enabled = false;
}

private void button2_Click(object sender, EventArgs e)
```

```csharp
{
    pictureBox1.Width = pictureBox1.Width / 2;           //宽缩小一半
    pictureBox1.Height = pictureBox1.Height / 2;         //高缩小一半
    button1.Enabled = true;
    button2.Enabled = false;
}

private void button1_Click(object sender, EventArgs e)
{
    pictureBox1.Width = pictureBox1.Width * 2;           //宽放大一倍
    pictureBox1.Height = pictureBox1.Height * 2;         //高放大一倍
    button1.Enabled = false;
    button2.Enabled = true;
}
```

注意：在以上代码中，Image.FromFile("...")中指定的图片要事先保存到当前项目的 bin\Debug\ 目录下，否则程序会因无法找到图片而报错。

针对例 1.4 的图片缩放程序，想一想，如果要求图片在载入、放大和缩小时始终处于窗体中心位置，程序应作何修改？请读者自行思考。

1.3.5 文本框

文本框(TextBox)是一个编辑文本的区域，用户可在里面输入、编辑和显示文本内容，可通过该控件创建一个类似 Windows 记事本程序的简单文本编辑器。

1. 重要属性

除基本属性外，文本框还有几个重要的属性，如表 1-7 所示。

表 1-7 文本框的属性

属性名	描述
MaxLength	指定文本框中文本的最大字符长度。当值为 0 时，表示该长度受限于可用内存，即理想情况下的无限长
Multiline	设置文本框是否是多行的。默认值为 False，表示单行文本框；将该属性值设为 True 时，表示多行文本框
WordWrap	指定在多行文本框中，当一行文本的长度超过文本框本身的宽度时是否自动换行。默认值为 True，表示自动换行
ScrollBars	指定多行文本框是否显示滚动条。默认值为 None，表示无滚动条
PassWordChar	指定密码字符，替换在单行文本框中输入的内容。例如，通常情况下，指定 PassWordChar 属性值为"·"来设置密码框
ReadOnly	表示文本框是否为只读。默认值为 False，表示文本框可以编辑；当值设为 True 时，不能编辑，此时文本框就像是一个标签，只读不写

属 性 名	描 述
SelectionStart	文本框中被选中文本的开始位置。文本框中第1个字符的位置是0
SelectionLength	文本框中被选中文本的长度
SelectedText	文本框中被选中文本的正文内容

在文本框的以上重要属性中,有一些属性是相互关联的。

(1) Multiline 属性与 PassWordChar、ScrollBars 和 WordWrap 属性

当 Multiline 属性值为 False 时,表示单行文本框。此时,PassWordChar 属性才有意义,可以指定一个密码字符来设置密码框。

当 Multiline 属性值为 True 时,表示多行文本框。此时,ScrollBars 属性和 WordWrap 属性才有意义。

可以通过 ScrollBars 属性指定滚动条样式。默认情况下为 None,表示无滚动条;当属性值为 Vertical 或 Horizontal 时可指定垂直或水平滚动条;也可以取值为 Both,使垂直与水平滚动条同时出现。

需要注意的是,由于默认情况下 WordWrap 属性值为 True,表示多行文本框中的内容会自动换行。因此,如果要使设置的水平滚动条生效,需要将 WordWrap 属性设置为 False。

(2) SelectionStart、SelectionLength 和 SelectedText 属性

这3个属性不能直接在"属性"窗口中设置,只能在程序运行时通过用户操作来获取或设置值。

当用户选中文本框中的文本内容后,选定文本的开始位置、长度和内容会自动分别存入 SelectionStart、SelectionLength 和 SelectedText 属性中。

例1.5 创建一个文本复制程序,利用上述的 SelectionStart、SelectionLength 和 SelectedText 属性,对选定内容进行复制,如图 1-22 所示。要求:

图 1-22 文本的复制

① 在窗体上放置2个多行文本框和2个单行文本框。

② 在上方的多行文本框中选中文本后,单击"复制所选"按钮,将选中内容复制到下方并记录选中内容的开始位置与长度。

程序的源代码如下。

```
private void button1_Click(object sender, EventArgs e)
{
    textBox2.Text = textBox1.SelectedText;
    textBox3.Text = Convert.ToString(textBox1.SelectionStart);
    textBox4.Text = Convert.ToString(textBox1.SelectionLength);
}
```

注意:在以上代码中,由于文本框的 SelectionStart 和 SelectionLength 属性值为数值型,而文本框的 Text 属性值为字符串型,因此需要通过 Convert 命令对不同数据类型进行显式转换(详见第 2 章关于数据转换的介绍)。

.NET 规定,文本框中第一个字符的位置为 0。无论是西文还是中文字符,单个字符的长度(即 length 值)都为 1。

2. 基本事件

在文本框能响应的事件中,TextChanged、KeyPress、Enter 和 Leave 是最重要的事件。

(1) TextChanged 事件

只要文本框中的文本内容发生改变,无论是什么样的变化,都会引发 TextChanged 事件。也就是说,用户每在文本框中输入、更改或删除一个字符,该事件会触发一次。

如图 1-23 所示,用户在左侧文本框中输入 C♯.NET 一词,会触发 6 次 TextChanged 事件。

(2) KeyPress 事件

当用户按下并释放键盘上的一个按键时,会触发 KeyPress 事件。此事件会把用户所按下键的值送入 e.KeyChar 参数中。

该事件最常用的情况是:判断用户按下的键是否为回车(Enter)键,以此来结束输入并执行下一步。当 e.KeyChar 的值为 13 时表示按下了回车键。

如图 1-23 所示,用户在右侧文本框中输入 C♯ 一词,按回车键,触发 KeyPress 事件;接着输入.NET 一词,按回车键,又一次触发 KeyPress 事件。

例 1.6 创建如图 1-23 所示的程序,比较 TextChanged 事件和 KeyPress 事件的用法。要求:

① 用户在左侧文本框中输入内容,每输入一个字符,把当前步骤显示在上方的标签中。

② 用户在右侧文本框中输入内容,只有在按下回车键时,才把当前步骤显示在上方的标签中。

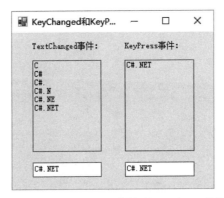

图 1-23 TextChanged 事件和 KeyPress 事件

程序的源代码如下。

```
private void textBox1_TextChanged(object sender, EventArgs e)
{
    Label3.Text += textBox1.Text + Environment.NewLine;   //显示当前输入并换行
}

private void textBox2_KeyPress(object sender, KeyPressEventArgs e)
{
    if (e.KeyChar == 13)                            //如果按了回车键,显示当前输入并换行
    {
        Label4.Text += textBox2.Text + Environment.NewLine;
    }
}
```

注意：在以上代码中,运算符"+"用作前后两个字符串的连接,"+="是其对应的复合赋值符(详见第 2 章介绍),值 Environment.NewLine 表示换行。

(3) Enter 事件和 Leave 事件

这两个事件被称为"焦点事件"。当光标进入文本框时(称文本框获得焦点),触发 Enter 事件;当光标离开文本框时(称文本框失去焦点),触发 Leave 事件。

焦点获得和失去一般有两种情况：一是按 Tab 键使光标在窗体上的各控件间移动;二是直接用鼠标单击窗体上的某个对象。

例 1.7 编写程序,完成一个带数据校验功能的加法器。要求：

① 在前两个文本框中输入操作数,当光标进入第三个文本框时,显示计算结果,如图 1-24(a)所示。

② 判断输入数据的有效性。输入某个操作数后,光标离开对应的文本框时,判断输入的内容是否为数字,如不是,弹出提示,如图 1-24(b)和图 1-24(c)所示。

分析：

① 为了在光标进入 textBox3 时实现加法运算,需要为 textBox3 添加一个 Enter 事件处理

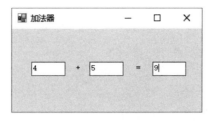

(a) 正常运行效果

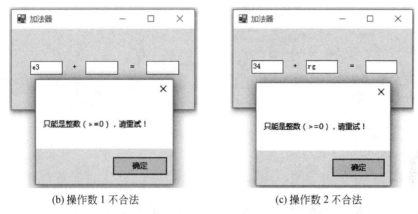

(b) 操作数 1 不合法　　　　　　　(c) 操作数 2 不合法

图 1-24　例 1.7 运行界面

程序：当光标进入 textBox3 时,将 textBox1 与 textBox2 中的内容相加,结果送入 textBox3。

② 为确保只在输入的两个操作数都是数字后才进行加法运算,应该在每输完一个操作数后即对该数进行判断,这就需要分别为 textBox1 和 textBox2 添加 Leave 事件处理程序：当光标离开文本框时,判断输入的内容是否为数字,如不是则提示用户重新输入。

③ 对于输入数据的有效性校验,可以用 C♯ 中的正则表达式方法实现(关于正则表达式的介绍详见 1.7 节)。由于初学 C♯,因此此处提供现成代码,即自定义 numMatch() 函数,初学者不必作深入探究。

程序的源代码如下。

```csharp
using System.Text.RegularExpressions;        //引用正则表达式名称空间,写在"代码"
                                             //窗口的最上方
...

private bool numMatch(string s)
{
    Regex reg = new Regex("^[0-9]*$");       //定义正则表达式
    if(reg.IsMatch(s)) return true;          //匹配数字
    else return false;                       //不匹配数字
}

private void textBox1_Leave(object sender, EventArgs e)
                                             //光标离开文本框 1 时判断：
```

```
    {
        if (!numMatch(textBox1.Text))            //若操作数1不是合法的数字
        {                                        //提示用户重输
            MessageBox.Show("只能是整数(>=0),请重试!");
            textBox1.Text = "";
            textBox1.Focus();
        }
    }

private void textBox2_Leave(object sender, EventArgs e)
                                                 //光标离开文本框2时判断:
    {
        if (!numMatch(textBox2.Text))            //若操作数2不是合法的数字
        {                                        //提示用户重输入
            MessageBox.Show("只能是整数(>=0),请重试!");
            textBox2.Text = "";
            textBox2.Focus();
        }
    }

private void textBox3_Enter(object sender, EventArgs e)
                                                 //光标进入文本框3时判断:
    {
        if(textBox1.Text != "" && textBox2.Text != "")   //若两个操作数都已输入
                                                 //计算结果
            textBox3.Text = (int.Parse(textBox1.Text) + int.Parse(textBox2.
            Text)).ToString();
        }
    }
```

注意：本例中的代码涉及随后章节的内容，此处只需要理解代码中3个事件的意义及其处理的相应事务即可。

3. 常用方法

文本框最常用的方法是Focus()，该方法的作用是将光标定位到文本框中。当在窗体上建立多个文本框后，可用该方法将光标置于所需文本框上，例1.7的程序中就使用了Focus()方法。其语句格式为

文本框对象名.Focus();

1.3.6 命令按钮

命令按钮(Button)几乎存在于所有的Windows窗体程序中，主要用来在单击按钮后

对窗体上的数据执行相应操作。

1. 重要属性

下面介绍命令按钮的重要属性,如表 1-8 所示。

表 1-8　命令按钮的属性

属 性 名	描　　述
TextAlign	按钮上显示文本的对齐方式。共有 9 种对齐方式,默认为水平垂直居中对齐
Image	指定在按钮上显示的图像
ImageAlign	指定按钮上显示图像的对齐方式。共有 9 种对齐方式,默认为水平垂直居中对齐
FlatStyle	设置按钮的样式。共有 4 种样式,默认值为 Standard,即标准按钮

在以上属性中,由 FlatStyle 属性定义的按钮样式共有 4 种(Flat、Popup、Standard 和 System),其外观如图 1-25 所示。

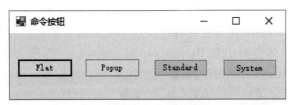

图 1-25　4 种样式的按钮效果

可以看出,Standard 样式按钮和 System 样式按钮几乎相同。但这只是在 Windows 操作系统上的情况。System 样式会根据用户使用的操作系统提供不同的按钮外观,在 Linux 或 Mac 操作系统上可能会有完全不同的外观。

可以利用 Text、TextAlign、Image、ImageAlign 等 4 个属性设计出纯文字按钮、图像按钮和图文混排的按钮样式,如图 1-26 所示。

图 1-26　纯文字按钮、图像按钮和图文混排按钮

2. 基本事件

命令按钮最常用的事件是 Click,它在用户单击按钮对象时触发。

1.4 标识符和关键字

任何程序设计语言都有其自己的编码规则，C♯语言也不例外。在建立大型应用程序项目时，往往需要一个开发团队来完成。众多开发人员在同一个系统的代码上工作，每个人都不希望他的合作者随意改变代码的外观以适应他们自己的习惯。这就需要在建立项目之初，由大家共同达成一个编码规范，以增进开发人员之间的沟通，提高编码效率。

本节将从命名约定、关键字和语句三方面介绍 C♯ 编码规则。

1.4.1 命名约定

C♯是一种面向对象程序设计语言，它允许开发人员灵活地自定义函数、类、属性、事件、方法等。例如，例 1.1 中的 myMove() 函数（如图 1-3 所示）就是用户自定义的函数。对于这些自定义的事物，如果希望以名称来描述其功能或含义，就应尽量使用完整的英语单词，使读者见名知义，而不要介意名称过长。

目前，在.NET 名称空间中有 PascalCase 和 camelCase 两种命令约定。一个名称由符合这两种约定之一的多个单词构成，这些单词描述了该名称所定义事物的用途，这里指的事物可能是用户自定义的一个函数、类、属性等。

camelCase 方式要求首单词全部小写，其余单词首字母大写，例如：

age 表示年龄。

nickName 表示昵称。

dateOfBirth 表示生日。

PascalCase 方式要求所有单词首字母均大写，例如：

GetName 表示获取名称。

SetDate 表示设置日期。

SumRate 表示计算汇率。

Visual Studio .NET 建议，对于程序中的简单变量使用 camelCase 规则，而对于较高级别的事物（如用户自定义的函数、类、属性等）则使用 PascalCase 规则。

1.4.2 关键字

关键字是对编译器具有特殊意义的预定义的保留标识符。例如本章前几个例子中出现过的 using（名称空间关键字，用来引用名称空间）、new（运算符关键字，用来创建对象）、null（文字关键字，表示不引用任何对象）、if（语句关键字，用来判断条件）等，它们不能在程序中用作标识符，即不能将这些关键字作为用户自定义的变量、函数、类等的名称，除非它们有一个@前缀。例如，@if 是一个合法的标识符，而 if 不是合法的标识符，因为它是关键字。

更多的 C♯ 关键字信息可登录微软的 MSDN Library(http://msdn.microsoft.com/library/)查询。后续章节中也会逐渐出现各种不同类型的关键字。

1.4.3 语句

语句构造出了所有的 C♯ 应用程序，它可以声明局部变量或常数，调用方法，创建对象或将值赋予变量、属性或字段。在 C♯ 中，每条独立的语句必须以分号";"终止。

1. 简单语句

简单语句的特点是每行只有一条语句，语句结束时用分号";"终止。例如，例 1.7 中的属性赋值就是一条简单语句。

```
textBox2.Text = "";                                //清空文本框
```

2. 控制语句

控制语句可以创建循环（如 for 循环），也可以进行判断并分支到新的代码块（如 if 或 switch 语句）。有关各种控制语句，将在第 2 章介绍。

3. 块

由大括号括起来的一系列语句构成块，又称代码块。代码块通常出现在控制语句之后。在代码块中声明的变量或常数只可用于同一代码块中的语句。

例如，例 1.7 中的 if(…)就是一条控制语句，其后跟随的一对大括号及其中的语句（也可以是多条语句）就是一个完整的语句块。

```
if(textBox1.Text != "" && textBox2.Text != "")     //若两个操作数都已输入
{                                                  //计算结果
    textBox3.Text = (int.Parse(textBox1.Text) + int.Parse(textBox2.Text)).ToString();
}
```

1.5 控制台应用程序的开发

1.2 节中介绍过 C♯ 有两种类型的应用程序。一种是 Windows 窗体应用程序，本书中大部分实例都采用这种程序，相信读者已十分熟悉。还有一种是控制台应用程序，它通过一个类似于命令行的黑白窗口显示程序运行结果。学习编写这类控制台应用程序对初学者掌握数据类型、变量、语句等基础知识十分有用。

1.5.1 一个简单的控制台应用程序

针对 1.2.3 节建立的控制台应用程序,其源代码和输出结果如图 1-27 所示。

以上程序的功能是先在控制台窗口中显示文本"Hello World!",然后等待用户从键盘输入任意字符,使程序结束运行。对照图 1-27 所示源代码前的行号,代码分析如表 1-9 所示。

Main()函数中的语句决定了程序开始处应该引用什么名称空间。因此,一个基本的控制台应用程序的结构可通过图 1-28 描述。

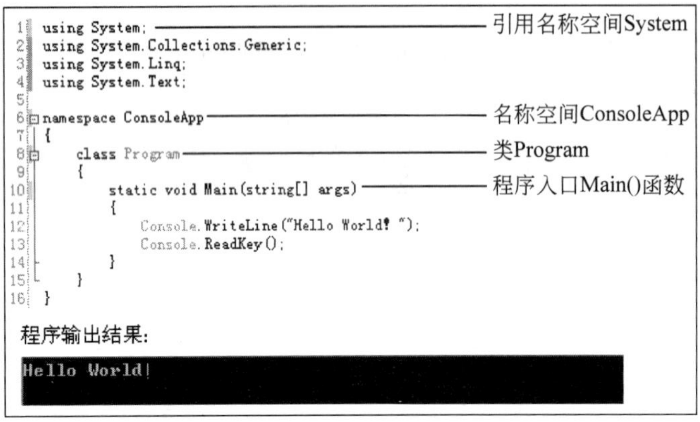

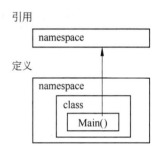

图 1-27 简单的控制台应用程序

图 1-28 一个基本的控制台应用程序的结构

要在"代码"窗口中显示代码的行号,可以通过"工具"→"选项…"命令,在弹出的"选项"窗口的左侧,展开 C#→"常规"面板,勾选"行号"选项。

表 1-9 代码分析

行号	描述
1～4	告诉编辑器本程序引用了 4 个名称空间,这些名称空间是建立程序之初由系统自动引用的。其中,System 名称空间是必须引用的,因为本程序中的第 12、13 行中用到了 Console 类的方法,该类位于 System 名称空间下。对于其余 3 个名称空间,读者可尝试删除其引用,不影响程序的调试运行
6	定义一个名为 ConsoleApp 的名称空间。该名称空间中的内容从第 7 行的"{"开始至第 16 行的"}"结束,在其中声明的任何内容都是它的一个成员
8	定义一个名为 Program 的类。在紧随其后的一对大括号{}(第 9～15 行)中声明的任何内容都属于该类的一个成员
10	声明了一个 Main()函数,它是 Program 类的唯一成员。在 C#中,Main()函数是应用程序的"入口",而当 Main()函数中的语句全部执行完以后,整个程序也就结束了
12	包含了一条简单语句:Console.WriteLine("Hello World!");。其作用是在控制台中显示一行文本,文本中的内容由 Console.WriteLine()方法中指定的字符串参数决定
13	包含了一条简单语句:Console.ReadKey();。其作用是等待用户从键盘输入一个字符。由于这是本程序中 Main()函数的最后一条语句,当该语句结束时,应用程序便会终止

1.5.2　从程序中输出文本

控制台窗口允许用户从键盘输入数据并显示文本。Visual Studio .NET 的基础类库中有一个 Console 类，该类位于 System 名称空间下，它提供了各种从控制台窗口输入/输出的方法。

1. Write()方法

Write()方法是 Console 类的一个成员，其作用是将文本输出至应用程序的控制台窗口。输出的文本内容在 Write()方法的一对括号()中必须用双引号引起来。以下是一个使用 Write()方法输出的例子。

```
Console.Write("Welcome to study Visual C#!");
```

它将在控制台窗口输出文本。

```
Welcome to study Visual C#!
```

但是，Write()方法在输出文本后并不会自动换行。这就意味着，如果连续执行多条 Console.Write();语句，文本内容会显示在同一行中，请看如下例子。

```
Console.Write("Good Morning!");
Console.Write("How are you?");
Console.Write("Well.");
```

最终，屏幕上会显示如下结果。

```
Good Morning!How are you?Well.
```

2. WriteLine()方法

与 Write()方法一样，WriteLine()方法也属于 Console 类，它与 Write()方法的功能基本相同，能使文本输出至控制台窗口。但是，该方法会在文本的末尾多输出一个换行符。这就意味着，如果连续执行多条 Console.WriteLine();语句，文本会有序地输出至每个单独的行中。上例中相同的文本通过 WriteLine()输出后，会有不同的显示方式。

```
Console.WriteLine("Good Morning!");
Console.WriteLine ("How are you?");
Console.WriteLine ("Well.");
```

这将在屏幕上输出如下结果。

```
Good Morning!
How are you?
Well.
```

1.5.3 格式字符串

Console 类成员 Write()和 WriteLine()方法提供了程序到控制台窗口的输出方式。方法名后紧随的一对括号()中提供了要输出文本的内容。不过,除输出单句文本外,这两个方法还有更为灵活的输出形式。

以 WriteLine()方法为例,其完整的语法格式如下。

```
Console.WriteLine(格式字符串,替代值0,替代值1,替代值2,…);
```

例如,有以下语句。

```
Console.WriteLine("My name is {0} and my gender is {1}.","Jack","male");
```

程序运行后,将在屏幕上输出如下结果。

```
My name is Jack and my gender is male.
```

在以上 WriteLine()方法的参数中,"My name is {0} and my gender is {1}."是格式字符串,其后跟随了两个替代值("Jack"和"male")。从程序输出结果可以看出,这两个替代值被分别填充到格式字符串中的{0}和{1}处。格式字符串中的{0}和{1}这类符号被称为占位符,每个占位符用包含在大括号{}中的一个整数来表示。整数以 0 开始,每次递增 1,占位符的总数应等于格式字符串后指定的替代值数。当把文本输出到控制台时,每个占位符会被对应顺序上的替代值来替换。

同样地,Write()方法也有类似的完整格式。

```
Console.Write(格式字符串,替代值0,替代值1,替代值2,…);
```

1.5.4 多重标记和值

实际上,在 C#的控制台输出语句中,可以任意地通过格式字符串使用占位符和替代值来使文本的输出更为丰富。一个替代值可以多次替换格式字符串中对应占位符上的内容,只要占位符上的序号正确,而不必计较其先后顺序。例如:

```
Console.WriteLine("Hi! I'm {1}. My brother {0} runs a restaurant whose name is {0}'s Café.", "Tom","Lucy");
```

执行以上语句后将输出如下结果。

Hi! I'm Lucy. My brother Tom runs a restaurant whose name is Tom's Café.

替代值"Tom"和"Lucy"按其顺序分别对应占位符{0}和{1}，而占位符{0}和{1}却可以在格式字符串中不计较顺序和次数任意出现。但是要注意一点，占位符所对应的替代值必须是存在的，否则程序在编译时会报错。例如：

```
Console.WriteLine("Hi! I'm {1}. My brother {0} runs a restaurant whose name is {0}'s Café.","Tom");
```

由于占位符{1}找不到其对应的替代值，因此在编译程序时，系统会报错。这种对占位符和替代值的重用方法有时也被称为多重标记。

1.5.5 在程序中输入文本

在程序中输入文本的常用方法如下。

1. ReadLine()方法

ReadLine()方法也是Console类的一个成员，其作用是等待用户从控制台输入一行文本（以回车键结束输入），类似于C语言中的scanf()函数。输入的文本通常临时保存在一个字符串类型的变量中，等待后续使用。例如：

```
string s = Console.ReadLine();
```

2. ReadKey()方法

ReadKey()方法与ReadLine()方法类似，也是等待用户从控制台输入文本，但它只获取用户输入的一个字符。该字符通常临时保存在一个字符型的变量中，等待后续使用。例如：

```
char c = Console.ReadKey();
```

此外，ReadKey()方法还有一个重要的用处，就是加在Main()函数的最后，等待用户从键盘上输入任意字符结束程序，详见例1.8。

3. Read()方法

Read()方法也是从控制台输入文本，但不常用，其作用是获取输入文本（以回车键结束）首字符的ACSII码值。例如：

```
int i = Console.Read();
```

例 1.8　从控制台输入用户姓名,显示欢迎信息。程序运行结果如图 1-29 所示。

图 1-29　例 1.8 运行结果

分析：

① 最初的提示文字和等待用户输入的姓名在同一行中,因此使用 Write() 方法输出显示文字。

② 使用 ReadLine() 方法输入用户姓名并存于字符串变量中。

③ 最后用 WriteLine() 方法和格式字符串格式化输出欢迎文字。

程序的源代码如下。

```
static void Main(string[] args)
{
    Console.Write("请输入您的姓名：");
    string name = Console.ReadLine();
    Console.WriteLine("你好！{0},欢迎学习 C#!", name);
    Console.ReadKey();
}
```

众所周知,Main() 函数是 C#应用程序的"入口",当 Main() 函数中的语句全部执行完后,整个应用程序也就结束了。

在上述的程序源代码中,如果不加入最后一句 Console.ReadKey();,那么当 Main() 函数中的格式化输出语句 Console.WriteLine(…); 执行完后,程序会立即结束。这会导致严重后果,即用户还没来得及查看输出结果,控制台应用程序的窗口就已经被关闭。解决这一问题的方法是：在每个控制台应用程序的 Main() 函数最后加上适当的语句,例如 Console.ReadKey();,提示用户从键盘输入任意键后才能使程序结束运行。

1.5.6　注释

在本章的程序源代码中,一些语句的后面有一个双斜杠//,紧跟其后的是对这个语句的注释内容,例如例 1.7 中的程序源代码。

```
private void textBox3_Enter(object sender, EventArgs e)   //光标进入文本框 3 时判断：
{
    if(textBox1.Text != "" && textBox2.Text != "")         //若两个操作数都已输入
    {                                                       //计算结果
```

```
            textBox3.Text = (int.Parse(textBox1.Text) + int.Parse(textBox2.
    Text)).ToString();
        }
}
```

为语句添加注释有利于程序的阅读、维护和调试,这些被注释过的内容在编译时会被编译器自动忽略。在编写代码时添加适当注释能够增强程序的可读性,帮助阅读者更清楚地理解语句的意义。

在C#中,大致有3种类型的注释方法。

1. 单行注释

单行注释通常写在简单语句的后面,通过双斜杠//表示单行注释的开始。例如:

```
s = textBox1.SelectedText;                    //选中的文本送入"剪贴板"
```

就是典型的单行注释。

2. 块注释

块注释是用来注释多行连续内容的,它将要注释的内容用一对/ * 和 * /符号闭合。例如:

```
/*
    This is not the real code.
    It's just annotate.
    It will be ignored by the compiler.
*/
```

有时,块注释也可以用在一条简单语句的中间位置。例如:

```
int / * var1, * / var2;
```

这一般在程序员调试程序时,需要临时屏蔽掉某些内容时才使用。

3. 文档注释

C#还提供了另一种注释方式,即文档注释。这种注释形式上带有 XML 标签,可以由.NET 提供的文档生成系统自动生成项目文档,非常适用于大型项目的开发。它看上去和单行注释很像,以三个斜杠///开头。例如:

```
///<summary>
///This class represents a new Program.
///</summary>
```

源代码中所有被标记了///的语句都可以被自动生成项目文档,这一点十分有用。

1.6 综合应用

本章介绍了C#语言面向对象可视化编程的基础知识,包括开发环境、基本控件及语法规则;对各种常用控件的属性、事件及方法作了详细介绍。通过对本章的学习,读者可以编写简单的Windows窗体应用程序和控制台应用程序。学习过程中,读者可能会感觉到新的概念较多,大量的控件属性不容易记住。但只要掌握了一些控件的主要属性、事件及方法并通过上机实验,便会很容易使用C#语言写一些简单的应用程序。

下面通过一个综合应用的例子对本章的知识作个总结。

例1.9 创建一个简单的记事本程序,实现文本的剪切、复制、粘贴及格式刷功能,如图1-30所示。要求:

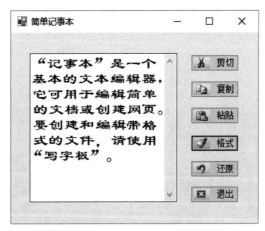

图1-30 简单的记事本程序

① 在窗体上放置1个多行文本框和6个命令按钮。

② 在"剪切""复制""粘贴""格式""还原"和"退出"6个按钮上导入logo,要求各按钮上的图一律左对齐,文本一律右对齐。

③ 单击各命令按钮,实现相应功能。"退出"按钮可通过 Application.Exit();语句实现。

分析:

要实现"剪切""复制"和"粘贴"操作,首先需要一个能够临时存放数据的"剪贴板"。当用户进行"剪切"或"复制"操作时,把选中的数据(已被自动存放在文本框的SelectedText属性中)送入该"剪贴板"中临时存放;当进行"粘贴"操作时,再把"剪贴板"中的数据重新放回光标所在位置(即 SelectedText 属性所指定的内容)。

这里的"剪贴板"可通过设置一个公共的字符串类型变量 s 来实现(关于变量的介绍详见第2章)。

程序的源代码如下。

```csharp
string s;                                          //定义"剪贴板"为字符串变量 s

private void Form1_Load(object sender, EventArgs e)
{
    textBox1.Text = """记事本"是一个……";        //初始化文本
    textBox1.Font = new Font("宋体", 9);          //设置默认字体
    textBox1.ForeColor = Color.Black;             //设置默认颜色
}

private void button1_Click(object sender, EventArgs e)
{
    s = textBox1.SelectedText;                    //选中的文本送入"剪贴板"
    textBox1.SelectedText = "";                   //清除选中文本,实现剪切
}

private void button2_Click(object sender, EventArgs e)
{
    s = textBox1.SelectedText;                    //选中的文本送入剪贴板,实现复制
}

private void button3_Click(object sender, EventArgs e)
{
    textBox1.SelectedText = s;                    //"剪贴板"中的内容送入光标所在位置
}                                                 //实现粘贴

private void button4_Click(object sender, EventArgs e)
{
    textBox1.Font = new Font("隶书", 16);         //修改字体及大小
    textBox1.ForeColor = Color.Blue;              //修改文本颜色
}

private void button5_Click(object sender, EventArgs e)
{
    Form1_Load(sender, e);                        //调用窗体载入事件处理程序,回到最
}                                                 //初窗体载入时的文本和格式

private void button6_Click(object sender, EventArgs e)
{
    Application.Exit();                           //退出应用程序
}
```

注意：在以上代码中，作为"剪贴板"的变量 s 由于被多个事件处理程序所共享，因此必须声明变量 s 在所有事件处理程序的外部（详见第 2 章关于变量的作用域的介绍）。

在用户单击"还原"按钮后，通过执行语句 Form1_Load(sender, e);去调用窗体载入事件中文本框初始化的语句，可以有效地避免代码冗余问题。

可以看出，上例中所实现的简单记事本程序仅能实现文本的剪切、复制、粘贴功能，编辑后的文本内容无法保存，格式设置功能也过于简单。要实现更多记事本程序的功能，需要进一步学习第 4 章关于菜单和工具栏设计、通用对话框等知识内容。

1.7 能力提高——数据校验

一个用户体验感强的应用程序在数据校验方面应该有出色的表现。例如例 1.7 介绍的加法器程序，由于进行数学运算，输入的两个操作数就不能为空且必须是数字。若程序员在编写程序时，只以实现加法运算为目的而不考虑数据完整性和有效性问题，则程序源代码只需要简化成以下事件处理程序中的一句。

```
private void textBox3_Enter(object sender, EventArgs e)
{
    textBox3.Text = (int.Parse(textBox1.Text) + int.Parse(textBox2.Text)).ToString();
}
```

这种情况下，如果用户输入的数据完整且有效（在"＋"号两边都输入了数字），则当光标进入 textBox3 后，可以顺利地看到如图 1-31(a)所示的运行效果。但是，如果输入的数据不完整或不合法（例如，少输了一个操作数或在"＋"号的两边输入了非数字字符），则当光标进入 textBox3 后，程序将无法顺利运行，并且会显示如图 1-31(b)所示的错误信息。

(a) 数据输入正确时

图 1-31 不带校验的加法器运行界面

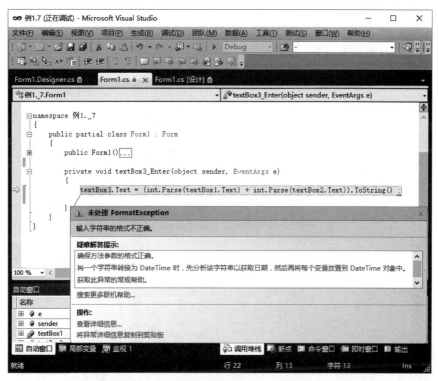

(b) 数据输入错误时

图 1-31 （续）

1.7.1 数据完整性校验

数据完整性校验通常用于用户提交数据时,首先检查所有应该输入的数据是否填写完整。

例如,在例 1.7 的加法器程序中,当光标进入 textBox3 时先判断"＋"号两边的操作数是否输入完整,可通过如下代码实现。

```
private void textBox3_Enter(object sender, EventArgs e)
{
    if(textBox1.Text != "" && textBox2.Text != "")
    {
        textBox3.Text = (int.Parse(textBox1.Text) + int.Parse(textBox2.Text)).ToString();
    }
}
```

又如,在用户登录时,程序必须先检查用户是否已将登录信息填写完整,再去后台进行登录认证。

例 1.10 编写一个基于用户登录的数据校验程序,要求:先后校验用户是否输入了用户名和密码,如未输入,提示用户输入并将光标定位于输入位置。只有在登录信息填写完整后,才能进行后续的登录验证工作。程序运行效果如图 1-32 所示。

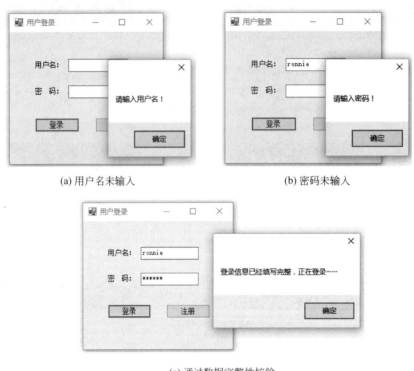

(a) 用户名未输入　　　　　　　(b) 密码未输入

(c) 通过数据完整性校验

图 1-32　用户登录校验界面

分析:

校验某个数据是否填写完整最基本的方法是判断其是否为空,如为空,则弹出信息提示框并将光标定位到相应位置要求用户填写,然后将程序返回。

程序的源代码如下。

```csharp
private void button1_Click(object sender, EventArgs e)
{
    if (textBox1.Text == "")                      //校验用户名是否输入
    {
        MessageBox.Show("请输入用户名!");
        textBox1.Focus();
        return;
    }

    if (textBox2.Text == "")                      //校验密码是否输入
    {
        MessageBox.Show("请输入密码!");
```

```
        textBox2.Focus();
        return;
    }

    MessageBox.Show("登录信息已经填写完整,正在登录……");
}

private void button2_Click(object sender, EventArgs e)    //弹出注册窗口
{
    Form2 f2 = new Form2();
    this.Hide();
    f2.ShowDialog();
    this.Show();
}
```

说明:本程序兼具用户登录和注册功能,采用多重窗体实现方案,"注册"按钮的单击事件处理程序中的代码(即 button2_Click()事件处理程序)用来实现弹出注册窗口 Form2 的功能,详见 4.4 节有关多重窗体应用程序开发的内容。

1.7.2 数据有效性校验

数据有效性校验通常用来判断用户输入的数据是否符合某种逻辑要求。

在例 1.7 的加法器程序中,当光标进入 textBox3 进行加法运算前,会先离开 textBox1 和 textBox2,这就需要在光标离开这两个文本框时判断其中的操作数是否是合法的数字。如果不是,则提示用户重新输入,否则执行前述 textBox3_Enter()事件处理程序中的加法运算。

例如,判断输入操作数的合法性可通过如下代码实现。

```
private void textBox1_Leave(object sender, EventArgs e)
{
    if (!numMatch(textBox1.Text))
    {
        MessageBox.Show("只能是整数(>=0),请重试!");
        textBox1.Text = "";
        textBox1.Focus();
    }
}

private void textBox2_Leave(object sender, EventArgs e)
{
    if (!numMatch(textBox2.Text))
    {
        MessageBox.Show("只能是整数(>=0),请重试!");
```

```
            textBox2.Text = "";
            textBox2.Focus();
        }
    }
```

这里,用一个自定义的函数 numMatch()来校验两个文本框中输入的数据是否为数字。关于该函数是如何实现数字判断的,详见本节后续关于正则表达式的介绍。

又如,在新用户注册时,输入新用户名必须符合用户名的命名规则,并且是一个未被注册过的用户名,而输入的密码必须达到一定的长度(或复杂度)且两次输入的密码必须相同;在进行四则运算时,输入的操作数必须是数字。所有这些都涉及程序设计过程中的数据有效性校验。

例 1.11 编写一个基于用户注册的数据校验程序,要求:

① 校验输入的数据是否完整,如未输入完整,提示用户输入并将光标定位于相应输入位置。

② 校验用户输入的密码是否满足 8~16 位的长度,以及两次输入的密码是否一致。只有在登录信息填写完整后,才能进行后续的登录验证工作。

程序运行效果如图 1-33 所示。

(a) 校验密码是否满足8~16位长度

(b) 校验两次输入的密码是否一致

图 1-33 用户注册校验演示 1

分析：

① 校验密码的长度可用 Length 属性，在文本框的 Leave 事件中进行。

② 校验两次密码输入是否一致可在"注册"按钮的单击事件中待数据完整性验证完成之后进行。

程序的源代码如下。

```csharp
private void button1_Click(object sender, EventArgs e)
{
    if (textBox1.Text == "")                    //判断用户名是否输入
        MessageBox.Show("请输入用户名!");
        textBox1.Focus();
        return;
    }

    ...                                          //判断密码和确认密码是否输入,写法同上

    if (textBox2.Text != textBox3.Text)          //判断两次输入的密码是否相同
    {
        MessageBox.Show("您两次输入的密码不相同,请重试!");
        textBox2.Text = "";
        textBox3.Text = "";
        textBox2.Focus();
        return;
    }

    MessageBox.Show("注册信息已经填写完整,正在注册……");
}

private void textBox2_Leave(object sender, EventArgs e)
                                                 //判断密码长度是否合法
{
    if (textBox2.Text.Length < 8 || textBox2.Text.Length > 16)
    {
        MessageBox.Show("对不起,密码长度必须在 8~16 位之间,请重新输入!");
        textBox2.Text = "";
        textBox2.Focus();
    }
}

private void textBox3_Leave(object sender, EventArgs e)
                                                 //判断确认密码长度是否合法
{
    if (textBox3.Text.Length < 8 || textBox3.Text.Length > 16)
```

```
        {
            MessageBox.Show("对不起,密码长度必须在8~16位之间,请重新输入!");
            textBox3.Text = "";
            textBox3.Focus();
        }
    }

    private void button2_Click(object sender, EventArgs e)      //关闭注册窗口
    {
        this.Close();
    }
```

说明:本例和例1.10是同一个程序,兼具用户登录和注册功能,采用多重窗体实现方案,"注册"窗口中"关闭"按钮的功能通过窗体对象的Close()方法实现,详见4.4节。

1.7.3 正则表达式

正则表达式是实现数据有效性验证的方法之一。它是一个预先定义好的规则字符串,给定一个正则表达式和一个字符串,可以达到如下目的。

① 判断给定的字符串是否符合正则表达式的过滤逻辑(称为"匹配")。

② 可以通过正则表达式从字符串中获取我们想要的特定部分。

在例1.7的加法器程序中,判断用户输入的操作数是否合法(无符号整数)通过自定义一个numMatch()函数来实现,该函数通过定义和使用正则表达式方法实现对字符串的规则校验。

程序的源代码如下。

```
using System.Text.RegularExpressions;       //引用正则表达式名称空间,写在"代码"
                                            //窗口的最上方
...

private bool numMatch(string s)
{
    Regex reg = new Regex("^[0-9]*$");       //定义正则表达式
    if(reg.IsMatch(s)) return true;          //匹配数字
    else return false;                        //不匹配数字
}
```

在以上程序源代码中,Regex reg = new Regex("^[0-9]*$");就是一个用户定义的正则表达式。在C#中,正则表达式为Regex类型,可以用"Regex对象.IsMatch()"形式来判断一个待验证的字符串是否匹配该正则规范。

(1) 正则匹配规则

要建立一个正则表达式,所定义的字符串必须符合正则匹配规则,表1-10列出了部

分常用的正则元字符及介绍。

表 1-10　部分常用的正则元字符及介绍

元　字　符	描　　述
^	匹配输入字符串的开始位置
$	匹配输入字符串的结束位置
*	匹配前面的子表达式零次或任意次
+	匹配前面的子表达式一次或多次
?	匹配前面的子表达式零次或一次
[xyz]	字符集合,匹配所包含的任意一个字符 可以用"-"符号表示字符范围,例如[a-zA-Z0-9]表示所有大小写字母和数字的集合

例如:
无符号整数匹配　　　^[0-9]*$
合法用户名的匹配　　^[a-zA-Z][a-zA-Z0-9_]*$

(2) C#中正则匹配的步骤

① 引用名称空间。

```
using System.Text.RegularExpressions
```

② 定义正则对象。

```
Regex reg = new Regex("^[0-9]*$");
```

③ 用 isMatch()方法校验。

```
reg.IsMatch(s)
```

其中,s 是被校验的字符串。若该方法返回值为 True,说明字符串 s 匹配该正则;若该方法返回值为 False,则说明字符串不匹配该正则。

例 1.12　在例 1.11 所示的用户注册的数据校验程序上增加用户名校验的功能,要求:用户名长度必须在 6~10 位之间,且满足用户名命令规则,即用户名必须以字母开头,后跟字母、数字或下画线。

程序运行效果如图 1-34 所示。

分析:
① 校验用户名的长度和合法性可在文本框的 Leave 事件中进行。
② 校验用户名是否符合命名要求可先定义基于用户名规则的正则。

```
Regex reg = new Regex("^[a-zA-Z][a-zA-Z0-9_]*$");
```

然后,再用 isMatch()方法校验。

(a) 校验用户名是否满足6~10位长度

(b) 校验用户名是否符合命名规则

图 1-34　用户注册校验演示 2

在例 1.11 的 Form2 中添加如下程序源代码。

```csharp
using System.Text.RegularExpressions;      //引用正则表达式名称空间,写在"代码"
                                           //窗口的最上方
...

private void textBox1_Leave(object sender, EventArgs e)
{
    if (textBox1.Text.Length < 6 || textBox1.Text.Length > 10)
                                           //判断用户名长度是否合法
    {
        MessageBox.Show("对不起,用户名长度必须是 6~10 位,请重新输入!");
        textBox1.Text = "";
        textBox1.Focus();
        return;
    }

    Regex reg = new Regex("^[a-zA-Z][a-zA-Z0-9_]*$");
                                           //定义匹配合法用户名的正则
```

```
    if (!reg.IsMatch(textBox1.Text))           //判断正则是否匹配
    {
        MessageBox.Show("对不起,用户名只能以字母开始,后跟字母、数字或下画线,请重
新输入!");
        textBox1.Text = "";
        textBox1.Focus();
        return;
    }
}
```

思考：若要设计一个电子邮箱的注册程序,应该如何定义邮箱地址的正则匹配规则？

上 机 实 验

1. 实验目的

① 了解 Visual Studio .NET 对计算机软、硬件的要求。
② 掌握启动与退出 C♯ 编程环境的方法。
③ 掌握建立、编辑和运行一个简单的 C♯ 应用程序的全过程。
④ 掌握文本框、标签、命令按钮、图像框等常用控件的使用方法。
⑤ 理解数据校验的意义,能在应用程序中加入简单的数据校验功能。
⑥ 学会 C♯ 应用程序改名的一般方法,理解应尽可能避免程序改名。

2. 实验内容

实验 1-1 启动 Visual Studio .NET,创建一个 Windows 窗体应用程序,要求在屏幕上显示"欢迎学习 Visual C♯"文字。在文本框中输入你的姓名,单击命令按钮后,把输入的姓名显示到标签中。程序运行界面如图 1-35 所示,项目名保存为 sy1-1。实验 1-1 控件属性设置如表 1-11 所示。

图 1-35 实验 1-1 程序运行界面

表 1-11　实验 1-1 控件属性设置

控件对象名称	属　　性	设　置　值
Form1	Text	欢迎学习
label1	Text	欢迎学习 Visual C♯
	TextAlign	MiddleCenter
	Font	隶书、粗体、二号
	AutoSize	False
label2	Text	请输入你的姓名：
	Font	宋体、下画线
textBox1	Text	（清空）
button1	Text	你输入的姓名是：
label3	Text	（清空）
	AutoSize	False
	BorderStyle	Fixed3D

实验 1-2　编写一个 C♯ 控制台应用程序，程序开始时提示用户输入姓名、学号，并且等待用户从键盘输入。当用户输入完成按下回车键后，提示欢迎信息。程序运行界面如图 1-36 所示，项目名保存为 sy1-2。

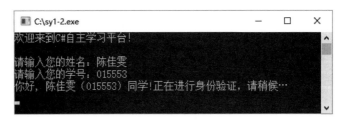

图 1-36　实验 1-2 程序运行界面

提示：输出文本可用 Console.Write() 和 Console.WriteLine() 方法，最后的身份验证信息可利用 1.5.3 节介绍的格式字符串来控制输出。

```
Console.WriteLine(格式字符串,替代值 0,替代值 1,替代值 2,…);
```

其中，用户从键盘输入的姓名和学号通过 Console.ReadLine() 方法获取；输出结果后利用 Console.ReadKey() 方法等待用户在键盘按任意键结束程序。

实验 1-3　模仿例 1.1 的字幕动画程序，将程序中的字幕左右移动变为上下移动，同时考虑文字移出窗体边界时的情况，背景图和按钮上的 logo 可选择自己喜欢的图片，鼠标经过文字时可改变文字颜色。属性设置可参考表 1-1，项目名保存为 sy1-3。

实验 1-4　编写一个"四则运算"程序，要求在文本框中输入操作数 1 和操作数 2（假设数据输入完整且有效),单击相应的运算符按钮,在第三个文本框中显示计算结果,同时实现文本框的清空和程序的退出功能。程序运行界面如图 1-37 所示,项目名保存为 sy1-4。

提示:数学运算可参考例 1.7 中的加法运算。为了能处理小数运算,可以使用 float.Parse() 方法将文本框中的数据进行转换。例如,处理加法计算时可以像下面这样写。

图 1-37　实验 1-4 程序运行界面

```
textBox3.Text = (float.Parse(textBox1.Text) + float.Parse(textBox2.Text)).ToString();
```

减、乘、除的计算方法以此类推。文本框清空可用以下语句实现。

```
textBox1.Text = "";
```

程序退出可用以下语句实现。

```
Application.Exit();
```

实验 1-5　参考例 1.2 对窗体的 3 个事件(Load、Click 和 DoubleClick)编写程序,在窗体载入、单击和双击时分别装入自己喜欢的图片,并且窗体载入时修改程序左上角的图标。同时要求窗体上放一个标签,在窗体载入和单击时不显示标签,双击窗体时显示标签。程序运行界面如图 1-38 所示,项目名保存为 sy1-5。

(a) 载入窗体

(b) 单击窗体

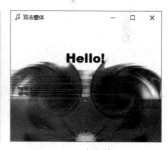
(c) 双击窗体

图 1-38　实验 1-5 程序运行界面

提示:可以修改 Visible 属性来控制标签对象的显示或隐藏。

实验 1-6　编写一个"文本复制"程序。窗体载入时在文本框 1 中装入文本(对窗体的 Load 事件编写程序);单击"格式"按钮时,更改字体设置(隶书、20 磅,也可自行选择);单击"还原"按钮时,还原字体设置;单击"复制"按钮时,把文本框 1 中选中的内容复制到文本框 2 中,要求连同字体格式一起复制。程序运行界面如图 1-39 所示,项目名保存为 sy1-6。

提示:文本框 1 中选中的内容通过 SelectedText 属性获取;格式的复制可通过 textBox2.Font = textBox1.Font;语句实现。

图 1-39 实验 1-6 程序运行界面

实验 1-7 在例 1.4 的基础上,利用图像框、命令按钮等控件,完成一个能实现将图片多级缩放的程序。程序运行界面如图 1-40 所示,项目名保存为 sy1-7。

(a) 图像最大情况　　　　　　(b) 图像缩放中　　　　　　(c) 图像最小情况

图 1-40 实验 1-7 程序运行界面

提示:图片缩放过程中始终保持 4∶3 的宽高比,最大时为 240×180,最小时为 24×18,共 10 级缩放。

实验 1-8 编写一个可以实现倒数计时的秒表程序。在文本框中输入倒计时秒数,单击"计时"按钮开始计时。窗体上显示计时过程,最终以消息框形式提示用户计时结束。程序运行界面如图 1-41 所示,项目名保存为 sy1-8。

 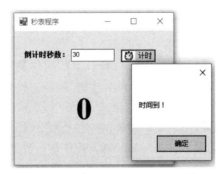

(a) 倒计时开始　　　　　　　(b) 倒计时结束

图 1-41 实验 1-8 程序运行界面

提示：利用时钟控件实现计时，设置时钟间隔为1000ms，计时开始时打开时钟。每个时钟间隔内，屏幕上的倒计时数字减1，减至0时时钟关闭。

实验1-9 利用命令按钮、图像框和定时器创建一个"气球升空"应用程序，模拟气球升空场景。要求：

① 窗体背景为flowers.jpg，上面有一个等待升空的热气球，热气球的初始状态在窗体左下角。

② 单击"开始"按钮，热气球逐渐升空，升空过程中应能看到气球由近及远、由大变小的过程。

③ 当气球飞出窗体外部（超过气球的两倍高度）时，重新初始化程序。

窗体设计时的效果如图1-42(a)所示，程序运行时的效果如图1-42(b)所示，项目名保存为sy1-9。

(a) 窗体设计时的效果　　　　　　　　　(b) 程序运行时的效果

图1-42　实验1-9程序运行界面

提示：可以参考例1.1的字幕动画程序，修改图像框的Top和Left属性，使热气球往右上方移动；同时修改图像框的Width和Height属性，实现气球升空由近及远的效果。

实验1-10 为实验1-4完成的"四则运算"程序添加数据校验机制，要求实现如下数据校验功能。

① 进行四则运算时，操作数不得为空。

② 输入的操作数必须是无符号整数。

③ 在除法运算时，除数不得为零。

运算成功时的程序运行界面如图1-37所示，且当至少有1个操作数未输入时，单击"＋""－""＊""/"按钮无效。操作数不合法时的程序运行界面如图1-43(a)所示，除数为零时的程序运行界面如图1-43(b)所示，项目名保存为sy1-10。

提示：操作数的合法性可参考例1.7，为文本框编写Leave事件并结合正则表达式实现数据的有效性校验。

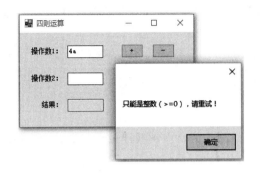 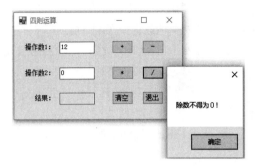

(a) 操作数不合法时　　　　　　　　　(b) 除数为0时

图 1-43　实验 1-10 程序运行界面

实验篇：C♯编程入门实验

第 2 章

C♯语言基础

思政材料

本章首先从程序操作的基本对象(数据)入手,介绍了常量、变量以及数据类型和各种运算符,对一些复杂数据类型(如字符串、数组)作了详细讲解。此外,还介绍了程序设计中常用的结构:分支结构和循环结构。最后,介绍了.NET 环境下的程序调试技术和错误处理技术。

2.1 数据类型和变量

本节从一个简单的"输入半径求圆面积"的控制台应用程序入手,引入 C♯中的数据类型以及变量、常量等概念。

2.1.1 引例

例 2.1 从控制台输入圆的半径,计算并输出其面积和周长。要求输入整数半径 r,通过面积公式 S＝πr² 和周长公式 C＝2πr 进行计算(其中,π＝3.1415926),计算结果允许小数。程序运行结果如图 2-1 所示。

首先,创建一个 C♯控制台应用程序。

然后,在 Program.cs 文件的 Main()函数中编写以下代码。

图 2-1 例 2.1 程序运行结果

```
static void Main(string[] args)
{
    const double Pi = 3.1415926;                    //定义圆周率 Pi
    byte r ;                                        //定义半径 r
    double s,c;                                     //定义面积 s,周长 c
    Console.WriteLine("请输入圆的半径：");
    r = byte.Parse(Console.ReadLine());             //输入半径 r 并转换成 byte 值
    s = Pi * r * r;                                 //计算圆的面积 s
```

```
        c = 2 * Pi * r;                              //计算圆的周长 c
        Console.WriteLine("r={0}, s={1}", r, s);     //格式化输出
        Console.WriteLine("r={0}, c={1}", r, c);     //格式化输出
        Console.Write("请按任意键继续…");
        Console.ReadKey();                           //等待用户按任意键结束程序
    }
```

在以上代码中,用 Pi 代表圆周率 π,用 r 代表圆的半径,用 s、c 分别代表圆的面积、周长。这里,Pi 的值是固定不变的,而 r、s、c 都是可变的。那么,这些元素如何在 C#语言中进行说明并表示出来呢?这就是本节要讨论的内容。

在如图 2-1 所示的程序中,输入的 r 值为 10,是整数,而输出的 s 和 c 为小数形式,也就是说,r 与 s 是不同的数据类型。那么 C#语言的数据类型是如何规定的呢?

C#语言的数据类型如图 2-2 所示。

在 1.5.1 节中曾提及:Main()函数是 C# 应用程序的"入口",当 Main()函数中的语句全部执行完后,整个应用程序也就结束了。在例 2.1 所示的程序源代码中,Main()函数中的最后一条语句应该是以上代码中的倒数第 3 句 Console.WriteLine("r={0},c={1}",r,c);,当该语句执行完成后,程序结束。在不编写以上代码中最后两条语句的前提下调试该程序,读者不难发现:用户还没来得及查看输出结果,控制台应用程序的窗口就已经被关闭。这是非常糟糕的。

图 2-2 C#语言的数据类型

解决这一问题的方法是:在每个控制台应用程序的 Main()函数最后加上以下两条语句,提示用户从键盘输入任意键后才能使程序结束运行。

```
Console.Write("请按任意键继续…");
Console.ReadKey();                           //等待用户按任意键结束程序
```

注意,本章其余控制台应用程序中都在 Main()最后自行添加了以上两句程序源代码,以确保程序的顺利运行。

2.1.2 值类型

在介绍值类型之前,先简单介绍什么是"变量"。变量可以视为计算机内存中的一个个盒子,用来存放数据。

值类型的变量中直接存储了自己的数据,对于值类型变量的操作就是直接修改变量中的数据,因此对某个变量的操作不可能影响另一个变量。C# 的值类型分为简单类型、枚举类型和结构类型。

1. 简单类型

简单类型包括整数类型、浮点数类型、小数类型、字符类型和布尔类型,见表 2-1。

表 2-1 简单类型

类别	类型	字节	范围/精度
有符号整型	sbyte	1	−128～127
	short	2	−32 768～32 767
	int	4	−2 147 483 648～2 147 483 647
	long	8	−9 223 372 036 854 775 808～9 223 372 036 854 775 807
无符号整型	byte	1	0～255
	ushort	2	0～65 535
	uint	4	0～4 294 967 295
	ulong	8	0～18 446 744 073 709 551 615
浮点型	float	4	$-3.4\times10^{38}\sim-1.5\times10^{-45}$ 和 $1.5\times10^{-45}\sim3.4\times10^{38}$，7 位精度
	double	8	$-1.7\times10^{308}\sim-5.0\times10^{-324}$ 和 $5.0\times10^{-324}\sim1.7\times10^{308}$，15 位精度
高精度小数	decimal	16	$-7.9\times10^{28}\sim-1.0\times10^{-28}$ 和 $1.0\times10^{-28}\sim7.9\times10^{28}$，28 位精度
字符类型	char	2	0～65 535
布尔类型	bool	1	True 或 False

(1) 整数类型

数学中的整数可以从负无穷到正无穷,但由于计算机的存储单元是有限的,因此编程语言提供的整数类型是在一定范围内的。实际使用时,可以根据需要,选择合适范围的整数类型,避免浪费存储空间。

例 2.2 编写一个测试数据溢出的程序,要求声明一个 sbyte 型变量 x,其初值为最大允许值 127,然后通过自增运算使其值溢出。观察程序运行结果并思考:对于溢出数据,C#是如何处理的?

程序运行结果如图 2-3 所示。

首先,创建一个 C#控制台应用程序。

然后,在 Program.cs 文件的 Main()函数中编写以下代码。

图 2-3 例 2.2 程序运行结果

```
static void Main(string[] args)
{
    sbyte x = 127;
    Console.WriteLine("x={0}",x);
    x++;
    Console.WriteLine("x+1={0}",x);
    Console.Write("请按任意键继续…");
    Console.ReadKey();                    //等待用户按任意键结束程序
}
```

分析：

在以上程序中，x 的初值是 127，做完 x++（即 x+1），应该是 128，为什么输出 x 却是 -128 呢？原因就在于 x 是 sbyte 类型，通过查表 2-1 可知，sbyte 类型的范围为 -128～127；也就是说当 x=127 时，已经达到该类型的最大值，如果再 +1，就超出 sbyte 所能表示的范围，发生数据溢出错误。至于为什么是 -128？这与数据在内存中是以二进制形式存储有关，这里不作详细解释，读者在使用数据类型时应注意范围，避免发生这种数据越界的错误。

（2）浮点数类型

float 和 double 这两种浮点数类型的主要区别是：取值范围和精度不同。在对精度要求不高的浮点计算中，可以使用 float；而使用 double 会使结果更精确，当然也会占用更多的内存，计算机的处理任务也更繁重。

（3）小数类型

decimal 是小数类型（也称为十进制类型），其实也是浮点数类型，虽然取值范围比 double 类型范围小很多，但是它精度更高，可以精确到 28 个小数位，一般用于财务金融计算。

（4）字符类型

字符包括数字字符、英文字母、符号等。每个字符对应一个 ASCII 码，例如 0～9 十个阿拉伯数字的 ASCII 码为 48～57；26 个大写英文字母的 ASCII 码为 65～90；26 个小写英文字母的 ASCII 码为 97～122。字符常量在使用时必须加单引号，如'A'。需要注意：在 C/C++ 中字符变量的值是 ASCII 码，因此可以对字符变量使用整数进行赋值和运算，而 C# 中是不允许的。

转义字符是一种特殊的字符常量；以反斜杠"\"开头，后跟一个或几个字符。由于具有特定的含义，不同于字符原有的意义，故称为"转义"字符，主要用来表示那些用一般字符不便于表示的控制代码，详见表 2-2。

表 2-2 转义字符

转 义 符	含 义	转 义 符	含 义
\'	单引号	\f	换页
\"	双引号	\n	换行
\\	反斜杠	\r	回车
\0	空字符	\t	水平 Tab
\a	感叹号	\v	垂直 Tab
\b	退格		

例如：

```
Console.Write("你是\"天才\"哈哈！");
```

输出:

```
你是"天才"哈哈!
```

更常用的情况是,在字符串中表示路径。

```
Console.Write("c:\\myVSProject\\test.sln");
```

输出:

```
c:\myVSProject\test.sln
```

(5) 布尔类型

布尔类型有两个值:false 和 true。不能认为整数 0 是 false,其他值是 true。

```
bool x = 1;                    //错误,不存在这种写法,只能写成 x = true 或 x = false
```

2. 枚举类型

枚举类型是将相同类型、表达固定含义的一组数据作为一个集合放到一起形成的新数据类型。枚举类型用 enum 关键字定义。

例如:将一星期 7 天放到一起,形成新的数据类型来描述星期。

```
enum Days {Sun, Mon, Tue, Wed, Thu, Fri, Sat};
```

再定义一个枚举类型的变量 myday。

```
Days myday;
```

变量 myday 的值可以是 Sat,也可以是 Sun 或其他枚举类型中的星期元素,但一个时刻只能是具体的某一天,不能既是 Sat 又是 Sun。

```
myday = Sat;                   //将 myday 赋值为 Sat
```

枚举类型就是为一组在逻辑上密不可分的整数值提供便于记忆的符号。默认枚举中的每个元素类型都是 int,而且第一个元素的值为 0,它后面的每一个连续元素的值按加 1 递增。当然,也可以给元素直接赋值,但类型仅限于 long、int、short 和 byte。

例如:将 Mon 的值设为 1,其后元素的值分别是 2、3、…。

```
enum Days {Mon=1, Tue, Wed, Thu, Fri, Sat, Sun};
```

3. 结构类型

在日常生活中会碰到一些复杂的数据,例如学生信息中可包含学号、姓名、家庭住址等。如果按简单类型存放,每个学生的信息都要分到不同的几个变量中,这样的设计会给后续的编程造成很多不便,那有没有更好的办法呢?

C#中提供了结构类型来解决这类问题,它将一系列相关的变量组织成一个单一的实体,这个单一的实体就是结构类型,构成它的每个变量称为结构体成员。结构类型用 struct 关键字定义。例如,学生信息结构体定义如下。

```
struct student
{
    public string num;                  //学号
    public string name;                 //姓名
    public string address;              //家庭住址
};
```

再定义一个 student 结构类型的变量 st。

```
student st;
```

对结构成员的访问可以通过下面的方法实现。

```
变量名.成员名
```

例如,将 st 变量的姓名赋为 Jim。

```
st.name = "Jim";
```

结构类型包含的成员不限制数据类型,可以将结构类型作为另一个结构的成员。例如:

```
struct student
{
    public string num;                  //学号
    public string name;                 //姓名
    struct address                      //家庭住址
    {
        public string city;             //城市
        public string street;           //街道
    }
};
```

2.1.3 引用类型

因为值类型比较简单,不能够描述结构复杂、抽象能力强的数据,而且对值类型的操作也比较简单,例如封装、继承和多态等都不能通过值类型来实现,所以需要引入引用类型。

引用类型不直接存储实际的数据,而是存储指向数据的地址。因此两个变量可能引用同一个对象,对一个变量的操作可能影响另一个变量所引用的对象。如我们熟悉的字符串、数组等就属于引用类型。这里暂不对引用类型进行详细介绍,本章后几节会进行深入讲解。

2.1.4 变量和常量

变量和常量都是存储各种类型的数值的空间。

1. 变量

变量代表数据的存储地址,每个变量所能存储的数值由它本身的类型决定。

(1) 变量的声明和初始化

在变量被赋值之前,变量的类型必须被明确地声明。变量声明的语法格式如下。

```
[访问修饰符] [变量修饰符] 数据类型 变量名;
[访问修饰符] [变量修饰符] 数据类型 变量名 = 初值;
```

其中,第一种方法只是声明了变量,并没有对变量进行赋值,此时变量使用默认值,可在程序运行中给变量赋值。第二种方法在声明的同时对变量进行了初始化,但需要注意的是,变量值应与变量的数据类型相符。

C#访问修饰符有 public、private、protected、internal 和 protected internal,用于指定类成员的可访问性;变量修饰符有 const、static、extern、volatile 等,用来指定变量的属性,最常用的是 const 和 static,后面会有介绍。

(2) 变量的命名规范

在 C#中,对变量的命名有一些限制,包括以下规则。

- 变量名必须以字母开头,不能由数字、其他符号开头。
- 变量名只能有字母、数字、下画线,不能包含空格、标点等。
- 变量名不得与 C#中的关键字、库函数同名。

下面给出了一些合法和不合法的变量名。

```
string 3str;              //不合法,以数字开头
float total count;        //不合法,变量名包含空格
int prod2;                //合法
double Main;              //不合法,与 Main 函数同名
double float;             //不合法,因为 float 是关键字,不能用作变量名
```

(3) 变量的作用域

变量的作用域指可以访问某个变量的代码区域。只有在变量被声明的代码块(指大括号"{"和"}"之间的代码)中,它才能被访问,一旦程序执行超过某个代码块,则该代码块

中声明的所有局部变量不能再被访问。下面的例子演示了在变量的作用域外访问变量的情形。

```
static void Main(string[] args)
{
    for (int i = 0; i < 10; i++)
    {
        Console.WriteLine(i);                              //i 在这个循环中有效
    }
    Console.WriteLine("last value of i in loop {0}", i);   //在循环外输出 i 的值会出错
}
```

调试这段程序会报错"当前上下文中不存在名称 i",因为 i 是定义在 for 语句块内的变量。程序进入语句块时 i 生效,出了语句块就失效,因此认为语句块外的 i 是没有定义的。

(4) 静态变量和非静态变量

静态变量就是用 static 修饰符声明的变量。所谓"静态"是指变量只需要创建一次,在后面的程序中就可以多次引用。静态变量最好在定义时赋值,例如:

```
static int x = 1;
```

非静态变量就是不带 static 修饰符声明的变量,也被称为实例变量或普通变量,例如:

```
int x = 1;
```

在 C#中,静态变量需要在类中以静态成员的形式使用,读者可以参考 3.6 节中的应用实例。

2. 常量

常量即其值在使用过程中不会发生变化的量。通常在声明时,在前面加上 const 关键字。常量的声明格式如下。

```
[访问修饰符] const 数据类型 常量名 = 初值;
```

属性可以省略。访问修饰符可以是 public、private、protected、internal 和 protected internal,例如:

```
public const int x = 1;
```

常量的特征如下。
- 常量必须在声明时初始化,指定了其值后,就不能再修改。
- 不能用从一个变量中提取的值来初始化常量。

- 常量总是静态的,因此不能在常量声明中再使用 static 修饰符。

在程序中使用常量有以下好处:常量用易于理解的名称替代了"含义不明确的数字或字符串",使程序更易于阅读和修改。关于常量使用的例子可以参考 2.1.1 节的引例。

2.1.5 类型转换

类型转换就是将一种数据类型转换成另一种数据类型。转换可分为隐式转换和显式转换。

1. 隐式转换

隐式转换是系统默认的,不需要特别声明就可以进行。例如整型数和浮点数相加,C# 会进行隐式转换,将整型转成浮点型,然后再相加。详细记住哪些类型数据可以转换为其他类型数据是不必要的,只需要记住转换的基本原则,即隐式转换是从低精度的数据类型转换到高精度的数据类型。在隐式转换过程中,转换一般不会失败,转换过程中也不会导致信息丢失。例如:

```
int x = 10;
long y = x;                    //将 x 隐式转换为 long 类型
```

2. 显式转换

显式转换又称强制类型转换。在不能进行隐式转换的类型间进行转换时,就需要使用显式转换。与隐式转换正好相反,显式转换需要明确地指定转换类型,它可能导致信息丢失。下面的例子将长整型变量显式转换为整型。

```
long x = 5000;
int y = (int)x;                //如果 x 的值超过 int 取值范围,将产生异常
```

3. 利用 Convert 类进行转换

Convert 是专门用于转换类型的一个类,基本可以转换所有常用类型,常用方法见表 2-3。

表 2-3 用 Convert 类进行类型转换

转换方法	说明
Convert.ToBoolean(val)	将 val 转换为 bool
Convert.ToByte(val)	将 val 转换为 byte
Convert.ToChar(val)	将 val 转换为 char
Convert.ToDecimal(val)	将 val 转换为 decimal
Convert.ToDouble(val)	将 val 转换为 double

续表

转 换 方 法	说　　明
Convert.ToInt16(val)	将 val 转换为 short
Convert.ToInt32(val)	将 val 转换为 int
Convert.ToInt64(val)	将 val 转换为 long
Convert.ToSByte(val)	将 val 转换为 sbyte
Convert.ToSingle(val)	将 val 转换为 float
Convert.ToString(val)	将 val 转换为 string
Convert.ToUInt16(val)	将 val 转换为 ushort
Convert.ToUInt32(val)	将 val 转换为 uint
Convert.ToUInt64(val)	将 val 转换为 ulong

显式转换和用 Convert 类进行转换是两个不同的概念,前者是类型转换,而后者则是内容转换,它们并不总是等效的。因为 C# 是要进行类型检查的,所以不能将一个 string 变量强制转换成 int 变量,隐式转换就更不可能。例如下面的代码就行不通。

```
string text = "1412";
int i = (int)text;                    //出错,错误信息"无法将类型 string 转换为 int"
```

因为 string 和 int 是两个完全不同且互不兼容的类型。其实,能够使用(int)进行强类型转换的只能是数值类型,例如 long、short、double 等,不过进行这种转换时需要考虑精度问题。

如果希望将 text 中的数值提取出来并以 int 形式存储,只要将上面的代码稍作修改就可以达到目的。

```
string text = "1412";
int i = Convert.ToInt32(text);
```

4. 利用 Parse 方法进行转换

Parse 方法主要用于将数字的字符串表示形式转换为与它等效的基本数值类型,例如:

```
int x;
x = int.Parse(Console.ReadLine());    //将输入的字符串转换为 int 类型
```

此外还有 float.Parse()、double.Parse() 等。

使用 Parse 方法时需要注意的是:如果字符串内容为空或 null,或者字符串内容不是数字,又或者字符串内容所表示的数值超出类型可表示的范围,则抛出异常。

2.2 运 算 符

本节主要介绍基本运算符、条件运算符以及其他常用运算符。

2.2.1 基本运算符

本节主要介绍 5 种基本运算符，包括算术运算符、关系运算符、逻辑运算符、位运算符和赋值运算符。

1. 算术运算符

算术运算符可以实现简单的加、减、乘、除运算，见表 2-4。

表 2-4 算术运算符

运算符	描述	运算符	描述
+	加法	%	取模
-	减法	++	自增
*	乘法	--	自减
/	除法		

（1）除法运算符
整数相除的结果必须是整数，如果有小数则舍弃。例如：

```
8 / 5;          //结果为1,而不是1.6
```

实数与整数相除，结果是实数。例如：

```
8.0 / 5;        //结果为1.6
```

（2）取模运算符
取模运算的结果是两个数相除后得到的余数。例如：

```
5 % 2;                                      //结果为1
5.3 % 2;                                    //结果为1.3
```

（3）自增运算符和自减运算符
自增运算符和自减运算符是使变量的值自动增加 1 或自动减少 1，并且只能用于变量，而不能用于常量和表达式。

```
i++;                    //相当于 i+1
++i;                    //相当于 i+1
i--;                    //相当于 i-1
--i;                    //相当于 i-1
3++;                    //错误,不能用于常量
--(x+2);                //错误,不能用于表达式
```

那么 i++ 和 ++i 有什么区别呢？i++ 是先使用 i 的值,再做 i+1；相反,++i 是先做 i+1,再使用 i 的值。i-- 和 --i 的区别也是一样的。

2. 关系运算符

关系运算符用于进行比较运算,见表 2-5。

表 2-5 关系运算符

运算符	描述	运算符	描述
>	大于	<	小于
>=	大于或等于	<=	小于或等于
==	等于	!=	不等于

注意：
- 关系表达式的结果有两种：true 或 false。
- 关系运算符的运算规律是从左向右。

3. 逻辑运算符

逻辑运算符见表 2-6。

表 2-6 逻辑运算符

运算符	描述	运算符	描述
&&	与	||	或
!	非		

"与"和"或"都是二元运算符,需要有两个操作数；"非"是一元运算符,只有一个操作数。参与逻辑运算的操作数都是布尔类型的值或表达式。

① "与"运算：当两个操作数都是真时,返回真；否则,返回假。
② "或"运算：当两个操作数中有一个是真时,返回真；否则,返回假。
③ "非"运算：操作数为真,返回假；操作数为假,返回真。

例如,判断 x 既能被 3 整除,又能被 5 整除的逻辑表达式如下。

```
(x % 3 == 0) && (x % 5 == 0)
```

4. 位运算符

计算机内的信息都是以二进制形式存储的，位运算符就是对数据按照二进制位进行运算的运算符，见表 2-7。

表 2-7 位运算符

运算符	描述	运算符	描述
&	按位与	|	按位或
~	按位取反	^	按位异或
<<	左移	>>	右移

（1）按位与：&

运算规则为：0&0=0，0&1=0，1&0=0，1&1=1；即只有两位都为 1 时，结果为 1。

（2）按位或：|

运算规则为：0|0=0，0|1=1，1|0=1，1|1=1；即只有两位都为 0 时，结果为 0。

（3）按位取反：~

运算规则为：0 取反是 1，1 取反是 0。

（4）按位异或：^

运算规则为：0^0=0，0^1=1，1^0=1，1^1=0；即只有两位不同时，结果为 1。

（5）左移：<<

运算规则为：将二进制位全部向左移动指定的位数并在右边移入的空位补 0，左边的最高位移出后被抛弃。例如，7 的二进制是 00000111，左移 2 位，即 7<<2 得到 00011100。

（6）右移：>>

运算规则为：将二进制位全部向右移动指定的位数并在左边移入的空位补 0，右边的低位移出后被抛弃。例如，7 的二进制是 00000111，右移 2 位，即 7>>2 得到 00000001。

在进行右移运算时，要注意符号问题。对于无符号数，右移时左边的高位移入 0。对于有符号数，如果原来符号位为 0（该数为正数），则左边也移入 0；如果原来符号位是 1（该数为负数），则左边移入 1 还是 0 要取决于所用的计算机系统，有的系统移入 0，有的系统移入 1。移入 0 的称为"逻辑右移"，移入 1 的称为"算术右移"。

5. 赋值运算符

赋值运算符用于将一个数据赋值给一个变量，见表 2-8。

表 2-8 赋值运算符

运算符	用法	含义
=	x = 1	将 1 赋给 x
+=	x += y	x = x + y

续表

运 算 符	用 法	含 义
-=	x -= y	x = x - y
*=	x *= y	x = x * y
/=	x /= y	x = x / y
%=	x %= y	x = x % y
>>=	x >>= y	x = x >> y
<<=	x <<= y	x = x << y
&=	x &= y	x = x & y
|=	x |= y	x = x | y
^=	x ^= y	x = x ^ y

赋值运算符右侧的表达式还可以是赋值表达式，例如：

```
int i = 1;
y = (x = i + 1);
```

上面的程序执行完，x 和 y 的值都是 2。因为赋值运算符的运算规律是自右向左，所以 y = (x = i + 1)就相当于 y = x = i + 1。

2.2.2 条件运算符

条件运算符(?:)是三元运算符，它可以计算一个条件，如果条件为真，就返回一个值；如果条件为假，则返回另一个值。其语法如下。

```
condition ? true_value : false_value
```

其中，condition 是要计算的布尔类型表达式，true_value 是 condition 为 true 时返回的值，false_value 是 condition 为 false 时返回的值。恰当地使用条件运算符可使程序非常简洁。例如：

```
10 > 20 ? 200 : 300;                        //条件表达式的结果是 300
```

2.2.3 is 运算符

is 运算符用于检查操作数或表达式是否为指定类型。使用格式如下。

```
e is T
```

其中,e 是一个表达式,T 是一个类型,该式判断 e 是否为 T 类型,返回值是一个布尔值。例如:

```
Console.WriteLine(1 is int);              //输出为:True
Console.WriteLine(1 is float);            //输出为:False
```

2.2.4 sizeof 运算符

sizeof 运算符可以确定值类型的长度(单位是字节),不适用于引用类型。例如:

```
Console.WriteLine(sizeof(float));
```

结果显示数字 4,因为 float 有 4 字节。

2.2.5 typeof 运算符

typeof 运算符用于获得指定类型在 System 名称空间中定义的类型名称,例如:

```
Console.WriteLine(typeof(int));           //输出为:System.Int32
Console.WriteLine(typeof(float));         //输出为:System.Single
```

2.2.6 checked 和 unchecked 运算符

在进行整型算术运算(如+、-、*、/等)或从一种整型显式转换到另一种整型时,有可能出现运算结果超出这个结果所属类型值域的情况,这种情况被称为溢出。整型算术运算表达式可以用 checked 或 unchecked 溢出检查运算符决定在编译和运行时是否对表达式溢出进行检查。

如果使用了 checked 运算符,若常量表达式溢出,则在编译时将产生错误;若表达式中包含变量,程序运行时执行该表达式产生溢出,则将产生异常提示信息。例如:

```
const int x = int.MaxValue;    //x中存放 int 类型的最大值
checked                        //检查溢出
{
    int z1 = x * 2;            //编译时会报错"在 checked 模式下,运算在编译时溢出"
    Console.WriteLine("z1={0}", z1);
}
```

而对于使用了 unchecked 运算符的表达式语句来说,即使表达式产生溢出,编译和运行时都不会产生错误提示。但这往往会出现一些不可预期的结果,因此使用 unchecked 运算符时要小心。例如:

```
const int x = int.MaxValue;
unchecked                                    //不检查溢出
{
    int z2 = x * 2;                          //编译时不产生编译错误,z2=-2
    Console.WriteLine("z2={0}", z2);         //显示:z2=-2
}
```

2.2.7 new 运算符

new 运算符可以创建值类型变量和引用类型对象,同时自动调用构造函数。例如:

```
int x = new int();                    //用 new 创建整型变量 x,调用默认构造函数
Person C1 = new Person();             //用 new 建立 Person 类对象 C1
int[] arr = new int[2];               //数组也是类,创建数组类对象,arr 是数组对象的引用
```

需要注意的是,"int x = new int();"语句将自动调用不带参数的构造函数 int(),给 x 赋初值 0,x 仍是值类型变量,不会变为引用类型变量。

2.2.8 运算符优先级

当一个表达式包含多种运算符时,运算符的优先级控制求值顺序。表 2-9 显示了 C# 运算符的优先级。表顶部的运算符有最高的优先级(即在包含多个运算符的表达式中,最先计算该运算符)。

表 2-9 运算符的优先级

分 类	运 算 符
初级运算符	() . [] x++ x-- new typeof sizeof checked unchecked
一元运算符	+ -! ~ ++x --x 数据类型转换
乘/除运算符	* / %
加/减运算符	+ -
移位运算符	<< >>
关系运算符	< > <= >= is
比较运算符	== !=
按位与运算符	&
按位异或运算符	^
按位或运算符	|
逻辑与运算符	&&

续表

分 类	运 算 符
逻辑或运算符	||
条件运算符	?:
赋值运算符	=　+=　-=　*=　/=　%=　&=　|=　^=　<<=　>>=

注意：在复杂的表达式中，应避免利用运算符优先级来生成正确的结果。使用括号指定运算符的执行顺序可使代码更整洁。

2.3 分 支 结 构

本节主要介绍两种常用的分支结构语句：if 语句和 switch 语句。

2.3.1 if 语句

日常生活中经常用到条件语句，例如"如果今天有雾，路上会堵车"。"如果"后面是条件，当条件满足时，会发生逗号后面的事情。编程中也会遇到类似的情况，即希望在某个条件满足时，执行某些操作。C#提供了 if 语句来实现这种程序结构，该语句有单分支、双分支、多分支及嵌套多种形式，分别应用于不同场合。

1. 单分支的 if 语句

单分支的 if 语句的基本格式如下。

```
if(布尔表达式)
{
    语句块
}
```

只有当 if 后的布尔表达式的值为 true 时，才执行语句块；否则，跳过大括号中的语句块，执行后面的代码。"语句块"可以是一条语句或多条语句，当只有一条语句时，大括号可以省略。

注意：
- if 语句的判断一定要用布尔表达式（结果是布尔值 true 或 false）。与 C 语言不同，不能认为 0 是 false，其他数是 true。
- if 语句的结束是没有分号的，分号只属于 if 语句块中的语句。

例 2.3 比较变量 x 和 y，如果 x<y，则交换 x 和 y 的值并输出，否则直接输出。程序运行效果如图 2-4 所示。

首先，新建一个控制台应用程序。

图 2-4 例 2.3 程序运行结果

然后,在 Program.cs 文件的 Main()函数中编写以下代码。

```
static void Main(string[] args)
{
    int x, y;
    Console.WriteLine("请输入 x 的值:");
    x = int.Parse(Console.ReadLine());      //转换成 int 值
    Console.WriteLine("请输入 y 的值:");
    y = int.Parse(Console.ReadLine());      //转换成 int 值
    if(x<y)                                  //如果 x<y,则交换 x 和 y 的值
    {
        int temp;                            //两个变量进行交换,需要借助一个中间变量
        temp = x;
        x = y;
        y = temp;
    }
    Console.WriteLine("x={0},y={1}", x, y);
    Console.Write("请按任意键继续…");
    Console.ReadKey();                       //等待用户按任意键结束程序
}
```

在本例中,先给整型变量 x 和 y 赋值,然后用 if 语句比较 x 和 y 的大小。如果输入的 x<y,(如图 2-4 所示),则 if 语句的布尔表达式的值为 true,因此执行大括号内的语句,利用定义的局部变量 temp 作为交换 x 和 y 的值的中间媒介。最后输出,确认 x 和 y 已经交换。

2. 双分支的 if 语句

日常生活中还会用到另一种条件语句,即"如果……否则……",C♯提供了双分支的 if...else...语句来实现这种结构。

if...else...语句的基本格式如下。

```
if(布尔表达式)
{
    语句块 1
```

```
}
else
{
    语句块 2
}
```

只有当 if 后的布尔表达式的值为 true 时,才执行语句块 1;否则,执行 else 后面的语句块 2。与前面介绍的 if 语句一样,else 语句的结尾是没有分号的。当"语句块"只有一条语句时,大括号可以省略。

例 2.4 创建一个 Windows 窗体应用程序,输入并比较 x 和 y 的值,输出 x 和 y 中的较大值。程序运行效果如图 2-5 所示。

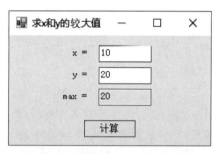

图 2-5 例 2.4 程序运行结果

首先,新建一个窗体应用程序。
然后,在"计算"按钮 button1 的 Click 事件中编写以下代码。

```
private void button1_Click(object sender, EventArgs e)
{
    int x , y , max;
    x = int.Parse(textBox1.Text);
    y = int.Parse(textBox2.Text);
    if (x > y)                              //如果 x>y,max 中存放 x 的值
        max = x;
    else                                    //否则,max 中存放 y 的值
        max = y;
    textBox3.Text = max.ToString();
}
```

在编写程序时,如果每个简单的条件判断都用 if 语句来写,会使代码变得很长。C#提供了一种更为简单的写法:可以用前面讲过的条件运算符"?:"来代替 if 语句,格式如下。

(条件表达式)?(条件为真时的表达式):(条件为假时的表达式)

对条件表达式的详细介绍可参见 2.2.2 节。下例介绍如何用条件表达式来代替 if 语句。

例 2.4(续) 用条件表达式改写例 2.4 的程序,求输入的 x 和 y 中的较大值。

在如图 2-5 所示的"计算"按钮的 Click 事件中,把例 2.4 中程序源代码的 if 语句块改写为条件表达式,其余代码保持不变。

```
private void button1_Click(object sender, EventArgs e)
{
    int x , y , max;
    x = int.Parse(textBox1.Text);
    y = int.Parse(textBox2.Text);
    max = (x > y) ? x : y;                          //x>y 为真时取值 x,否则取值 y
    textBox3.Text = max.ToString();
}
```

上面代码的执行结果与例 2.4 的结果完全相同,这里用条件运算符替代了 if...else...语句,使代码更简短。

3. 多分支的 if 语句

多分支的 if...else if...else...语句是双分支的 if...else...语句结构的一种扩展,可以实现任意多个布尔表达式的判断,并且只执行首次满足条件表达式后面的语句块。

多分支的 if...else if...else...语句的基本格式如下。

```
if(布尔表达式 1)
{
    语句块 1
}
else if(布尔表达式 2)
{
    语句块 2
}
...
else if(布尔表达式 i)
{
    语句块 i
}
...
else
{
    语句块 n
}
```

当程序进入多分支的 if...else if...else...语句执行时,逐次判断 if 语句后的布尔表达式,当遇到值为 true 的布尔表达式 i 时,执行其后的语句块 i,然后跳出多分支的 if 语句。如果没有一个布尔表达式满足值为 true,则执行最后一个 else 分支下的语句块 n。这种多分支的 if 语句会且只会执行其中的一个语句块。

例 2.5 编写一个"月份季度转换"窗体应用程序,通过输入月份值,转换成该月所在的季度。程序运行效果如图 2-6 所示。

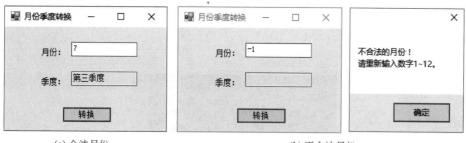

(a) 合法月份　　　　　　　　(b) 不合法月份

图 2-6　例 2.5 程序运行结果

建立一个 Windows 窗体应用程序,在"转换"按钮 button1 的 Click 事件中编写以下程序源代码。

```
private void button1_Click(object sender, EventArgs e)
{
    int month;
    string quater="";
    month = int.Parse(textBox1.Text);
    if (month < 1 || month > 12)
    {
        MessageBox.Show("不合法的月份!\r\n请重新输入数字1~12。");
        textBox1.Focus();
    }
    else if (month < 4)
        quater = "第一季度";
    else if (month < 7)
        quater = "第二季度";
    else if (month < 10)
        quater = "第三季度";
    else
        quater = "第四季度";
    textBox2.Text = quater;
}
```

以上程序的第 1 个 if 分支先把不合法的月份过滤掉,然后用多个 else if 分支判断当前月份所在季度,最后进行输出。

2.3.2　if 语句的嵌套

if…else…语句可以实现双分支选择结构,如果在分支中再形成分支,就要在 if 语句内使用另一个 if 语句,这就是 if 语句的嵌套。

例 2.6 输入 x,根据分段函数 $y=\begin{cases} 1 & (x>0) \\ 0 & (x=0) \\ -1 & (x<0) \end{cases}$,输出对应的 y 值。程序运行效果如图 2-7 所示。

图 2-7　例 2.6 程序运行结果

首先,新建一个控制台应用程序。

然后,在 Program.cs 文件的 Main() 函数中编写如下代码。

```csharp
static void Main(string[] args)
{
    int x, y;
    Console.Write ("请输入 x 的值:");
    x = int.Parse(Console.ReadLine());
    if (x == 0)
        y = 0;
    else
    {
        if (x > 0)
            y = 1;
        else
            y = -1;
    }
    Console.WriteLine("y={0}", y);
    Console.Write("请按任意键继续…");
    Console.ReadKey();
}
```

当嵌套的 if 语句非常多时,如何判断哪个 if 和哪个 else 是一对呢? C♯ 规定每次配对时,else 向上寻找最近的第一个和它处于相同缩进位置的 if 配对。

2.3.3　switch 语句

if 语句的嵌套实现了多分支选择结构,但随着分支的增多,代码变得很杂乱,容易出错。C♯ 提供了另一种简洁的多分支结构(switch 语句),它可以根据表达式的值,选择一个分支来执行。语法格式如下。

```
switch(表达式)
{
    case 常量表达式 1:
        语句 1;
        break;
    case 常量表达式 2:
        语句 2;
        break;
    ...
    default:
        语句 n;
        break;
}
```

执行 switch 语句时,首先计算 switch 表达式,然后与 case 后的常量表达式的值进行比较,如果相等,则执行 case 后面的语句,语句执行完毕,执行 break 语句,跳出 switch 结构。如果都不相等,则执行 default 后面的语句,语句执行完毕,执行 break 语句,跳出 switch 结构。另外,default 和后面的语句是可以省略的,这种情况下,如果 switch 后的表达式的值和任何常量表达式的值都不相等,则跳出 switch 结构。

例 2.7 编写一个 Windows 窗体应用程序,根据输入的学生考试成绩,计算出该生所获得的绩点,规则如下:90~100 分(4 个绩点)、80~89 分(3 个绩点)、70~79 分(2 个绩点)、60~69 分(1 个绩点)、0~59 分(0 个绩点)。程序运行效果如图 2-8 所示。

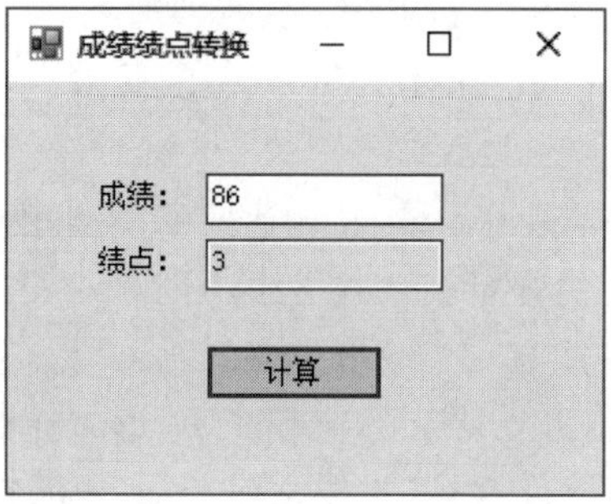

图 2-8 例 2.7 程序运行结果

新建一个窗体应用程序,在"计算"按钮的 Click 事件中编写如下程序源代码。

```
private void button1_Click(object sender, EventArgs e)
{
    int score,grade,credit;
    score = int.Parse(textBox1.Text);
    grade = score / 10;
    switch (grade)
    {
```

第 2 章 C#语言基础

```
            case 10:
            case 9:                                 //90~100分,4个绩点
                credit = 4;
                break;
            case 8:                                 //80~89分,3个绩点
                credit = 3;
                break;
            case 7:                                 //70~79分,2个绩点
                credit = 2;
                break;
            case 6:                                 //60~69分,1个绩点
                credit = 1;
                break;
            default:                                //0~59分,0个绩点
                credit = 0;
                break;
        }
        textBox2.Text = credit.ToString();
    }
```

在以上程序源代码中,由于 case 关键字后只能跟常量值或常量表达式,对于某个分数范围无法用 1 个分支判断。这里巧妙地运用了一个 grade = score / 10 变量,用来判断 score 在以 10 进位的值区间内,例如 grade=9 代表 score 在 90~99 范围内。

使用 switch 语句时需要注意以下几点。

- 表达式的类型必须是 sbyte、byte、short、ushort、int、uint、long、ulong、char、string 和枚举类型中的一种。
- 常量表达式的类型必须是与 switch 表达式的类型相同或者能进行隐式转换。
- 不同 case 关键字后面的常量表达式必须不同。
- 一个 switch 语句中只能有一个 default 标签。

C#语言的 switch 语句不再支持遍历,C 和 C++ 语言允许 switch 语句中 case 标签后不出现 break 语句,但 C# 不允许这样,它要求每个 case 标签后都使用 break 语句,即不允许从一个 case 自动遍历到其他 case,否则编译时将报错。

2.4 循环结构

在程序设计中,除需要根据条件选择程序分支外,有时还需要反复进行类似或相同的操作。循环结构可以实现一个程序模块的重复执行,简化代码。C#语言提供了 4 种循环语句: for 语句、while 语句、do...while 语句和 foreach 语句。其中,foreach 语句将在 2.6.1 节讲解遍历数组时介绍。

2.4.1 for 语句

for 语句重复执行一个语句或语句块,直到指定的表达式计算为 false。语法格式如下。

```
for(初始化表达式;条件表达式;迭代表达式)
{
    语句块
}
```

"初始化表达式"是用来初始化变量的,由一个变量声明或由一个逗号分隔的表达式列表组成。例如:

```
int i = 1;              //声明局部变量 i(只在 for 循环中有效),赋初值为 1
a = 1, b = 2;           //将 a 赋值为 1,b 赋值为 2
```

"条件表达式"是用来判断能否进入循环的条件,是一个布尔表达式(结果是布尔值 true 或 false)。与 C 语言不同,不能认为 0 是 false,其他数是 true。

"迭代表达式"用来改变循环变量的值,由一个表达式或由一个逗号分隔的表达式列表组成,例如:

```
i++;                    //每次循环结束,将 i 的值加 1
a++, b--;               //每次循环结束,将 a 的值加 1,b 的值减 1
```

for 语句的执行过程如下。
① 计算初始化表达式的值,此步骤只执行一次。
② 计算条件表达式的值,如果为 true,则执行语句块,然后执行步骤③;如果为 false,则结束 for 循环。
③ 计算迭代表达式。
④ 执行步骤②。

for 语句的 3 个表达式都是可选的,如果全都省略,将产生一个死循环,除非利用 break 语句跳转,否则将一直循环下去。例如:

```
for( ; ; )
{
    ...
}
```

例 2.8 编写一个控制台应用程序,输入 n,计算 $1+2+3\cdots+n$,输出结果。程序运行效果如图 2-9 所示。

分析:该累加式中的数值 $1,2,\cdots,n$ 不可能完全通过手动输入或者存放在 n 个变量

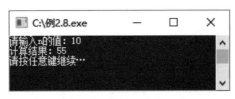

图 2-9　例 2.8 程序运行结果

中,因为这样做效率太低。理想的做法是用最少的变量、最短的时间,让计算机代替人自动完成计算。不难发现,累加式中的加数间存在一种关系,即相邻的加数相差 1。

新建一个控制台应用程序,在 Program.cs 文件的 Main()函数中编写以下程序源代码。

```csharp
static void Main(string[] args)
{
    int i,n, sum = 0;
    Console.Write("请输入 n 的值: ");
    n = int.Parse(Console.ReadLine());          //转换成 int 值
    for (i = 1; i <= n; i++)
    {
        sum = sum + i;
    }
    Console.WriteLine("计算结果:{0}", sum);
    Console.Write("请按任意键继续…");
    Console.ReadKey();
}
```

以上代码实际上就相当于重复做 n 次加法,每次只要对加数加 1 即可,因此可以用 for 循环来实现。

例 2.9　编写一个控制台应用程序,输入 n,计算 n!,输出结果。程序运行效果如图 2-10 所示。

图 2-10　例 2.9 程序运行结果

分析:n!=1×2×3×…×n,这里乘法是一个重复的过程,可以利用循环来做。类似于例 2.8,相当于重复做 n 次乘法,每次只要对乘数加 1 即可,因此可以用 for 循环来实现。

新建一个控制台应用程序,在 Program.cs 文件的 Main()函数中编写以下程序源代码。

```csharp
static void Main(string[] args)
{
    int i = 1, n;
    int result = 1;
    Console.Write("请输入 n 的值: ");
    n = int.Parse(Console.ReadLine());              //转换成 int 值
    for (i = 1; i <= n; i++)
    {
        result = result * i;
    }
    Console.WriteLine("n 的阶乘:{0}", result);
    Console.Write("请按任意键继续…");
    Console.ReadKey();
}
```

调试程序时,如果输入了一个较大的 n 值(n>12),程序会发生溢出错误。例如,当输入的 n 值为 13 时,程序运行结果如图 2-11 所示。

显然,12!=479 001 600,13!=12!×13=6 227 020 800,这说明图 2-11 所示的运行结果是错误的。为什么会发生这种错误?因为 result 变量是 int 型的,它用来存储阶乘结果,而 13!=6 227 020 800 超出了 int 类型的最大值 2 147 483 647,导致程序运行时发生溢出,才显示了错误结果。若要得到正确结果,可以修改 result 变量数据类型为 long 或更高精度的数据类型,程序运行结果如图 2-12 所示,源代码详见本章配套的例 2.9(续)程序。

图 2-11 输入 n=13 时的错误结果

图 2-12 程序改进后输入 n=13 时的正确结果

2.4.2 while 语句和 do…while 语句

while 语句和 do…while 语句都是循环语句,其功能都是在满足条件时执行循环体。二者的区别在于判断条件的时间点不同。

1. while 语句

while 语句在执行时,先判断表达式的值,如果为 true,则执行循环体中的语句块,然后判断表达式的值,只要为 true,就一直循环下去,直到表达式的值为 false 为止。

while 语句的语法格式如下。

```
while(表达式)
{
    语句块
}
```

while 语句比 for 语句简练很多,只需要判断进入循环的条件是否满足。但在使用时,要在循环体内加入改变循环变量值的语句,使循环变量最终能够达到限定值而终止循环,否则会出现死循环。

例 2.8(续) 将例 2.8 的求累加程序(即计算 1+2+3+…+n)改写成 while 循环实现,程序运行效果同例 2.8(如图 2-9 所示)。

分析:要将 for 循环改用 while 循环实现,需要人为设置一个循环变量,在进入循环体之前设置好其初始值,并且在循环体内部有改变这个循环变量值的语句,同时这个变量的改变最终能使 while 关键字后的表达式值为 false,从而使循环最终能结束。

将例 2.8 的程序源代码中的 for 循环语句块改写成以下 while 循环语句块。

```
static void Main(string[] args)
{
    int i=1,n, sum=0;
    Console.Write("请输入 n 的值: ");
    n = int.Parse(Console.ReadLine());          //转换成 int 值
    while(i<=n){
        sum = sum + i;
        i++;
    }
    Console.WriteLine("计算结果:{0}", sum);
    Console.Write("请按任意键继续…");
    Console.ReadKey();
}
```

在以上程序源代码中,i 起到了循环变量的作用,其初值为 1;在循环过程中语句 i++;起到了改变循环变量的作用,并且最终使 while 后面的 i<=n 的值为 false,让程序跳出循环体。

同理,例 2.9 的求阶乘程序也可以改用 while 循环实现,读者可以自行尝试修改。

例 2.10 输入一个小于或等于 10 的正整数 n,分行打印出从 n 到 10 的正整数,即 n,n+1,…,10。程序运行效果如图 2-13 所示。

分析:输入正整数 n 后,将其赋值给循环变量 i,在循环过程中让 i 逐次加 1 并打印。每次打印的数都比前一次大 1,直至大于 10,结束打印。

新建一个控制台应用程序,在 Program.cs 文件的 Main()函数中编写以下代码。

图 2-13 例 2.10 程序运行结果

```
static void Main(string[] args)
{
    int i, n;
    Console.Write("请输入正整数 n: ");
    n = int.Parse(Console.ReadLine());          //转换成 int 值
    i = n;
    Console.WriteLine("打印结果: ");
    while (i <= 10)
    {
        Console.WriteLine(i);
        i++;
    }
    Console.Write("请按任意键继续…");
    Console.ReadKey();
}
```

思考：如果输入的 n 超过 10，程序会有什么样的输出？

2. do…while 语句

while 循环是先判断再循环的结构，而 do…while 是先循环再判断的结构。do…while 语句在执行时，先执行循环体中的语句块，然后判断表达式的值，如果为 true，则继续执行循环体内的语句块，直到表达式的值为 false 为止。

do…while 语句的语法格式如下。

```
do
{
    语句块
} while(表达式);
```

注意：与 while 结构不同的是，在 do…while 结构中，while(表达式)后面必须有分号。

例 2.10（续） 使用 do…while 语句实现例 2.10 的程序运行效果。

分析：将例 2.10 的程序源代码中的 while 循环语句块改写成以下 do…while 循环语句块。

```
static void Main(string[] args)
{
    int i, n;
    Console.Write("请输入正整数 n: ");
    n = int.Parse(Console.ReadLine());          //转换成 int 值
    i = n;
    Console.WriteLine("打印结果: ");
    do
```

```
        {
            Console.WriteLine(i);
            i++;
        }while (i <= 10);
        Console.Write("请按任意键继续…");
        Console.ReadKey();
    }
```

使用 do...while 语句实现此程序时,若输入的 n≤10,则程序运行效果和例 2.10 完全相同。但是,当输入 n 的值大于 10 时,两个程序会有不同的输出效果,如图 2-14 所示。

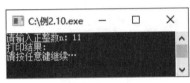

(a) while 语句实现　　　　　　(b) do...while 语句实现

图 2-14　while 和 do...while 语句的区别实例

为什么会有这种细微差别?这是因为 while 循环是先判断表达式的值后进入循环体,如果其值一开始就为 false,则意味着循环一次都不会执行;而 do...while 循环是先进入循环体后判断表达式,这就意味着即使表达式的值一开始就为 false,循环也会至少执行一次。

例 2.10(续)的程序就是因为使用了 do...while 循环,先执行了一次里面的语句块,后判断 i≤10 的结果。当输入的 n 值为 11 时,虽然 11 不满足循环体后面的判断 while (i ≤=10),但是循环体中的语句块被执行了一次,因此执行了一次打印。

总之,while 和 do...while 的区别在于:当一开始循环条件就不满足时,while 循环一次都不执行,而 do...while 循环还能执行一次。

2.4.3　两类循环结构的比较

目前,我们已经学过 for 循环(for 语句)和 while 循环(while/do...while 语句)的语法格式和典型应用。通常情况下,for 循环适用于循环次数已知的情况,而 while 循环则更适用于循环进行条件(或结束条件)已知的情况。为帮助读者加深理解,请看下面的例子。

例 2.11　编写一个"投资理财"Windows 窗体应用程序,要求输入原始金额、年利率和投资年数后,计算该利率下最终可以实现多少本利回报,并且显示出整个盈利过程。程序运行效果如图 2-15 所示。

分析:这是一个典型的循环解决现实问题的程序。

图 2-15　例 2.11 程序运行效果

我们可以设置若干浮点型变量来存储表示金额或利率的小数,其中原始金额为 originalRMB,年利率为 rate。当投资年份已知时,相当于循环次数已知,这时我们用 for 循环来实现程序,声明一个 year 变量存放投资年数。此外,还需要一个表示每一年所获本息总和的 nowRMB 变量,其初始值为原始金额 originalRMB,在每轮循环过程中(即每一年过后)通过利率计算不断增加,最终计算出经过多年投资后的本息总和。

创建一个 Windows 窗体应用程序,在"计算"按钮 button1 的 Click 事件中编写以下代码。

```csharp
private void button1_Click(object sender, EventArgs e)
{
    double originalRMB, rate, nowRMB;
    int year;
    originalRMB = double.Parse(textBox1.Text);      //原始金额
    rate = double.Parse(textBox2.Text) / 100;       //年利率
    year = int.Parse(textBox3.Text);                //投资年数
    nowRMB = originalRMB;                           //当年本息
    string s = "";                                  //s 为盈利信息字符串
    for(int i=1;i<=year;i++){
        nowRMB += nowRMB * rate;                    //计算当年本息
        nowRMB = Math.Round(nowRMB,2);              //精确到分
        s+="存"+i+"年: "+nowRMB+"\r\n";             //追加当年盈利情况的描述至 s
    }
    textBox4.Text = s;
}
```

可以看出,本程序很好地利用了 for 循环,以"年"为单位进入循环体计算出新一年的本息总和 nowRMB,每一年的本息都会随着当前年数 i 而增加。当 i 超过设定的投资年数 year 时,程序退出循环,最终计算出经过多年投资后的本息总和。本例中"清空"按钮的程序源代码请读者自行编写,这里不再详述。

例 2.11(续) 对例 2.11 的程序进行适当修改,在投资年数未知的情况下,输入原始金额、年利率和目标金额,要求计算该利率下要投资多少年才能使用户的本息达到目标金额,并显示出整个盈利过程。程序运行效果如图 2-16 所示。

分析:这也是一个典型的循环解决现实问题的程序,但它属于循环次数未知、循环(结束)条件已知的情况。我们需要增设一个用来保存目标金额的 targetRMB 变量,通过用户从文本框中输入。在每轮循环过程中(即每一年过后)通过利率计算不断增加,最终达到(或超过)目标金额。在此过程中,循环的次数就是最终要求的年数。

图 2-16 例 2.11(续)程序运行结果

在"计算"按钮 button1 的 Click 事件中编写以下代码。

```csharp
private void button1_Click(object sender, EventArgs e)
{
    double originalRMB, rate, targetRMB, nowRMB;
    originalRMB = double.Parse(textBox1.Text);        //原始金额
    rate = double.Parse(textBox2.Text) / 100;         //年利率
    targetRMB = double.Parse(textBox3.Text);          //目标金额
    nowRMB = originalRMB;                             //当年本息
    int i = 1;                                        //第 i 年
    string s = "";                                    //s 为盈利信息字符串
    while (nowRMB < targetRMB)
    {
        nowRMB += nowRMB * rate;                      //计算当年本息
        nowRMB = Math.Round(nowRMB,2);                //精确到分
        s+="存"+i+"年: "+nowRMB+"\r\n";               //追加当年盈利情况的描述至 s
        i++;                                          //下一年
    }
    textBox4.Text = s;                                //输出整个盈利情况
}
```

可以看出,本程序很好地利用了 while 循环,在"当年本息＜目标金额"的前提下进入循环体计算出新一年的本息总和。由于每一年的本息都会增加,因此最终会使"当年本息≥目标金额",从而退出循环,所经过的循环次数即要求的年数。本程序也可以使用 do…while 语句实现,请读者自行尝试。

综上所述,当用户需要利用循环结构解决一个现实问题时,要首先判断:若循环次数已知,则优先考虑 for 语句;若循环次数未知而循环进行(或结束)条件已知,则优先考虑 while 或 do…while 语句。

事实上,在 C# 中,除 for 语句、while/do…while 语句外,还有一种 foreach 语句也能构建循环结构。它能用来遍历集合数据(如数组),2.6.1 节会详细介绍这种循环语句的用法。

2.4.4 循环语句的嵌套

如果在一个循环结构内完整地包含另一个循环结构,则称为多重循环或循环嵌套。可以嵌套的循环语句包括 for 语句、while 语句、do…while 语句以及 2.6.1 节中介绍的 foreach 语句。

下面以 for 语句为例介绍循环语句双重嵌套的使用。语法格式如下。

```csharp
for( ; ; )                                            //第一层循环
{
    for( ; ; )                                        //第二层循环
```

```
    {
        语句块
    }
}
```

例 2.12 编写一个控制台应用程序,输出九九乘法表。程序运行效果如图 2-17 所示。

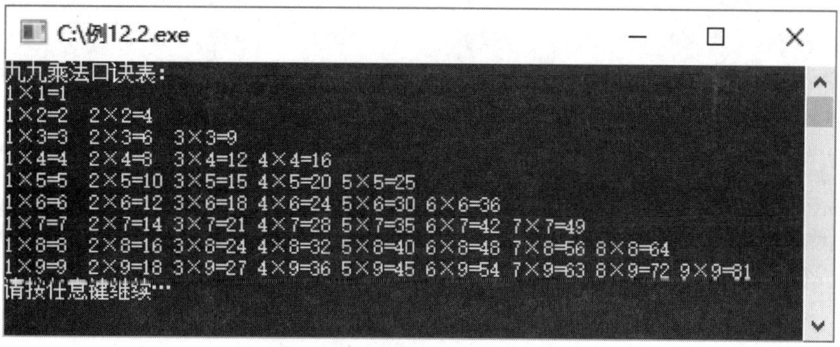

图 2-17 例 2.12 程序运行结果

分析:九九乘法口诀表的输出问题是一个典型的 for 循环双重嵌套问题,可以声明双循环变量 i 和 j,其中 i 代表行号而 j 代表列号,而用 i*j 的结果表示当前行列位置上的乘法结果。

创建一个控制台应用程序,在 Program.cs 文件的 Main()函数中编写以下程序源代码。

```
static void Main(string[] args)
{
    int i, j,multi;
    for ( i = 1; i <= 9; i++)
    {
        for ( j = 1; j <= i; j++)
        {
            multi = i * j;
            Console.Write(j + "×" + i + "=" + multi + "\t");
        }
        Console.WriteLine();
    }
    Console.Write("请按任意键继续…");
    Console.ReadKey();
}
```

可以看出,以上程序中的变量 i 代表九九乘法表的行,变量 j 代表九九乘法表的列。第一层循环 9 次,第二层循环到 i 次,和行数一致,并且在循环体内输出乘法公式。乘法公式结尾处用"\t"制表符间隔各个乘法公式。

除 for 语句的双重嵌套外,还有 while/do...while 语句的双重嵌套,甚至 for 语句和 while/do...while 语句的相互嵌套等,这些都是允许的。

例如,以下代码段利用 for 和 while 的嵌套输出 100 以内的所有素数。

```
for (int i = 2; i <= 100; i++)
{
    int j = 2;
    while (i % j != 0)
    {
        j++;
    }
    if (i==j) Console.Write(j+"\t");
}
```

这里主要为了展示循环嵌套问题,完整的程序源代码和算法原理不作详细介绍,请读者自行编程尝试。

2.4.5 跳转语句

前面介绍的循环语句只有当循环条件不满足时才能结束循环,然而在实际编程中,有时需要在循环没结束时就跳出循环体。针对这样的问题,C#提供了一些改变程序执行流程的跳转语句:break、continue 和 goto。但是我们一般不主张使用 goto 语句,以免造成程序流程的混乱,使理解和调试程序都产生困难,因此本书对 goto 语句不作介绍。

1. break 语句

C#使用 break 语句退出一个循环或者一个 switch 语句。任何时候遇到一个 break 语句,都会立即跳出当前的循环体或选择结构。例如:

```
for (int i = 1; i <= 10; i++)
{
    if (i == 5) break;
    Console.WriteLine(i);
}
```

这段程序只输出 1~4。当 i 为 5 时,break 语句使流程跳出循环体。

因此,break 语句通常用来"中途离开"循环体。

又如,要判断一个数 m 是否为素数,我们可以拿 k=2,…,m-1 中的每个 k 去尝试 m%k 的值是否为 0。只要遇到一次整除,就说明 m 不是素数,然后用 break 语句跳出循环,从而提高程序运行效率。代码如下。

```
for(k=2; k<m; k++)
{
```

```
    if(m % k == 0) break;
}
```

循环结束后,我们可以根据 k == m 的布尔值来判断 m 是否为素数。若 m 不是一个素数,在循环过程中必然会使 if 语句后的表达式值为 True,然后执行 break 语句跳出循环,循环结束后 k 必然小于 m;而当 m 是素数时,if 语句后的表达式值恒为 False,break 语句一次都不会执行,循环结束后 k 必然和 m 相等。程序最终将以循环结束后 k 和 m 的值是否相等来判断 m 是否是一个素数。读者可自行编写程序进行尝试。

2. continue 语句

continue 语句只能用于循环结构。程序中遇到 continue 语句时,会结束本次循环,与 break 语句不同的是,它不会跳出当前的循环体,而只是终止一次循环,接着进行下一次循环是否执行的判断。

```
for (int i = 1; i <= 10; i++)
{
    if (i == 5) continue;
    Console.WriteLine(i);
}
```

这段程序输出除 5 以外的 1~10,共 9 个数。当 i 为 5 时,continue 语句使流程不执行循环体内的输出,重新开始下一次循环。

因此,与 break 语句不同,continue 语句通常用来"避免"某一轮循环的执行。

又如,如下程序很巧妙地运用 continue 语句来避免闰年的输出,从而打印出从 2000 年至今的所有非闰年。

```
for (int y = 2000; y <= DateTime.Now.Year; y++)
{
    if ((y % 4 == 0 && y % 100 != 0)||(y%400=0))
        continue;
    Console.WriteLine(y);
}
```

其中 DateTime.Now.Year 用来获取系统当前的年份。有关时间数据的类和应用,请读者查看 2.5.4 节及 4.1.3 节的介绍。

2.5 函 数

本节主要介绍如何创建用户自定义的函数,并且提供一些常用的函数库(即类)来帮助读者编写更高效的程序。

2.5.1 自定义函数

在程序设计过程中,一些任务通常会在某个程序中运行多次,如果相同的代码在需要执行时多次反复编写,必然造成不必要的代码冗余问题。而且,对这些代码进行更新或优化时,不可避免地多次重复更新,费时费力。因此,一种有效的解决方法是:把常用的程序代码段事先"封装"在函数中,以供多次反复调用。

在C#中,函数是一种方法(详见第3章中对类方法的介绍),它是一种代码块,可提供应用程序在任何位置执行其包含代码。

1. 函数的定义

函数的使用遵循先定义、再调用的原则。开发者需要先对函数进行声明和定义,指定函数的输入参数、实现其自身功能的过程、返回相应的值等。

定义一个函数,格式如下。

```
[修饰符] 返回值类型 函数名([参数修饰符] 参数类型 参数1, [参数修饰符] 参数类型 参数2, …)
{
    功能代码块
    [return 返回值;]
}
```

在以上声明函数的格式代码中,"[]"中的内容为可选。各关键字的含义如下。

(1) 修饰符

修饰符可以是访问修饰符 public、private、protected、internal 和 protected internal,这与命名空间、类和变量的访问修饰符相同,都是用于定义函数的作用域和生命周期。如果不指定访问修饰符,默认情况下函数只在当前语句块中可用。修饰符还可以是 static、new、virtual、sealed、override、abstract 和 extern 等。不同类型的修饰符可以共同使用,例如:

```
public static void outPut();
```

这声明了一个公共且静态的无返回值的函数 outPut()。

(2) 返回值类型

返回值类型即函数本身的值类型。在C#中,函数的返回值类型可以是任意的值类型或引用类型,甚至包括用户自定义的数据类型。对于没有返回值的函数,其类型用 void 关键字指定。

(3) 参数

函数可以有任意多个参数构成,也可以不包含参数,在声明和定义函数阶段,我们称这种参数为"形参"。每个参数需要指定数据类型和参数名(即变量名),参数间用逗号分隔开。我们还可以在参数类型前加上参数修饰符 out、ref、param 等,其中最常用的是

ref,相当于引用传递（传地址），在函数内部赋值会影响主调程序中"实参"（函数调用阶段）的值。

在例 1.1 中就定义了一个函数 myMove()。

```
private void myMove()
{
    label1.Left = label1.Left + 5;
    if (label1.Left > this.Width) label1.Left = -label1.Width;
}
```

它在 button1_Click 和 timer1_Tick 中被重复调用。

```
private void button1_Click(object sender, EventArgs e)
{
    timer1.Enabled = false;
    myMove();
}

private void button2_Click(object sender, EventArgs e)
{
    timer1.Enabled = true;
}

private void timer1_Tick(object sender, EventArgs e)
{
    myMove();
}
```

从而避免了相同代码的冗余。而且，当 myMove() 中的代码需要改动时，只要修改一处即可。

2. 函数的调用

函数的调用可以直接在主调函数中进行，使用以下语句。

```
函数名([参数修饰符] 参数 1, [参数修饰符] 参数 2, …)
```

对于没有返回值的函数，可以直接调用。

```
myMove();
```

否则，会使用一个与定义函数时返回值类型相同的变量来"接住"函数调用后的返回值。例如：

```
int m = getMax(a,b,c);
```

这说明,定义 getMax()函数时,其返回值类型为 int。

在调用函数阶段,我们把函数名后面的参数称为"实参"。

例 2.13 编写一个能实现进制转换的 Windows 窗体应用程序,要求输入十进制的数字并指定进制数,计算出转换后的结果。程序运行效果如图 2-18 所示。

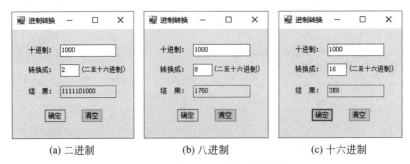

(a) 二进制　　　　　　　(b) 八进制　　　　　　　(c) 十六进制

图 2-18　例 2.13 程序运行结果

分析:本题可自定义一个能实现进制转换的函数 numConvert(),并且以用户输入的十进制数 n 和指定转换成的进制数 r 作为形参,通过计算返回转换结果。

首先,声明并定义这个函数。

```
private string numConvert(int n, int r)
{
    int tempNum = n,t;
    string s="";
    char c;

    while (tempNum != 0)
    {
        t=tempNum % r;
        if (t < 10)
            c = (char)(t+'0');              //10以内,转换成对应的字符
        else
            c = (char)((t - 10) + 'A');     //10~15,转换成 A~F
        s = c + s;                          //当前字符左拼入 s
        tempNum /= r;                       //去除最低位,进入下一轮循环
    }
    return s;
}
```

函数 numConvert()利用原十进制数除以 r 取余数的方法从低位起逐次求得每一位上的数字 t,然后转换成对应的字符 c,拼入存放转换结果的字符串 s,然后进行下一轮迭代,直至转换结束。由于要同时处理二至十六进制数,十进制以上的转换需要由字符 A~F 来表示数 10~15,因此,该函数的返回值类型应为 string 型。

然后,在"确定"按钮 button1 的 Click 事件处理程序中调用它。

```
private void button1_Click(object sender, EventArgs e)
{
    int decNum = int.Parse(textBox1.Text);           //十进制
    int numSys = int.Parse(textBox2.Text);           //转换成的进制数
    string targetNum = numConvert(decNum, numSys);   //转换结果
    textBox3.Text = targetNum;
}
```

通常,用户自定义的函数(如本例中的 numConvert()函数)被称为程序运行时的"被调函数",而调用它的函数(如本例中的 button1_Click()函数)则被称为程序运行时的"主调函数"。

在主调函数中,程序将用户输入的十进制数 decNum 和转换成的进制数 numSys 作为 numConvert()函数的参数,以"值"的方式传递到被调函数中进行处理,最终返回转换结果。因为 numConvert()函数有返回值,所以要用一个与函数返回值同类型的变量 targetNum 在主调函数中"接住"它。

本例中,"清空"按钮 button2 的 Click 事件处理程序请读者自行编写。

3. 按值或按引用传递参数

在 C#中,函数的参数有两种最常用的传递方式:按值或按引用传递。

在例 2.13 中,参数 decNum 和 numSys 在主调函数 button1_Click()中是以"值"的方式传递到被调函数 numConvert()中,并且赋值给被调函数中的形参 n 和 r。在这种按"值"传递的方式下,被调函数中形参值的改变不会影响主调函数中实参值的改变;即在 numConvert()函数中,n 和 r 值的改变不会影响 button1_Click()函数中 decNum 和 numSys 的值。

但有时,我们希望被调函数中某些形参值的改变可以直接影响其对应主调函数中实参的值。这就必须按"引用"传递参数,此时形参和实参前都要加上参数修饰符 ref,请看下面的例子。

例 2.13(续) 在例 2.13 的基础上,再自定义一个函数名相同但参数不同的 numConvert()函数,要求除将用户输入的十进制数 decNum 和转换进制数 numSys 以"值"方式传递外,再以"引用"方式传递一个 string 型的变量 targetNum,用来代替函数返回值,获取进制转换的结果。程序运行效果和例 2.13 相同。

分析:首先,在保留之前定义的 numConvert()函数的前提下,再次定义一个带 3 个参数的 numConvert()函数。

```
private void numConvert(int n, int r, ref string s)
{
    int tempNum = n, t;
```

```
        char c;

        while (tempNum != 0)
        {
            t = tempNum % r;
            if (t < 10)
                c = (char)(t + '0');              //10 以内,转换成对应的字符
            else
                c = (char)((t - 10) + 'A');       //10~15,转换成 A~F
            s = c + s;                            //当前字符左拼入 s
            tempNum /= r;                         //去除最低位,进入下一轮循环
        }
    }
```

可以看出,这个新定义的 numConvert() 函数没有返回值(返回值类型为 void),却多了一个以"引用"方式传递的形参 s。这个 s 在 numConvert() 函数中的值的变化能直接影响主调函数中对应的实参值。

以下是主调函数 button1_Click() 中的代码。

```
private void button1_Click(object sender, EventArgs e)
{
    int decNum = int.Parse(textBox1.Text);        //十进制
    int numSys = int.Parse(textBox2.Text);        //转换成的进制数
    string targetNum = "";
    numConvert(decNum, numSys, ref targetNum);
    textBox3.Text = targetNum;
}
```

可以看出,targetNum 变量的初始值为空串。在调用 numConvert() 时,其地址(而不是值,因为加了 ref 变量修饰符)传递给 numConvert() 函数中的形参 s,说明是以"引用"方式传递的参数,故 s 的值在 numConvert() 中所作的任何改变都会更新至主调函数中的 targetNum。因此,在主调函数中,不再需要另外声明变量来"接住"numConvert() 的返回值,因为进制转换的结果已经更新至 targetNum 变量,直接输出其值显示即可。

在 C# 及大多数程序设计语言中,函数(或称方法)是允许重载的,即可以同时存在若干同名函数,只要其参数个数或参数类型不同即可。3.4.1 节对方法的重载作了更为详细的介绍。

2.5.2 数学函数

为便于数学运算,C# 定义了 Math 类和 Random 类,这两个类都位于 System 名称空间。

其中，Math 类为一些常用数学函数（如三角函数、对数函数等）提供了常量和静态方法；Random 类是伪随机数生成器，是一种能够产生满足某些随机性统计要求的数字序列的类。

1. Math 类

Math 类中定义了两个常量（E 和 PI）和几十种方法。常量 E 为自然对数的底 e，以 Math.E 形式调用；常量 PI 为圆周率 π，以 Math.PI 形式调用。

Math 类的常用方法如表 2-10 所示。

表 2-10 Math 类的常用方法

方法名称	说明	实例	结果
Abs(N)	返回数值 N 的绝对值	Abs(−3.5)	3.5
Sqrt(N)	返回数值 N 的平方根	Sqrt(9)	3
Sign(N)	返回数值的正负性，1 表示正数，−1 表示负数，0 表示 0	Sign(−3.5)	−1
Exp(N) Pow(a,N)	返回常数 e 的 N 次幂 返回数值 a 的 N 次幂	Exp(3) Pow(2,4)	20.086 16
Log(N) Log(a, N) Log10(N)	返回数值 N 以 e 为底的（自然）对数 返回数值 N 以 a 为底的对数 返回数值 N 以 10 为底的（常用）对数	Log(10) Log(2, 16) Log10(100)	2.3 4 2
Ceiling(N) Floor(N) Round(N) Round(N, k)	返回数值 N 向上取整后的值 返回数值 N 向下取整后的值 返回数值 N 四舍五入取整后的值 返回数值 N 四舍五入保留 k 位小数后的值	Ceiling(2.3) Floor(2.8) Round(3.5) Round(2.326, 2)	3 2 4 2.33
Sin(N) Cos(N) Tan(N)	返回数值 N 所代表角的正弦值 返回数值 N 所代表角的余弦值 返回数值 N 所代表角的正切值	Sin(0) Cos(0) Tan(0)	0 1 0
Max(N1, N2) Min(N1, N2)	返回 N1 和 N2 中较大的那个数 返回 N1 和 N2 中较小的那个数	Max(3,8) Min(3,8)	8 3

说明：

① 在三角函数中，参数 N 所代表的角为弧度值。
② Sqrt 函数的参数 N 不能是负数。
③ Log 和 Exp（或 Pow）互为反函数。
④ 在未引用名称空间 System.Math 的情况下，所有数学函数要通过形如 Math.方法名() 的形式调用。

2. Random 类

Random 类是伪随机数生成器，一种能够产生满足某些随机性统计要求的数值序列的设备。随机数的生成从种子值开始。如果反复使用同一个种子，就会生成相同的数值序列。产生不同序列的一种方法是使种子值与时间相关,从而对于 Random 的每个新实例,都会产生不同的序列。

伪随机数是以相同概率从一组有限的数值中选取的。所选数值并不具有完全的随机性,因为它们是用一种确定的数学算法选择的,但从实用角度而言,其随机程度已足够。Random 类的常用方法如表 2-11 所示。

表 2-11 Random 类的常用方法

方 法	说 明
Random()	构造函数,使用依赖于时间的默认种子值,初始化 Random 类的新实例
Next()	返回一个非负随机整数
Next(N)	返回一个[0,N)范围内的随机整数,注意不包括 N
Next(N1,N2)	返回一个[N1,N2)范围内的随机整数,注意不包括 N2

例 2.14 编写一个能产生随机数的 Windows 窗体应用程序,要求在指定数值范围内产生指定数量的随机数,将它们输出并计算其平均值(保留两位小数)。程序运行效果如图 2-19 所示。

分析:要产生特定范围内的随机数,可以使用 Random 类的 Next(m,n)方法(包含 m 但不包含 n);并且使用 for 循环,每次产生 1 个数值输出至多行文本框并进行累加,循环次数即要产生的随机数的个数。最后,根据累加求得的总和计算出平均值并用 Math 类的 Round()函数保留两位小数。

在"确定"按钮 button1 的 Click 事件中编写以下程序源代码。

图 2-19 例 2.14 程序运行结果

```
private void button1_Click(object sender, EventArgs e)
{
    int min, max, n, k, sum = 0;
    min = int.Parse(textBox1.Text);           //产生随机数下界 min
    max = int.Parse(textBox2.Text);           //产生随机数上界 max
    n = int.Parse(textBox3.Text);             //产生随机数个数 n
    textBox4.Text = "";
    Random r = new Random();                  //Random 类对象 r
    for (int i = 0; i < n; i++)               //产生 n 个随机数
    {
        k = r.Next(min, max + 1);             //在[min,max]范围内产生随机数 k
        textBox4.Text += k + "\t";            //输出至 textBox4,用制表符\t 隔开
        sum += k;                             //计算当前产生的随机数总和 sum
```

```
        }
        double avg = (double)sum / n;              //求出平均值
        label5.Text = "平均值: " + Math.Round(avg,2);
                                                   //输出平均值(四舍五入后保留两位小数)
}
```

由于 Random.Next(m，n)产生出的随机数范围是[m，n)，即不包含 n，因此为产生[min，max]范围内的随机数，需要以 max+1 作为参数 n 的值，即：

```
k = r.Next(min, max + 1);
```

由于平均值在大多数情况下可能是小数，因此 avg 变量为 double 型，而存放总和的 sum 和数字个数 n 都为 int 型。在进行除法运算时，符号"/"两边若都是整型数据，会直接进行整除。为了使 sum/n 的值保留成小数，需要将"/"的一边转换成浮点型数据，因此使用(double)将 sum 的值强制转换成浮点型数据再除以 n，即：

```
double avg = (double)sum / n;
```

最后，由于求得的平均值可能小数位数很多，因此用 Math.Round()方法将其四舍五入至小数点后两位。

```
label5.Text = "平均值: " + Math.Round(avg,2);
```

2.5.3 字符串函数

在用计算机进行信息处理时，经常要对文本进行处理，而文本信息又是由字符串组成的。C♯定义了一个基本的类 String，该类被包含在名称空间 System 中，别名为 System.String，专门用于对字符串进行操作。

1. 定符串的定义

定义字符串的文本必须放在两个双引号(" ")之间，并且不能够在行间拆分。如果要在字符串内容中包含双引号字符，则需要连续使用两个双引号代替。

```
string s1;                                //定义一个字符串变量 s1
string s2 = "Shanghai";                   //字符串变量 s2 存放字符串"Shanghai"
char[] s3 = {'计','算','机','科','学'};    //定义一个字符数组 s3
string s4 = new String(s3);               //将 String 类的新实例 s4 初始化为由 s3 字
                                          //符数组指示的值
```

可以利用运算符"+"来连接两个字符串。

```
string FirstName = "Ning";
string LastName = "Zhang";
string Name = FirstName + " " + LastName;        //Name 中存放字符串"Ning Zhang"
```

2. 重要属性

String 类有一个重要属性 Length,它用来获取字符串的长数。例如:

```
string s = "Hello world";
Console.WriteLine(s.Length);                     //输出 11
```

3. 常用方法

在 String 类的定义中封装了许多方法,能实现特定功能。表 2-12 列出了 String 类的一些常用方法。

表 2-12 String 类的常用方法

方　　法	说　　明
Concat(S1,S2[,S3,S4]) Concat(Str[])	将 2～4 个字符串拼接起来,最少要指定两个参数 将字符串数组 Str 中的每个元素拼接成一个串
Compare(S1,S2[,IgnoreCase])	比较两个指定的 String 对象并返回一个整数,指示二者在排序顺序中的相对位置。IgnoreCase:若要在比较过程中忽略大小写,则为 True;否则为 False
CompareTo(S2)	Compare()方法的非静态形式。例如 S1.CompareTo(S2),表示将 S1 和 S2 比较,返回值的判断同 Compare()方法
IndexOf(SubStr[,sIndex,Count])	返回子串 SubStr 在字符串中第一次出现的位置。搜索从指定字符 sIndex 处开始,共检查 Count 个字符位置。若省略后两个参数,则从字符串开始处搜索全部位置。要查找的 SubStr 可以是字符串型,也可以是字符型
LastIndexOf(SubStr[,sIndex,Count])	返回子串 SubStr 在字符串中最后一次出现的位置,是 IndexOf()方法的反向搜索形式
StartWith(SubStr)	确定此字符串的开始是否与指定的子串 SubStr 匹配,如匹配返回 True,否则返回 False
EndWith(SubStr)	确定此字符串的结尾是否与指定的子串 SubStr 匹配,如匹配返回 True,否则返回 False
SubString(sIndex[,Length])	从一个字符串的 sIndex 位起取 Length 长度的子串。如果省略 Length,则说明取到底
Insert(sIndex,SubStr)	将子串 SubStr 插入原字符串的 sIndex 位置处
Replace(OldStr,NewStr)	在字符串中,将所有出现的 OldStr 子串都替换为 NewStr 子串。其中,OldStr 和 NewStr 可以是字符串型,也可以是字符型
Remove(sIndex,Count)	在字符串中从 sIndex 处起删除 Count 个字符。若未指定 Count,则删除到最后位置

续表

方　法	说　　明
ToUpper()	将一个字符串转换成全大写的副本
ToLower()	将一个字符串转换成全小写的副本
Trim()	移除一个字符串所有前导空白字符和尾部空白字符

(1) 字符串连接

除使用"+"运算符实现两个子串的连接外,String 类还提供了 Concat()方法实现多个字符串的连接。Concat()是一个静态方法,只能用类名 String 直接调用。例如:

```
string s1 = "Hello";
string s2 = ", ";
string s3 = "welcome to study ";
string s4 = "C#!";
string s = string.Concat(s1, s2, s3, s4);   //s 中存放:Hello, welcome to study C#!
```

Concat()方法中能输入 2~4 个 String 类型的参数,实现 2~4 个子串的拼接,也可以输入 1 个 String 型数组,实现更多的子串拼接,只要将这些子串事先存储在该数组中即可。例如,以上代码也可以改写如下。

```
string[] str = new string[] {"Hello",", ","welcome to study ","C#!"};
string s = string.Concat(str);              //s 中存放:Hello, welcome to study C#!
```

以上代码的输入参数是一种新的数据类型"数组",关于数组的内容将在 2.6 节中作详细介绍。

(2) 字符串比较

只要满足下面两个条件中的任何一个,就认为两个字符串相等。

① 两个字符串都为空串,即两个字符串的值都为 null。

② 两个字符串长度相等,并且每个位置的字符都相同。

可以用 String 类的静态方法 Compare()来比较两个字符串,用法如下。

```
string s1 = "abc";
string s2 = "abc";
int n = string.Compare(s1,s2);              //n = 0
```

n 等于零表示两个字符串相同,n 小于零则 s1<s2,n 大于零则 s1>s2。此方法区分大小写。我们也可用关系运算符"=="、"!="、"<"、">"等比较字符串。例如:

```
string s1 = "abc";
string s2 = "abc";
if(s1 == s2)
```

```
        Console.WriteLine("相等");                    //本例中输出"相等"
    else
        Console.WriteLine("不相等");
```

同时 String 类还提供了一个非静态的 CompareTo() 方法,也能实现字符串比较,但用法与 Compare() 方法稍有区别:它必须用一个实例化的 String 类对象来调用。例如:

```
string s1 = "abc";
string s2 = "abcd";
int n = s1.CompareTo(s2);                           //n = -1
```

(3) 字符串搜索

String 类的 IndexOf() 方法用来返回在字符串中搜索到的第一个匹配项的索引(即位置),字符串中首字符的索引值为 0。

例如,以下代码实现了搜索"英语"在字符串"我在学习英语。我非常喜欢英语!因为英语是一种全球通用的语言。"中首次出现的位置。

```
string s = "我在学习英语。我非常喜欢英语!因为英语是一种全球通用的语言。";
int i = s.IndexOf("英语");                           //i = 4
```

若要在指定范围内搜索子串,可以输入相关参数 sIndex 和 Length(详见表 2-12)。

```
int j = s.IndexOf("英语", 7, 8);                     //j = 12
```

这表示从字符串第 7 位起的 8 位长子串(即"我非常喜欢英语!")中搜索"英语"的出现位置,结果是该子串第 2 次出现的位置 12。

如果要实现反向查找,即从一个字符串的最后开始向前搜索,则可以使用 LastIndexOf() 方法,其用法与 IndexOf() 方法基本相同。例如:

```
int k = s.LastIndexOf("英语");                       //k = 17
```

这表示从字符串的最后开始向前搜索"英语"第 1 次出现的位置,结果是该子串第 3 次(即最后一次)出现的位置 17。同理,LastIndexOf() 方法也能用 sIndex 和 Length 两个参数来指定搜索范围。

(4) 字符串匹配

String 类提供了 StartWith() 和 EndWith() 两个方法,用来检查某个字符串是否以某个子串开始或结束。其值为布尔型的 True 或 False,表示匹配或不匹配。例如:

```
string s = "字符串匹配";
string subS = "匹配";
bool start = s.StartWith(subS);                     //start = false
bool end = s.EndWith(subS);                         //end = true
```

(5) 字符串中取子串

可以用 String 类的 SubString() 方法在某个字符串中提取子字符串。如果只指定 sIndex 参数,表示从字符串的 sIndex 位取到底;如果指定 Length 参数,表示从字符串的 sIndex 位取 Length 位。例如:

```
string s = "取子字符串";
string sb1 = s.SubString(2);        //从索引为 2 开始取字符,sb1 = "字符串",s 内容不变
string sb2 = s.SubString(2,2);      //从索引为 2 开始取 2 个字符,sb2 = "字符",s 内容
                                    //不变
```

(6) 字符串的插入、替换和删除

可以用 String 类的 Insert() 方法插入字符串,它有两个参数(sIndex 和 SubStr),表示在指定 sIndex 位置插入子串 SubStr。例如:

```
string s = "计算机科学";
string s1 = s.Insert(3, "软件");              //s1 = "计算机软件科学",s 内容不变
```

可以用 String 类的 Replace() 方法替换字符或字符串,实现在某个字符串中把所有的 OldStr 用 NewStr 替换掉。例如:

```
string s = "计算机是用来计算的";
string s1 = s.Replace("计算", "编程");        //s1 = "编程机是用来编程的",s 内容不变
```

可以用 String 类的 Remove() 方法删除字符串,它有两个参数(sIndex 和 Length),表示在指定 sIndex 位置删除长度为 Length 的子串。若省略 Length 参数,则表示从字符串的第 sIndex 位删除到底。例如:

```
string s = "取子字符串";
string sb1 = s.Remove(2);        //从索引为 2 开始删除字符到底,sb1 = "取子",s 内容不变
string sb2 = s.Remove(2, 2);     //从索引为 2 开始删除 2 个字符,sb2 = "取子串",s 内容
                                 //不变
```

(7) 大小写转换

可以用 String 类的 ToUpper() 方法和 ToLower() 方法将一个字符串的所有字母都变成大写或小写,这两个方法都没有参数。

```
string s = "AaBbCc";
string s1 = s.ToLower();                     //s1 = "aabbcc",s 内容不变
string s2 = s.ToUpper();                     //s2 = "AABBCC",s 内容不变
```

(8) 删除字符串前后的空格

实际应用中经常需要去除一些无意义的空格。例如,系统登录时去掉用户名前后的空格。可以用 String 类的 Trim() 方法去掉字符串前面的空格和尾部空格。注意,该方法

并不能删除字符串中间的空格。

```
string s = "  A   BC ";
Console.Write(s.Trim());                    //输出"A   BC"
```

(9) 数组相关方法

String 类还提供了一些能实现与数组间相互转换的方法。例如，前面在介绍字符串连接时，提到过 String.Concat()静态方法中有一种是以 1 个字符串数组作为输入参数，能实现多个字符串拼接功能。除此之外，常用的还有 Join()、Split()或 ToCharArray()方法，在 2.6 节介绍数组时将会进一步介绍它们。

注意：在以上 String 类的方法中，所提到的字符"位置"都是从 0 开始。String 类其他方法的使用请查看 VS 中的"对象浏览器"（单击工具栏上的 🔲，输入 System.String 进行搜索）或 MSDN 帮助网站（https://msdn.microsoft.com/）。

例 2.15 编写一个能实现字符串查找和替换的程序，要求用以下两种方法实现。

① 单击"多个函数"按钮，利用 IndexOf()、SubString()方法和"+"号，以子串截取和拼接的方式实现查找与替换。

② 单击"Replace 函数"按钮，直接利用 Replace 函数实现查找与替换。

程序运行效果如图 2-20 所示。

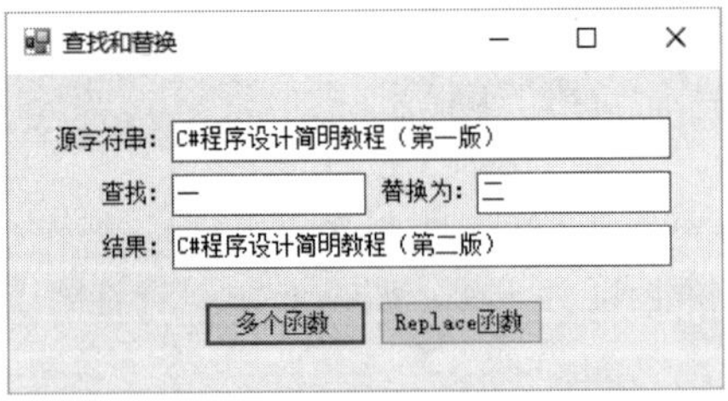

图 2-20 例 2.15 程序运行结果

分析：声明变量 str 存放源字符串，s1 和 s2 存放查找子串和替换子串，newStr 存放替换成功后的新串。采用"多个函数"方式实现查找和替换的原理是：先获取查找子串 s1 首次出现在源字符串 str 中的位置 pos1；若找到，根据查找子串的长度计算出查找子串首次结束后的位置 pos2，然后将 str 中 pos1 之前的内容"拼接"上 s2 再"拼接"上 str 中 pos2 起至结尾的内容，构成 newStr。

在"多个函数"按钮 button1 的 Click 事件处理程序中编写以下代码。

```csharp
private void button1_Click(object sender, EventArgs e)
{
    string str = textBox1.Text;              //源字符串
    string s1 = textBox2.Text;               //查找
    string s2 = textBox3.Text;               //替换
    string newStr;                           //新串
    int pos1 = str.IndexOf(s1);              //查找子串在源字符串中首次出现的位置
```

```
        if (pos1 == -1) newStr = str;              //子串在源字符串中无,返回
        else
        {
            int pos2 = pos1 + s1.Length;           //查找子串在源串中首次结束后的位置
            newStr = str.SubString(0, pos1) + s2 + str.SubString(pos2);
        }
        textBox4.Text = newStr;
    }
```

以上程序用 IndexOf()的返回值是否为-1 来判断查找子串是否在源字符串中出现。若出现,则执行后续的替换操作;若没有出现,则不需要替换,直接将源字符串赋值给新串即可。

如果采用"Replace 函数"实现查找和替换,则直接调用源字符串 str 的 Replace()方法并指定查找子串 s1 和替换子串 s2 作为参数即可。以下是程序源代码。

```
    private void button2_Click(object sender, EventArgs e)
    {
        string str = textBox1.Text;                //源字符串
        string s1 = textBox2.Text;                 //查找
        string s2 = textBox3.Text;                 //替换
        string newStr = str.Replace(s1, s2);
        textBox4.Text = newStr;
    }
```

在以上程序中,采用"多个函数"的方式进行查找和替换实际上是有缺陷的。当要查找的子串在源字符串中多次出现时,只能替换掉该子串的首次出现;而采用"Replace 函数"的方式却能实现完美替换。感兴趣的读者可以自行尝试优化"多个函数"方式中的源代码,以实现所有匹配子串的全部替换。本章配套了一个例 2.15(续)程序,采用自定义函数和递归的方式解决此问题,供读者自学。

2.5.4 日期和时间函数

在设计程序时,经常要进行日期和时间的计算,C#定义了一个 DateTime 类,专门用于对日期时间数据进行处理,该类被包含在 System 名称空间中。DateTime 定义中封装了很多方法,表 2-13 列出了 DateTime 的一些重要属性。

表 2-13 DateTime 类的重要属性

属 性 名	说 明
Now	获取系统当前日期和时间,表示为本地时间
UtcNow	获取系统当前日期和时间,表示为协调世界时(UTC)
Today	获取系统当前日期

续表

属 性 名	说　　明
Year	获取实例所表示日期的年份部分
Month	获取实例所表示日期的月份部分
Day	获取实例所表示的日期为该月中的第几天
Hour	获取实例所表示日期的小时部分
Minute	获取实例所表示日期的分钟部分
Second	获取实例所表示日期的秒部分
Millisecond	获取实例所表示日期的毫秒部分
DayOfWeek	获取实例所表示的日期是星期几
DayOfYear	获取实例所表示的日期是该年中的第几天
Date	获取实例的日期部分
TimeOfDay	获取实例的当天时间

注意：属性 Now、UtcNow 和 Today 是静态属性，只能由 DateTime 类直接引用，即 DateTime.Now，而不能使用 DateTime 的类对象去引用。有关类静态成员详见 3.6.2 节的介绍。

DateTime 类中提供了很多方法，其中最常用的如表 2-14 所示。

表 2-14　DateTime 类的常用方法

方　法　名	说　　明
DateTime() DateTime(Year, Month, Day) DateTime(Year, Month, Day, Hour, Minute, Second)	实例化一个 DateTime 对象，默认日期时间为 0001/1/1 0:00:00 根据指定的年、月、日实例化一个 DateTime 对象 根据指定的年、月、日、时、分、秒实例化一个 DateTime 对象
Compare(dt1, dt2)	对两个 DateTime 实例进行比较，判断第一个实例是早于、等于还是晚于第二个实例，返回值分别对应负数、零和正数
IsLeapYear(Year)	判断一个四位数字的年份是否为闰年
Parse(dtStr)	将表示日期和时间的字符串 dtStr 转换为其等效的 DateTime 值
ToString()	使用指定的格式将当前 System.DateTime 对象的值转换为其等效的字符串表示形式
ToLongDateString()	将当前 System.DateTime 对象的值转换为其等效的长日期字符串表示形式
ToLongTimeString()	将当前 System.DateTime 对象的值转换为其等效的长时间字符串表示形式
ToShortDateString()	将当前 System.DateTime 对象的值转换为其等效的短日期字符串表示形式
ToShortTimeString()	将当前 System.DateTime 对象的值转换为其等效的短时间字符串表示形式

注意：

① DateTime()是类的构造函数，用来创建类对象(详见 3.2.4 节)，通常使用 new 关键字创建类对象，例如：

```
DateTime dt = new DateTime();
```

② Compare()、IsLeapYear()和 Parse()方法都是静态方法，与上述静态属性 Now 等一样，只能由 DateTime 类直接引用，例如：

```
DateTime.IsLeapYear(2019);
```

因为不是闰年，将返回 false。

③ 上述其他方法必须使用 DateTime 类对象调用。

例 2.16 编写一个能进行日期格式化输出和比较的 Windows 窗体应用程序，要求：

① 用户通过输入年、月、日创建日期对象。

② 显示输出系统日期及用户创建的日期，并且能同时显示汉字形式的星期。

③ 比较用户创建的日期和系统当前日期，提示用户创建的日期是早于、等于还是晚于今天。

程序运行效果如图 2-21 所示。

图 2-21 例 2.16 程序运行结果

分析：

① 用户输入的年、月、日创建日期对象 usrDate，由于没有时间数据，可以使用 DateTime(Year, Month, Day)方法。

② 使用 DateTime.Today 获取系统当年日期 sysDate。

③ 汉化"年月日"的日期输出形式可调用 DateTime 对象的 ToLongDateString()方法。

④ DataTime 类提供了一个 DayOfWeek 属性，其值为枚举型，以英文的 Monday 到 Sunday 显示。因此，我们需要编写一个能实现英文星期到中文星期的汉化转换函数 DayOfWeek2CN()，在输出日期时对 DayOfWeek 属性中的值进行处理。

首先，在"创建日期"按钮 button1 的 Click 事件中编写以下代码。

```
private void button1_Click(object sender, EventArgs e)
{
    int year = int.Parse( textBox1.Text);
    int month = int.Parse(textBox2.Text);
    int day = int.Parse(textBox3.Text);
    DateTime usrDate = new DateTime(year, month, day);

    DateTime sysDate = DateTime.Today;
    label4.Text = "今 天 是："+sysDate.ToLongDateString();
```

```
        label4.Text +=" " + DayOfWeek2CN(sysDate.DayOfWeek.ToString());
        label5.Text = "用户日期: "+usrDate.ToLongDateString() ;
        label5.Text +=" " + DayOfWeek2CN(usrDate.DayOfWeek.ToString());

        if (DateTime.Compare(usrDate, sysDate) < 0)
            label6.Text = "您创建的日期早于今天! ";
        else if (DateTime.Compare(usrDate, sysDate) == 0)
            label6.Text = "您创建的日期等于今天! ";
        else
            label6.Text = "您创建的日期晚于今天! ";
}
```

在以上代码中,当年日期的星期是通过 DayOfWeek 属性获得的,但它是英文的 Monday 到 Sunday 形式,因此我们可以将其值以字符串形式传递给用户自定义的 DayOfWeek2CN() 函数,将其转换成汉字的形式。以下是 DayOfWeek2CN() 的程序源代码。

```
private string DayOfWeek2CN(string s)
{
    switch (s)
    {
        case "Sunday":       return "星期日";
        case "Monday":       return "星期一";
        case "Tuesday":      return "星期二";
        case "Wednesday":    return "星期三";
        case "Thursday":     return "星期四";
        case "Friday":       return "星期五";
        case "Saturday":     return "星期六";
        default:             return "星期转换失败!";
    }
}
```

注意:在以上程序执行时,用户必须输入合法的年、月、日值,否则无法创建 DateTime 对象,我们可以使用 1.7 节中介绍的方法来判断输入数据是否完整、有效。2.8 节还会介绍异常处理机制,在某种程度上可以更方便而有效地进行数据校验工作。

2.6 数　　组

2.1 节引出了变量的概念,普通的变量只能存放某种类型的单个数据。然而,实际应用中经常要处理很多数据,并且是同类型数据,那么这些数据如何存放? 很显然,如果声明很多个变量来存放,则是极其低效的。本节将介绍另一种数据存储的类型(数组),它能同时存放多个同类型变量。

将具有相同类型的若干变量按有序的形式组织起来,这些数据元素的集合称为数组。在数组中,每一个成员称为数组元素。数组元素的类型称为数组类型,它可以是前面介绍的任何类型。

2.6.1 一维数组

数组的维数是1,它就是一维数组;维数大于1,它就是多维数组。数组中数组元素的个数称为数组长度。在C#中,无论是一维数组还是多维数组,每一维的下标都是从0开始,结束于数组长度减1。

1. 声明数组

定义一个一维数组,其完整格式如下。

```
数组类型[] 数组名 = new 数组类型[]{数组元素初始化列表};
```

其中,数组类型可以是C#中的任何类型,另外需要注意方括号[]不能少,否则就变成定义普通变量。数组名只要符合普通变量的命名规范且不与其他变量发生冲突即可。

可以在定义数组的同时对数组元素进行初始化,以下写法都是正确的。

```
int[] arr1 = new int[5]{1,2,3,4,5};      //数组声明的完整形式
int[] arr2 = new int[]{1,2,3,4,5};       //若不指定长度,会将初始化时元素的个数作为
                                         //数组长度
int[] arr3 = {1,2,3,4,5};                //更简单的一种写法
```

声明数组时,若未初始化各元素,则会自动给每个元素填入默认值,其中数值型为0,字符型为空字符,字符串型为空串,布尔型为False。

与C语言不同,C#允许动态定义数组大小,例如:

```
int length;
length = Convert.ToInt32(Console.ReadLine());    //数组长度通过运行时输入
int[] arr = new int[length];
```

假设程序运行时,从控制台输入3,则将创建一个长度为3的数组,它的元素分别是:arr[0]、arr[1]、arr[2]。new运算符用于创建数组并初始化数组元素为默认值,上例中3个元素的初值都是0。

数组元素是通过下标来访问的。例如:要访问数组arr的第i个元素,可以使用arr[i-1]来表示。因为数组元素的下标是从0开始的,arr[0]表示第1个元素,arr[1]表示第2个元素,以此类推。

C#提供了数组的越界检查,但与C语言不同,不是在编译时检查,而是在运行时检查。访问数组元素时,一定要注意数组越界问题。例如,数组arr在定义时长度为10,则

只能从 arr[0]表示到 arr[9];如果试图用 arr[10]去访问,则运行时会提示"未处理的异常:索引超出了数组界限"。

2. 属性和方法

C♯语言中的数组是 System.Array 类对象。上例中,动态定义的整型数组 arr 实际上生成了一个数组类对象,arr 是这个对象的引用(地址)。

Array 类提供了一些重要的属性和方法,使用户能很方便地完成一些数组的常用操作。其中,最重要的一个属性是 Length,以"数组对象名.Length"方式引用,表示获取某个数组的长度,为只读属性。

Array 类的一些常用方法见表 2-15。

表 2-15 Array 类的常用方法

方 法 名	说 明
Clear(arr,Index,Length)	将数组 arr 中的从 index 下标开始的 Length 个元素设置为 0、false 或 null,具体取决于元素类型
IndexOf(arr,Val[,sIndex,Count])	在数组 arr 中查找值为 Val 的元素,返回找到元素的下标;若找不到,返回-1。sIndex 和 Count 为可选参数,表示从下标为 sIndex 起的元素开始找 Count 个,如果省略,表示在整个数组中查找
LastIndexOf(arr,Val[,sIndex,Count])	在数组 arr 中逆向查找值为 Val 的元素,返回找到元素的下标;若找不到,返回-1。sIndex 和 Count 为可选参数,表示从下标为 sIndex 起的元素开始逆向找 Count 个,如果省略,表示在整个数组中查找
Reverse(arr[,Index,Length])	反转一维数组 arr;Index 和 Length 为可选参数,若指定了 Index 和 Length,则只反转从下标为 Index 起的 Length 个元素
Sort(arr[,Index,Length]) Sort(arr1,arr2)	对一维数组 arr 进行排序;Index 和 Length 为可选参数,若指定了 Index 和 Length,则只排序从下标为 Index 起的 Length 个元素 对一维数组 arr1 进行排序,同时使 arr2 上每个元素保持与原 arr1 上对应的位置关系
Copy(arr1,arr2,length) Copy(arr1,sIndex,arr2,dIndex,Length)	将数组 arr1 复制给数组 arr2,共复制 Length 个元素 将数组 arr1 从下标为 sIndex 的元素起共 Length 个元素复制给数组 arr2 从下标为 dIndex 起的 Length 个元素
Resize(ref arr, int newSize)	将数组 arr 的大小更改为 newSize 指定的新大小,newSize 不得小于 0。其中 ref 表示引用数组 arr 的地址

说明:以上方法均为静态方法,直接使用 Array.方法名形式调用。

例 2.17 编写一个能实现随机序列产生、排序和搜索的控制台应用程序。要求:

① 随机产生 N 个 100 以内的自然数(N 从控制台输入),存入数组并输出。

② 用户从控制台输入需要查找的数,提示该数在序列中是第几个;若找不到该数,提示用户该数不在序列中。

程序运行效果如图 2-22 所示。

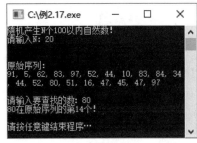
(a) 查找成功

(b) 查找失败

图 2-22 例 2.17 程序运行结果

分析：
① 用户从控制台输入的数 N 动态定义数组大小。
② 使用 for 循环和 Random 类产生随机数序列，循环过程中为每个数组元素赋值并输出，数字间以逗号分隔。
③ 使用 IndexOf()方法进行数组元素的查找。
创建控制台应用程序，在 Program.cs 文件的 Main()函数中编写以下程序源代码。

```
static void Main(string[] args)
{
    Console.WriteLine("随机产生 N 个 100 以内自然数!");
    Console.Write("请输入 N: ");
    int n = int.Parse( Console.ReadLine());
    int[] arr = new int[n];                          //定义数组 arr,长度为 n

    Console.WriteLine("\r\n");
    Console.WriteLine("原始序列: ");
    Random r = new Random();
    for (int i = 0; i < n; i++)
    {
        arr[i] = r.Next(100);                        //元素赋值
        Console.Write(arr[i]);                       //输出
        if (i < n - 1) Console.Write(", ");          //每个数后输出逗号(除最后一个)
    }

    Console.WriteLine("\r\n");
    Console.Write("请输入要查找的数: ");
    int searchNum = int.Parse(Console.ReadLine());    //要查找的数
    int searchIndex = Array.IndexOf(arr, searchNum);  //找到数的下标
    if(searchIndex != -1)                             //找到
```

```
            Console.WriteLine(searchNum+"在原始序列的第" + (searchIndex + 1) +
"个!");
        else                                            //未找到
            Console.WriteLine(searchNum + "不在原始序列中!");

        Console.Write("\r\n请按任意键结束程序…");
        Console.ReadKey();                              //等待用户按任意键结束程序
    }
```

以上程序使用 IndexOf() 方法进行数组的元素查找，找到则返回元素下标；若找不到对应值的数组元素，则该方法返回 -1。

数组(尤其是字符串或字符型数组)经常会与字符串函数配合使用，实现字符串和数组间的相互转换，这些常用的与 Array 相关的 String 类转换函数如表 2-16 所示。

表 2-16 与数组相关的 String 类方法

方　法	说　　明
Join(Separator，Str[])	串联字符串数组 Str 的所有元素，在每个元素之间使用 Separator 指定的分隔符连接。其中，Separator 为字符串型
Split(Separator[] [，Count]，Options)	将一个字符串以 Separator 数组中指定的子串作为分隔符，只要出现任何与 Separator 数组元素匹配的项就分隔，最终返回一个分隔后的子串数组。Count 为可选项，表示要返回的子串的最大数量。Options 表示如果分隔出来的某个子串是空串，是否要丢弃这个子串，其值为枚举型 StringSplitOptions：若值为 RemoveEmptyEntries，表示丢弃这个空串；若值为 None，表示保留空串作为 1 个数组元素。Separator 可以是字符串型数组，也可以是字符型数组
ToCharArray（[sIndex，Length]）	将一个子字符串转换成对应的字符型数组。若指定了 sIndex 和 Length 参数，只转换从 sIndex 位起的 Length 长的位

(1) 字符串型数组转成单个字符串

String 类还有一个静态的 Join() 方法，和 2.5.3 节中介绍的静态方法 string.Concat() 有些类似，都能用来将一个字符串数组中的每个元素拼接成一个长字符串。所不同的是，string.Concat 是直接将所有的数组元素拼接在一起，而 string.Join() 方法则是以 Separator 所指定的子串作为连接字符一起进行拼接。例如：

```
string[] str = new string[]{"23","234","98","43"};
string s = string.Join(",", str);                       //s 的值为"23,234,98,43"
```

将字符串数组 str 中的每个元素通过","进行连接，结果返回至字符串 s。若使用 Concat() 方法，则可以这样编写。

```
string s = string.Concat(str);                          //s 的值为"232349843"
```

有了这个 Join() 方法，我们就能将例 2.17 进行优化。在构造好由随机数生成的数组

arr 后,再利用 string.Join()将它们用逗号作为拼接符,构成原始的数值序列串,最后直接输出这个字符串。将以下代码更新到例 2.17 的相应位置。

```
for (int i = 0; i < n; i++)
{
    arr[i] = r.Next(100);
}
string s = string.Join(",", arr);            //以逗号作为拼接符
Console.WriteLine(s);
```

(2) 单个字符串转换成字符串型数组

与 Join()方法相反的是 Split()方法,它是一个非静态的方法,需要用 String 类对象调用。它将字符串中能与 Separator 数组中任何元素匹配的子串作为分隔符(分隔符本身不进入数组元素中),将一个字符串分隔成数组。通过 Options 参数指定如果分隔出来的元素为空串,是否丢弃这个元素。

例如,以下代码利用了 separator 数组中指定的 4 种分隔符,将字符串 s 分隔成字符串数组 str 并单行输出每个元素。

```
string[] separator = new string[] { ",", " ", ".", "!"};
                                             //逗号、空格、句点、感叹号都能作为分隔符
string s = "hello, my name is Jonny!";
string[] str = s.Split(separator,StringSplitOptions.None);
                                             //None 表示不丢弃空串
                                             //若改成 RemoveEmptyEntries,则丢弃空串
foreach(string m in str)
{
    Console.WriteLine(m);
}

Console.Write("请输入任意键结束程序: ");
Console.ReadKey();
```

在字符串 s 中,hello 和 my 之间有两次匹配(一次匹配逗号,另一次匹配空格),因此分隔后会产生空串;而感叹号作为分隔符在字符串的最后,也会分隔出一个空串。若 Options 参数的值为 StringSplitOptions.None,则不丢弃这个空串,将其作为数组的 1 个元素,最后输出如图 2-23(a)所示的运行效果;若 Options 参数的值为 StringSplitOptions.RemoveEmptyEntries,则丢弃这个空串,最后输出如图 2-23(b)所示的运行效果。

(3) 单个字符串转换成字符型数组

String 类还提供了一个能将字符串直接转换成字符型数组的 ToCharArray()函数,用来实现从字符串到字符数组的直接转换。例如:

```
string s = "abcdefg";
char[] c = s.ToCharArray();
```

(a) 不丢弃空串　　　　　　(b) 丢弃空串

图 2-23　Split()方法示例

将字符串 s 转成字符型数组 c={'a','b','c','d','e','f','g'}。

也可以指定 sIndex 和 Length 参数对字符串的局部进行转换。又如，对于以上定义的字符串 s，只转换第 2 个位置（从 0 开始）起的 4 个字符。

```
char[] c = s.ToCharArray(2, 4);
```

最后，c={'c','d','e','f'}。

3．遍历数组

遍历数组指逐个访问数组中的每个元素。从例 2.17 可以看出，for 循环是遍历数组的常用方法。在 C♯中，循环语句除 for、while/do…while 外，还提供了一种 foreach 语句，它专门用于列举集合（数组是集合的一种形式）中的每个元素，并且在循环体中对每个元素进行操作。语句的格式如下。

```
foreach(数据类型 变量名 in 集合表达式)
{
    语句块
}
```

其中，数据类型和变量名用来声明循环变量，集合表达式对应集合（在数组操作中就是数组名），该表达式必须是一个数组或其他集合类型。每一次循环从数组或其他集合中逐一取出数据，赋值给指定类型的变量，该变量可以在循环语句中使用和处理，但不允许修改变量的值。另外该变量的指定类型必须和表达式所代表的数组或其他集合中的数据类型一致。

例如，以下代码定义了一个长度为 4 的数组 list 并赋初值，然后用 foreach 循环遍历并输出每个元素的值。

```
int[] list = { 10, 20, 30, 40 };
foreach (int m in list)
    Console.WriteLine("{0}", m);
```

foreach 语句是 C♯语言新引入的语句，C 和 C++中没有这个语句，是借用了 Visual Basic 中的 foreach 语句。

例 2.18 编写一个 Windows 窗体应用程序,能够随机产生 N 个 100 以内的自然数(N 从文本框输入),并且将其按原始序列、正序和反序输出。

程序运行效果如图 2-24 所示。

分析:

① 产生随机数序列并输入数组 arr,与例 2.17 一样,使用 for 循环和 Random 类。

② 创建数组 arrSort 和 arrReverse 用来存放 arr 正序和逆序后的数组元素,利用 Array 类的 Copy()、Sort() 和 Reverse() 方法分别实现数组元素的排序。

创建一个 Windows 窗体应用程序,在"产生"按钮的 Click 事件中编写以下程序源代码。

图 2-24 例 2.18 程序运行效果

```csharp
private void button1_Click(object sender, EventArgs e)
{
    textBox2.Text = "";
    textBox3.Text = "";
    textBox4.Text = "";

    int n = int.Parse(textBox1.Text);
    int[] arr = new int[n];

    Random r = new Random();
    for (int i = 0; i < n; i++)
    {
        arr[i] = r.Next(100);
        textBox2.Text += arr[i] + " ";
    }

    int[] arrSort = new int[n];                       //正序数组 arrSort
    int[] arrReverse = new int[n];                    //逆序数组 arrReverse

    Array.Copy(arr, arrSort, arr.Length);             //arr 复制到 arrSort
    Array.Sort(arrSort);                              //arrSort 正序排列
    foreach (int k in arrSort)
    {
        textBox3.Text += k + " ";
    }

    Array.Copy(arrSort, arrReverse, arr.Length);      //arrSort 复制到 arrReverse
    Array.Reverse(arrReverse);                        //arrReverse 逆序排列
    foreach (int k in arrReverse)
```

```
        {
            textBox4.Text += k + " ";
        }
}
```

本程序首先使用一轮 for 循环产生随机数序列并初始化构成原始序列的数组 arr，同时在循环过程中输出原始序列。然后，利用 Copy()方法将数组 arr 复制到数组 arrSort，再利用 Sort()方法将 arrSort 中的各元素正序排列，最后用 foreach 循环输出正序序列。接着，再用 Copy()方法和 Reverse()方法将正序后的序列 arrSort 复制到数组 arrReverse 并将其中的元素逆序排列，最终用 foreach 循环输出反序序列。

foreach 循环用来遍历已经声明并定义好的数组，它通过一个变量(如本例中的 k)逐个读取数组元素。但是，在对数组元素进行初始化时，仍然要通过"数组名[下标]=值"形式赋值。foreach 循环不像 for 循环那样，可以借助循环变量来和这个"下标"同步。因此，在以上程序源代码中，产生随机数并初始化数组各元素仍然需要借助 for 循环实现。但是，在后面排序并输出数组时，就可以很方便地使用 foreach 循环来遍历读取每个元素的值。

4. 数组作为函数的参数传递

在 2.5.1 节中，我们介绍了如何自定义函数。在定义一个函数时，如果指定了输入参数，我们称这种在函数定义时声明的参数为"形参"，而在调用这个函数时传递的参数被称为"实参"。在函数定义时，"形参"不仅可以是 int、float、char、string 等简单类型，还可以是数组、结构体以及各种对象类型的数据。

在主调函数中，数组作为参数传递给函数有两种传递方式。

一种方法是直接在参数列表中初始化一个数组，直接传递给被调函数。例如：

```
PrintArray(new int[]{1,2,3,4});
```

而更常用的一种方法是将已经初始化的数组的数组名作为参数传递给被调函数。例如：

```
int[] arr = new int[]{1,2,3,4};
PrintArray(arr);
```

例 2.18（续） 在例 2.18 的基础上，编写一个能实现数组输出的函数 arr2str()，然后在主调函数中以数组作为参数，打印出原始序列以及正序和反序序列。程序运行效果与例 2.18 相同。

以下程序源代码是对这个 arr2str()函数的定义。

```
private string arr2str(int[] arr)
{
    string s="";
```

```
    foreach (int m in arr)
    {
        s += m+" ";
    }
    return s;
}
```

该函数输入一个数组 arr,将其中的每个元素中间以空格分隔,构成一个字符串序列并返回。然后,在主调函数中,调用 arr2Str()函数,传递不同的数组作为参数。

```
textBox2.Text = arr2str(arr);              //输出原始序列
textBox3.Text = arr2str(arrSort);          //输出正序序列
textBox4.Text = arr2str(arrReverse);       //输出逆序序列
```

请读者自行尝试,用以上 3 个语句改变例 2.18 中对 3 个数字序列输出的循环语句,以提高代码的编写及执行效率。

例 2.19 编写一个能随机产生字符编码并将其反向编码的 Windows 窗体应用程序。要求先通过一个自定义函数随机生成编码串(只能包含大小写字母和数字),然后将该串转换成字符型数组,再输入另一个自定义函数,将该数组反转,最终还原成反向编码串。程序运行效果如图 2-25 所示。

图 2-25 例 2.19 程序运行效果

分析:

① 自定义 GenerateCode()函数,输入参数为编码长度 codeLen,以 1/3 的概率产生大写、小写字母或数字,返回该编码串。

② 在主调程序中,将这个编码串转换成字符数组 charArray。

③ 自定义 charArrayReverse()函数,输入参数为转换后的 charArray 数组,自己设计数组反转算法(不用 Array.Reverse()方法),返回该数组反转后的结果。

④ 将反转后的字符数组还原成反向编码串并输出。

首先编写一个 GenerateCode()函数,输入要产生的编码长度,返回编码串。

```
private string GenerateCode(int len)
{
    string code = "";
    Random ran = new Random();
    for (int i = 0; i < len; i++)
    {
        int n = ran.Next();
        if (n % 3 == 0)
            code += (char)('0' + (char)(n % 10));   //以 1/3 的概率生成数字
        else if (n % 3 == 1)
```

```
            code += (char)('A' + (char)(n % 26));    //以 1/3 的概率生成大写字母
        else
            code += (char)('a' + (char)(n % 26));    //以 1/3 的概率生成小写字母
    }
}
```

然后，在主调函数（"产生"按钮 button1 的 Click 事件处理程序）中调用这个函数产生编码串 s，并且用 String 类的 ToCharArray()方法将其转换成字符数组 charArray。

```
private void button1_Click(object sender, EventArgs e)
{
    int codeLen = int.Parse(textBox1.Text);         //编码长度 codeLen 由用户输入

    string s = GenerateCode(codeLen);                //产生这个编码串 s
    textBox2.Text = s;                                //输出原始编码至文本框
    char[] charArray = s.ToCharArray();              //转换成字符型数组 charArray

    string sRev = new string(charArrayReverse(charArray));
    textBox3.Text = sRev;
}
```

最后，调用 charArrayReverse()函数将 charArray 反转，利用 String 类的构造函数将 charArray 构造成字符串形式的反向编码 sRev 并输出。

charArrayReverse()函数的定义如下。

```
private char[] charArrayReverse(char[] cArr)
{
    char cTmp;
    int n = cArr.Length - 1;
    for (int i = 0; i < cArr.Length / 2; i++)
    {
        cTmp = cArr[i];
        cArr[i] = cArr[n - i];                       //第 i 和第 n-i 个元素交换
        cArr[n - i] = cTmp;
    }
    return cArr;
}
```

该函数利用数组的第 i 和第 n−i 个元素相互交换的算法实现了数组元素的逆序排列。可以看出本程序中第 1 个函数 GenerateCode()是以变量作为参数传递的，而第 2 个函数 charArrayReverse()是以数组作为参数传递的。

对于一维数组，foreach 语句循环顺序是从下标为 0 的元素开始一直到数组的最后一个元素。对于多维数组，元素下标的递增是从最低维开始的。

与 C 语言不同，C♯提供数组的越界检查，不是在编译时进行，而是在运行时检查。例如，在例 2.18 中如果用户指定输入"n＝10"，说明数组 arr 长度为 10。当程序中出现 arr[10]的数组元素访问时，则运行时会提示"未处理的异常：索引超出了数组界限"。因此在使用数组时，一定要注意越界问题。

2.6.2　二维数组

一维数组是用一个下标来描述数组元素的位置，而二维数组是用两个下标来描述数组元素的位置，就像一个表格，有行有列，数据存放在表格中，如图 2-26 所示。

a[0]
a[1]
a[2]

a[0,0]	a[0,1]	a[0,2]	a[0,3]
a[1,0]	a[1,1]	a[1,2]	a[1,3]
a[2,0]	a[2,1]	a[2,2]	a[2,3]

(a) 一维数组　　　　　　　　(b) 二维数组

图 2-26　一维数组和二维数组

二维数组中前一个下标称为行下标，后一个下标称为列下标。

那么什么情况下使用二维数组呢？有两种情况：一种是描述一个二维事物，例如可以用二维数组来描述一个迷宫地图，元素为 1 代表有通路，元素为 0 代表没有通路；另一种是描述具有多项属性的事物，例如一个班级的学生成绩单，有多个学生以及每个学生有高数、英语、计算机基础 3 门成绩都可以用二维数组来描述，但需要注意的是各个属性应该是同一种数据类型（如 3 科成绩都是整型），姓名是字符串类型就不能放入成绩的二维数组中。

二维数组定义的格式如下。

```
数组类型[,] 数组名;
```

可以用下面的方法，在定义二维数组的同时进行初始化，例如：

```
int[ , ] arr1 = new int[2,3];    //初始化数组元素为默认值,此处数组元素都是 0
int[ , ] arr2 = new int[2,2]{{1,2},{3,4}};
                                 //第一个大括号中的数据给数组第一行赋值,第二个大
                                 //括号中的数据给数组第二行赋值
int[ , ] arr3 = new int[ , ]{{1,2},{3,4}};
                                 //不指定行数和列数,编译器根据处理的数量自动计算
                                 //数组的行数和列数
int[ , ] arr4 = {{1,2},{3,4}};   //更简单的一种写法
```

例 2.20　编写一个控制台应用程序，输入如表 2-17 所示的 4 个同学的 3 门课程的成绩，求这 4 个同学各门课程的平均成绩。要求将课程名、学生姓名预先存入两个一维数组，然后在程序运行后，以课程先后顺序提示用户输入某个人的成绩；当某个课程的所有

成绩录入完成后，自动计算并输出课程平均分。程序运行效果如图 2-27 所示。

表 2-17 成绩数据

课程＼姓名	许 健	陈佳雯	许 愿	陈 意
大学英语	75	90	95	88
C#程序设计	68	82	90	90
高等数学	95	84	98	88

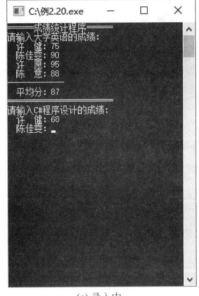
(a) 录入中

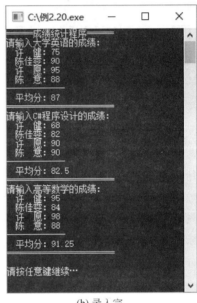
(b) 录入完

图 2-27　例 2.20 程序运行效果

分析：

① 定义一维数组 cName 和 sName，分别用来存放课程名和学生姓名。虽然本例中只有 3 门课程 4 个学生的成绩，但是要将课程和学生放在专用的数组中，这样将来如有需要，可以很灵活地通过这两个数组扩充课程门数和学生人数。

② 定义二维数组 score，第一维长度为 cName.Length，每个元素为一维数组型数据，表示某课程下所有学生的成绩；第二维长度为 sName.Length，每个元素为数值型数据，表示当前课程下的单个学生的成绩。

③ 定义一维数组 cAvg，其长度为 cName.Length，用来在成绩录入的同时存放当前课程的平均分。

创建一个控制台应用程序，在 Program.cs 文件的 Main() 函数下编写以下程序源代码。

```
static void Main(string[] args)
{
```

```csharp
Console.WriteLine("======成绩统计程序======");
string[] cName = new string[] {"大学英语","C#程序设计","高等数学"};
                                        //存放课程名
string[] sName = new string[] {"许  健","陈佳雯","许  愿","陈  意"};
                                        //存放学生姓名
int[,] score = new int[cName.Length, sName.Length];
                                        //存放某门课程某个学生的成绩
double[] cAvg = new double[cName.Length];//存放课程的平均成绩
int i, j;
double sum = 0;
for (i = 0; i < cName.Length; i++)
{
    Console.WriteLine("请输入{0}的成绩:",cName[i]);
    for (j = 0; j < sName.Length; j++)
    {
        Console.Write("  "+sName[j] + ":");
        score[i, j] = Convert.ToInt32(Console.ReadLine());
        sum = sum + score[i, j];          //将4个同学的成绩累加
    }
    cAvg[i] = Math.Round(sum / sName.Length, 2);
                                        //将4个同学的平均成绩存入一维数组
    Console.WriteLine("-------------");
    Console.WriteLine("  平均分:{0}", cAvg[i]);
    Console.WriteLine("=====================");
    sum = 0;              //一门课程累加完后清0,准备进行下门课程的累加
}
Console.Write("\r\n请按任意键继续…");
Console.ReadKey();
}
```

程序运行后,利用双重 for 循环嵌套语句,由外层 for 循环按课程的先后顺序(以 cName 中元素的顺序)提示用户为不同的课程输入成绩;内层 for 循环按学生的先后顺序(以 sName 中元素的顺序)提示用户为不同的学生输入本门课的成绩。录入后的每个成绩值存入 score[i, j],i 表示当前课程 cName[i]中的 i,j 表示当前学生 sName[j]中的 j;在此录入过程中累加计算当前课程的总分 sum(必须声明成浮点型,否则计算平均分时无法保留小数)。当前课程的学生成绩全部录入完成后,程序离开内层 for 循环,计算当前课程的平均分,存入 cAvg[i]并输出。反复外层 for 循环,最终存储、计算并输出全部课程的平均分。

2.6.3 多维数组和交错数组

(1) 多维数组

维数大于或等于_的就是多维数组,多维数组定义的格式如下。

```
数组类型[ , , …, ]    数组名;
```

例如,可以这样定义一个三维数组。

```
int[ , , ] arr = new int[2, 3, 4];
```

(2) 交错数组

交错数组指数组的元素还是数组。它和多维数组是不一样的,交错数组中包含的数组的维数和大小可以不同。int[, ,]定义的是三维数组,而 int[ ][ ][ ]定义的是交错数组。

以下代码定义了一个交错数组 arr。

```
int[ ][ ] arr = new int[3][ ];
arr[0] = new int[4];
arr[1] = new int[6];
arr[2] = new int[8];
```

在上面的定义中,arr 是一个长度为 3 的交错数组,其每个元素又是一维数组。arr 的第一个元素是一个长度为 4 的数组 arr[0],第二个元素是一个长度为 6 的数组 arr[1],第三个元素是一个长度为 8 的数组 arr[2]。这里,可以将 arr 视为一维数组,而该数组的元素又是一维数组。注意:初始化时,第二个中括号中不能有数值。可以对交错数组按如下方式赋值。

```
arr[0][0] = 1;                          //将 arr 中的第一个数组的第一个元素赋值为 1
arr[1] = new int[6]{1,2,3,4,5,6};       //对 arr 中的第二个数组的 6 个元素赋初值
```

对于初学者来说,多维数组和交错数组用得不多,这里只需要了解它们的意义和区别即可。

2.7 综合应用

本章介绍了 C#语言的基本内容,包括数据类型和变量、运算符、分支和循环程序结构、函数、字符串、数组等。通过对本章的学习,读者可以使用各种简单或复杂的数据类型,编写顺序、分支和循环结构的程序来解决实际问题。在学习过程中,读者需要记忆一些语法规则,并且通过上机练习积累调试程序的技巧。

下面通过一个"字符统计"程序对本章的知识作一个整理归纳。

例 2.21 输入一串字符,统计各字符出现的次数(区分大小写),程序运行效果如图 2-28 所示。

分析:

① 要统计所有字符出现的次数,需要首先声明全局的字符型数组 ch 和整型数组

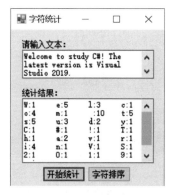
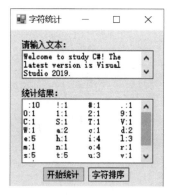

(a) 按字符在文本中出现的顺序统计　　(b) 按字符的ASCII码值顺序排序

图 2-28　例 2.21 程序运行效果

count，分别用来存放文本中所有出现过（且不重复）的字符，以及 ch 中对应元素指定字符在文本中出现过的次数。

② 由于文本中到底出现了多少个不重复的字符难以预估，因此在统计开始时，需要预先定义两个临时数组：tempCh 和 tempCount（分别对应 ch 和 count 数组）。其长度是最坏情况，即任何字符都只出现过一次（相当于输入文本 s 的长度 s.Length）。

③ 遍历输入文本中的每个字符：若当前字符是新出现，则 tempCh 中添加这个字符，tempCount 对应顺位上的值置 1；若当前字符之前已经出现过，则利用 Array 类的 IndexOf()函数找到 tempCh 中该字符的位置，再使 tempCount 对应顺位上的值加 1。

④ 遍历完成后，可以计算出 tempCh 和 tempCount 中实际使用了多少长度（j），即文本中非重复出现过的字符到底有多少个。然后，利用 Array 类的 Copy()函数将 tempCh 和 tempCount 中的前 j 个元素复制到 ch 和 count 数组，完成字符统计。

⑤ 最后，输出 ch 和 count 数组中的值。由于 ch 和 count 数组元素的赋值是在遍历文本的过程中进行的，因此默认情况下统计结果也按字符在文本中出现的先后顺序排列。若要按出现字符的 ASCII 码值顺序显示统计结果，可以调用 Array 类的 Sort()方法。

程序源代码如下。

```
char[] ch;                          //数组 ch 用来存放出现过的不重复字符
int[] count;                        //数组 count 用来存放每个字符出现过的次数
private void button1_Click(object sender, EventArgs e)
{
    string s = textBox1.Text;
    char[] tempCh = new char[s.Length];
                                    //数组 tempCh 用来临时存放出现过的不重复字符
    int[] tempCount = new int[s.Length];
                                    //数组 tempCount 用来临时存放每个字符出现次数
    int j = 0;
    int pos;
```

```csharp
        for (int i = 0; i < s.Length; i++)
        {
            pos = Array.IndexOf(tempCh, s[i]);
                                        //获得当前字符在数组 tempCh 中的位置
            if (pos == -1)              //若当前字符是新出现
            {
                tempCh[j] = s[i];       //在数组 tempCh 中添加这个字符值
                tempCount[j] = 1;       //使数组 tempCount 对应顺位上的值置1
                j++;
            }
            else                        //若当前字符之前已经出现过

            {
                tempCount[pos]++;       //使数组 tempCount 中 pos 位置上的值加1
            }
        }
        ch = new char[j];
                                        //现确定不重复出现的字符有 j 个,声明数组 ch 长度
        count = new int[j];             //同时声明数组 count 长度
        Array.Copy(tempCh, ch, j);      //数组 ch 赋值
        Array.Copy(tempCount, count, j);//数组 count 赋值
        outPut(ch, count);              //按字符在文本中出现的先后顺序输出
    }

private void outPut(char[] ch1, int[] count1){
    textBox2.Text = "";
    for (int i = 0; i < ch1.Length; i++)
    {
        textBox2.Text += ch1[i] + ":" + count1[i].ToString() + "\t";
    }
}                                       //在 textBox2 中输出统计结果

private void button2_Click(object sender, EventArgs e)
{
    if (ch != null){                    //若 ch 数组不为空,说明已经完成统计,继续排序工作
        Array.Sort(ch, count);          //将数组 ch 排序,数组 count 的顺序跟从数组 ch
        outPut(ch, count);              //按出现字符的 ASCII 码值顺序显示统计结果
    }else{                              //否则提示用户先进行字符统计
        MessageBox.Show("请先进行字符统计!");
        button1.Focus();
    }
}
```

以上程序在实现字符排序时,使用了 Array 类的静态方法 Sort(),带有两个数组参数的 Sort(arr1,arr2)方法表示的是:基于 arr1 排序的同时使 arr2 上每个元素保持与原 arr1 上对应的位置关系(详见 2.6.1 节)。此外,由于在字符统计和排序时都会输出统计结果,因此本题利用 2.5.1 节介绍的自定义函数,编写了一个无返回值类型的 outPut()函数,增加了代码重用性。

2.8 能力提高——异常处理

在编写程序时,不仅要关心程序的正常操作,还应该考虑到程序运行时可能发生的各类不可预期的事件,例如用户输入错误、内存不够、磁盘出错、网络资源不可用、数据库无法使用等,所有这些错误称为异常,不能因为这些异常使程序运行产生问题。各种程序设计语言经常采用异常处理语句来解决这类异常问题。

2.8.1 什么是异常

异常指的是在程序运行过程中发生的异常事件,通常是由外部问题(如硬件错误、输入错误)所导致的。下面我们看一个会发生异常的程序实例。

例 2.22 编写一个能实现整除运算的程序,输入被除数与除数后,显示商和余数。程序运行效果如图 2-29 所示。

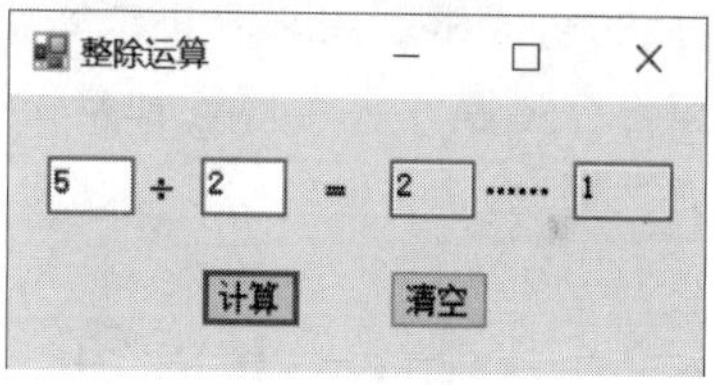

分析:

① 输入的操作数使用 int.Parse()方法转换成整数。

② 使用/运算符求商,使用%运算符求余数。

③ 考虑几个异常问题:输入的操作数不合法(为空、为小数、为非数字等)情况和除数为零情况。

图 2-29 例 2.22 程序运行效果

在"计算"按钮的 Click 事件处理程序中编写如下程序源代码。

```
private void button1_Click(object sender, EventArgs e)
{
    int num1 = int.Parse(textBox1.Text);        //被除数
    int num2 = int.Parse(textBox2.Text);        //除数
    int quotient = num1 / num2;                 //求商
    int remainder = num1 % num2;                //求余数
    textBox3.Text = quotient.ToString();        //输出商
    textBox4.Text = remainder.ToString();       //输出余数
}
```

"清空"按钮中的代码略,请读者自行编写。

在以上程序中,当用户输入合法的数据(被除数、除数均为整数)时,程序运行一切顺利。然而，当用户输入不合法的数据时（如图 2-30 所示，被除数中含非法字符），以上程序中的 int.Parse()方法会因无法将其转换成整型数据而使程序发生异常。

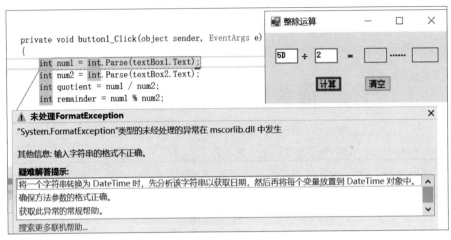

图 2-30　数据输入不合法，发生异常

作为一名好的程序员，不仅要编写出能实现基本功能的程序源代码，更应具备能预见程序中可能发生的异常的能力，并且编写相应的异常处理代码，最大限度提高程序的容错能力。我们把程序的这种容错能力称为"异常处理"功能。

异常处理（又称为错误处理）功能提供了处理程序运行时出现的任何意外或异常情况的方法，它通常是用来防止未知错误产生所采取的处理措施。异常处理可以使开发人员不用再绞尽脑汁去考虑各种错误，为处理某一类错误提供了一个很有效的方法，使编程效率大大提高。

2.8.2　try…catch 语句

异常处理使用 try、catch 和 finally 关键字来尝试可能未成功的操作、处理失败以及在事后清理资源。使用 try 和 catch 结构进行异常处理时需要把代码重新组织，把有可能出现异常或错误的代码放在 try 块中，而把处理异常的代码放入 catch 块中。

try…catch 语句的基本格式如下。

```
try
{
    可能出现异常的代码
}
catch[(异常类名 异常变量名)]
{
    异常处理代码
}
```

其中,catch 后面的"(异常类名 异常变量名)"部分可以省略,省略时表示该 catch 代码块处理任何异常(即通用异常)。

例 2.22(续 1)   使用 try...catch 语句来处理例 2.22 中的异常,当输入的操作数不合法(为空、为小数或为其他字符以及除数为 0)时,程序运行效果如图 2-31 所示。

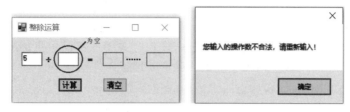

图 2-31 例 2.22(续 1)发生异常时的程序运行效果

分析:
① 程序可能发生异常的情况是输入被除数或除数时数据不合法,因此例 2.22 中最开始的两个输入语句必须放在 try 代码块中。
② 若异常未发生,程序会把 try 代码块执行完毕,不再执行 catch 代码块中的内容。因此,后续计算和输出的 4 个语句也应放在 try 代码块中,且必须写在可能发生异常的语句(即输入语句)的后面。
③ 当异常发生时(只可能在 try 代码块中前两个输入语句执行时发生),程序立即跳出 try 代码块(后续的计算以及输出语句不会执行)并进入 catch 代码块,提示用户输入的操作数不合法,清空输入数据,光标重新定位。

程序源代码如下。

```
private void button1_Click(object sender, EventArgs e)
{
    try
    {
        ...                    //把例 2.22 中的 6 个语句放在 try 代码块中
    }
    catch                      //以下是处理异常的语句
    {
        MessageBox.Show("您输入的操作数不合法,请重新输入! ");
        textBox1.Text = "";
        textBox2.Text = "";
        textBox1.Focus();
    }
}
```

在以上程序中,我们不难发现:如果把所有可能发生异常的语句放在 try 代码块中去测试,当异常发生时,我们只能根据 catch 代码块的处理提示知道发生了异常,但究竟是什么样的异常导致?是操作数为空?不合法?还是除数为零?我们不得而知。要编写更好的异常处理程序,我们可以使用多个 catch 子句并结合异常处理类来捕获并处理不同类型的异常。

2.8.3 异常处理类

在 C# 中,所有的异常都派生于 Exception 类,即此类是所有异常的基类。当发生错误时,系统或当前正在执行的应用程序通过引发包含关于该错误信息的异常报告来报告错误。异常发生后,将由该应用程序或默认异常处理程序进行处理。

表 2-18 给出了 System 名称空间中常用的异常类。

表 2-18 常用的异常类

异 常 类	描 述
MemberAccessException	访问类成员的尝试失败时引发的异常
ArgumentException	当向方法提供的参数之一无效时引发的异常
ArgumentNullException	当将空引用(在 Visual Basic 中为 Nothing)传递给不接受它作为有效参数的方法时引发的异常
ArithmeticException	因算术运算、类型转换或转换操作中的错误而引发的异常
ArrayTypeMismatchException	当试图在数组中存储类型不正确的元素时引发的异常
DivideByZeroException	试图用零除整数值或十进制数值时引发的异常
FormatException	当参数格式不符合调用的方法的参数规范时引发的异常
IndexOutOfRangeException	试图访问索引超出数组界限的数组元素时引发的异常。此类不能被继承
InvalidCastException	无效类型转换引发的异常
MulticastNotSupportedException	尝试组合两个基于 System.Delegate 类型而非 System.MulticastDelegate 类型的委托时引发的异常。此类不能被继承
NotSupportedException	当调用的方法不受支持或者试图读取、查找或写入不支持调用功能的流时引发的异常
NullReferenceException	尝试取消引用空对象时引发的异常
OutOfMemoryException	没有足够的内存继续执行程序时引发的异常
OverflowException	在选中的上下文中所进行的算术运算、类型转换或转换操作导致溢出时引发的异常
StackOverflowException	因包含的嵌套方法调用过多而导致执行堆栈溢出时引发的异常。此类不能被继承
TypeInitializationException	由类初始值设定项引发的异常。此类不能被继承
NotFiniteNumberException	当浮点值为正无穷大、负无穷大或非数字(NaN)时引发的异常

例 2.22(续 2) 使用 Exception 和多个 catch 来捕获"整除运算"程序,使异常处理程序可以区别出操作数不合法异常、除数为 0 异常及其他未知异常。请读者自行调试异常发生时的程序运行效果。

分析："整除运算"程序可能发生异常的情况包括操作数不合法（对应 FormatException 类）、除数为零（对应 DivideByZeroException 类）以及未知异常（对应通用的 Exception 类）。

在例 2.22（续 1）程序的基础上，改写 catch 代码块，将其分成 3 个能处理不同类型异常的 catch 代码块。

```
private void button1_Click(object sender, EventArgs e)
{
    try
    {
        ...                    //把例 2.22 中的 6 个语句放在 try 代码块中
    }
    catch (DivideByZeroException)
    {
        MessageBox.Show("除数不得为零,请重新输入!");
        textBox2.Text = "";
        textBox2.Focus();
    }
    catch (FormatException)
    {
        MessageBox.Show("您输入的操作数不合法,请重新输入!");
        textBox1.Text = "";
        textBox2.Text = "";
        textBox1.Focus();
    }
    catch (Exception)
    {
        MessageBox.Show("其他未知异常!");
        textBox1.Text = "";
        textBox2.Text = "";
        textBox1.Focus();
    }
}
```

当异常发生时，catch 块的选择取决于异常的类型是否匹配，一个更具体的 catch 块比一个通用的 catch 块优先匹配。本例中有 3 个 catch 块，DivideByZeroException 和 FormatException 异常比 Exception 异常更具体，因此程序会优先选择更为具体的 catch 块中的语句。在写法上，具体的 catch 块应该比通用的 catch 块更靠近 try 代码块。

在编写异常处理程序时，经验丰富的程序员可以根据程序的特点判断出可能引发的各种异常类型，编写恰到好处的异常处理程序，以此提高程序的容错能力。

2.8.4　try...catch...finally 语句

在 try...catch 语句的后面还可以增加 finally 代码块,它将在执行完 try 代码块和 catch 代码块后执行,而与是否引发异常或者是否找到与异常类型匹配的 catch 块无关。即当程序流离开 try 控制块后,如果没有发生错误,将执行 finally 语句块;当执行 try 时发生错误,程序流会跳转到相应的 catch 语句块,再执行 finally 语句块。因此,如果程序中有一些必须执行的代码,就可以放在 finally 块中。如可以使用 finally 块释放资源(如文件流、数据库连接和图形句柄),而不用等待由运行库中的垃圾回收器来回收对象。

try...catch...finally 语句的基本格式如下。

```
try
{
    可能出现异常的代码
}
catch[(异常类名 异常变量名)]
{
    异常处理代码
}
...
finally
{
    程序代码
}
```

无论是否有 catch 块捕捉异常,finally 块总是会被执行。

例如,可以在以上例 2.22(续 2)程序的基础上,在 catch 块后面增加一个 finally 代码块。

```
finally
{
    MessageBox.Show("本次计算结束！");
}
```

无论异常是否发生,程序最终会向用户提示"本次计算结束！"信息。请用户自行尝试编程,源代码详见本书配套的例 2.22(续 3)程序。

使用 try...catch...finally 语句时,需要注意的是:catch 块可以有一个或多个,也可以没有。如果有一个或多个 catch 块,finally 块就是可有可无的;如果没有 catch 块,finally 块就是必须有的。

2.8.5 抛出异常

除程序发生错误产生的异常外,程序员还可以为某种目的自己抛出异常。throw 语句用于主动引发一个异常,有以下两种基本格式。

```
throw;                    //抛出一个通用的异常(Exception 类)
throw 异常对象;            //抛出一个指定类型的异常(见表 2-18 中的异常处理类)
```

例如,可以在例 2.22(续 2)程序的基础上,添加一个能处理输入为空的异常处理。具体做法是:try 代码块的开始处添加一个判断输入的操作数是否为空的语句,以此抛出一个 ArgumentNullException 异常。在 try 代码块的开始处添加以下程序源代码。

```
try
{
    if (textBox1.Text == "" || textBox2.Text == "")
        throw new ArgumentNullException();
    ...                                            //输入、计算和输出语句
}
```

并在其后添加相应的 catch 代码块。

```
catch (ArgumentNullException)
{
    MessageBox.Show("您输入的操作数为空!");
}
...                                                //其他 catch 块
```

请读者自行尝试编写并调试程序,同时思考:有没有什么办法可以对被除数和除数的输入分别作判断并处理各自引发的异常?

上 机 实 验

1. 实验目的

① 掌握基本数据类型及类型转换的方法,理解变量和常量的本质区别。
② 掌握各类常用运算符的使用,包括 5 种基本运算符和其他特殊运算符,理解并能区别不同运算符的优先级。
③ 掌握三种基本程序结构(顺序结构、分支结构和循环结构);会利用控制语句编写基本的程序。
④ 掌握数学函数、字符串函数及日期时间函数的使用,学会编写自定义函数,理解实

参、形参及函数返回值的意义和用法。

⑤ 掌握一维和二维数组的定义和使用方法，会使用 for 和 foreach 语句遍历数组；理解多维数组和交错数组。

⑥ 掌握程序运行和调试的方法；学会使用 try...catch 语句编写简单的异常处理程序。

2. 实验内容

实验 2-1 创建一个 Windows 窗体应用程序，要求根据文本框内输入的半径，计算圆面积和周长，显示在两个只读文本框中（即把例 2.1 程序改成窗体应用）。程序运行界面如图 2-32 所示，项目名保存为 sy2-1。

提示：TextBox 控件的 Text 属性是字符串类型，而参与计算的变量 r(半径)、s(面积)、c(周长)等是数值型数据。当数据从文本框输入至 r 时，要利用 Convert 类的相关方法或对应数值类型的 Parse() 方法（详见 2.1.5 节介绍）将字符串类型的数据转换为数值型方可计算；而当数据从 s、c 输出至文本框时，又需要使用 ToString() 方法转回成字符串型才能显示在文本框中。

实验 2-2 创建一个 Windows 窗体应用程序，要求根据文本框内输入的温度，单击按钮实现华氏温度和摄氏温度的转换。程序运行界面如图 2-33 所示，项目名保存为 sy2-2。

图 2-32 实验 2-1 程序运行界面　　　图 2-33 实验 2-2 程序运行界面

用到的转换公式如下，其中，F 为华氏温度，C 为摄氏温度。

$$F = \frac{9}{5}C + 32 \quad \text{摄氏温度转换为华氏温度}$$

$$C = \frac{5}{9}(F - 32) \quad \text{华氏温度转换为摄氏温度}$$

提示：在计算转换公式时应注意，$\frac{9}{5}$ 和 $\frac{5}{9}$ 要转换为浮点型数据来算，否则整数相除得到的结果会不精确或为 0。

实验 2-3 创建一个 Windows 窗体应用程序，编写一个能模拟符号函数的运算程序。要求输入一个数 n：若 n 是负数，结果显示 −1；若 n 是零，结果显示 0，若 n 是正数，结果显示 1。程序运行界面如图 2-34 所示，项目名保存为 sy2-3。

提示：此例用多分支的 if...else if...else...语句实现，注意数据类型的转换问题。

实验 2-4 创建一个 Windows 窗体应用程序，要求对文本框内输入的 3 个数从大到小排序或从小到大排序，结果显示在一个只读文本框中。程序运行界面如图 2-35 所示，项目名保存为 sy2-4。

(a) 负数　　　　　　　　(b) 零　　　　　　　　(c) 正数

图 2-34　实验 2-3 程序运行界面

(a) 从大到小排序　　　　　　(b) 从小到大排序

图 2-35　实验 2-4 程序运行界面

提示：将输入的 3 个数存放在浮点型变量中，然后两两比较，一般可用 3 条 if 语句来实现。可以先通过两个单分支的 if 语句找出最大的数，再用一个单分支的 if 语句找出次大的数，剩余的即最小的数；从小到大排序实际上就是从大到小排序结果的反向输出。

为提高代码编写的效率，3 个数字排序的算法可以封装在一个自定义函数中，然后在"大到小"或"小到大"按钮中调用这个函数，确定正向或反向输出排序结果。读者可以在学完 2.5.1 节后尝试这种方法，以提高程序设计效率。

实验 2-5　创建一个 Windows 窗体应用程序，要求根据文本框内输入的数字 1~7，显示对应的英文星期（Monday 到 Sunday），如果输入其他字符，弹出提示框"请输入数字 1~7!"。程序运行界面如图 2-36 所示，项目名保存为 sy2-5。

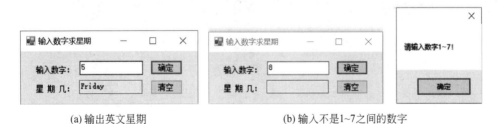

(a) 输出英文星期　　　　　　(b) 输入不是1~7之间的数字

图 2-36　实验 2-5 程序运行界面

提示：可使用多分支的 if...else if...else...语句或 switch 语句实现，但本程序使用 switch 语句可能更高效。

消息提示框可以用下面的语句实现。

```
MessageBox.Show("消息内容");
```

实验 2-6 创建一个 Windows 窗体应用程序，显示出指定年份范围内的闰年，结果显示在只读的多行文本框中。程序运行界面如图 2-37 所示，项目名保存为 sy2-6。

提示：闰年分为普通闰年和世纪闰年。普通闰年的公历年份是 4 的倍数，且不是 100 的倍数（如 1904 年就是普通闰年，1900 年不是闰年）；世纪闰年的公历年份必须是 400 的倍数（如 1900 年不是闰年，2000 年是世纪闰年）。这里指的闰年包括普通闰年和世纪闰年。

如果默认窗体载入时查找范围以今年结束，那么可以使用 DateTime 类的相关属性和方法获取，详见 2.5.4 节的介绍。

实验 2-7 创建一个 Windows 窗体应用程序，计算 $1+\frac{1}{2}+\frac{1}{4}+\frac{1}{7}+\frac{1}{11}+\frac{1}{16}+\frac{1}{22}+\cdots$，当第 i 项的值 $<10^{-4}$ 时结束，计算累加结果 Sum 和总项数 n，并且只列示出公式中的前 10 项文本（以…结束）。程序运行界面如图 2-38 所示，项目名保存为 sy2-7。

图 2-37 实验 2-6 程序运行界面

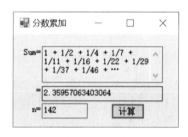

图 2-38 实验 2-7 程序运行界面

提示：找出分数规律，前后两项分母间的差值依次为 1，2，3，…，以此类推；累加开始时把第 1 项（即 1/1）作为初始值。

实验 2-8 创建一个 Windows 窗体应用程序，在程序运行时，输入一个数字（1~9）、大写字母或小写字母，在带边框的标签中打印出相应字符的三角形。程序运行界面如图 2-39 所示，项目名保存为 sy2-8。

(a) 数字1~9

(b) 大写字母

(c) 小写字母

图 2-39 实验 2-8 程序运行界面

提示：打印时，先判断输入的内容是否是单个字符，如果不是，提示用户输入错误。然后判断输入的这个字符是大写字母、小写字母还是数字 1～9。如果不是规定的字符，再提示用户输入错误。如果输入合法，确定打印的首行字符（ASCII 码值）及打印行数，然后利用双重循环并结合字符与其对应的 ACSII 码值间的关系打印输出。

使用 Char 类的静态方法 IsNumber()、IsUpper() 和 IsLower() 来判断一个字符是否是数字、大写字母或小写字母。例如：要知道字符型变量 c 中的内容是否是大写字母，可以使用 Char.IsUpper(c) 来判断其返回值。若 c 是大写字符，其值为 true；否则，其值为 false。

实验 2-9 编写一个能实现 ROT13 加密和解密的程序，程序运行界面如图 2-40 所示，项目名保存为 sy2-9。

> **什么是 ROT13**
> 信息加密有很多方法，最简单的加密方法是：将文本中的每个字符加上对应的序数（这样的序数称为密钥）。当这个序数为 13 且仅针对文本中的大小写英文字母加密时，就是著名的 ROT13 加密（即 A→N,B→O,…,Y→L,Z→M）。因为英文字母表中只有 26 个字母，所以两次 ROT13 编码就是一次加密和解密的过程。在密码学上，这种加密算法叫作对等加密。

 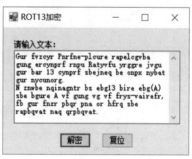

(a) 加密前或复位后　　　　　　(b) 加密后

图 2-40　实验 2-9 程序运行界面(1)

提示：ROT13 加密通过对大写字母或小写字母的 ASCII 码值加 13 实现，如果加密后的字符超过字母范围，可以再把加密后的结果减 13，完成轮转。ROT13 是一种对等加密算法，因此解密即两次用 ROT13 加密的过程。

本题可自定义一个 ROT13() 函数，将输入的字符串中的字符逐位进行序数为 13 的轮转，构成加密串后返回。注意字符加密过程中字符型数据和整型数据（ASCII 码值）之间的转换问题。

思考：若要实现其他几个经典的对等加密算法，例如同时实现 ROT5、ROT13、ROT18 和 ROT47（如图 2-41 所示），应该如何编写对应的加密函数？想一想，解密过程仍然可以两次调用相同的加密函数实现吗？为什么？

ROT5、ROT13、ROT18、ROT47 加密算法

ROT5：只对数字进行编码，用当前数字往前数的第 5 个数字替换当前数字。例如：当前为 0，编码后变成 5；当前为 1，编码后变成 6，以此类推顺序循环。

ROT13：只对字母进行编码，用当前字母往前数的第 13 个字母替换当前字母。例如：当前为 A，编码后变成 N；当前为 B，编码后变成 O，以此类推顺序循环。

ROT18：这是一个异类，本来没有，它是将 ROT5 和 ROT13 组合在一起，即数字 ROT5、字母 ROT13，为方便称呼，将其命名为 ROT18。

ROT47：对数字、字母、常用符号进行编码，按照它们的 ASCII 值进行位置替换，用当前字符 ASCII 值往前数的第 47 位对应字符替换当前字符。例如：当前为小写字母 z，编码后变成大写字母 K；当前为数字 0，编码后变成符号 _。用于 ROT47 编码的字符其 ASCII 值范围是 33～126，具体可参考 ASCII 编码。

提示：可以编写针对单个字符加密的 charRot5()、charRot13()、charRot18() 和 charRot47() 函数，分别处理各种算法，然后再编写一个能统一处理这 4 种加密的 rot() 函数，通过输入被加密串和密钥，在逐字符遍历被加密串的过程中根据密钥调用相应的加密算法处理单个待加密字符。程序源代码请参考本章配套的习题源代码。

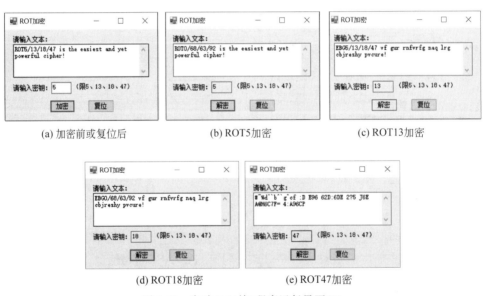

(a) 加密前或复位后　　(b) ROT5加密　　(c) ROT13加密

(d) ROT18加密　　(e) ROT47加密

图 2-41　实验 2-9(续)程序运行界面(2)

实验 2-10　编写一个 Windows 窗体应用程序，根据输入的数字个数产生指定范围内的随机数(假设输入合法)，显示在多行文本框中，统计正数、负数、奇数、偶数的个数，并且能对这些数字进行正向和逆向的排序。程序运行效果如图 2-42 所示，项目名保存为 sy2-10。

提示：使用 Random 类产生随机数，产生过程中数字进入数组，同时统计正数、负数、奇数、偶数的个数。然后利用 2.6.1 节中提到的 String 类的 Join() 方法将数组中的数字

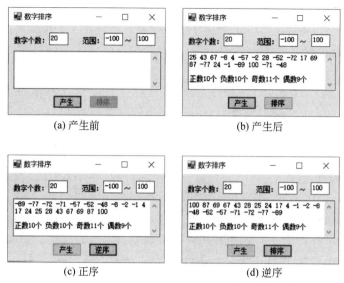

(a) 产生前　　　　　　　　　(b) 产生后

(c) 正序　　　　　　　　　　(d) 逆序

图 2-42　实验 2-10 程序运行界面

拼接成字符串后输出。数组元素的正向和逆向排序可以直接使用同一小节提到的 Array 类的 Sort()方法和 Reverse()方法实现,不必自行设计排序算法。注意,排序只能在产生数字后进行,因此程序初始化时"排序"按钮是禁用的,通过设置按钮的 Enabled 属性,对正向和反向排序功能进行控制。

实验 2-11　编写一个 Windows 窗体应用程序,单击"＜＜产生"按钮,产生 n 个指定范围内的随机数(假设输入合法),显示到左侧多行文本框中;单击"素数＞＞"按钮,在右侧多行文本框中显示出其中的素数(允许重复)。程序运行效果如图 2-43 所示,项目名保存为 sy2-11。

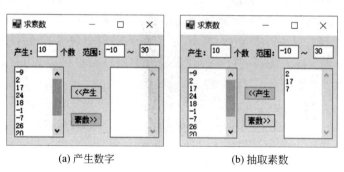

(a) 产生数字　　　　　　　　(b) 抽取素数

图 2-43　实验 2-11 程序运行界面

提示:声明两个公共的整型数组,num 数组存放产生的随机数,prime 数组存放其中的素数。编写一个能判断输入的单个数字是否为素数的 isPrime()函数,其返回值为布尔型。

单击"＜＜产生"按钮,循环生成随机数,每个数字进入 num 数组。同时,用 isPrime()函数判断当前数字是否为素数,如果是,该数存入 prime 数组。最后用 String.Join()函数将 num 数组中的数字格式化输出至左侧文本框中。

由于 num 数组和 prime 数组都是公共的,因此在单击"素数>>"按钮时,可以直接再次利用 String.Join()函数将 prime 数组中的数字格式化输出至右侧文本框中。

注意,程序运行时,"素数>>"按钮要在首次产生数字后才能启用,因为若在产生数字前统计素数,由于没有任何数字,程序会发生异常。

实验 2-12 编写一个发红包程序,要求输入红包金额和个数后,随机产生指定数量的红包,并且把每个红包的金额显示在多行文本框中。最后再编写一个校验程序,计算这些红包的总金额是否与发出的红包金额一致。程序运行效果如图 2-44 所示,项目名保存为 sy2-12。

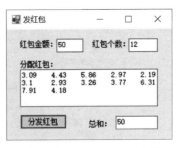

图 2-44 实验 2-12 程序运行界面

提示:编写一个能产生单个红包的 getPacket()函数,输入总金额 total 和红包个数 n,计算平均值 avg。然后在这个 avg 上下各波动 50%的范围内产生随机数,作为当前这个红包的金额值 thisPacket 返回,同时更新剩余总金额 total=total−thisPacket。

产生一个 avg 上下波动 50%的随机数 thisPacket 可以使用以下语句。

```
thisPacket = avg/2 + avg * rnd.Next(101)/100;    //[0.5,1.5] * avg 之间产生随机数
```

主调函数中利用循环逐一分配红包,分好的红包金额存放在数组 redPacket 中,最后用 String.Join()函数将 redPacket 数组中的数字格式化输出至多行文本框中。编写一个 sumPacket()函数计算 redPacket 数组中的红包总和,用来校验发出去的红包总和是否与用户输入的红包金额一致。

注意:使用 Math.Round()函数将红包金额精确到分。

实验 2-13 编写一个密码强度检测程序,要求输入用户密码,可以是数字、大写字母、小写字母和特殊字符(共 32 个能从键盘上输入的特殊字符)。要求:密码必须至少8 位,如果密码中包含以上四类字符,提示"强";如果密码中包含以上三类字符,提示"较强";如果密码中包含以上两类字符,提示"较弱";如果密码中只包含以上一类字符,提示"弱"。程序运行效果如图 2-45 所示,项目名保存为 sy2-13。

提示:编写一个校验码串的函数 checkPass(),它将输入的密码串 pass 逐位检查。若密码长度<8 或包含非法字符,返回 0;若只含上述一类字符返回 1;若包含上述两类字符返回 2;若包含上述三类字符返回 3;若包含上述四类字符返回 4。

(a) 强密码   (b) 较强密码

图 2-45 实验 2-13 程序运行界面

(c) 较弱密码　　　　　　　　　　(d) 弱密码

图 2-45 （续）

可以借助一个含 4 个元素的整型数组 cType 实现，如果当前遍历到的字符是数字，cType[0] 置 1；如果当前遍历到的字符是大写字母，cType[1] 置 1；如果当前遍历到的字符是小写字母，cType[2] 置 1；如果当前遍历到的字符是特殊字符，cType[3] 置 1。最后将 cType 数组中各元素值累加，即可求得输入的密码串包含几类字符。

要判断一个字符 c 是否是数字、大写字母或小写字母，可以使用 Char 类的静态方法 IsNumber()、IsUpper() 和 IsLower()。密码中允许的其他特殊字符只包含能从键盘输入的 32 个（不允许空格），可以先使用一个全局的 string 型变量声明这些特殊字符的范围。

```
string specialChar = "~!@#$%^&*()_+|{}<>?`-=\\[]'";:,./";
```

其中，\ 是转义符，因此在 specialChar 中用 \\ 表示 \。要判断一个字符 c 是否是以上 specialChar 中所指定的特殊字符，可以使用 String 类的 IndexOf() 方法，查找 c 是否在 specialChar 中。

使用 4 个不同背景颜色的标签表示"密码"的强度等级，自行设计一个算法，将 checkPass() 函数返回的表示密码强度的数字（1～4）转换成图 2-45 中的标签色块表示方法。注意，若 checkPass() 返回 0，还需要提示用户输入字符不合法，如图 2-46 所示。

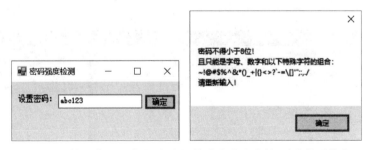

图 2-46　输入密码不合法（长度不够或含非法字符）时的提示信息

实验 2-14　创建一个能够处理异常的求阶乘应用程序，输入数字 n，求 n!。要求可以同时处理参数格式异常（FormatException）和溢出异常（OverflowException）。程序运行界面如图 2-47 所示，项目名保存为 sy2-14。

提示：使用 try...catch 语句，把求阶乘的代码放在 try 代码块中，当异常发生时，编写能分别处理参数格式异常和溢出异常的 catch 代码块。关于不同类型的异常如何捕获，详见 2.8.3 节中的异常处理类。

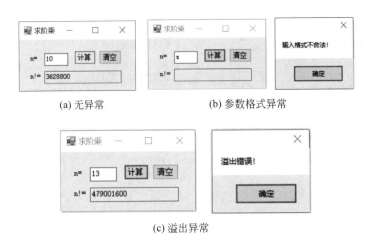

(a) 无异常　　　　　　(b) 参数格式异常

(c) 溢出异常

图 2-47　实验 2-14 程序运行界面

由于 C# 在默认情况下不作溢出检查,因此为捕捉溢出异常,要把可能发生溢出异常的语句用 checked{}块(溢出检查运算符)封装起来,例如:

```
checked
{
    s *= i;          //这是可能会导致溢出的阶乘语句,包在 checked(溢出检查运算符)中
}
```

如果不想使用 checked 运算符显式地进行溢出检查,也可以在"解决方案资源管理器"中,右击项目名称,在弹出的快捷菜单中执行"属性"命令;然后,在项目属性窗口中选择"生成"面板,单击下面的"高级..."按钮,如图 2-48(a)所示;接着,在弹出的"高级生成设置"窗口中,勾上"检查运算上溢/下溢"选项,如图 2-48(b)所示。这样,不使用 checked{} 块也可以实时地检查溢出错误。

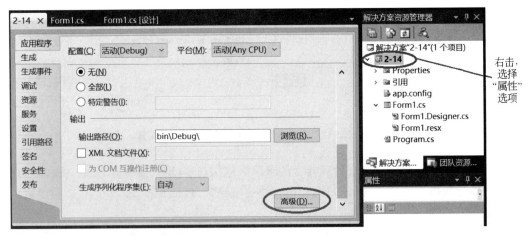

(a) 项目属性窗口的"生成"面板

图 2-48　设置默认检查溢出错误

(b) "高级生成设置" 窗口

图 2-48 （续）

实验篇：C♯语言基础实验

第3章

面向对象程序设计

前面章节介绍了C#程序的调试运行方法以及语言基础和语法规则,由此用户可建立自己的Windows窗体应用程序和控制台应用程序。但是,要深入理解Microsoft .NET Framework的强大功能,还需要掌握面向对象程序设计(Object Oriented Programming, OOP)技术。C#编程语言完全支持面向对象程序设计,本章主要介绍面向对象编程的基本原理和方法。

思政材料

3.1 面向对象程序设计基础

本节通过与传统的结构化程序设计进行比较,说明什么是面向对象程序设计。同时,举出实例,列出到目前为止读者已经接触到的面向对象的概念。

3.1.1 什么是面向对象程序设计

前面章节介绍的编程方法称为结构化程序设计(Procedural Programming),有时又称为面向过程的程序设计(Process Oriented Programming)。它以模块功能和处理过程作为程序设计的原则,采用自顶向下、逐步求精的程序设计方法,使用顺序、选择、循环3种基本语句结构。

但是,这种传统的编程方法往往会导致设计出来的应用程序过于单一,因为所有功能都被包含在几个甚至同一个代码块中,而这些代码块也只能服务于单一的程序。因此,为增加这些代码块的重用机会,以完成更多程序,就要使用面向对象程序设计方法,让每个代码块成为独立的模块,以提供特定的功能。

面向对象程序设计是一种创建应用程序的新方法,它使每一个计算机应用程序由一个个单一的、能起到子程序作用的对象(或称单元)组合而成。

3.1.2 类和对象的概念

面向对象程序设计是一种以对象为基础、以事件为驱动的编程技术。对象是程序的基本元素,事件及其处理程序建立了对象之间的关联。

1. 类

日常生活中存在着无数的实体,如人、车、植物等,每个实体都有一系列的性质和行为。例如,一辆汽车可以定义其颜色、型号、品牌、载重量等性质,还能定义前进、制动、鸣笛等行为。在面向对象程序设计中,针对某个实体性质和行为的具体定义就称为类。

类用来表示在应用程序中处理的实际事物。例如,要建立一个汽车销售管理系统的应用程序,就需要定义一个用来表示各种汽车的类,在这个类中需要定义汽车的一系列性质和行为。

2. 对象

对象是面向对象编程技术的核心,是构成应用程序的基本元素。在类中,每个对象都是该类的一个实例。例如,人类是人这个实体的类,而每个不同的人就是人类的对象。每个人有不同的身高、体重等性质以及不同的起立、行走等行为。在面向对象程序设计中,对象的性质称为属性,在对象上发生的事情称为事件,而针对某个事件产生的行为称为方法。属性、方法和事件构成对象的三要素。

3. 预定义类

到目前为止,读者已经接触到 3 种面向对象的概念,它们是工具箱中的控件、用户自定义的窗体以及数据类型,这些类都是.NET Framework 提供的,被称为预定义类。

在建立 C♯ Windows 窗体应用程序时,工具箱上的某个控件就是一个标准控件类,如文本框类、标签类等。如果将它拖动到窗体上,就得到真正的控件类对象。

用户自定义的窗体也是一个类,当程序运行或窗体装入内存时就建立了一个窗体类对象。

第 2 章中介绍的数据类型同样是类的概念,当声明了某种数据类型的变量时,该变量就是此数据类型类的一个对象。例如,变量声明语句 int i;实际上是定义了一个整型类对象 i。

3.2 封装和隐藏

在面向对象程序设计中,封装是指将各种成员有机地组织在一个类中。在 C♯ 中,类的成员包括数据成员、属性、方法和事件。类是实现封装的工具,封装保证了类具有良好的独立性,防止外部程序破坏类内部的数据,同时便于对程序进行维护与修改。

在 C♯ 中,对于系统预定义的类,用户不能修改,只能用来创建其对象或派生出新的类。本节把理论知识付诸实践,主要介绍如何在 C♯ 中定义类,以实现对数据的封装和隐藏。

3.2.1 定义类

在 C# 中,类是通过 class 关键字来定义的。例如,在创建 C# Windows 窗体应用程序时所建立的窗体 Form1 就是一个用 class 关键字定义的类。

如图 3-1 所示的源代码是在新建 C# Windows 窗体应用程序时由系统自动生成的。这里,通过语句 public partial class Form1: Form 和其后紧跟的一对大括号{}对 Form1 类进行定义。public 表明类是全局的,其意义与变量声明时使用的 public 关键字意义相同;partial 表明在这里仅对 Form1 类作局部定义;class 关键字后指定类名 Form1。

用户自定义类的通用格式如下。

```
class 类名
{
    //定义数据成员
    //定义属性
    //定义方法
    //定义事件
}
```

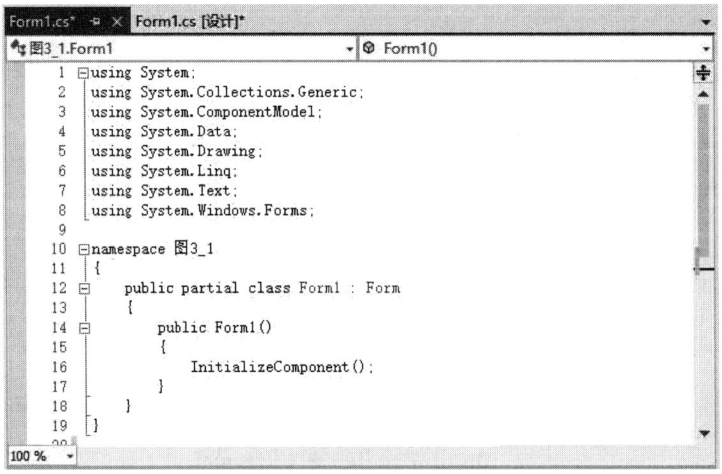
Form1.cs*
Form1.cs [设计]*
图3_1.Form1
Form1()
using System;
using System.Collections.Generic;
using System.ComponentModel;
using System.Data;
using System.Drawing;
using System.Linq;
using System.Text;
using System.Windows.Forms;
namespace 图3_1
{
public partial class Form1 : Form
{
public Form1()
{
InitializeComponent();
}
}
}
100 %

图 3-1 Form1 类

3.2.2 定义类成员

通过 class 关键字可以使用户定义自己的类。在类的定义中,也提供了类中所有成员的定义,包括:数据成员(有时也称为字段)、方法、属性和事件。类中所有成员都有自己的访问级别,可通过如表 3-1 所示的访问修饰符来定义。

表 3-1　常用的访问修饰符

修　饰　符	定　　义
public	类成员可以由任何代码访问
private	类成员只能由类中的代码访问,定义成员时,默认使用 private
protected	类成员只能由类或其派生类(即子类)中的代码访问
internal	类成员只能由包含它的程序集中的代码访问
protected internal	类成员只能由类或其派生类(即子类)以及包含它的程序集中的代码访问

访问修饰符用来指定类成员的作用域,这与第 2 章中介绍的变量的作用域意义相同。

1. 定义数据成员

类的数据成员通过标准的变量声明语句定义,并且结合访问修饰符来指定数据成员的访问级别。为起保护作用,数据成员一般以 private 或 protected 修饰符声明,例如:

```
class Vehicle
{
    private int wheels;              //车轮数
    private float weight;            //车自重
}
```

以上代码定义了一个汽车类 Vehicle,包含两个 private 数据成员:车轮数 wheels 和车自重 weight。

2. 定义方法

类的方法通过标准的函数声明语句定义,并且结合访问修饰符来指定方法的访问级别。例如,为以上代码中的汽车类 Vehicle 添加两个方法。

```
class Vehicle
{
    ...                              //定义数据成员 wheels 和 weight

    public void SetVehicle(int wheels, float weight)
                                     //定义方法 SetVehicle()设置车轮数和车自重
    {
        this.wheels = wheels;
        this.weight = weight;
    }

    public void GetVehicle()         //定义方法 GetVehicle()获得车轮数和车自重
    {
```

```
        MessageBox.Show("车轮数: " + this.wheels.ToString() + "\n车自重:" +
        this.weight.ToString());
    }
}
```

以上代码为汽车类 Vehicle 添加了两个方法。其中,SetVehicle()方法给 Vehicle 的两个数据成员 wheels 和 weight 赋值,而 GetVehicle()方法实现从消息框输出数据成员 wheels 和 weight。

注意:在 SetVehicle()方法中,有两组 wheels 和 weight 变量。一组为 Vehicle 类数据成员,另一组为 SetVehicle()方法定义时的形参。当数据成员名和方法体中的参数(或局部变量)名重复时,可在数据成员名前使用 this 关键字加以区分。

例 3.1 定义一个汽车类 Vehicle,要求实现如下功能。

① 定义数据成员 wheels 和 weight 代表汽车的车轮数和车自重。

② 定义方法 SetVehicle()和 GetVehicle(),可以设置和获取车轮数和车自重。

③ 在窗体上单击"输入数据成员"按钮,实例化 Vehicle 类,利用 SetVehicle()方法和 GetVehicle()方法将文本框中输入的内容作为数据成员输入并输出。

程序运行界面如图 3-2 所示。

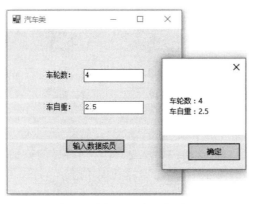

图 3-2 例 3.1 程序运行界面

首先,把前面定义的 Vehicle 类的源代码放在窗体的"代码"窗口中,与 Form1 类并列。

```
public partial class Form1 : Form
{
    ...
}

class Vehicle
{
    ...
}
```

然后,在 Form1 类中编写 button1_Click()事件处理程序。

```
private void button1_Click(object sender, EventArgs e)
{
    int wheels;
    float weight;
    wheels = int.Parse(textBox1.Text);          //从文本框输入车轮数
    weight = float.Parse(textBox2.Text);        //从文本框输入车自重
    Vehicle v = new Vehicle();                  //将 Vehicle 类实例化成对象 v
    v.SetVehicle(wheels, weight);               //调用 SetVehicle(),设置数据成员
    v.GetVehicle();                             //调用 GetVehicle(),输出数据成员
}
```

在以上 button1_Click()事件处理程序中,先从文本框输入车轮数和车自重;然后定义 Vehicle 类对象并赋予一个实例 v;接着调用 SetVehicle()方法设置两个数据成员的值;最后调用 GetVehicle()方法从消息框输出两个数据成员的值。有关对象及其成员的访问可参考 3.2.3 节。

3. 定义属性

在前面定义的 Vehicle 类中,数据成员 wheels 和 weight 是通过 private 修饰符声明的,这种以 private 声明的成员有时也被称为私有成员。私有成员由于受到保护,不能以"对象名.成员"形式赋值或访问。

在例 3.1 中,只能通过类中定义的公共方法(由 public 修饰符声明的方法称为公共方法)SetVehicle()和 GetVehicle()来实现数据成员 wheels 和 weight 的赋值和访问。这种用法会让经常开发 C#窗体应用程序的程序员很不方便,因为他们已习惯于"对象名.属性名"工作形式。

幸好,C#中能定义类的属性。类中对属性的定义包括两个类似于函数的代码块:一个用于设置属性值,用 set 关键字定义;另一个用于获取属性值,用 get 关键字定义。可以忽略其中的一个代码块来设置只读或只写属性,例如忽略 set 块来创建只读属性或者忽略 get 块来创建只写属性。属性定义的一般语法形式如下。

```
访问修饰符 数据类型 属性名
{
    set
    {
        ...                                     //属性的 set 代码块
    }
    get
    {
        ...                                     //属性的 get 代码块
    }
}
```

例 3.2 定义一个 Point 类,要求实现如下功能。

① 定义数据成员 x 和 y,分别代表点的横坐标和纵坐标。

② 定义属性 MyX 和 MyY,通过它们对数据成员 x 和 y 进行赋值和访问。

③ 定义只读属性 ReadXY,通过它获取数据成员 x 和 y 经赋值后构成的点坐标。

④ 在窗体上单击"输入数据成员"按钮,实例化 Point 类,对属性 MyX 和 MyY 进行赋值,访问 MyX 和 MyY 属性的结果显示在 label3 中,访问 ReadXY 的结果用消息框输出。

程序运行界面如图 3-3 所示。

图 3-3 例 3.2 程序运行界面

首先,定义 Point 类,源代码如下。

```
class Point
{
    private float x;                        //x 坐标
    private float y;                        //y 坐标

    public float MyX                        //定义属性 MyX
    {
        set
        {
            x = value;                      //提供对数据成员 x 的赋值
        }
        get
        {
            return x;                       //提供对数据成员 x 的访问
        }
    }

    public float MyY                        //定义属性 MyY
    {
        set
```

```
        {
            y = value;                    //提供对数据成员 y 的赋值
        }
        get
        {
            return y;                     //提供对数据成员 y 的访问
        }
    }

    public string ReadXY                  //定义只读属性 ReadXY
    {
        get
        {
            return "(" + x + "," + y + ")";  //提供对数据成员 x 和 y 构成的点坐标的访问
        }
    }
}
```

然后,在 Form1 类中编写 button1_Click() 事件处理程序。

```
private void button1_Click(object sender, EventArgs e)
{
    float x, y;
    string msg1, msg2;
    x = float.Parse(textBox1.Text);           //从文本框输入 x 坐标
    y = float.Parse(textBox2.Text);           //从文本框输入 y 坐标
    Point p=new Point();                      //将 Point 类实例化成对象 p
    p.MyX = x;                                //为属性 MyX 赋值
    p.MyY = y;                                //为属性 MyY 赋值
    msg1 = "您输入的点坐标为(" + p.MyX.ToString() + "," + p.MyY.ToString() + ")。";
                                              //访问属性 MyX 和 MyY
    label3.Text = msg1;
    msg2 = p.ReadXY;                          //访问属性 ReadXY
    MessageBox.Show("您输入的点坐标为" + msg2 + "! ");
}
```

从例 3.2 中可以看出,属性实际上提供了对类中私有数据成员的一种访问方式。当然,随着对面向对象程序设计的更深入研究,程序员会发现:属性的定义不仅解决了对数据成员的访问问题,更能提供强大的操作控制。

4. 定义事件

在 C#中,也可以对类定义事件成员,定义事件时需要用到事件委托机制,比较复杂,本书作为一本 C#语言的入门教程,不作详细介绍。需要进一步了解事件委托机制的读

者可以参考微软发布的 MSDN 官方帮助文档。

3.2.3 对象及其成员的访问

在第 2 章中已学过,变量在使用前必须声明。变量在声明时所指定的数据类型实际上就相当于"类",而变量则相当于"对象"。在面向对象程序设计中,必须遵循"先定义、后使用"的规则,即任何预定义或自定义的"类"都必须实例化成"对象"后才能使用。

1. 对象的声明

在例 3.1 和例 3.2 中定义了 Vehicle 类和 Point 类,类只有在声明成对象后才能使用。对象声明的格式如下。

```
类名 对象名 = new 类名();
```

在例 3.1 的 Form1 类中编写 button1_Click()事件处理程序,通过语句 Vehicle v = new Vehicle();实例化类对象 v,然后用对象 v 去访问各成员。同理,通过例 3.2 中的语句 Point p = new Point();建立 Point 类对象 p。

对象建立后,才能访问其中的各种成员。

2. 成员的访问

类中定义的成员通常需要通过对象才能访问,对不同类型的数据成员,其访问形式也不同,一般格式如下。

- 数据成员:对象.数据成员。
- 属性:对象.属性。
- 方法:对象.方法(参数表)。
- 事件:较复杂,请参考微软 MSDN 官方帮助文档。

在例 3.1 和例 3.2 的 button1_Click()事件处理程序中,使用以上方法对类对象中的各成员进行访问。

例 3.3 建立一个 C#控制台应用程序,根据已定义的学生类 Student,编写一个能应用该类的程序。要求:

① 类中的每个成员都能访问到。

② 通过 Console 类的 Read()/ReadLine()方法读入数据,通过 Write()/WriteLine()方法输出数据。

③ 程序以键盘输入任意键结束,可通过 Console.ReadKey()方法实现。

已知 Student 类中有 3 个数据成员 sId、sName 和 score,分别代表学生的学号、姓名和得分。其中,学号和姓名通过 SetInfo()方法输入,得分通过 MyScore 属性设置,OutPut()方法可实现对 3 个数据成员的格式化输出。

Student 类的程序源代码如下。

```csharp
class Student
{
    private string sId;           //学号
    private string sName;         //姓名
    private float score;          //得分

    public void SetInfo(string sId, string sName)
                            //定义方法 SetInfo()设置学号和姓名
    {
        this.sId = sId;
        this.sName = sName;
    }

    public float MyScore          //定义属性 MyScore
    {
        set
        {
            score = value;        //提供对数据成员 score 的赋值
        }
        get
        {
            return score;         //提供对数据成员 score 的访问
        }
    }

    public string OutPut()        //定义方法 OutPut(),提供对所有数据成员的格式化输出
    {
        return "学号：" + sId + " 姓名：" + sName + " 得分：" + score;
    }
}
```

从 Student 类的定义中可看出：数据成员 sId、sName 和 score 由 private 关键字修饰，它们都是私有成员，因而不能以"对象.数据成员"形式从类的外部访问。但是，公共方法 SetInfo() 提供了对成员 sId 和 sName 的赋值，而通过属性 MyScore 也可对成员 score 进行赋值。最后，公共方法 OutPut() 又提供了对这 3 个私有数据成员的格式化输出。

C♯是一种面向对象的程序设计语言，所有代码都通过名称空间中的类来实现，在类中定义各类成员，包括类的数据成员、方法、属性和事件。C♯应用程序的入口规定为 Main() 函数。在创建 C♯控制台应用程序时，Main() 函数被定义在 Program 类中，该类在创建项目时自动产生。要实现对如上定义的 Student 类的应用，就需要在 Main() 中先声明一个 Student 类对象，再以该对象的身份访问其不同类型的成员。

由此，在 Main() 函数中可编写如下代码实现对 Student 类中每个成员的访问。

```csharp
static void Main(string[] args)
{
    string id,name;
    float score;

    Console.Write("请输入学号: ");
    id = Console.ReadLine();                    //从键盘输入学号
    Console.Write("请输入姓名: ");
    name = Console.ReadLine();                  //从键盘输入姓名
    Console.Write("请输入得分: ");
    score = float.Parse(Console.ReadLine());    //从键盘输入得分

    Student s = new Student();                  //声明 Student 类对象 s
    s.SetInfo(id, name);                        //设置对象 s 的学号和姓名
    s.MyScore = score;                          //设置对象 s 的得分

    Console.WriteLine("\n========以下是输出========\n");
    Console.WriteLine(s.OutPut());              //输出结果
    Console.Write("\n按任意键结束程序: ");
    Console.ReadKey();                          //等待用户从键盘输入任意键结束程序
}
```

注意：在以上 Console.WriteLine()方法中，输出字符串中的"\n"代表输出一个换行符。关于控制台输入/输出语句的用法可参见本书前两章的内容。程序运行结果如图 3-4 所示。

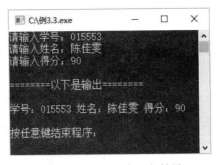

图 3-4　例 3.3 程序运行结果

3.2.4　构造函数和析构函数

在 C#中定义类时，常常不需要定义构造函数和析构函数。因为如果在定义类时不添加它们，那么在程序编译时，编译器会自动添加。但是，程序员也可以自定义构造函数和析构函数，以实现类对象的初始化和释放操作。

1. 构造函数

构造函数是一种特殊的方法,通过该方法可以在声明对象的同时对数据成员赋初值。它在声明对象时与 new 关键字一起使用。

在类中定义构造函数的语句与定义方法的语句基本相同。但在定义构造函数时,无须提供函数的返回值类型。此外,构造函数的名称必须与其所属的类同名。

例 3.4 为例 3.3 中定义的 Student 类添加一个构造函数,实现在对象初始化时对其中的 3 个数据成员进行赋值。

首先,在 Student 类中定义如下构造函数。

```
public Student(string sId,string sName,float score)
{
    this.sId = sId;
    this.sName = sName;
    this.score = score;
}
```

然后,在 Main() 函数中,使用新定义的构造函数实例化类对象。

```
...                                         //从键盘输入 id、name 和 score
Student s = new Student(id,name,score);     //实例化 Student 类对象 s
...                                         //格式化输出
```

由于使用了自定义的构造函数声明 Student 类对象 s,使得对象 s 中的 3 个数据成员 sId、sName 和 score 在声明对象的同时就得到了赋值。因此,在这里可以跳过例 3.3 中通过 SetInfo() 方法和 MyScore 属性给数据成员赋值的语句,而直接访问 OutPut() 方法进行格式化输出。

2. 构造函数的重载

在面向对象程序设计中,同一个类中也可以声明多个构造函数,可根据其中参数个数的不同(或参数的数据类型的不同)来区分它们,这被称为构造函数的重载。

对于同一个类中的多个构造函数,其函数名称相同,唯一不同的是它们的参数个数或参数的数据类型。在实例化类对象的过程中,编译器会根据构造函数中传递的参数来自动识别用哪一个构造函数创建类对象。

例 3.5 在例 3.4 的基础上为 Student 类添加第二个构造函数,仅对数据成员 sId 和 sName 实现赋值。

先在 Student 类中添加构造函数。

```
public Student(string sId,string sName)
{
    this.sId = sId;
```

```
        this.sName = sName;
}
```

然后,将 Main()函数中实例化类对象的语句改为如下。

```
Student s = new Student(id,name);              //实例化 Student 类对象 s
```

以上程序编译时,编译器会根据 new 关键字后构造函数中参数的个数,决定选用只有两个参数的构造函数(即例 3.5 中定义的构造函数)创建类对象。在这里,由于创建对象时只对数据成员 sId 和 sName 进行了赋值,并没有考虑成员 score。因此,为实现完整的程序输出,必须重新利用 MyScore 属性对成员 score 赋值。这就需要在创建类对象语句后添加如下语句。

```
s.MyScore = score;
```

由于构造函数和方法声明类似,因此程序员也可以在类中定义多个同名方法,通过参数个数或参数数据类型的不同加以区分,这被称为方法重载。在 3.4 节中描述类的重载与重写特性时,读者将见到方法重载的实例。

3. 析构函数

析构函数与构造函数的作用相反,当实例化后的类对象使用完毕时,系统会自动执行析构函数。析构函数中编写的代码通常用来做"清理善后"工作。

析构函数名也与类名相同,但为了和构造函数区分,必须在析构函数名前面加上~前缀。例如,为 Student 类定义析构函数。

```
public ~Student()
{
    //在这里定义析构函数,进行垃圾清理,释放资源
}
```

注意:定义析构函数时不指定任何参数,也无返回值类型。和构造函数不同的是,每个类中只能定义一个析构函数,不能重载。当然,如果程序员在定义类时没有编写析构函数,编译器会在对象使用完毕后调用一个默认的析构函数,以释放资源。

3.3 继承和派生

在面向对象程序设计中,继承是其中的一个重要特性。通过继承可以实现代码的重用,节省程序开发的时间和资源。

继承是一个形象的、易于理解的术语,如子承父业、继承遗产等。在面向对象程序设计中,继承则意味着将获得被继承方的所有相关属性及行为,它是一种连接类和类的层次

模型。通过继承,使现有类派生出新类。在这种继承关系中,现有类称为"基类"(或"父类"),而新类则称为"派生类"(或"子类")。派生类会拥有其基类的一切特性,同时又添加了其自身的新特性。在设计程序时,只要在基类的基础上添加或修改程序代码就可完成对派生类的定义。这样进一步增强了代码的重用性,并且大大提高了软件开发的效率。

3.3.1 基类和派生类

所谓继承,就是在原有类的基础上构造派生类,派生类继承了基类中所有的数据成员、属性、方法和事件。从集合的角度讲,派生类是基类的子集。

例如,若在例 3.1 中 Vehicle 类的基础上定义一个表示小轿车的派生类 Car 和一个表示卡车的派生类 Truck,它们继承 Vehicle 类的一切特性,则 Car 类和 Truck 类都是 Vehicle 类的子集,如图 3-5 所示。

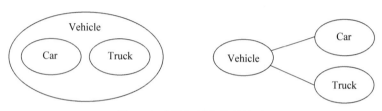

图 3-5 基类与派生类的关系

3.3.2 定义派生类

派生类除能继承基类的一切数据成员、属性、方法和事件外,通常还需要定义自己特有的成员。不仅如此,在实际使用中,派生类往往需要对继承过来的属性、方法等进行改写或扩充,这被称为重写。

定义派生类使用如下语句形式。

```
class 派生类名 : 基类名
{
    ...                              //在这里定义派生类成员
}
```

例 3.6 在例 3.1 定义的 Vehicle 类的基础上定义派生类 Car,为其添加(或重写)数据成员和方法并应用该类。根据定义的车辆对象,输入当前的载客人数,判断汽车是否超载。程序运行界面如图 3-6 所示。

Car 类的定义应该满足以下要求。

① 定义数据成员 passenger 代表小轿车的载客量。

② 定义构造函数 Car(),可以初始化 Car 类的 3 个数据成员(包括从 Vehicle 类派生过来的 wheels 和 weight)。

第 3 章 面向对象程序设计

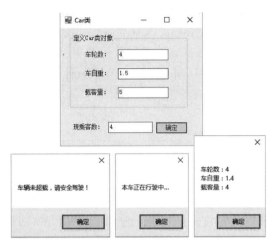 

(a) 汽车不超载情况　　　　　　　　(b) 汽车超载情况

图 3-6　例 3.6 程序运行界面

③ 定义方法 Overload()，可根据输入的乘客数判断汽车是否超载。

④ 重写基类中派生过来的 GetVehicle() 方法，实现对 Car 类的 3 个数据成员的格式化输出。

首先，定义派生类 Car，该类继承自 Vehicle 类（对 Vehicle 类的定义这里不再说明，详见例 3.1），程序源代码如下。

```
class Car : Vehicle
{
    private int passenger;              //载客量

    public Car(int wheels, float weight, int passenger)    //定义构造函数 Car
    {
        this.wheels = wheels;
        this.weight = weight;
        this.passenger = passenger;
    }

    public Boolean Overload(int p)    //定义方法 Overload,判断汽车是否超载
    {
        if (p > this.passenger)
            return true;
        else
            return false;
    }

    public new void GetVehicle()      //重写方法 GetVehicle(),格式化输出全部数据成员
```

```
        {
            MessageBox.Show( "车轮数: " + this.wheels.ToString() + "\n车自重: " +
this.weight.ToString()+"\n载客量: "+this.passenger.ToString);
        }
}
```

注意：由于在 Car 类中新加入了数据成员 passenger，为获得对所有数据成员的输出，需要在 Car 类中重写从 Vehicle 类中继承过来的 GetVehicle()方法，这称为方法重写（又称方法覆盖）。通常，方法重写时要在新定义的方法返回值类型前加上 new 关键字，以此隐藏继承过来的同名方法。例如：

```
public new void GetVehicle()
```

有关方法重写的详细内容，可参见 3.4 节中的介绍。

在定义 Vehicle 类时，曾将数据成员 wheels 和 weight 用 private 关键字修饰，这种以 private 修饰的类成员只能由类中的代码访问。现在，新定义的派生类 Car 必须继承其基类中的所有数据成员。为了能在派生类中访问基类中的数据成员 wheels 和 weight，就需要在 Vehicle 类中将这两个数据成员以 protected 关键字修饰。

因此，修改 Vehicle 类中定义数据成员的源代码。

```
class Vehicle
{
    protected int wheels;                    //定义受保护数据成员 wheels
    protected float weight;                  //定义受保护数据成员 weight

    ...                                      //定义 Vehicle 类的其他成员
}
```

以 protected 关键字修饰的成员可以被类或其派生类（即子类）中的代码访问。这样，既达到了对外保护类成员的目的，又做到了对内允许其派生类访问的效果。

最后，在 Form1 类中编写 button1_Click()事件处理程序。

```
private void button1_Click(object sender, EventArgs e)
{
    int wheels, passenger,p;
    float weight;

    wheels = int.Parse(textBox1.Text);           //从文本框输入车轮数
    weight = float.Parse(textBox2.Text);         //从文本框输入车自重
    passenger = int.Parse(textBox3.Text);        //从文本框输入载客量
    p = int.Parse(textBox4.Text);                //从文本框输入当前载客人数
```

```
Car c = new Car(wheels, weight, passenger);    //实例化 Car 类对象 c,同时对数据
                                               //成员初始化
if (c.Overload(p))                             //根据输入的当前载客人数,判断汽车是否超载
{
    MessageBox.Show("请注意,车辆已超载,请减少乘客数!");
    textBox4.Text = "";
    textBox4.Focus();
}
else
{
    MessageBox.Show("车辆未超载,请安全驾驶!");
    MessageBox.Show("本车正在行驶中…");
    c.GetVehicle();
}
```

由于在定义 Car 类时使用 new 关键字重写了从基类继承过来的 GetVehicle()方法，因此在这里编译器会自动识别语句"c.GetVehicle();"调用的是派生类中重写的 GetVehicle()方法。

3.4 重载和重写

类构成了实现 C♯面向对象程序设计的基础。类具有 3 个基本特性：封装性、继承性和多态性。本章前两节已介绍了类的封装性和继承性，本节主要讨论类的多态性特征。

在面向对象程序设计中，多态性是指同一个消息被不同的对象接收后导致完全不同的行为。例如，教室中有老师和学生两类对象，当上课铃响时，老师准备讲课，学生准备听课。也就是说，当上课铃响这一消息传来时，老师和学生的行为是完全不同的。

多态性允许对象以适合自身的方式去响应共同的消息，不必为相同功能的操作作用于不同对象而去刻意识别，这为软件开发和维护提供了极大的方便。在 C♯面向对象程序设计中，多态性通常体现在对函数或方法的重载与重写上。

3.4.1 重载

3.2.4 节中的例 3.4 和例 3.5 分别为 Student 类定义了两个构造函数。

```
public Student(string sId,string sName,float score)            ①
public Student(string sId,string sName)                        ②
```

这两个函数用来在创建 Student 类对象时完成对数据成员的初始化操作，它们的名称相同，但参数个数不同，这就是重载。所谓重载，就是几个不同的函数或方法共用一个

相同的名称,通过其中的参数个数或参数的数据类型加以区分。

在编译阶段,编译器可通过函数或方法调用时所传递参数的个数或数据类型来确定应该调用哪一个被重载的函数或方法。例如,语句 Student s = new Student(id,name,score);是对构造函数①的调用,因为它有 3 个实参;而语句 Student s = new Student(id,name);是对构造函数②的调用,因为它只有 2 个实参。

在 C#中,重载要求函数或方法名称相同,但参数列表必须不同。也就是说,要么参数个数不同,要么参数的数据类型不同。重载可以在同一个类中实现,也可以在派生类和基类的关系中实现,请看下面两个实例。

1. 在同一个类中实现重载

例 3.7 在例 3.3 定义的 Student 类中重载 SetInfo()方法,使之能对所有的 3 个数据成员 sId、sName 和 score 进行初始化,并且实现对该方法的应用。

在例 3.3 定义的 Student 类中已经定义了一个包含两个参数的 SetInfo()方法,可以实现对学号 sId 及姓名 sName 成员赋初值的操作。

```
public void SetInfo(string sId, string sName)
{
    this.sId = sId;
    this.sName = sName;
}
```

现在添加新的 SetInfo()方法,实现方法重载。

```
public void SetInfo(string sId, string sName, float score)
{
    this.sId = sId;
    this.sName = sName;
    this.score=score;
}
```

然后,在 Main()函数中,调用新的 SetInfo()方法。

```
s.SetInfo(id, name,score);                    //设置对象 s 的学号、姓名和得分
```

在例 3.3 程序的基础上,需要将 Main()函数中为 MyScore 属性赋值的语句去除。删除以下语句。

```
s.MyScore = score;                            //设置对象 s 的得分
```

在这里,由于调用了带 3 个参数的 SetInfo()方法,它能同时为学号、姓名和得分赋值。因此,在本例中不再需要通过 MyScore 属性为数据成员 score 赋值。

2. 在派生类继承基类时实现重载

例 3.8 在例 3.7 中 Student 类的基础上定义派生类 StudentLeader，即学生干部类。程序期望运行界面如图 3-7 所示。要求：

① 新增数据成员 duty 代表学生干部的职责，只继承 Student 类中的 sId 和 sName 数据成员。

② 重载 SetInfo() 方法，能实现对派生类的所有数据成员赋初值。

首先，为了让派生类能访问基类中的数据成员，需要将 Student 类中的数据成员 sId 和 sName 以 protected 关键字修饰，代码如下。

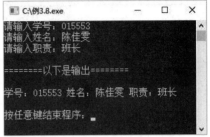

图 3-7 例 3.8 程序期望运行界面

```
class Student
{
    protected string sId;            //定义受保护数据成员 sId
    protected string sName;          //定义受保护数据成员 sName
    private float score;             //定义私有数据成员 score,使之不被继承
    
    ...                              //定义 Student 类的其他成员
}
```

在 StudentLeader 类中，我们只关心学生干部的学号、姓名和职责，表示得分的 score 数据成员不被继承，因此仍然保留 private 修饰符。

然后，定义派生类 StudentLeader，继承自 Student 类，添加数据成员 duty，重载 SetInfo() 方法，代码如下。

```
class StudentLeader : Student
{
    private string duty;                                      //职责
    
    public void SetInfo(string sId, string sName, string duty)
                                            //重载方法 SetInfo() 设置学号、姓名和
                                            //职责
    {
        this.sId = sId;
        this.sName = sName;
        this.duty = duty;
    }
}
```

最后，在 Main() 函数中编写如下代码创建并应用 StudentLeader 类对象。

```
static void Main(string[] args)
{
    string id, name,duty;

    Console.Write("请输入学号: ");
    id = Console.ReadLine();                    //从键盘输入学号
    Console.Write("请输入姓名: ");
    name = Console.ReadLine();                  //从键盘输入姓名
    Console.Write("请输入职责: ");
    duty = Console.ReadLine();                  //从键盘输入职责

    StudentLeader sl = new StudentLeader();     //声明 StudentLeader 类对象 sl
    sl.SetInfo(id, name,duty);                  //设置对象 sl 的学号、姓名和职责

    Console.WriteLine("\n========以下是输出========\n");
    Console.WriteLine(sl.OutPut());             //输出结果
    Console.Write("\n按任意键结束程序: ");
    Console.ReadKey();                          //等待用户从键盘输入任意键结束程序
}
```

在以上代码中,为显示如图 3-7 所示的输出结果,调用了 sl 对象的 OutPut() 方法。但是,由于 OutPut() 方法继承自 Student 类,该方法被定义在基类中,用来输出学号、姓名和得分。因此,若这样直接调用基类中的 OutPut() 方法会产生错误的输出结果,如图 3-8 所示。

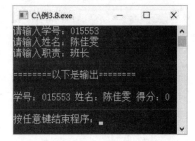

图 3-8 例 3.8 程序实际运行界面

实际上,为获得如图 3-7 所示的正确输出结果,可以在派生类 StudentLeader 中重载 OutPut() 方法,输出 sl 对象的 sId、sName 和 duty 数据成员。但是,实现方法重载的前提条件必须是同名方法的参数列表有所不同,即要么参数个数不同,要么参数的数据类型不同。

在基类 Student 中定义的 OutPut() 方法的源代码如下。

```
public string OutPut()
{
    return "学号: " + sId + " 姓名: " + sName + " 得分: " + score;
}
```

可以看出,该方法不带任何参数。这就意味着,如果要在 StudentLeader 类中重载 OutPut() 方法,必须在该方法名后至少添加一个参数。即:

```
public string OutPut(参数列表)
{
```

第 3 章 面向对象程序设计

```
        return "学号: " + sId + " 姓名: " + sName + " 职责: " + duty;
}
```

于是，问题就变成：这个参数列表该如何定义？查看该方法中的 return 语句，它由多个字符串连接而成。其中，sId、sName 和 duty 这 3 个数据成员已通过前面重载的 SetInfo() 方法赋值，看似已不再需要传递任何参数。这就造成了一个矛盾：从逻辑上说，添加参数列表没有任何意义，但从重载的角度说不添加参数列表又行不通。

因此，在这里，无法用重载的方法满足对派生类中所有数据成员的输出需求。不过，3.4.2 节将介绍如何在派生类中重写基类方法，可以解决该问题。

3.4.2 重写

在面向对象程序设计中，派生类继承了基类的所有成员，只要这些成员不以 private 关键字修饰。但在实际应用中，往往需要对继承过来的方法和属性进行改写和扩充，这就是重写。重写只发生在派生类需要覆盖基类的方法或属性时。

在 3.3.2 节中，例 3.6 定义了 Vehicle 类的派生类 Car，在 Car 类中重写了从 Vehicle 类中继承过来的 GetVehicle() 方法，以获得 Car 类对象特有的输出结果。通常，方法重写时要在新定义的方法返回值类型前加上 new 关键字，以此隐藏继承过来的同名方法。例如：

```
public new void GetVehicle()
```

那么，重载和重写有什么不同呢？

① 重载希望每一个同名的方法（或属性）都能使用，只是以参数列表的不同进行区分；而重写希望覆盖基类的同名方法（或属性），为达到覆盖作用，参数列表必须相同。

② 重载能发生在同一个类中，也能发生在派生类继承基类时；而重写只能发生在派生类继承基类时。

再看 3.4.1 节遗留下来的问题，如果既希望在派生类 StudentLeader 中定义与基类同名的方法 OutPut() 对所有数据成员进行格式化输出，又不想为了满足重载的条件而刻意添加参数列表，那么可以通过重写来实现。请看下面的实例。

例 3.9 在例 3.8 中定义的派生类 StudentLeader 的基础上，重写从基类 Student 中继承过来的 OutPut() 方法，以实现对学号、姓名和职责 3 个数据成员的格式化输出。程序运行界面如图 3-7 所示。

在 StudentLeader 类中重写 OutPut() 方法，需要用 new 关键字加以修饰，源代码如下。

```
public new string OutPut()
{
        return "学号: " + sId + " 姓名: " + sName + " 职责: " + duty;
}
```

假设创建的派生类对象为 s1,那么在执行 s1.OutPut();语句时,编译器会认为调用的是派生类中重写的 OutPut()方法,从而实现理想的格式化输出。

3.5 综合应用

本章介绍了 C#面向对象程序设计的基础知识并举出各种实例,从类的封装和隐藏、继承和派生、重载和重写等角度介绍了面向对象程序设计中类的三大特性:封装性、继承性和多态性。

下面介绍 3 个综合应用的实例,对类的封装、继承和多态三大特性作一个归纳,希望能帮助读者更好地理解面向对象程序设计的思路。

例 3.10 设计一个 Person 类并编写能应用该类的 C#控制台应用程序。程序运行界面如图 3-9 所示。Person 类中的各成员应满足以下要求。

① 数据成员:name、gender 和 yearOfBirth,分别对应人的姓名、性别和出生年份。

② 属 性:MyName、MyGender、MyYearOfBirth 和 Age。其中,属性 MyName、MyGender 和 MyYearOfBirth 对应数据成员 name、gender 和 yearOfBirth;Age 为只读属性,通过 yearOfBirth 和当前年份计算。

③ 构造函数:Person(),实现对每个数据成员赋初值。

④ 方法:Print(),格式化输出人的姓名、称谓和年龄。男性请称呼先生,女性请称呼女士,使用"您";14 岁以下儿童请称呼小朋友,使用"你"。

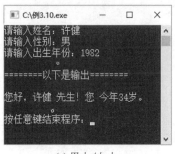
(a) 男士/女士

(b) 儿童

图 3-9 例 3.10 程序运行界面

首先定义 Person 类,程序源代码如下。

```
class Person
{
    protected string name;              //姓名
    protected string gender;            //性别
    protected int yearOfBirth;          //出生年份

    public string MyName                //定义属性 MyName
```

```csharp
        {
            set
            {
                name = value;
            }
            get
            {
                return name;
            }
        }

        ...                                              //定义属性 MyGender 和 MyYearOfBirth
        public int Age                                   //定义只读属性 Age
        {
            get
            {
                return DateTime.Now.Year - yearOfBirth;
            }
        }

        public Person(string n,string g,int y)    //定义构造函数 Person()
        {
            this.name = n;
            this.gender = g;
            this.yearOfBirth = y;
        }

        public void Print()                              //定义方法 Print(),实现格式化输出
        {
            string title;
            string call="您";
            if (gender == "男") title = "先生";  //根据性别确定人的称谓
            else title = "女士";
            if (Age <14){                                //根据年龄确定是否是儿童
                title = "小朋友";
                call="你";
            }
             Console.WriteLine("{0}好,{1} {2}!{0}今年{3}岁。",call,name,title,Age);
        }
}
```

注意：在以上程序源代码中，为了使 Person 类的 3 个数据成员能被其派生类访问，将它们以 protected 关键字修饰；在定义属性成员 Age 的源代码中，DateTime.Now.Year 用来获取系统当前年份；Print() 方法中的控制台输出语句 Console.WriteLine() 应用了格式字符串提供灵活的输出形式，关于格式字符串的使用方法可参考 1.5.3 节。

为实现 Person 类的应用，达到如图 3-9 所示的程序运行效果，在 Main() 函数中编写如下代码。

```
static void Main(string[] args)
{
    string name, gender;
    int yearOfBirth;

    Console.Write("请输入姓名: ");
    name = Console.ReadLine();                          //从键盘输入姓名
    Console.Write("请输入性别: ");
    gender = Console.ReadLine();                        //从键盘输入性别
    Console.Write("请输入出生年份: ");
    yearOfBirth = int.Parse(Console.ReadLine());        //从键盘输入出生年份

    Person p = new Person(name, gender, yearOfBirth);
                                                        //声明 Person 类对象 p,同时
                                                        //对数据成员赋初值
    Console.WriteLine("\n========以下是输出========\n");
    p.Print();                                          //输出结果
    Console.Write("\n按任意键结束程序: ");
    Console.ReadKey();                                  //等待用户从键盘输入任意键结束程序
}
```

例 3.10（续 1） 在例 3.10 定义的 Pesron 类的基础上定义一个派生类 Teacher，并且编写能应用该类的 C# 控制台应用程序。程序运行界面如图 3-10 所示。Teacher 类的定义应满足以下要求。

① 添加数据成员 tId 和 tStartYear，分别表示教师的工号和从教年份。

② 添加属性：MyTId、MyTStartYear 和 tAge。其中，属性 MyTId 和 MyTStartYear 对应数据成员 tId 和 tStartYear；tAge 为只读属性，通过 tStartYear 和当前年份计算。

③ 定义构造函数 Teacher()，实现对每个数据成员赋初值，包括从基类中继承过来的数据成员。

④ 重载方法 Print()，格式化输出教师工号和教龄。

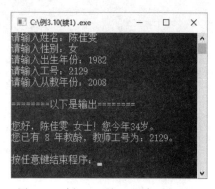

图 3-10 例 3.10(续 1)程序运行界面

首先在 Person 类的基础上定义派生类 Teacher,程序源代码如下。

```csharp
class Teacher : Person
{
    private string tId;                             //工号
    private int tStartYear;                         //从教年份

    public string MyTId                             //定义属性 MyTId
    {
        set
        {
            tId = value;
        }
        get
        {
            return tId;
        }
    }

    ...                                             //定义属性 MyTStartYear

    public int tAge                                 //定义只读属性 tAge
    {
        get
        {
            return DateTime.Now.Year - tStartYear;
        }
    }

    public Teacher(string n, string g, int y, string tId, int tStartYear)
    {                                               //定义构造函数 Teacher()
        this.name = n;
        this.gender = g;
        this.yearOfBirth = y;
        this.tId = tId;
        this.tStartYear = tStartYear;
    }

    public void Print(string tId, int tAge)         //重载 Print()方法,实现格式化输出
    {
        Console.WriteLine("您已有 {0} 年教龄,教师工号为:{1}。", tAge, tId);
    }
}
```

在这里需要注意,任何类在定义时,如果不为其添加构造函数,那么系统会自动生成如下默认的构造函数。

```
public 类名()
{
}
```

在例 3.10 定义基类 Person 时,曾定义过一个包含 3 个参数的构造函数 Person()。当一个类中定义了构造函数后,系统就不会生成默认的构造函数。如有需要,程序员可自行加入构造函数,但也可以不加。

但是,如果这个类作为基类派生出新的类,而其派生类中也定义了它自己的构造函数。那么,程序在编译派生类的构造函数时,会发出"基类中不包含默认构造函数"的错误报告,这会导致一个错误,如图 3-11 所示。

图 3-11　错误报告

现在的 Teacher 类就是这种情况,它和它的基类都定义了自己的构造函数,而编译器由于找不到其基类中包含 0 个参数的默认构造函数而导致 Teacher 类的编译无法正常进行。为解决这个问题,必须在基类中重载一个默认的构造函数。

```
public Person()
{
}
```

这样,Teacher 类的编译才能顺利完成。接着,就可以在 Main() 函数中编写代码,实现 Teacher 类的应用。以下是程序源代码。

```
static void Main(string[] args)
{
    string name,gender,tId;
    int yearOfBirth,tStartYear;
    Console.Write("请输入姓名: ");
    name = Console.ReadLine();                        //从键盘输入姓名
    Console.Write("请输入性别: ");
    gender = Console.ReadLine();                      //从键盘输入性别
    Console.Write("请输入出生年份: ");
    yearOfBirth = int.Parse(Console.ReadLine());      //从键盘输入出生年份
    Console.Write("请输入工号. "),
```

第 3 章　面向对象程序设计

```
        tId = Console.ReadLine();                          //从键盘输入工号
        Console.Write("请输入从教年份:");
        tStartYear = int.Parse(Console.ReadLine());        //从键盘输入从教年份

        Teacher t = new Teacher(name, gender, yearOfBirth,tId,tStartYear);
                                //声明 Teacher 类对象 t,同时对数据成员赋初值
        Console.WriteLine("\n========以下是输出========\n");
        t.Print();                     //调用基类的 Print()方法
        t.Print(tId, t.tAge);          //调用派生类中重载的 Print()方法
        Console.Write("\n按任意键结束程序: ");
        Console.ReadKey();             //等待用户从键盘输入任意键结束程序
    }
```

注意：在以上程序源代码中,由于派生类 Teacher 对 Print()方法实现了重载,编译器会根据方法名后的参数列表来决定到底调用哪个 Print()。执行语句 t.Print();表示调用基类 Person 中的 Print()方法,用来格式化输出每个人的姓名、称谓和年龄;执行语句 t.Print(tId,tAge);表示调用派生类 Teacher 中的 Print()方法,用来格式化输出教师的工号和教龄。

如果觉得两次调用 Print()方法麻烦,也可以通过重写的方法在 Teacher 类中重写基类中的 Print()方法,请看下面重写方法的例子。

例 3.10(续 2)　修改例 3.10(续 1)中定义的 Teacher 类,重新定义方法 Print(),使其能重写基类 Person 中的同名方法 Print(),达到一次调用 Print()方法就能同时输出教师的姓名、称谓、年龄、工号及教龄的目的。程序运行界面与例 3.10(续 1)相同。

首先,以 new 关键字在 Teacher 类中重写 Print()方法。

```
public new void Print()
{
    string title;
    if (gender == "男") title = "先生";
    else title = "女士";
    Console.WriteLine("您好, {0} {1}!您今年{2}岁。", name, title, Age);
    Console.WriteLine("您已有 {0} 年教龄,教师工号为: {1}。", tAge, tId);
}
```

然后,在 Main()函数中只调用一次 Print()方法,即可实现格式化输出。

```
static void Main(string[] args)
{
    ...
    t.Print();                         //调用基类中重写的 Print()方法
    ...
}
```

3.6 能力提高——静态类和静态成员

对于学习过 C 语言的读者来说,应该知道静态变量的概念。静态变量就是用 static 修饰符声明的变量。所谓"静态"是指变量只需要创建一次,在后面的程序中就可以多次引用。然而,在 C♯ 这种面向对象程序设计语言中,"静态"是与声明类的类型信息绑定的。

3.6.1 静态类

3.2.3 节中提到,在面向对象程序设计中,必须遵循"先定义、后使用"的规则,即任何预定义或自定义的"类"都必须实例化成"对象"后才能使用。但是,如果这个类在声明时以 static 关键字修饰,那么该类就是一个静态类,不能使用 new 关键字创建静态类的实例。静态类在加载包含该类的程序或名称空间时由 .NET Framework 公共语言运行库(CLR)自动加载。静态类有如下特点。

- 仅包含静态成员。
- 不能被实例化。
- 是密封的。
- 不能包含实例构造函数。

因此创建静态类与创建仅包含静态成员和私有构造函数的类大致一样。私有构造函数阻止类被实例化。

静态类在使用时,直接以"类名.成员"形式引用。比较典型的静态类例子是第 2 章中提及的 Math 类,其原型如下。

```
public static class Math
```

例如,要求绝对值可以直接引用 Math.Abs(x),求平方根可以直接引用 Math.Sqrt(y),而不必将 Math 类实例化成对象再引用。

当然,除系统预定义的一些静态类外,用户也可以根据实际要求去创建静态类。声明类时,在 class 关键字前加上 static 修饰符,并且将类中的每个成员也用 static 声明成静态的。通常情况下,可将用户最常用的一些公共数据(包括数据成员、方法、属性等)封装在静态类中,使之不必每次都实例化就能方便使用。

3.6.2 静态成员

在非静态类中也可以包含静态的数据成员、方法、属性或事件,我们称这些成员为静态成员。无论对一个类创建多少个实例,它的静态成员都只有一个副本,这类成员皆以"类名.成员"形式引用,而不能以"对象名.成员"形式引用。

声明静态成员时,在类型名前加上 static 修饰符。例如:

```
static int x;
```

声明了一个静态数据成员 x。

```
static double squareArea(double l , double h)
{
    return l * h;
}
```

声明了一个静态方法 squareArea(),用来求矩形的面积。

引用这两个成员时,直接使用"类名.x""类名.squareArea()"即可,不必将它们所属的类实例化。

下面通过一个实例介绍同一个类中的静态成员与非静态成员在声明和使用上的区别。

例 3.11 编写一个 Counter 类,其中包含两个私有数据成员(一个静态计数器 totalClick 和一个非静态计数器 click),以及它们对应的可读写属性。然后编写主调程序,单击窗体上的按钮 n 次后,比较两个计数器中的值。程序运行效果如图 3-12 所示。

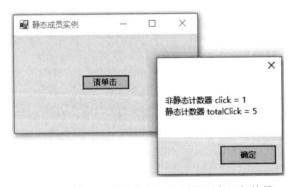

图 3-12 例 3.11 单击按钮 5 次后的程序运行效果

首先编写 Counter 类,包含静态数据成员 totalClick 及其对应属性 TotalClick,以及非静态数据成员 click 及其对应属性 Click,两个属性既能读又能写。程序源代码如下。

```
public class Counter
{
    private static int totalClick;                //静态数据成员 totalClick
    private int click;                            //数据成员 click

    public static int TotalClick                  //定义静态属性 TotalClick
    {
        set
```

```
            {
                totalClick = value;
            }
            get
            {
                return totalClick;
            }
        }

        public int Click                                    //定义属性 Click
        {
            set
            {
                click = value;
            }
            get
            {
                return click;
            }
        }
    }
```

由于静态方法和属性不能访问其包含类中的非静态数据成员和事件,也不能访问任何对象的实例,因此本例中静态数据成员 totalClick 的对应属性 TotalClick 也应该声明成静态的。

然后编写主调程序,在按钮单击事件中编写程序,源代码如下。

```
private void button1_Click(object sender, EventArgs e)
{
    Counter sc = new Counter();
    sc.Click++;
    Counter.TotalClick++;
    MessageBox.Show(string.Format("非静态计数器 click = " + sc.Click + "\r\n 静态计数器 totalClick = " +Counter.TotalClick));
}
```

从程序运行效果可以看出,因为每次单击按钮时都会重新实例化 Counter 类,所以非静态计数器 click 的值永远只在初值 0 的基础上增 1;而静态计数器 totalClick 直接通过类名引用,不会受按钮单击事件的影响重新实例化并将其清零。因此,这里使用静态成员实际上起到了"全局"的作用。

上 机 实 验

1. 实验目的

① 了解面向对象程序设计中类和对象的概念。
② 理解类的封装性、继承性和多态性特征。
③ 掌握类的定义和对象的声明方法。
④ 学会设计简单类,包括定义类的数据成员、方法和属性以及类的构造函数。
⑤ 掌握利用类的继承关系定义派生类。
⑥ 掌握类中方法和构造函数的重载,学会在派生类中重写基类的方法。
⑦ 理解静态类、静态成员等概念,并且能进一步使用它们。

2. 实验内容

实验 3-1 设计一个表示圆的 Circle 类,包含数据成员 x、y 和 r,代表圆心坐标和半径。为该类添加 SetValue()方法,给每个数据成员赋值;添加 GetArea()方法和 GetPerimeter()方法,分别求圆的面积和周长;添加 GetDistance()方法,求圆心到原点的距离;计算结果精确到小数点后两位。然后编写一个能应用该类的 Windows 窗体应用程序。程序运行界面如图 3-13 所示,项目名保存为 sy3-1。

提示:坐标系中任一点(x,y)到原点(0,0)间的距离公式为 $\sqrt{x^2+y^2}$;利用 Math.Sqrt()方法求平方根,利用 Math.Round()方法对小数进行四舍五入。

实验 3-2 设计一个楼房类 Building,包含楼的长、宽、楼层数及每平方米单价等数据成员,并且具有求楼房的面积及总价等功能。编写如图 3-14 所示的控制台应用程序,项目名保存为 sy3-2。

要求:用构造函数的形式初始化楼的长、宽、层数,用属性赋值的形式为楼房设单价。

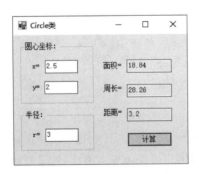

图 3-13 实验 3-1 程序运行界面

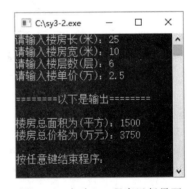

图 3-14 实验 3-2 程序运行界面

实验 3-3 设计一个矩形类 Rect。定义数据成员,分别表示矩形的长、宽;定义构造函数给数据成员赋初值;定义能求解矩形面积、周长的方法。然后,在矩形类 Rect 上派生出矩体(长方体)类 Cuboid。添加数据成员,表示矩体的高;定义构造函数给数据成员赋初值(包括继承自 Rect 类的数据成员);定义能求解矩体表面积、体积的方法。编写如图 3-15 所示的控制台应用程序,项目名保存为 sy3-3。

要求:在派生类中利用方法重写的形式求矩体的表面积。

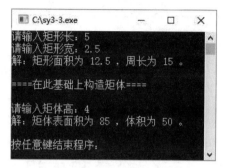

图 3-15 实验 3-3 程序运行界面

提示:为避免在编译派生类的构造函数时,发出"基类中不包含默认构造函数"的错误报告,必须在基类中重载一个默认的构造函数。

实验 3-4 参考例 3.6 中定义的 Car 类,为例 3.1 中已定义的 Vehicle 类定义另一个派生类 Truck 表示卡车。为其添加载重量、每公里耗油量等数据成员;添加适当方法,实现判断卡车是否超重、计算总耗油量等功能;同时,使用重载和重写的方法重新定义 SetVehicle()和 GetVehicle()方法,实现对 Truck 类所有数据成员的输入和输出。编写如图 3-16 所示的 Windows 窗体应用程序,项目名保存为 sy3-4。

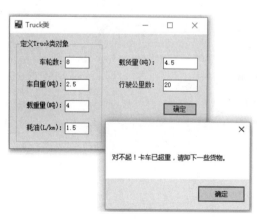
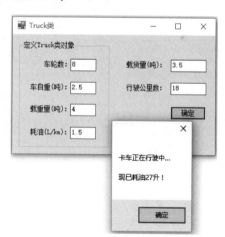

(a)卡车超载情况　　　　　　　　(b)卡车不超载情况

图 3-16 实验 3-4 程序运行界面

实验 3-5 编写一个用来计算汽车行驶里程的 CountDistance 类,其中包含两个私有数据成员(一个非静态成员 distance 用来存放当前汽车行驶公里数,另一个静态成员 totalDistance 用来存放汽车行驶的总公里数),以及它们对应的可读写属性。然后编写主调程序,在窗体上输入当前汽车行驶公里数后,计算汽车行驶里程。编写如图3-17所示的Windows窗体应用程序,项目名保存为sy3-5。

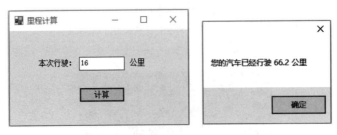

图3-17 实验3-5程序运行界面

实验篇:面向对象程序设计实验

第 4 章

Windows 窗体应用程序开发

第 1 章曾提到，C♯程序分为 Windows 窗体应用程序和控制台应用程序。其中，Windows 窗体应用程序有我们很熟悉的 Windows 外观和操作方式，最为常用。

本章将利用 Visual Studio 附带的各种控件开发用户界面，使用户与应用程序之间的交互变得简单、有趣。本章主要介绍设计 Windows 窗体时最为常用的控件、菜单和工具栏、通用对话框等，并且教会读者建立具有多重窗体的 Windows 应用程序。

4.1 常用控件

用户界面是 Windows 窗体应用程序的一个重要组成部分，它负责用户与应用程序之间的交互。对于 C♯初学者，首先应设计一个美观、简洁、易用的窗体界面，然后再学习如何编写控件的各种事件过程。1.3 节中已经对窗体和一些基本控件作了初步介绍，本节将再介绍一些建立 C♯窗体应用程序时常用的控件。

4.1.1 单选按钮、复选框和框架

在面向对象程序设计中，单选按钮(RadioButton)和复选框(CheckBox)都继承自相同的基类——Control 类。

1. 单选按钮

单选按钮显示为一个标签，左边有一个小圆点，可以是选中的◉或未选中的◯。当要给用户几个互斥的唯一选择时，可以使用单选按钮。

单选按钮有两个重要属性：Text 和 Checked。Text 属性的值表示单选按钮上显示的文本内容；Checked 属性有 True 和 False 两个值，True 表示单选按钮被选中，False 则表示未被选中，默认情况下该属性值为 False。

单选按钮的基本事件有 Click 和 CheckedChanged。Click 事件在用户单击单选按钮时触发；而 CheckedChanged 事件则在单选按钮的 Checked 属性值发生改变时触发。

2. 复选框

复选框也显示为一个标签,左边带有一个小方框,可以是选中的☑或未选中的☐。当希望用户选择一组选项中的一项或多项时,就应使用复选框。

复选框除有与单选按钮相同意义的 Text 和 Checked 属性外,还有两个重要属性：ThreeState 和 CheckState。通常情况下,复选框只有选中☑和未选中☐两种状态,它们通过 Checked 属性的 True 和 False 值区别。但是,如果把复选框的 ThreeState 属性设为 True,复选框会有选中☑、未选中☐和不确定▣ 3 种状态,这时复选框的状态就通过 CheckState 属性的 Checked、UnChecked 和 Indeterminate 3 个值进行区分。

复选框的基本事件有 Click、CheckedChanged 和 CheckedStateChanged。当用户单击复选框时,复选框的状态会自动改变,Checked 和 CheckedState 属性发生变化,CheckedChanged 和 CheckedStateChanged 事件就会随之触发。

3. 框架

框架(GroupBox)用于组合一组控件,最常用在建立一组单选按钮或复选框时。框架上会显示一个标题,通过 Text 属性可以设置该标题。框架可以响应 Click 和 DoubleClick 事件,但一般不需要编写事件处理程序。

建立框架的方法很简单,把它拖放在窗体上,再把所需控件拖放到该框架中即可。

如果在窗体上放置了多个单选按钮,选中其中的一个后,其余按钮会自动处于未选中状态。当需要在窗体中建立几组相互独立的单选按钮时,就必须用框架将其分开。

例 4.1 设计一个字体编辑程序,在窗体上创建 1 个文本框、2 组单选按钮和 2 个命令按钮。程序运行时默认为宋体 9 号字,要求：

① 选择字体、字号并单击"确定"按钮,改变文本框中内容的字体和大小。

② 单击"还原"按钮,将文本框中的字体和字号还原为默认值。

程序运行界面如图 4-1 所示。

分析：

① 由于窗体上有 6 个单选按钮,每 3 个成一组分别实现字体、字号的设置功能,因此在窗体设计时,必须用框架对其进行分组,以使每 3 个单选按钮中只能选中 1 个。

② 设置文本框的字体属性可以通过 textBox1.Font= new Font(字体名称,字号);语句实现,详见 1.3.1 节中对 Font 属性的介绍。

程序源代码如下。

图 4-1 例 4.1 程序运行界面

```
private void button1_Click(object sender, EventArgs e)
{
    string fontFamily;                              //字体名称
```

```
    int fontSize;                                           //字号

    if (radioButton1.Checked == true)
        fontFamily = radioButton1.Text;
    else if (radioButton2.Checked == true)
        fontFamily = radioButton2.Text;
    else
        fontFamily = radioButton3.Text;        //设置字体名称变量 fontFamily 的值

    if (radioButton4.Checked == true)
        fontSize = int.Parse(radioButton4.Text);
    else if (radioButton5.Checked == true)
        fontSize = int.Parse(radioButton5.Text);
    else
        fontSize = int.Parse(radioButton6.Text);   //设置字号变量 fontSize 的值

    textBox1.Font = new Font(fontFamily, fontSize);
}

private void button2_Click(object sender, EventArgs e)
{
    radioButton1.Checked = true;
    radioButton4.Checked = true;
    textBox1.Font = new Font("宋体", 9);                //设置成默认字体
}
```

在以上代码中,语句"textBox1.Font = new Font(字体名称,字号);"可以用第3章中面向对象程序设计的概念来解释;即实例化一个 Font 类对象并赋值给 textBox1 的 Font 属性。可以看出 Font 类中有一个构造函数可以实现对字体名称、字号的赋值。其中,"字体名称"是字符串型数据,"字号"是数值型数据。

在如图4-1所示的程序中,用户必须在选好字体名称、字号后,通过单击"确定"按钮触发 button1_Click 事件处理程序,才能完成字体设置。有时,我们希望选好某一个设置参数后马上看到效果,而不是等全部参数都设置完成后(单击"确定"按钮后)才看到。这种情况下,可以编写一个事件处理程序来响应多个对象的事件。

例 4.2 在例4.1的基础上对程序进行适当修改,希望在任何一个字体或字号选项改变时(即单击某个选项时),能马上看到文本框中字体的改变效果。

程序运行界面如图4-2所示。

分析:由于在例4.1的基础上删除了"确定"按钮,因此在用户单击字体名称、字号等6个单选按钮中的任

图4-2 例4.2程序运行界面

何一个时,都需要执行一遍原来例 4.1 中的 button1_Click()事件处理程序中的代码,对文本框的 Font 属性进行设置。可以先在第一个单选按钮的 CheckedChanged(或 Click)事件中编写与例 4.1 相同的代码。

程序源代码如下。

```
private void radioButton1_CheckedChanged(object sender, EventArgs e)
{
    ...    //这里编写的代码与例 4.1 的 button1_Click()事件处理程序源代码完全相同
}
```

这样,只在第一个单选按钮"宋体"选项发生改变时才会重设文本框的 Font 属性。要使单击任何一个单选按钮时文本框中的字体格式都发生改变,就必须使相同的程序源代码分别在其余 5 个单选按钮的 CheckedChanged(或 Click)事件触发时被执行。为避免相同代码的重复编写,可以通过"属性"窗口的"事件"列表进行设置,使其余 5 个单选按钮的 Checked Changed 事件在触发后均去执行 radioButton1_CheckedChanged()事件处理程序,如图 4-3 所示。

这样设置的意义是:当 radioButton2 的 CheckedChanged 事件触发后,会去执行与 radioButton1 相同的事件处理程序 radioButton1_CheckedChanged()。通过这种方法,可以使一个事件处理程序响应多个对象的事件,以避免代码的重复编写,增强代码的重用性。

例 4.3 在例 4.2 程序的基础上添加一组表示字体样式的复选框,使文本框中内容的字体、字号及样式能同时改变。

程序运行界面如图 4-4 所示。

图 4-3 设置一个事件处理程序响应多个事件

图 4-4 例 4.3 程序运行界面

分析:

① 这里的 4 种字体样式可以一个不选,也可以多选,因此采用复选框,通过判断其 Checked 属性决定是否应用该复选框所表示的字体样式。

② 可以通过语句 textBox1.Font=new Font(字体名称,字号,字体样式);,对文本框的字体名称、字号及字体样式同时设置。其中,"字体样式"可以通过 5 个 FontStyle 枚举类型

的值设置,它们是 FontStyle.Regular、FontStyle.Bold、FontStyle.Italic、FontStyle.Strikeout 和 FontStyle.Underline,这些值之间可以用符号"|"任意组合,详见 1.3.1 节中对 Font 属性的介绍。

首先,为第一个单选按钮编写事件处理程序,源代码如下。

```
private void radioButton1_CheckedChanged(object sender, EventArgs e)
{
    string fontFamily;                                  //字体名称
    int fontSize;                                       //字号
    FontStyle fontStyle = FontStyle.Regular;            //字体样式,默认为常规字体

    ...     //设置字体名称变量 fontFamily 和字号变量 fontSize 的值,与例 4.1 中对应源
            //代码相同
    if (checkBox1.Checked == true)
        fontStyle = fontStyle | FontStyle.Bold;
    if (checkBox2.Checked == true)
        fontStyle = fontStyle | FontStyle.Italic;
    if (checkBox3.Checked == true)
        fontStyle = fontStyle | FontStyle.Strikeout;
    if (checkBox4.Checked == true)
        fontStyle = fontStyle | FontStyle.Underline;
                                        //设置字体样式变量 fontStyle 的值

    textBox1.Font = new Font(fontFamily, fontSize, fontStyle);
}
```

然后,为了使这个事件处理程序能同时响应其余 5 个单选按钮和 4 个复选框的相应事件,可按例 4.2 介绍的方法,在"属性"窗口的"事件"列表中进行设置,使每个控件的 checkedChanged 事件与 radioButton1_CheckedChanged() 事件处理程序关联。

本程序在未勾选任何字体样式的情况下,默认为"常规字体",即 FontStyle.Regular。程序运行时会从上往下逐个判断,若用户勾选了某个字体样式所对应的复选框,则执行语句 fontStyle = fontStyle | FontStyle.枚举值。其意义是:如果当前字体样式被勾选,则将该样式与原来的样式进行叠加。

特别说明:本程序在运行时,若用户在字体为"隶书"的情况下勾选了"下画线"样式,将无法在文本框中看到下画线效果。这并不是程序本身存在 bug,而是因为隶书中的笔画"横"很直,容易与下画线混淆。为展示这种字体自身独特的魅力,或者说为了不破坏其完整性,Visual Studio 取消了该字体的下画线样式。

采用一个事件处理程序响应多个事件的方法固然能在一定程度上避免代码冗余,但是,在程序执行效率方面,是否能做到最好? 在例 4.2 和例 4.3 中,用户每次单击任何一个单选按钮或复选框,程序就将所有字体、字号(及样式)设置的代码都执行一遍,这种做法虽然能减少代码冗余,但实际上却降低了程序的执行效率。因为用户每修改一种字体、字

号(或样式),就必须将所有代码都运行一遍。

例 4.3(续)　在例 4.3 的基础上对程序进行适当修改。当窗体上任何一个选项发生改变时(即单击某个选项时),其对应的事件处理程序都能分别只进行相应的字体、字号或样式的设置操作,以提高程序执行效率。程序运行界面与例 4.3 完全一致,如图 4-4 所示。

程序源代码如下。

```
string fontFamily = "宋体";
int fontSize = 9;
FontStyle fontStyle= FontStyle.Regular;

private void radioButton1_CheckedChanged(object sender, EventArgs e)
{
    if (radioButton1.Checked == true)
        fontFamily = radioButton1.Text;
    textBox1.Font = new Font(fontFamily, fontSize, fontStyle);
}

private void radioButton2_CheckedChanged(object sender, EventArgs e)
{
    if (radioButton2.Checked == true)
        fontFamily = radioButton2.Text;
    textBox1.Font = new Font(fontFamily, fontSize, fontStyle);
}

...      //以同样的方法编写 radioButton3~radioButton6 的 CheckedChanged 事件处理程序

private void checkBox1_CheckedChanged(object sender, EventArgs e)
{
    fontStyle = fontStyle ^ FontStyle.Bold;
    textBox1.Font = new Font(fontFamily, fontSize, fontStyle);
}

private void checkBox2_CheckedChanged(object sender, EventArgs e)
{
    fontStyle = fontStyle ^ FontStyle.Italic;
    textBox1.Font = new Font(fontFamily, fontSize, fontStyle);
}

...      //以同样的方法编写 checkBox3、checkBox4 的 CheckedChanged 事件处理程序
```

在这里,复选框的判断巧妙地利用了"^"(异或)运算符,该运算符如果用于集合运算,可以将两个集合中相同的元素去除后再合并(即其结果为两个集合的并集减去交集)。若

这两个集合中无相同元素，则直接将这两个集合合并。请读者在程序调试与运行时自行体会"^"运算符对字体样式设置的意义。

4.1.2 列表框和组合框

列表框(ListBox)和组合框(ComboBox)控件都通过显示多个选项为用户提供选择，达到与用户交互的目的。

1. 列表框

列表框的外观有点像加了垂直滚动条的多行文本框(即把 TextBox 控件的 Multiline 属性设为 True, ScrollBars 属性设为 Vertical, 参考 1.3.5 节的介绍)。在列表框中，如果选项较多而不能一次全部显示，程序会为其自动加上滚动条。列表框只能为用户提供选择，不能直接修改其中的内容；而文本框却能在显示内容的同时为用户提供输入。图 4-5 所示的是有多个选项的列表框和有多行内容的文本框。

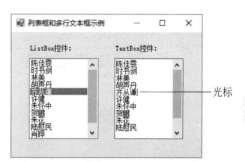

图 4-5 列表框和多行文本框

（1）重要属性

列表框有几个重要的属性必须掌握，表 4-1 列出了这些属性。

表 4-1 列表框的属性

属性名	描述
Items	获取或设置存储在列表框中的选项对象。该属性的值是一个选项对象数组，每个选项代表数组中的一个元素，选项序号从 0 开始。例如，在如图 4-5 所示的列表框中，listBox1.Items[0]代表第 1 个选项"陈佳雯"，listBox1.Items[1]代表第 2 个选项"时书剑"，以此类推。 若要获取选项中的文本内容，可以用 ToString()方法获得。例如，listBox1.Items[0].ToString()表示第 1 个选项的文本内容"陈佳雯"。 注意：该属性既可以在"属性"窗口中设置(如图 4-6 所示)，也可以在程序中设置或引用
Text	当前选中选项的文本内容。 注意：该属性只能在程序中设置或引用
SelectedIndex	当前选中选项的序号。在未选中任何选项时，SelectedIndex 属性的值为 −1。例如，要通过程序在如图 4-5 所示的列表框中选中"许健"选项，可以通过语句 listBox1.SelectedIndex ＝ 5; 实现。 可以看出，将该属性值作为 Items 属性中的选项序号，可以获取当前选中的选项对象。例如，listBox1.Items[listBox1.SelectedIndex].ToString()等同于 listBox1.Text。 注意：该属性只能在程序中设置或引用

续表

属 性 名	描 述
SelectedItem	当前选中选项的对象。例如，listBox1.SelectedItem＝listBox1.Items[1]；表示选中列表框中第 2 项内容，等同于 listBox1.SelectedIndex＝1； 若要获取该对象的文本内容，可以通过 ToString()方法获得。例如，ListBox1.SelectedItem.ToString()等同于 listBox1.Text。 注意：该属性只能在程序中设置或引用
Items.Count	列表框中项目的数量。最后一项的序号为 Items.Count-1。 注意：该属性为只读属性，只能在程序中引用
Sorted	程序运行期间列表框中的选项是否按字母表顺序排列，有 True 和 False 两个值。True 表示选项按字母表顺序排列，False 表示选项按加入列表框的先后顺序排列。 注意：该属性既可以在"属性"窗口中设置，也可以在程序中设置或引用

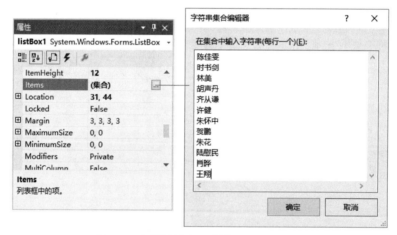

图 4-6 在"属性"窗口中设置 Items 属性

（2）基本事件

列表框能响应 Click 和 DoubleClick 事件。此外，当列表框的选中项目发生改变时，即列表框的 SelectedIndex 属性（或 SelectedItem 属性）发生改变时，会触发 SelectedIndexChanged 事件，该事件是列表框的默认事件。

（3）常用方法

列表框中的选项可以简单地在"属性"窗口中通过 Items 属性进行设置，也可以在程序中用 Items 对象（即选项对象）的各方法来进行添加、插入、删除、清空等操作。

① Items.Add()方法。该方法的作用是把一个选项添加到列表框的最后，语句格式如下。

```
对象.Items.Add(选项文本);
```

例如：

```
listBox1.Items.Add("王红");            //将"王红"添加到 listBox1 的最后
```

② Items.Insert()方法。该方法的作用是把一个选项插入列表框的指定位置,语句格式如下。

对象.Items.Insert(选项序号, 选项文本);

例如:

listBox1.Items.Insert(4,"王红");   //将"王红"插入 listBox1 中序号为 4 的位置

又如:

listBox1.Items.Insert(listBox1.SelectedIndex,"王红");
                                          //将"王红"插入 listBox1 中选定的位置

③ Items.Remove()方法和 Items.RemoveAt()方法。这两个方法都能用来从列表框中删除指定的选项,语句格式如下。

对象.Items.Remove(选项文本);
对象.Items.RemoveAt(选项序号);

其中,Items.Remove()方法通过参数列表中给定的选项文本内容进行删除,而 Items.RemoveAt()方法则通过参数列表中给定的选项序号进行删除。

例如:

listBox1.Items.Remove ("王红");   //在 listBox1 中删除选项"王红"

又如:

listBox1.items.RemoveAt(4);   //在 listBox1 中删除序号为 4 的选项

要在列表框中删除选定的内容,可以这样写。

listBox1.items.Remove (listBox1.Text);

或者这样写。

listBox1.items.RemoveAt (listBox1.SelectedIndex);

④ Items.Clear()方法。该方法的作用是清除列表框中的所有选项,语句格式如下。

对象.Items.Clear()

例如:

listBox1.items.Clear();   //清除 listBox1 中的所有选项

例 4.4 编写一个能对列表框进行项目添加、插入、修改、删除的选课程序。在窗体上创建 2 个框架、1 个列表框、1 个多行文本框和 6 个命令按钮,要求:

① 窗体载入时对列表框进行初始化操作,自动在列表框中添加若干课程。

② 在文本框中输入课程名后,单击"添加"按钮,将课程添加到列表框最后。

③ 在列表框中选择插入位置并在文本框中输入课程名后,单击"插入"按钮,将课程插入列表框的指定位置。

④ 在列表框中选择要修改的项目并在文本框中输入课程名后,单击"修改"按钮,完成对指定课程名的修改。

⑤ 在列表框中选择要删除的课程后,单击"删除"按钮,将指定课程删除。

⑥ 单击"清空"按钮,把列表框清空。

⑦ 单击"初始化"按钮,把列表框中的内容恢复到窗体载入时的状态。

程序运行界面如图 4-7 所示。

图 4-7 例 4.4 程序运行界面

分析:

① 由于在窗体载入和单击"初始化"按钮时都要完成对列表框中内容的初始化操作,可以先编写一个初始化函数 init(),通过 Items.Add()方法把若干课程名添加到列表框中,然后在这两个事件触发时分别调用该函数,可避免重复编写代码。

② 添加课程可通过 Items.Add()方法实现,插入课程可通过 Items.Insert()方法实现,删除课程可通过 Items.Remove()或 Items.RemoveAt()方法实现,而修改课程可以视为插入和删除的结合。

③ 列表框 Items 选项对象的各种方法在调用时必须在参数列表中提供合法、有效的参数,为了使程序在运行过程中尽量避免因参数不合法或无效而导致错误,本例提供的程序源代码中加入了数据校验机制,代码较长。

程序源代码如下。

```
//以下程序定义初始化函数
private void init()
{
    textBox1.Text = "";                         //清空文本框
    listBox1.Items.Clear();                     //清空列表框
    listBox1.Items.Add("C#程序设计");            //添加课程
    ...                                         //以同样的方法添加其余课程
}

//以下程序在窗体载入时完成初始化操作
private void Form1_Load(object sender, EventArgs e)
```

```csharp
    init();
}

//以下程序实现添加功能
private void button1_Click(object sender, EventArgs e)
{
    if (textBox1.Text == "")                        //若课程名未输入,提示用户输入
    {
        MessageBox.Show("请输入要添加的课程!");
        textBox1.Focus();
    }
    else
    {
        listBox1.Items.Add(textBox1.Text);          //课程添加至列表框最后
        textBox1.Text = "";                         //文本框清空
        listBox1.SelectedIndex = listBox1.Items.Count - 1;
                                                    //选中列表框中新添加的课程
    }
}

//以下程序实现插入功能
private void button2_Click(object sender, EventArgs e)
{
    if (listBox1.SelectedIndex == -1)               //若插入位置未选,提示用户选择
        MessageBox.Show("请选择插入位置!");
    else if (textBox1.Text == "")                   //若课程名未输入,提示用户输入
    {
        MessageBox.Show("请输入课程名!");
        textBox1.Focus();
    }
    else
    {
        listBox1.Items.Insert(listBox1.SelectedIndex, textBox1.Text);
                                                    //课程插入指定位置
        textBox1.Text = "";                         //文本框清空
        listBox1.SelectedIndex--;                   //选中列表框中新插入的课程
    }
}

//以下程序实现修改功能
private void button3_Click(object sender, EventArgs e)
{
```

```csharp
        if (listBox1.SelectedIndex == -1)         //若修改位置未选,提示用户选择
            MessageBox.Show("请先选择修改项!");
        else if (textBox1.Text == "")              //若课程名未输入,提示用户输入
        {
            MessageBox.Show("请输入课程名!");
            textBox1.Focus();
        }
        else
        {
            listBox1.Items[listBox1.SelectedIndex] = textBox1.Text;
                                                   //修改选定项上的文本
            textBox1.Text = "";                    //文本框清空
        }
    }

    //以下程序实现删除功能
    private void button4_Click(object sender, EventArgs e)
    {
        if (listBox1.SelectedIndex == -1)          //若删除位置未选,提示用户选择
            MessageBox.Show("请先选择删除项!");
        else
            listBox1.Items.RemoveAt(listBox1.SelectedIndex);    //删除指定课程
    }

    //以下程序实现清空功能
    private void button5_Click(object sender, EventArgs e)
    {
        textBox1.Text = "";                        //清空文本框
        listBox1.Items.Clear();                    //清空列表框
    }

    //以下程序在单击"初始化"按钮时完成初始化操作
    private void button6_Click(object sender, EventArgs e)
    {
        init();
    }
```

列表框的 SelectedIndex 属性有一个特点:如果在当前的选中项之前插入或删除一个选项,那么 SelectedIndex 属性的值会保持与原先选中的那个选择项的序号一致。也就是说,如果用户在选定项前删除了一项,SelectedIndex 属性值会自动减 1;如果用户在选定项前插入了一项,该属性值会自动增 1;如果当前的选中项被删除,则 SelectedIndex 属性值会变为 −1。例 4.4 中的程序在实现课程的插入和修改功能时正是利用了 SelectedIndex 属性的这一特点,在课程插入或修改后,对该属性进行重新赋值,以使最新

操作的那个项可以被选中,以达到突出显示操作结果的目的。

2. 组合框

组合框是一种兼具文本框和列表框特性的控件。通过设置组合框的 DropDownStyle 属性,可以使组合框有 3 种不同的风格,如图 4-8 所示。

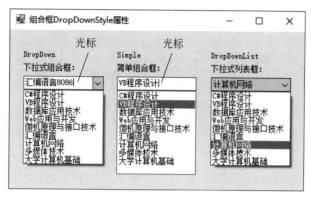

图 4-8　组合框的 3 种风格

(1) 下拉式组合框

下拉式组合框的 DropDownStyle 属性值设为 DropDown,它由 1 个文本框和 1 个下拉列表框(又称下拉菜单)组成。程序运行时,用户可直接在文本框中输入数据;单击下拉列表框右侧的箭头,可展开该列表框,选中其中的某个选项后,选项文本会显示在文本框中。

(2) 简单组合框

简单组合框的 DropDownStyle 属性值设为 Simple,它也是由 1 个文本框和 1 个列表框组成,但列表框不能被收拢或展开。与下拉式组合框一样,用户可直接在文本框中输入数据;并且当列表框的某个选项被选中时,选项文本会显示在文本框中。

(3) 下拉式列表框

下拉式列表框的 DropDownStyle 属性值设为 DropDownList,它只有 1 个可以收拢或展开的下拉列表框,没有提供可让用户输入数据的文本框。因此,下拉式列表框只能做选择,不能做输入。

组合框的属性、事件和方法基本与列表框相同,详见本节对列表框的介绍。但是,有一点需要注意,组合框没有 DoubleClick 事件。

4.1.3　日历和时钟

在设计 Windows 窗体应用程序时,经常要进行日期和时间的计算。Visual Studio .NET 框架为用户提供了日历和时钟控件,使程序可以显示并设置日期和时间信息。

1. 日历

日历控件能使用户在窗体上轻松选择日期并确保日期格式的正确性。在窗体上建立日历的控件有两个，它们是 MonthCalendar 和 DateTimePicker，如图 4-9 所示。

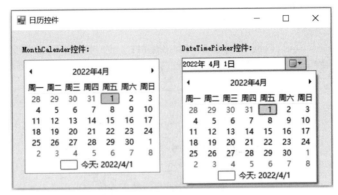

图 4-9　日历控件的默认外观

(1) MonthCalendar 控件

MonthCalendar 控件可在窗体上显示一个或多个月的日历，它不仅能提供对单个日期的选择，也能提供对一段日期范围的选择，如图 4-9 左边显示了 MonthCalendar 控件在默认情况下的外观。

MonthCalendar 控件有几个重要的属性，表 4-2 列出了这些属性。

表 4-2　MonthCalendar 控件的属性

属 性 名	描 述
FirstDayOfWeek	日历中每周的第一天是星期几。默认值为 Default，表示由应用程序指定的一周中默认的某一天
MinDate	日历中用户可以选择的第一个日期。默认为 1753 年 1 月 1 日
MaxDate	日历中用户可以选择的最后一个日期。默认为 9998 年 12 月 31 日
ShowToday	在日历底部显示今天的日期。有 True 和 False 两个值，默认为 True
ShowTodayCircle	在日历的网格中用红色方框突出显示今天的日期。有 True 和 False 两个值，默认为 True
ShowWeekNumbers	在日历的每周开始处添加周编号。有 True 和 False 两个值，默认为 False
MaxSelectionCount	在日历中一次最多可选择的天数。默认为 7 天
SelectionStart	用户选择的第一个日期。默认为今天日期，属性值为 DateTime 数据类型
SelectionRange	用户选择的日期范围。属性值 SelectionRange 为对象型（DataTime 对象类型）
SelectionEnd	用户选择的最后一个日期。默认为今天日期，属性值为 DateTime 数据类型

MonthCalendar 控件的 MaxSelectionCount 属性可以用来设置在日历中一次最多可选择的连续日期。用户直接单击日历上的某个日期来选择一天；或者通过按住 Shift 键，在日历上单击开始和结束日期选择连续的多天。

用户选好的日期会被保存在 SelectionStart、SelectionEnd 和 SelectionRange 这 3 个属性中。其中，SelectionStart 和 SelectionEnd 属性是日期型数据，分别表示选定的开始

日期和结束日期；而 SelectionRange 属性是对象型数据类型，存放选定日期的完整范围。

例 4.5 在窗体上建立一个 MonthCalendar 控件，适当修改 MaxSelectionCount 的值，使可选的日期范围增大。编写程序，要求当用户在日历上选取一个或连续的多个日期后，查看 SelectionStart、SelectionEnd 和 SelectionRange 属性的变化效果。程序运行界面如图 4-10 所示。

(a) 选择单个日期　　　　　　　　　(b) 选择多个连续日期

图 4-10　例 4.5 程序运行界面

程序源代码如下。

```
//以下程序定义初始化函数
private void button1_Click(object sender, EventArgs e)
{
    DateTime d1, d2;
    d1 = monthCalendar1.SelectionStart;      //获取开始日期
    textBox1.Text = d1.ToString();           //开始日期以字符串形式输出
    d2 = monthCalendar1.SelectionEnd;        //获取结束日期
    textBox2.Text = d2.ToString();           //结束日期以字符串形式输出

    SelectionRange sd = new SelectionRange(monthCalendar1.SelectionRange);
                                             //获取日期范围，SelectionRange 对象
    MessageBox.Show(sd.ToString());          //日期范围以字符串形式输出
}
```

由于用户选择的起止日期最终会以 DateTime 数据类型保存，这种数据类型虽能同时存放日期和时间，但 MonthCalendar 控件只能提供用户对日期的选择。因此，从程序运行界面可以看出，起止日期后面的时间值都是 00:00:00。若想在输出结果中去掉时间部分，可以在 DateTime 类对象的 ToString() 方法中加入格式字符串进行格式化输出。

例如,如果希望在开始和结束日期中只显示"年月日"部分,可以这样写。

```
textBox1.Text = d1.ToString("yyyy年MM月dd日");
textBox2.Text = d2.ToString("yyyy年MM月dd日");
```

有关 DateTime 格式字符串的详细参考,读者可查阅微软的 MSDN Library。

MonthCalendar 控件的默认事件是 DateChanged,它在用户选择新的日期时触发。读者可尝试将例 4.5 中的程序改由 DateChanged 事件触发并查看程序运行效果。

(2) DateTimePicker 控件

可以看出,MonthCalendar 控件虽能提供用户对多个连续日期的选择,但它却无法选择具体的时间。为弥补这个缺陷,Visual Studio .NET 向用户提供了另一种既能选择日期又能选择时间的控件:DateTimePicker。该控件在默认情况下看上去像一个以文本形式表示日期时间的下拉框,单击下拉箭头时能显示出类似 MonthCalendar 外观的日历,用户可在其中选择一个日期。DateTimePicker 控件的默认外观如图 4-9 右边所示。

DateTimePicker 控件使用户可以从日期或时间列表中选择单个项。表 4-3 列出了该控件的重要属性。

表 4-3 DateTimePicker 控件的属性

属 性 名	描 述
MinDate	日历中用户可以选择的第一个日期。默认为 1753 年 1 月 1 日
MaxDate	日历中用户可以选择的最后一个日期。默认为 9998 年 12 月 31 日
Format	日历中显示的日期和时间格式。属性值为 DateTimePickerFormat 枚举型,有 Long、Short、Time 和 Custom 4 种类型,默认值为 Long
CustomFormat	如果在 Format 属性中设置了自定义格式 Custom,则必须在 CustomFormat 属性中设置适当的 DateTime 格式字符串,从而使 DateTimePicker 控件显示自定义的日期时间格式
ShowUpDown	在日历中是否使用数值调节控件调整日期/时间值。有 True 和 False 两个值,默认为 False。值为 True 时,控件将使用数值调节控件来调整日期时间;值为 False 时,使用下拉日历来调整日期时间
Value	用户选择的日期和时间。默认为当前日期时间,属性值为 DateTime 数据类型

DateTimePicker 控件的 Format 属性用来控制日历中显示的日期和时间格式。默认情况下,该属性值为 Long,用户只能选择日期。当把 Format 属性值设为 Time 时,用户可输入时间,但此时仍能打开下拉框选择日期。若只显示时间,可再将 ShowUpDown 属性设置为 True,此时选择日期的下拉框将消失,取而代之的是一对向上和向下按钮,用来调整时间。我们也可以把 Format 属性值设为 Custom 并在 CustomFormat 属性中提供格式字符串,这样就能在 DateTimePicker 控件中显示用户自定义的日期时间格式。

DateTimePicker 控件的另一个重要属性是 Value,它用来保存用户在控件上选择的日期和时间,以 DateTime 数据类型保存。

例 4.6 在窗体上建立一个 DateTimePicker 控件,要求用户能同时在控件中选择日期和输入时间,自定义控件上显示的日期时间格式为"xxxx 年 xx 月 xx 日 xx 时 xx 分 xx 秒"。用户输入完毕后,单击"确定"按钮,能把日期时间中的各部分信息分离出来,显示在下面的文本框中。程序运行界面如图 4-11 所示。

图 4-11　例 4.6 程序运行界面

程序源代码如下。

```
private void Form1_Load(object sender, EventArgs e)
{
    dateTimePicker1.Format = DateTimePickerFormat.Custom;
    dateTimePicker1.CustomFormat = "yyyy年MM月dd日 HH时mm分ss秒";
                                    //自定义日历上显示的日期时间格式
}

private void button1_Click(object sender, EventArgs e)
{
    DateTime d;
    d = dateTimePicker1.Value;          //获取用户输入的日期时间
    textBox1.Text = d.Year.ToString();   //输出年
    textBox2.Text = d.Month.ToString();  //输出月
    textBox3.Text = d.Day.ToString();    //输出日
    textBox4.Text = d.Hour.ToString();   //输出时
    textBox5.Text = d.Minute.ToString(); //输出分
    textBox6.Text = d.Second.ToString(); //输出秒
}
```

以上程序首先在窗体载入时设置 DateTimePicker 控件的日期时间显示格式为用户自定义。然后,当用户单击"确定"按钮后,通过 Value 属性获取日期、时间信息。该属性的值为 DateTime 型数据类型,因此可直接访问该对象的属性成员,获取其中的年、月、日、时、分、秒信息。

有关 DateTimePicker 控件的 CustomFormat 属性和 DateTime 数据类型的详细参

考,读者可查阅微软的 MSDN Library。

2. 时钟

在设计 Windows 窗体应用程序时,经常会用到一个不可见控件,即时钟(Timer),该控件常用于需要自动处理某些任务的情况。例如,在例 1.1 程序中,我们通过时钟控件完成字幕的连续移动效果。

时钟以一定的时间间隔产生 Tick 事件,从而执行相应的事件处理程序。它是一个非用户界面的控件,不在窗体上显示,而是出现在窗体下方专用的面板中。时钟有两个重要的属性,如表 4-4 所示。

表 4-4 时钟的属性

属 性 名	描 述
Enabled	打开或关闭时钟。值为 True 时,打开时钟;值为 False 时,关闭时钟
Interval	时钟事件每隔多少毫秒(ms)触发一次

当 Enabled 属性值为 True 时,时钟被打开,它会每隔 Interval 属性所指定的时间触发 Tick 事件,从而连续不断地执行相应的事件处理程序。但是,如果时钟被关闭,即在其 Enabled 属性值为 False 的情况下,无论 Interval 的值是多少,都不会触发 Tick 事件,也不会执行对应的事件处理程序。

时钟通常用来连续不断地处理某些任务,请看下面的例子。

例 4.7 利用时钟和图像框编写一个红绿灯模拟程序。要求:红、黄、绿灯自动切换,每个灯点亮的延迟时间通过文本框控制(单位为秒)。

程序运行界面如图 4-12 所示。

分析:

① 每个灯的点亮或熄灭可通过改变图像框的 Image 属性并载入代表不同颜色灯的图片来实现,语句格式为"图像框控件对象名.Image = Image.FromFile("图片路径");"。

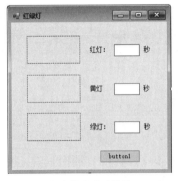

(a) 窗体设计时效果

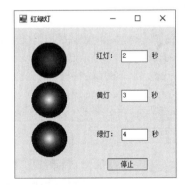

(b) 程序运行时效果:红灯亮

图 4-12 例 4.7 程序运行界面

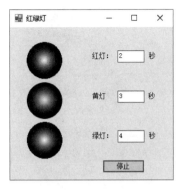
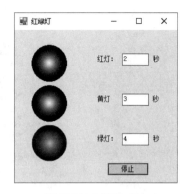

(c) 程序运行时效果：黄灯亮　　　　　　(d) 程序运行时效果：绿灯亮

图 4-12　（续）

② 每个灯点亮的延迟时间可通过改变时钟的 Interval 属性来设置，例如红灯延迟 2 秒，可在切换到红灯后把时钟的 Interval 属性值设为 2000，这样 2 秒过后再次发生时钟的 Tick 事件切换到其他颜色的灯。

③ 在所有事件处理程序代码块的外部声明变量 i，用来控制红绿灯的切换。i 的值在每个时钟的 Tick 事件触发后自动增 1，可根据变量 i 整除 3 所取的余数来控制当前应点亮哪个灯。

注意：本程序中装入的图片必须事先保存到当前项目的 bin\Debug\ 目录下，否则程序会因无法找到图片而报错。

程序源代码如下。

```
int i,r,y,g;                            //变量 i 用来控制红绿灯的切换
                                        //变量 r、y、g 分别代表每个灯的点亮时间

//以下程序在窗体载入时完成初始化操作
private void Form1_Load(object sender, EventArgs e)
{
    pictureBox1.SizeMode = PictureBoxSizeMode.AutoSize;
    pictureBox2.SizeMode = PictureBoxSizeMode.AutoSize;
    pictureBox3.SizeMode = PictureBoxSizeMode.AutoSize;
                                        //设置图像框随着装入的图片大小自动调整
    pictureBox1.Image = Image.FromFile("grey.png");
    pictureBox2.Image = Image.FromFile("grey.png");
    pictureBox3.Image = Image.FromFile("grey.png");
                                        //初始化时装入表示未点亮灯的图片
    textBox1.Text = "2";
    textBox2.Text = "3";
    textBox3.Text = "4";
                                        //默认红灯亮 2 秒、黄灯亮 3 秒、绿灯亮 4 秒
    button1.Text = "开始";
```

```csharp
}
private void button1_Click(object sender, EventArgs e)
{
    if (timer1.Enabled == false)
    {
        r = int.Parse(textBox1.Text);
        y = int.Parse(textBox2.Text);
        g = int.Parse(textBox3.Text);
        timer1.Enabled = true;
        button1.Text = "停止";
        i = 0;
    }   //单击"开始"按钮时,输入红、黄、绿灯的点亮时间,打开时钟,控制变量i清零
    else
    {
        timer1.Enabled = false;
        button1.Text = "开始";
        pictureBox1.Image = Image.FromFile("grey.png");
        pictureBox2.Image = Image.FromFile("grey.png");
        pictureBox3.Image = Image.FromFile("grey.png");
    }   //单击"停止"按钮时,关闭时钟,熄灭所有灯
}

private void timer1_Tick(object sender, EventArgs e)
{
    if(i % 3==0)
    {
        pictureBox1.Image = Image.FromFile("red.png");
        pictureBox2.Image = Image.FromFile("grey.png");
        pictureBox3.Image = Image.FromFile("grey.png");
        timer1.Interval = 1000 * r;
    }   //持续亮红灯r秒,熄灭黄、绿灯
    else if (i % 3 == 1)
    {
        pictureBox1.Image = Image.FromFile("grey.png");
        pictureBox2.Image = Image.FromFile("yellow.png");
        pictureBox3.Image = Image.FromFile("grey.png");
        timer1.Interval = 1000 * y;
    }   //持续亮黄灯y秒,熄灭红、绿灯
    else
    {
        pictureBox1.Image = Image.FromFile("grey.png");
        pictureBox2.Image = Image.FromFile("grey.png");
```

```
            pictureBox3.Image = Image.FromFile("green.png");
            timer1.Interval = 1000 * g;
    }       //持续亮绿灯 g 秒,熄灭红、黄灯
    i++;//控制变量 i 增 1
}
```

在以上程序源代码中,还声明了 3 个变量 r、y、g,分别代表从文本框输入的红、黄、绿灯的点亮时间(单位为秒)。用户通过单击"开始"按钮,将各灯的点亮时间分别输入这 3 个变量。然后在每次时钟的 Tick 事件触发时,用这 3 个变量的值去乘以 1000 来设置时钟的 Interval 属性,以使每个灯有期望的点亮延迟时间。

4.1.4 滚动条和进度条

在设计 Windows 窗体应用程序时,除使用文本框控件输入数据外,还可以使用滚动条作为数据输入的工具;当要指示事务处理的进度时,可以使用进度条。

1. 滚动条

滚动条通常附在窗体上,协助用户观察或确定位置,也可用来作为数据的输入工具。滚动条有水平滚动条(HscrollBar)和垂直滚动条(VscrollBar)两种(如图 4-13 所示)。

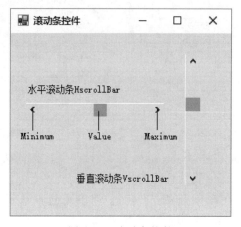

图 4-13 滚动条控件

(1) 重要属性

表 4-5 列出了滚动条的属性。

表 4-5 滚动条的属性

属　　性	描　　述
Value	滑块当前位置所代表的值
Minimum	滑块处于最小位置时所代表的值,默认值为 0

续表

属　性	描　述
Maximum	滑块处于最大位置时所代表的值,默认值为100
SmallChange	用户单击滚动条两端的箭头时,Value属性值增加或减少的量
LargeChange	用户单击滚动条空白处(滑块与两端箭头之间的区域)时,Value属性值增加或减少的量

(2) 基本事件

滚动条的事件主要有Scroll和ValueChanged。当滚动条内滑块的位置发生改变时,Value属性的值会随之改变,Scroll和ValueChanged事件发生。

例4.8 利用滚动条控件设计一个调色板程序。要求:使用红、绿、蓝3种基本颜色从滚动条输入数据,每种颜色的取值范围在0~255之间;合成后的颜色效果可在窗体右侧预览并显示成十六进制的值。

程序运行界面如图4-14所示。

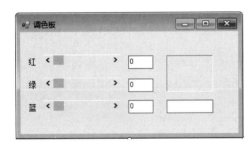

(a) 窗体设计效果　　　　　　　　(b) 程序运行效果

图4-14　例4.8程序运行界面

分析:

① 由于3种基本颜色的最小值为0,最大值为255,窗体初始化时(或窗体设计时)把3个滚动条的Minimun和Maximun属性设为0和255;为使颜色设置精确,将SmallChange和LargeChange属性均设为1。

② 每种颜色的取值在滚动条的Scroll事件中通过其Value属性获取,然后使用Color.FromArgb()方法合成颜色并设置预览效果。

③ 颜色合成后,需要将红、绿、蓝的十进制数据转换成十六进制数值,可使用进制转换方法Convert.ToString()实现。

程序源代码如下。

```
int r = 0, g = 0, b = 0;

private void Form1_Load(object sender, EventArgs e)
{
    label4.BackColor = Color.FromArgb(r, g, b);      //默认黑色
```

```csharp
}

private void hScrollBar1_Scroll(object sender, ScrollEventArgs e)
{
    r = hScrollBar1.Value;
    textBox1.Text = r.ToString ();
    label4.BackColor = Color.FromArgb(r,g,b);
    textBox4.Text = getColor(r, g, b);
}

private void hScrollBar2_Scroll(object sender, ScrollEventArgs e)
{
    g = hScrollBar2.Value;
    textBox2.Text = g.ToString();
    label4.BackColor = Color.FromArgb(r, g, b);
    textBox4.Text = getColor(r, g, b);
}

private void hScrollBar3_Scroll(object sender, ScrollEventArgs e)
{
    b = hScrollBar3.Value;
    textBox3.Text = b.ToString();
    label4.BackColor = Color.FromArgb(r, g, b);
    textBox4.Text = getColor(r,g,b);
}

private string getColor(int r,int g,int b){
    string rHex,gHex,bHex;                          //r、g、b的十六进制表示
    rHex = Convert.ToString(r, 16);
    if (rHex.Length < 2) rHex = rHex.PadLeft(2, '0');
    gHex = Convert.ToString(g, 16);
    if (gHex.Length < 2) gHex = gHex.PadLeft(2, '0');
    bHex = Convert.ToString(b, 16);
    if (bHex.Length < 2) bHex = bHex.PadLeft(2, '0');
    return "#"+ rHex+gHex +bHex ;
}
```

在这里，用户自定义了一个 getColor() 函数，其作用是将红、绿、蓝3种颜色的十进数值合成转换为一个以#开头的十六进制颜色值。其中，使用 Convert.ToString() 函数实现进制转换，还使用 String 类的 PadLeft() 方法实现前导零的填充。

2. 进度条

在 Windows 窗体应用程序中，执行一个耗时较长的操作时通常需要用进度条

(ProgressBar)来显示事务处理的进程。进度条有3个重要属性：Maximum、Minimum和Value。Value属性决定进度条控件被填充了多少。

（1）重要属性

表4-6列出了进度条的属性。

表4-6　进度条的属性

属　　性	描　　述
Value	进度条处于当前位置所代表的值
Minimum	进度条处于最小位置时所代表的值，默认值为0
Maximum	进度条处于最大位置时所代表的值，默认值为100

（2）基本事件

由于进度条通常用来显示事务处理进程，因而较少在其事件中进行编程。

例 4.9　在指定范围内搜索（无符号）对称数并利用进度条控件显示搜索进度。程序运行界面如图4-15所示。

图4-15　例4.9程序运行界面

分析：

① 用户输入的搜索范围决定了进度条控件的Maximum和Minimum属性，搜索过程中，当前搜索的循环次数与Value属性相关联。

② 要判断一个数是否为对称数，可以将其转换成字符串，查看其正序和逆序是否相同，若相同，则判定该数为对称数。

③ 要将一个字符串逆序，可以先将该字符串转换成一个字符型数组，然后使用Array类的Reverse()方法逆序该数组，再将其重新整合成一个字符串。

程序源代码如下。

```
private void button1_Click(object sender, EventArgs e)
{
    string s,sRev;
```

```csharp
            int n = 0;
            int lBound = int.Parse(textBox2.Text);       //搜索下界
            int uBound = int.Parse(textBox3.Text);       //搜索上界
            progressBar1.Minimum = lBound;
            progressBar1.Maximum = uBound;
            textBox1.Text = "";
            for (int i = lBound ; i <=uBound ; i++)
            {
                s = i.ToString();
                sRev = reverseByArray (s);
                if(s==sRev )
                {
                    textBox1.Text += s + "\t";
                    n++;
                }
                progressBar1.Value = i;
            }
            MessageBox.Show("搜索完毕,共" + n.ToString() + "个对称数!");
        }

        public static string reverseByArray(string original)
        {
            char[] c = original.ToCharArray();
            Array.Reverse(c);
            return new string(c);
        }
```

在这里,用户自定义了一个 reverseByArray()函数,其作用是将一个字符串逆序。由于 C♯ 的 String 类中没有直接将字符串逆序的方法,因此需要通过 Array 类中相应的方法中转实现。

4.2　菜单和工具栏

大多数功能稍复杂的 Windows 窗体应用程序除大量应用前面介绍的基本控件外,还会有菜单、工具栏等。

4.2.1　引例——记事本程序

例 4.10　建立一个类似于 Windows 记事本的程序,设计菜单和工具栏,并且编写程序完成记事本程序中的功能。程序运行界面如图 4-16 所示。

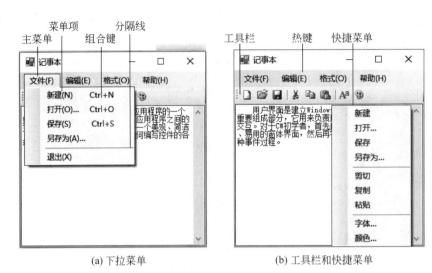

(a) 下拉菜单　　　　　　　(b) 工具栏和快捷菜单

图 4-16　例 4.10 程序运行界面

图 4-16 所示的记事本程序具有典型的 Windows 用户界面,包括菜单和工具栏。Windows 窗体应用程序中的菜单有两种:一种是下拉菜单,通过用户单击主菜单后展开,如图 4-16(a)所示;另一种是快捷菜单,当右击窗体上的某个控件对象时才会展开,如图 4-16(b)所示。

在许多 Windows 窗体应用程序中,工具栏已成为窗体最基本的组成部分。例如,Microsoft Office、Internet Explorer 等程序中都默认包含各种工具栏。一般来说,工具栏提供单击访问程序中常用功能的方式。如图 4-16(b)所示的记事本程序中,可通过单击工具栏上的各按钮实现文件的新建、打开、保存等操作。

本章后续内容会逐步介绍菜单和工具栏的设计方式,以帮助读者学习建立例 4.10 所示的记事本应用程序。

4.2.2　菜单设计

大多数 Windows 窗体应用程序都提供了菜单。菜单用来对命令进行分组,使用户能方便、直观地执行程序中的命令。

1. 菜单和菜单项

Visual Studio .NET 提供了两个菜单控件(MenuStrip 和 ContextMenuStrip),分别用来设计下拉菜单和快捷菜单。当菜单控件被拖进窗体后,窗体下方的专用面板中会出现类似 menuStrip1 或 contextMenuStrip1 的菜单图标,如图 4-17 所示。用户选定该图标后,就在相应菜单控件中输入各菜单项的文本内容,以完成菜单的设计工作。

在 Windows 窗体应用程序中,菜单中的每一个子项被称为"菜单项"。每个菜单项都是一个单独的对象,有其自己的属性、事件和方法。

(a) 下拉菜单　　　　　　　　　　(b) 快捷菜单

图 4-17　菜单设计器

(1) 重要属性

表 4-7 列出了菜单项的重要属性。

表 4-7　菜单项的属性

属 性 名	描　　述
Name	当前菜单项的名称
Text	当前菜单项上显示的文本，可在该属性上使用符号"&"为菜单项定义热键
ShortcutKeys	当前菜单项的快捷键
Checked	当前菜单项上是否显示"√"。值为 True 时表示选中该项，将显示"√"；值为 False 时表示未选中该项，将不显示"√"。默认值为 False

(2) 基本事件

菜单项最常用的事件是 Click，为菜单项编写程序实际上就是编写它们的 Click 事件处理程序。

(3) 热键和快捷键

用户有时会希望通过键盘来选择菜单项，这时就需要为菜单项定义热键和快捷键。

热键是指在菜单项中带有下画线的字符，如图 4-17 所示。按住 Alt 键并单击主菜单上的热键字符可展开子菜单，然后再次单击子菜单项中的热键字符（此时不必再按住 Alt 键）即可完成对子菜单项的选择。建立热键的方法是：当输入菜单项文本时，在热键字符前加上符号"&"，该字符下就会显示下画线。

快捷键显示在菜单项的右边，如图 4-17(a)所示。通过快捷键可以直接执行相应菜单项的操作而不必展开菜单。菜单项的快捷键通过属性 ShortcutKeys 设置。

(4) 菜单分隔线

很多情况下，子菜单和快捷菜单中都使用菜单分隔线为菜单项分组，如图 4-16 所示的记事本程序。建立菜单分隔线的方法是在菜单项的显示文本处只输入单个字符"-"。

2. 创建下拉菜单

使用 Visual Studio .NET 提供的 MenuStrip 控件可以很容易地创建下拉菜单。下面以例 4.10 记事本程序中的下拉菜单为例,说明创建下拉菜单的一般过程。

各子菜单的展开效果如图 4-18 所示。

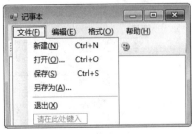

(a) "文件"子菜单

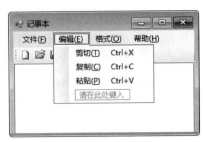

(b) "编辑"子菜单

(c) "格式"子菜单

(d) "帮助"子菜单

图 4-18　例 4.10 各子菜单的展开效果

(1) 建立控件

在窗体上放置 1 个 MenuStrip 控件和 1 个多行文本框。窗体下方的专用面板中会显示出如图 4-17(a)所示的名为 menuStrip1 的控件图标。

注意：先不考虑在程序中放置的"工具栏"控件。

(2) 设计菜单

在 menuStrip1 中输入第 1 个菜单项的文本"文件(&F)"。此时,在该项的下方和右侧都会出现"请在此处键入"输入框,继续输入其他菜单项。

如表 4-8 所示,逐一输入每个菜单项上显示的文本,创建下拉菜单。如果当前菜单项是分隔线,则输入"-",如果需要设置热键,则在热键字符前输入"&"。

表 4-8　例 4.10 记事本程序的下拉菜单结构

Text	Name	ShortcutKeys	Text	Name	ShortcutKeys
文件(F)	默认		编辑(E)	默认	
新建(N)	FileNew	Ctrl+N	剪切(T)	EditCut	Ctrl+X
打开(O)...	FileOpen	Ctrl+O	复制(C)	EditCopy	Ctrl+C
保存(S)	FileSave	Ctrl+S	粘贴(P)	EditPaste	Ctrl+V
另存为(A)...	FileSaveAs		格式(O)	默认	
—	默认		自动换行(W)	FormatWordWrap	

续表

Text	Name	ShortcutKeys	Text	Name	ShortcutKeys
退出(X)	FileExit		字体(F)...	FormatFont	
帮助(H)	默认		颜色(C)...	FormatColor	
关于(A)...	HelpAbout				

（3）设置菜单项属性

如表 4-8 所示，在属性面板中为各菜单项输入 Name 和 ShortcutKeys 属性值。

（4）编写程序

菜单建立好后，就要编写相应的事件处理程序。由于主菜单的作用只是为了在单击后展开相应子菜单，因此不需要在其中编写程序。而在其余的子菜单中，则需要编写程序。

到目前为止，我们可以完成该记事本程序中的"新建""退出""剪切""复制""粘贴""自动换行"6 个功能。

以下是程序源代码。

```
private void Form1_Load(object sender, EventArgs e)
{
    textBox1.Text = "    用户界面…";              //载入默认文本
    textBox1.ScrollBars = ScrollBars.Both;         //文本框带有水平垂直滚动条
    FormatWordWrap.Checked = true;                 //菜单项"自动换行"前显示"√"
}       //窗体载入时初始化

private void FileNew_Click(object sender, EventArgs e)
{
    textBox1.Text = "";
    textBox1.Focus();
}       //执行"文件"→"新建"命令

private void FileExit_Click(object sender, EventArgs e)
{
    Application.Exit();
}       //执行"文件"→"退出"命令

string s;                                          //声明变量 s,作为剪贴板

private void EditCut_Click(object sender, EventArgs e)
{
    s = textBox1.SelectedText;
    textBox1.SelectedText = "";
}       //执行"编辑"→"剪切"命令
```

```csharp
private void EditCopy_Click(object sender, EventArgs e)
{
    s = textBox1.SelectedText;
}   //执行"编辑"→"复制"命令

private void EditPaste_Click(object sender, EventArgs e)
{
    textBox1.SelectedText = s;
}   //执行"编辑"→"粘贴"命令

private void FormatWordWrap_Click(object sender, EventArgs e)
{
    if (FormatWordWrap.Checked == false)       //如果当前文本框未自动换行
    {
        FormatWordWrap.Checked = true;         //菜单项"自动换行"前显示"√"
        textBox1.WordWrap = true;              //文本框自动换行
    }
    else                                       //如果当前文本框自动换行
    {
        FormatWordWrap.Checked = false;        //菜单项"自动换行"前不显示"√"
        textBox1.WordWrap = false;             //文本框不自动换行
    }
}   //执行"格式"→"自动换行"命令
```

在以上代码中，变量 s 充当剪贴板，它声明在所有事件处理程序代码块的外部，与文本框的 SelectedText 属性结合使用，实现了文本的剪切、复制和粘贴功能。

"格式"菜单下的"自动换行"命令通过改变文本框的 WordWrap 属性实现。该属性可以指定在多行文本框中，决定当一行文本的长度超过文本框本身的宽度时是否自动换行。

关于文本框控件的属性，请参考 1.3.5 节的介绍。

3. 创建快捷菜单

快捷菜单是右击窗体上某个对象时弹出的菜单。快捷菜单通过 ContextMenuStrip 控件设计，设计方法与下拉菜单基本相同。下面以例 4.10 记事本程序中的快捷菜单为例，说明创建快捷菜单的一般过程。快捷菜单的展开效果如图 4-16(b) 所示。

（1）建立控件

把 ContextMenuStrip 控件拖进窗体，窗体下方的专用面板中会显示出如图 4-17(b) 所示的名为 contextMenuStrip1 的控件图标。

（2）设计菜单

选中专用面板中的 contextMenuStrip1，根据表 4-9，输入每个快捷菜单项的文本内容。

表 4-9 例 4.10 记事本程序快捷菜单结构

Text	Name	Text	Name	Text	Name
新建	PopFileNew	剪切	PopEditCut	字体…	PopFormatFont
打开…	PopFileOpen	复制	PopEditCopy	颜色…	PopFormatColor
保存	PopFileSave	粘贴	PopEditPaste		
另存为…	PopFileSaveAs	—	默认		
—	默认				

（3）设置菜单项属性

如表 4-9 所示，在属性面板中，为各菜单项输入 Name 属性值。无论是下拉菜单，还是快捷菜单，每个菜单项都是窗体中独立的对象，其名称必须唯一。因此，我们在每个快捷菜单项名称前加上 Pop 前缀，与其对应的下拉菜单项作区别。

（4）建立快捷菜单与文本框之间的关联

为了使程序运行后右击文本框能弹出快捷菜单，就必须建立文本框与快捷菜单之间的关联。具体做法是：把文本框对象 textBox1 的 ContextMenuStrip 属性值设置为之前已做好的快捷菜单控件 contextMenuStrip1。

（5）编写程序

为了使快捷菜单真正有用，就必须为每个菜单项编写事件处理程序。由于快捷菜单中的每个菜单项功能都与下拉菜单中的对应项相同，因此可以利用 4.1.1 节介绍的共享事件处理程序（即一个事件处理程序响应多个对象的事件），使每个快捷菜单项在单击时去处理其对应下拉菜单项的响应程序。例如，在"属性"窗口的"事件"列表中，设置快捷菜单项"新建"（PopFileNew）的 Click 事件处理程序为 FileNew_Click()。

4.2.3 工具栏设计

工具栏也是 Windows 窗体应用程序的重要组成部分。一般来说，工具栏上的每个图标都代表了菜单中某个命令。Visual Studio .Net 向用户提供了 ToolStrip 控件，供用户创建简单的工具栏。

下面以例 4.10 记事本程序中的工具栏为例，说明创建工具栏的一般过程。工具栏的最终完成效果如图 4-16(b)所示。

1. 建立 ToolStrip 控件

将 ToolStrip 控件拖进窗体后，工具栏会出现在下拉菜单的下方。ToolStrip 控件是一个容器，默认情况下可放置命令按钮、标签等 8 种子控件（又称子项）。选定工具栏，展开如图 4-19 所示的选择列表，可以看到这些子项。

图 4-19　工具栏上的控件选择列表

2. 创建图标按钮

现在要在工具栏中建立如图 4-20 所示的"新建""打开…""保存""剪切""复制""粘贴""字体…""颜色…"8 个命令按钮,分别对应已设计好的下拉菜单中的各命令。

ToolStrip 控件在默认情况下为用户提供了"新建""打开…""保存""打印…""剪切""复制""粘贴"以及"帮助"8 个标准项按钮。可以在"窗体设计"窗口中,右击工具栏,在弹出的快捷菜单中选择"插入标准项"命令,直接创建这 8 个按钮,如图 4-21 所示。

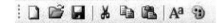　　　　

图 4-20　例 4.10 记事本程序的工具栏设计　　图 4-21　工具栏的 8 个标准项按钮

然后,为设计如图 4-20 所示的记事本程序的工具栏,可对现有的标准工具栏进行编辑。右击工具栏,在弹出的快捷菜单中选择"编辑项…"命令,弹出如图 4-22 所示的"项集合编辑器"窗口,此时在"成员"列表中可以看到工具栏中已添加的每个项。

接着,在该编辑器中,先删除"打印…"和"帮助"按钮项;再添加"字体…"和"颜色…"按钮项。

3. 设置按钮项属性

工具栏中的每个子项也是独立的对象,因此它们都有其自己的属性、事件和方法。可以在"项集合编辑器"窗口中对这些子项进行属性设置,也可以直接选中工具栏上的某个子项并在"属性"窗口中设置它们的属性。

在工具栏中,每个按钮项最重要的属性是 Name、DisplayStyle、Text、Image 和 ToolTipText。通常情况下,设计者会根据需要为每个按钮项重新设置 Name 属性,而不使用系统默认的名称。DisplayStyle 属性决定了按钮项上显示的是文本还是图形。对于文本按钮,通过 Text 属性设置按钮上显示的文字;对于图形按钮,通过 Image 属性设置

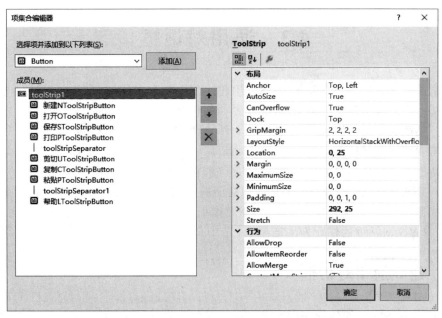

图 4-22 工具栏的"项集合编辑器"窗口

按钮上显示的图标。如果用户希望鼠标经过按钮时出现文字内容,可通过 ToolTipText 属性来设置。按钮项最重要的事件是 Click,在用户单击时触发。

为完成例 4.10 记事本程序的工具栏,请根据表 4-10,为工具栏中的每个按钮项设置属性。其中,"字体…"和"颜色…"按钮项上显示的图标在本章配套的实例素材中。

表 4-10 例 4.10 记事本程序的工具栏结构

ToolTipText	Name	Image	ToolTipText	Name	Image
新建	tbFileNew	默认	复制	tbEditCopy	默认
打开…	tbFileOpen	默认	粘贴	tbEditPaste	默认
保存	tbFileSave	默认	(分隔线 toolStripSeparator)		
(分隔线 toolStripSeparator)			字体…	tbFormatFont	FontHS.png
剪切	tbEditCut	默认	颜色…	tbFormatColor	ColorHS.png

4. 编写程序

为了使工具栏中的每个按钮项真正有用,就必须为这些按钮项编写事件处理程序。由于这里的每个按钮项功能和下拉菜单中的对应项相同,因此也可以使用共享事件处理程序的方式,使工具栏中每个按钮项在单击时去处理其对应下拉菜单项的响应程序;即在"属性"窗口的"事件"列表中,指定该按钮项的 Click 事件去处理其对应菜单项在单击时的响应程序。

4.3 通用对话框

本章前两节介绍了 Windows 窗体应用程序的一些常用控件、菜单和工具栏等,并且通过介绍一个记事本程序的实例,教会读者如何设计菜单和工具栏。不过,在该实例中,尚有部分功能未完善。例如,打开和保存文件、设置文本的字体和颜色、查看帮助信息等。这些都需要用到对话框。

对话框是一个在另一个窗口中显示的窗口,它是用户与应用程序进行交互的重要途径之一。对话框有两种类型:一种是通用对话框,它由 Visual Studio .NET 预定义,编程时可直接调用;另一种是自定义对话框,需要编程人员自行设计。本节主要讨论通用对话框,有关自定义对话框的建立方法将在 4.4 节中介绍。

4.3.1 建立通用对话框

大多数 Windows 窗体应用程序都使用各种标准对话框以完成特定功能。例如,打开文件、保存文件、设置字体、设置颜色、打印、浏览目录等。为方便编程人员设计,Visual Studio .NET 向用户提供了一组通用对话框,它位于"工具箱"窗口的"对话框"面板中。默认情况下,其展开效果如图 4-23 所示。

通用对话框控件被拖进窗体后,不直接在窗体中显示,而是在窗体下方的专用面板中出现相应图标。用户可以选中图标,在"属性"窗口中对其进行属性设置。

图 4-23 通用对话框控件

当程序运行时,通用对话框也不会立刻显示在窗体上。只有某个通用对话框的 ShowDialog() 方法被调用时,它才会弹出。例如,在例 4.10 介绍的记事本程序中,当用户在下拉菜单中选择"文件"→"打开..."命令时,弹出"打开文件"对话框,提示用户选择文件。可以执行以下语句。

```
OpenFileDialog1.ShowDialog();
```

任何通用对话框弹出后,上面都会显示"确定"(或"打开""保存")和"取消"两个按钮。若用户选择了"确定"按钮,则 ShowDialog() 方法的返回值为 DialogResult.OK;若用户选择了"取消"按钮,则该方法返回 DialogResult.Cancel。用户可根据这个返回值决定后续的编程工作,具体用法可参考例 4.10(续 1)。

由于本书篇幅有限,我们将在例 4.10 记事本程序的基础上,通过介绍通用对话框,完成文件的打开、保存以及字体和颜色设置。

4.3.2 "打开文件"对话框

"打开文件"对话框通过 OpenFileDialog 控件实现。它并不能真正打开一个文件,而是提供一个打开文件的用户界面,供用户选择所需文件,然后获取该文件的打开路径。真正的打开文件工作还需要通过学习 4.6 节的文件流操作后才能完成。

表 4-11 列出了 OpenFileDialog 控件的重要属性,图 4-24 则说明这些属性决定了"打开文件"对话框在弹出时的显示效果。

表 4-11　OpenFileDialog 控件的属性

属　性　名	描　述
Title	对话框标题,默认值为"打开"
FileName	在对话框的"文件名"列表中选定或输入的文件名,包括文件的完整路径
Filter	在对话框的"文件类型"列表中显示的文件类型
FilterIndex	在对话框弹出时,"文件类型"列表中默认选中了哪种文件类型。默认值为 1,代表选中第 1 种文件类型
InitialDirectory	指定"打开文件"对话框弹出时的初始目录

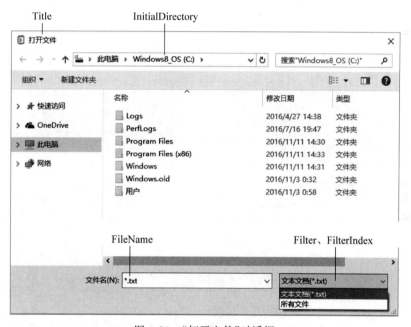

图 4-24　"打开文件"对话框

需要说明的是,OpenFileDialog 控件的 FileName 属性有两个作用:一是在对话框弹出时,用来设置"文件名"列表中的默认值;二是在用户选好文件并单击"确定"按钮后,用来获取所选文件的完整路径。例如,要在"打开文件"对话框弹出时在"文件名"列表中显示如图 4-24 所示的默认文件名,可以使用如下语句。

```
openFileDialog1.FileName = "＊.txt";
```

OpenFileDialog 控件的 Filter 属性值可以是由"|"分隔的、表示不同文件类型的一组

或多组元素组成。该属性值决定了"文件类型"列表中显示的文件类型。FilterIndex 属性则决定了对话框弹出时"文件类型"列表中默认选中哪种类型的文件。例如，要在"打开文件"对话框弹出时显示如图 4-24 所示的"文件类型"列表，并且默认选中"文本文档(＊.txt)"，可使用如下语句。

```
openFileDialog1.Filter = "文本文档(＊.txt)|＊.txt|所有文件|＊.＊";
openFileDialog1.FilterIndex = 1;
```

4.3.3 "保存文件"对话框

"保存文件"对话框通过 SaveFileDialog 控件实现，外观与"打开文件"对话框相似，如图 4-25 所示。它为用户在存储文件时提供了一个标准的用户界面，以供用户选择或输入保存文件的路径。与"打开文件"对话框一样，它并不能真正地将文件保存到指定位置，只是将该路径临时存放到"保存文件"对话框的 FileName 属性中，为后续的编程工作做好准备。真正的保存文件工作仍需要通过学习 4.6 节的文件流操作后才能完成。

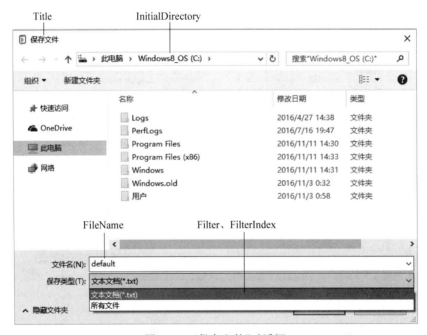

图 4-25　"保存文件"对话框

SaveFileDialog 控件的属性与 OpenFileDialog 控件基本相同，但还有一个 DefaultExt 属性必须掌握，它用于设置保存文件的默认扩展名。如果用户在选择或输入保存路径时没有指定文件的扩展名，SaveFileDialog 控件会自动将 DefaultExt 属性的值作为该文件的扩展名。

4.3.4 "字体"对话框

"字体"对话框用来选择字体,它通过 FontDialog 控件实现,如图 4-26 所示。

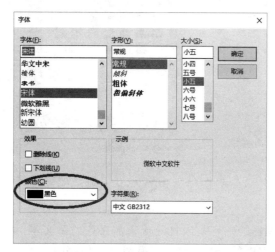

图 4-26 "字体"对话框

FontDialog 控件最重要的属性是 Font,用于获取用户在"字体"对话框中选择的字体。ShowColor 属性决定了"字体"对话框弹出时是否显示"颜色"选项,它有 True 和 False 两个值,默认为 False,表示不显示"颜色"。还有一个 Color 属性,用于获取用户在"字体"对话框中选择的字体颜色,但该属性只在 ShowColor 属性值为 True 时才有效。

4.3.5 "颜色"对话框

"颜色"对话框通过 ColorDialog 控件实现,它不仅向用户提供了 48 种基本颜色,还允许用户自定义颜色,最多可调制出 256^3 种颜色。"颜色"对话框的弹出效果如图 4-27(a)所示,当用户要自定义颜色时,可单击下方的"规定自定义颜色"按钮,展开右侧面板,自定义颜色,如图 4-27(b)所示。

ColorDialog 控件的属性较少,常用的只有 Color 属性,它用来获取用户在"颜色"对话框中选定的颜色。

例 4.10(续 1) 在例 4.10 记事本程序的基础上,利用通用对话框,为记事本编写"打开…""保存""另存为…""字体…""颜色…"等下拉菜单项的事件处理程序,以完善记事本的功能,并且在快捷菜单和工具栏的对应项目中实现相同功能。

分析:

① 文件的"打开…""另存为…""字体…""颜色…"等操作可通过本节介绍的 4 种通用对话框实现。

② 文件的"保存"操作比较特殊。当用户执行"文件"→"保存"命令时,程序应先进行

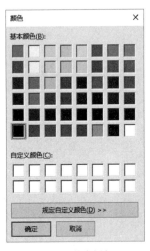
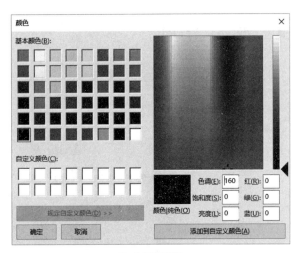

(a) 48 种基本颜色　　　　　　　　　　(b) 自定义颜色

图 4-27　"颜色"对话框

判断：如果当前正在编辑的内容是未打开或未被保存的新文本，则弹出"保存文件"对话框予以保存；如果当前编辑的内容是已经打开或已被保存的文本，则直接将文件保存到当前路径。此时，程序需要在所有事件处理程序代码块的外部声明一个变量 nowPath，用来存放当前正在编辑文件的路径。该变量在程序初始化和"新建文件"时清空，在"打开文件"和"保存（或另存）文件"时存放当前文件路径。

③ 由于文件真正的打开、保存操作要通过学习 4.6 节的文件流操作后才能完成，因此在这里，对于"打开文件"操作，本例应用了用户自定义函数 openFile()；对于"保存（或另存）文件"操作，本例应用了用户自定义函数 saveFile()。这两个函数能实现文件的打开、保存工作，在这里只要学会调用即可。要探究其原理，请读者学习 4.6 节中有关文件处理的知识内容。

以下是程序源代码。

```
...
using System.IO;                        //文件读写操作需要引用名称空间 System.IO

string nowPath;                         //定义变量 nowPath,用来存放当前文件的路径

private void Form1_Load(object sender, EventArgs e)
{
    this.Icon = new Icon("textdoc.ico");
    this.Text = "无标题 - 记事本";
    nowPath = "";
    textBox1.ScrollBars = ScrollBars.Both;
    FormatWordWrap.Checked = true;
}   //窗体载入时初始化
```

```csharp
private void FileNew_Click(object sender, EventArgs e)
{
    this.Text = "无标题 - 记事本";
    nowPath = "";
    textBox1.Text = "";
    textBox1.Focus();
}   //执行"文件"→"新建"命令

...    //"退出""剪切""复制""粘贴"与"自动换行"等程序源代码详见例 4.10

private void FileOpen_Click(object sender, EventArgs e)
{
    openFileDialog1.Title = "打开文件";
    openFileDialog1.FileName = "*.txt";
    openFileDialog1.Filter = "文本文档(*.txt)|*.txt|所有文件|*.*";
    openFileDialog1.FilterIndex = 1;
    openFileDialog1.InitialDirectory = "c:\\";

    if (openFileDialog1.ShowDialog() == DialogResult.OK)
    {
        nowPath = openFileDialog1.FileName;
        this.Text = getTitle(nowPath);
        openFile(nowPath);
    }
}   //执行"文件"→"打开..."命令

private void openFile(string path)
{
    textBox1.Clear();
    string filepath = path;
    FileStream fs = new FileStream(filepath, FileMode.Open, FileAccess.Read);
    StreamReader sr = new StreamReader(fs, Encoding.GetEncoding("gb2312"));
    textBox1.Text = sr.ReadToEnd();
    sr.Close();
}   //自定义函数 openFile(),用来打开文件

private void FileSave_Click(object sender, EventArgs e)
{
    string title;
    title=this.Text;
    if (nowPath == "")
    {
```

```
            FileSaveAs_Click(sender, e);
        }
        else
        {
            saveFile(nowPath);
        }
    }    //执行"文件"→"保存"命令

    private void saveFile(string path)
    {
        string filepath = path;
        FileStream fs = new FileStream(filepath, FileMode.OpenOrCreate, FileAccess.Write);
        StreamWriter sw = new StreamWriter(fs, Encoding.GetEncoding("gb2312"));
        sw.Write(textBox1.Text);
        sw.Flush();
        sw.Close();
    }    //自定义函数 saveFile(),用来保存文件

    private void FileSaveAs_Click(object sender, EventArgs e)
    {
        saveFileDialog1.Title = "保存文件";
        saveFileDialog1.FileName = "default.txt";
        saveFileDialog1.DefaultExt = "txt";
        saveFileDialog1.Filter = "文本文档(*.txt)|*.txt|所有文件|*.*";
        saveFileDialog1.FilterIndex = 1;
        saveFileDialog1.InitialDirectory = "c:\\";
        if (saveFileDialog1.ShowDialog() == DialogResult.OK)
        {
            nowPath = saveFileDialog1.FileName;
            this.Text = getTitle(nowPath);
            saveFile(nowPath);
        }
    }    //执行"文件"→"另存为..."命令

    private void FormatFont_Click(object sender, EventArgs e)
    {
        if (fontDialog1.ShowDialog() == DialogResult.OK)
        {
            textBox1.Font = fontDialog1.Font;
        }
    }    //执行"格式"→"字体..."命令
```

```csharp
private void FormatColor_Click(object sender, EventArgs e)
{
    if (colorDialog1.ShowDialog() == DialogResult.OK)
    {
        textBox1.ForeColor = colorDialog1.Color;
    }
}    //执行"格式"→"颜色..."命令

private string getTitle(string fPath)
{
    string fName;
    int pos;
    pos = fPath.LastIndexOf("\\");
    fName = fPath.Substring(pos + 1);
    return fName + " - 记事本";
}    //自定义函数 getTitle(),用于在打开或保存文件时,设置记事本程序的标题栏
```

在以上程序源代码中,FileSave_Click()事件处理程序响应"文件"→"保存"命令,通过判断变量 nowPath 的值是否为空决定当前文件是否为未经打开(或保存)的新文件。若是新文件,则应该弹出"保存文件"对话框,此时的处理步骤与"文件"→"另存为..."命令执行后相同,可直接调用 FileSaveAs_Click()事件处理程序,以减少代码的重复输入。

此外,语句 openFileDialog1.InitialDirectory = "c:\\";和 saveFileDialog1.InitialDirectory = "c:\\";用来设置"打开文件"和"保存文件"对话框的初始化路径为 C 盘根目录。由于"\"在 C#中有转义字符的意义,因此要表示 C 盘根目录,必须写成"c:\\"。

除打开、保存文件时应用到的 openFile()和 saveFile()函数外,本例还提供了一个自定义函数 getTitle(),其作用是:在用户打开或保存文件时,设置记事本程序的标题栏。请读者在调试本章配套的实例程序时自行分析该函数的作用、意义和使用方法。

对于快捷菜单和工具栏中对应项的实现方法可参考例 4.10,采用共享事件处理程序的方法实现。

4.4 多重窗体应用程序开发

到目前为止,本书中所学习的程序都只由单个 Windows 窗体构成。但在很多情况下,一个程序可能包含多个窗体,这时就需要用户通过添加 Windows 窗体来自定义对话框。本节将通过介绍如何实现例 4.10 记事本程序"帮助"菜单中的功能,教会读者建立用户自定义的对话框从而实现多重窗体应用程序开发的一般步骤和方法。

例 4.10(续 2) 在例 4.10(续 1)记事本程序的基础上,完成"帮助"菜单中的功能。要求用户执行"帮助"→"关于..."命令后,弹出如图 4-28 所示的"关于 记事本"对话框,以显示本程序的说明信息。

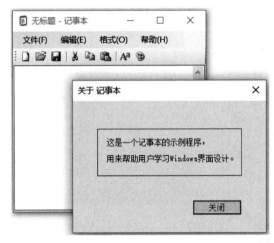

图 4-28 "关于 记事本"对话框

因为自定义对话框是一种窗体,所以带有自定义对话框的应用程序实际上也称为 Windows 多重窗体应用程序。所谓创建自定义对话框,其实质就是在当前程序中添加新的窗体并设置窗体的属性,启动窗体并调用该窗体的方法以实现自定义对话框的打开与关闭。

4.4.1 添加窗体

在 C♯ 编程环境中,执行"项目"→"添加 Windows 窗体…"命令,弹出如图 4-29 所示的"添加新项"对话框。在右侧"模板"列表中选择"Windows 窗体"并输入新窗体的名称,单击"确定"按钮后,完成新建窗体的工作。创建新窗体实质上是创建了一个新的窗体类,

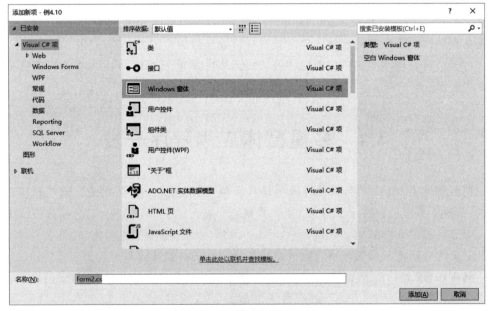

图 4-29 "添加新项"对话框

该类以窗体文件名命名。

添加窗体后,用户会在"解决方案资源管理器"窗口中看见新建的窗体文件(如 Form2.cs),双击该文件可对新窗体进行界面设计和编程。

再看例 4.10(续 2)的记事本程序,由于新建的窗体 Form2 被用来作为自定义对话框,它与一般的窗体在外观上会有所区别。通常情况下,作为对话框的窗体应该没有最大、最小化按钮,也不能随意拖动大小,如图 4-28 所示。这时,就需要将窗体的 MaximizeBox 和 MinimizeBox 属性值设为 False,以禁用其最大、最小化功能;同时将 FormBorderStyle 属性值设为 FixedDialog 枚举值,使对话框在运行时不能随意改变大小。

4.4.2 窗体的实例化和显示

在 Windows 多重窗体应用程序中,程序在开始运行时首先显示项目建立时所创建的第一个窗体 Form1,它被称为"启动窗体"。

在 Visual Studio .NET C#编程环境中,启动窗体 Form1 的实例化工作由系统自动完成。如果要在程序运行过程中显示非启动窗体(如 Form2),则需要先声明一个该窗体类的对象,然后再调用对象的 Show()或 ShowDialog()方法将其弹出。

例如,在例 4.10(续 2)中,要在执行"帮助"→"关于…"命令时显示 Form2,可在 Form1 的"代码"窗口中编写 HelpAbout_Click()事件处理程序。

```
private void HelpAbout_Click(object sender, EventArgs e)
{
    Form2 f = new Form2();           //实例化 Form2 类对象
    f.Show();                         //显示 Form2,也可以写成 f.ShowDialog();
}   //执行"帮助"→"关于…"命令
```

需要说明的是,尽管窗体对象的 Show()和 ShowDialog()方法都能用来显示窗体,但它们的显示方法是不同的。如果使用 Show()方法,则 Form2 弹出后,用户仍能在 Form1 上进行操作;如果使用 ShowDialog()方法,则 Form2 弹出后,用户无法再对 Form1 进行任何操作,并且调用该方法后的所有后续语句都将在 Form2 关闭后才继续执行。

如果用户希望在程序开始运行时首先看到其他窗体(如 Form2),可以在启动窗体 Form1 的载入事件触发时进行编程:将启动窗体 Form1 隐藏并显示其他窗体(如 Form2)。

4.4.3 窗体的隐藏和关闭

窗体的隐藏通过 Hide()方法实现,其作用是将窗体暂时隐藏起来不显示,但窗体本身并没有从内存中删除。窗体的关闭通过 Close()方法实现,窗体被关闭后将从内存中释放窗体所占用的资源。

要隐藏或关闭当前窗体,应使用语句"this.Hide();"或"this.Close();"。其中,关键字

this 代表当前正在运行的窗体对象。例如,在例 4.10(续 2)中,当"关于 记事本"对话框弹出后,要在单击"关闭"按钮时关闭 Form2,可在 Form2 的"代码"窗口中编写 button1_Click()事件处理程序。

```
private void button1_Click(object sender, EventArgs e)
{
    this.Close();              //关闭 Form2,也可以写成 this.Hide();隐藏窗体
}   //单击 Form2 上的"关闭"按钮
```

4.4.4 多重窗体间的数据访问

在多重窗体应用程序中,不同窗体间经常需要进行数据访问。不同窗体中传递数据的方法有很多,例如声明公共控件、重载或重写窗体构造函数、创建静态类、通过窗体的公有属性值甚至编写自定义事件等都可能实现窗体间数据的单向或双向传递。这里介绍两种常用的多重窗体间的数据访问方式。

1. 声明公共控件的方法

要从一个窗体访问另一个窗体中的数据,可以先实例化被访问的窗体,然后以"窗体对象名.控件名.属性"方式去获取被访问窗体上的数据。一般情况下,实例化窗体对象的语句写在所有事件处理程序的外部,而获取被访问窗体上数据的语句则要写在某个事件处理程序中。

除此之外,由于默认情况下窗体上的控件都以 private 关键字声明,是私有的,只在其所在的窗体中有效,因此为了使外部窗体也能访问控件,需要将控件声明成公共的。具体做法是:在"解决方案资源管理器"中双击被访问窗体的 Designer.cs 文件,找到控件声明语句,然后将该控件声明时用的 private 关键字改成 public。

例如,要从 Form1 获取 Form2 中某个文本框的内容,可以在 Form1 的"代码"窗口中编写如下代码。

```
Form2 f = new Form2();          //实例化 Form2 类对象 f(本句写在事件处理程序外部)
label1.Text = f.textBox1.Text;  //将 Form2 中文本框的内容显示到 Form1
                                //的标签上(本句写在事件处理程序中)
```

然后,为了使 Form1 能顺利访问,还要将 Form2 上的 textBox1 控件变成公共的。可以在"解决方案资源管理器"中双击 Form2.Designer.cs 文件,在"代码"窗口中找到 textBox1 控件的声明语句。

```
private System.Windows.Forms.TextBox textBox1;
```

之后,将前面的 private 关键字改成 public。

```
public System.Windows.Forms.TextBox textBox1;
```

只有这样,才能从 Form1 顺利访问 Form2 上的 textBox1 控件。

例 4.11 编写程序,通过不同窗体间的数据访问,完成如图 4-30 所示的学生基本信息录入。

(a) 学生基本信息清单

(b) 学生信息录入

图 4-30　例 4.11 程序运行界面

分析:

① "学生基本信息"窗口为 Form1,"信息录入"窗口为 Form2,在 Form1 中声明 Form2 对象,用 ShowDialog()方法弹出窗体。

② 用户在 Form2 中填写学生信息并返回到 Form1 后,通过"窗体对象名.控件名.属性"方式获取被访问窗体上的数据;为了使 Form1 能访问 Form2 各控件中的数据,要将 Form2 上的控件都以 public 关键字声明。

③ 用户在如图 4-30(b)所示的 Form2 窗口中单击"确定"按钮,所填写的学生信息将返回至 Form1 的文本框中,如图 4-30(a)所示;若在 Form2 中单击"取消"按钮,则无论是否录入了学生信息,均视为放弃操作,因此返回 Form1 后,在 Form2 中填写的数据不写入文本框。这可以通过设置 Form2 中两个按钮的 DialogResult 属性并在返回 Form1 后判断 ShowDialog()的返回值,来知道用户在 Form2 中是选择了"确定"还是"取消",以此确定 Form2 中填写的数据是否需要写入。

Form1 的程序源代码如下。

```
private void button1_Click(object sender, EventArgs e)
{
    Form2 f2 = new Form2();
    if (f2.ShowDialog() == DialogResult.OK)
    {
        textBox1.Text += f2.label1.Text + f2.textBox1.Text + "\r\n";
        textBox1.Text += f2.label2.Text + f2.textBox2.Text + "\r\n";
        if (f2.radioButton1.Checked)
```

```
            textBox1.Text += f2.label3 .Text + f2.radioButton1.Text+ "\r\n";
        else
            textBox1.Text += f2.label3.Text + f2.radioButton2.Text + "\r\n";
        textBox1.Text += f2.label4.Text + f2.comboBox1.Text + "\r\n";
        textBox1.Text += f2.label5.Text + f2.dateTimePicker1.Text + "\r\n";
        textBox1.Text += "\r\n";
    }
}

private void button2_Click(object sender, EventArgs e)
{
    textBox1.Text = "";
}
```

Form2 的程序源代码如下。

```
private void button1_Click(object sender, EventArgs e)
{
    this.Close();
}

private void button2_Click(object sender, EventArgs e)
{
    this.Close();
}
```

想一想，要在 Form1 中弹出 Form2 窗体是否必须用 ShowDialog()方法，能否用 Show()方法代替？为什么？若在 Form2 中使用 Hide()方法隐藏窗体，效果会和使用 Close()方法有什么不同？

要利用声明公共控件的方法实现多重窗体间的数据传递，需要首先将被访问窗体上的控件声明成公共的，然后实例化被访问的窗体，再以"窗体对象名.控件名.属性"方式获取被访问窗体上的数据。但是，这种方式具有一定的局限性，因为要访问另一个窗体上的数据，必须先将该窗体实例化再进行访问。而在 Visual Studio .NET C♯编程环境中，启动窗体 Form1 的实例化工作由系统自动完成。这就意味着，对于启动窗体，其对象名未知，无法用上述方法在非启动窗体中访问启动窗体上的数据。同时，频繁地设置公共控件也会降低应用程序的稳定性。

2. 重载或重写窗体构造函数的方法

事实上，不同窗体中传递数据的方法有很多，除了声明公共控件外，重载或重写窗体构造函数、创建静态类等方式都可能实现窗体间数据的单向或双向传递。以下例 4.11(续 1)的应用程序介绍了如何利用改写窗体构造函数的方法实现多窗体间的数据传递。

例 4.11(续 1)　在例 4.11 的基础上将启动窗体设为 Form2，改写程序，实现将数据从启动窗体传递至其他窗体的功能。要求在"信息录入"窗口中输入学生基本信息,单击"确定"按钮,弹出 Form1,将 Form2 中录入的数据显示在 Form1 的多行文本框中。程序运行界面如图 4-31 所示。

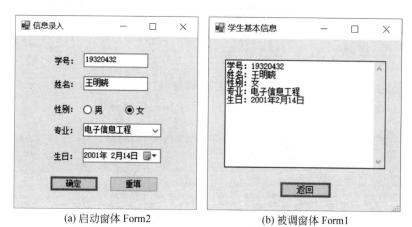

(a) 启动窗体 Form2　　　　　　(b) 被调窗体 Form1

图 4-31　例 4.11(续 1)程序运行界面

分析:

① 首先,在例 4.11 程序的基础上适当修改窗体控件;然后,在 Program.cs 文件中,设置启动窗体为 Form2。将以下语句

```
Application.Run(new Form1());
```

改成:

```
Application.Run(new Form2());
```

② 为了在 Form2 中单击"确定"按钮时弹出 Form1,并且将 Form2 中填写的表单数据传递并写入 Form1 的 textBox1,可以在 Form2 的"确定"按钮的 Click 事件中编写以下程序源代码。

```
private void button1_Click(object sender, EventArgs e)
{
    Form1 f1 = new Form1(this);      //将 Form2 窗体对象作为参数传递至 Form1 对象
    this.Hide();
    f1.ShowDialog();
    this.Show();
}
```

可以看出,在以上程序中,当对非启动窗体 Form1 实例化时,在对象声明时传递了一个参数 this,即当前启动窗体 Form2 对象。

③ 将 Form1 中的构造函数进行改写,实现接收并赋值从 Form2 传递过来的窗体对象。程序源代码如下。

```
Form2 f2;
public Form1(Form2 fm2)
{
    InitializeComponent();
    f2 = fm2;
}
```

接着,在 Form1 中就可以使用"f2.控件名.属性"访问 Form2 中填写的数据。
④ 在 Form1 的窗体载入事件中,将 Form2 中填写的数据写入 textBox1。

```
private void Form1_Load(object sender, EventArgs e)
{
    textBox1.Text = "";
    textBox1.Text += f2.label1.Text + f2.textBox1.Text + "\r\n";
    textBox1.Text += f2.label2.Text + f2.textBox2.Text + "\r\n";
    if (f2.radioButton1.Checked)
        textBox1.Text += f2.label3.Text + f2.radioButton1.Text + "\r\n";
    else
        textBox1.Text += f2.label3.Text + f2.radioButton2.Text + "\r\n";
    textBox1.Text += f2.label4.Text + f2.comboBox1.Text + "\r\n";
    textBox1.Text += f2.label5.Text + f2.dateTimePicker1.Text + "\r\n";
}
```

⑤ Form1 中的"返回"按钮和 Form2 中的"重填"按钮的源代码请读者自行编写,详见教材配套程序源代码。

本例主要介绍了如何利用改写窗体构造函数的方法实现多窗体间的数据传递,用这种方法只能实现单向的数据传递。当然,实现多窗体间数据传递的方法有很多,在本教材配套的实例源代码中还提供了一个利用静态类实现本例的方法,详见例 4.11(续 2)程序源代码。用该方法可以实现数据的双向传递,读者可以自行学习体会。

4.5 综合应用

本章介绍了建立 Windows 窗体应用程序时最常用的控件、菜单和工具栏、对话框等。通过各种实例,介绍了每一种控件的重要属性、基本事件和常用方法,从而使读者掌握建立用户界面的一般过程,并且会编写功能完善的 Windows 窗体应用程序。

下面介绍一个综合应用实例,对常用控件、菜单和工具栏、对话框等作一个归纳,希望能帮助读者更好地掌握 Windows 窗体应用程序的开发过程。

例 4.12 利用本章介绍的常用控件、菜单和工具栏、对话框等设计一个图像浏览程序,运行界面如图 4-32 所示。程序应满足以下要求。

① 程序主窗口上放置下拉菜单、工具栏、图像框、框架和多行文本框,并且在"属性"

窗口中设置属性。

② 执行"图像"菜单中的"打开…""另存为…""移除"命令,可实现图像文件的打开、保存和清除,打开的图片将显示在图像框中。

③ 用户可以对图像添加评论,执行"评论"→"添加…"命令,弹出自定义对话框"用户评论表";当用户填好评论后,单击"确定"按钮,将评论内容送入程序主窗口的多行文本框中。

④ 为"评论"菜单中的"清除""字体…""背景色…"等菜单项编写事件处理程序,对用户填写的评论实现清除、设置字体和背景色等操作。

(a) 程序主窗口

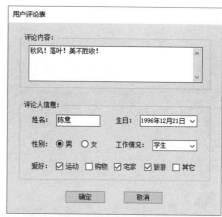
(b) 用户自定义对话框

图 4-32　例 4.12 程序运行界面

分析:

① 图像文件的打开与保存以及用户评论框中的字体和背景色设置可通过本章介绍的 4 种通用对话框实现。

② 为程序添加窗体 Form2 作为自定义对话框,用各种常用控件完成"用户评论表"的界面设计。

③ 用户评论表中的填写内容要送入 Form1,可参考 4.4.4 节。

④ 本程序下拉菜单和工具栏中各项的属性设置见表 4-12 和表 4-13,工具栏中用到的图片在本书配套的实例素材中。

表 4-12　例 4.12 图像浏览程序的下拉菜单结构

Text	Name	Text	Name
图像(P)	Pic	评论(C)	Cmt
打开(O)…	PicOpen	添加(A)…	CmtAdd
另存为(A)…	PicSaveAs	清除(L)	CmtClear
—	默认	—	默认
移除(R)	PicRemove	字体(F)…	CmtFont
退出(X)	Exit	背景色(C)…	CmtBackColor

表 4-13 例 4.12 图像浏览程序的工具栏结构

ToolTipText	Name	Image	ToolTipText	Name	Image
打开…	tbPicOpen	默认	添加评论…	tbCmtAdd	Cmt.PNG
另存为…	tbPicSaveAs	默认	清除评论	tbCmtClear	del.png
移除	tbPicRemove	rmPic.bmp	评论字体…	tbCmtFont	FontHS.png
（分隔线 toolStripSeparator）			评论背景色…	tbCmtBackColor	bColor.png

首先，Form1 中的程序源代码如下。

```csharp
Bitmap img;                          //声明图像对象 img,用来获取打开的图片
Form2 frm2 = new Form2();            //实例化 Form2 类对象

private void PicOpen_Click(object sender, EventArgs e)
{
    openFileDialog1.Title = "打开图像";
    openFileDialog1.FileName = "*.jpg";
    openFileDialog1.Filter = "JPEG 图像|*.jpg|GIF 图像|*.gif|BMP 图像|*.bmp|所有文件(*.*)|*.*";
    openFileDialog1.FilterIndex = 1;
    openFileDialog1.InitialDirectory = ".";

    if (openFileDialog1.ShowDialog() == DialogResult.OK)
    {
        img = new Bitmap(Image.FromFile(openFileDialog1.FileName));
        if (img.Height > pictureBox1.Height | img.Width > pictureBox1.Width)
            pictureBox1.SizeMode = PictureBoxSizeMode.Zoom;
        else
            pictureBox1.SizeMode = PictureBoxSizeMode.CenterImage;
        pictureBox1.Image = img;
    }   //若打开的图片比图像框大,则以 Zoom 方式显示;否则居中显示
}       //执行"图像"→"打开…"命令

private void PicSaveAs_Click(object sender, EventArgs e)
{
    if (img == null)
    {
        MessageBox.Show("请先打开图像！");
        return;
    }   //若图像文件未打开,提示用户先打开文件

    saveFileDialog1.Title = "保存图像";
```

```csharp
    saveFileDialog1.FileName = "default.jpg";
    saveFileDialog1.DefaultExt = "jpg";
    saveFileDialog1.Filter = "JPEG图像|*.jpg|GIF图像|*.gif|BMP图像|*.bmp|所有文件(*.*)|*.*";
    saveFileDialog1.FilterIndex = 1;
    saveFileDialog1.InitialDirectory = "c:\\";

    if (saveFileDialog1.ShowDialog() == DialogResult.OK)
        img.Save(saveFileDialog1.FileName);
}   //执行"图像"→"另存为..."命令

private void PicRemove_Click(object sender, EventArgs e)
{
    if (img != null)
    {
        img = null;                        //清除图像对象 img
        pictureBox1.Image = null;          //清空图像框
        openFileDialog1.Reset();           //重置"打开文件"对话框
        saveFileDialog1.Reset();           //重置"保存文件"对话框
    }   //只在图像文件已经打开的情况下移除图像框中的图片
}   //执行"图像"→"移除"命令

private void CmtAdd_Click(object sender, EventArgs e)
{
    if (img == null)
    {
        MessageBox.Show("对不起,打开图像后才能添加评论!");
        return;
    }   //若图像文件未打开,提示用户先打开文件

    this.Hide();                        //隐藏 Form1
    frm2.ShowDialog();                  //显示 Form2,且直到 Form2 关闭时才执行后续语句
    this.Show();                        //显示 Form1
    if (frm2.textBox1.Text != "") textBox1.Text = frm2.textBox1.Text;
                                        //Form2 中填写的评论送入 Form1
}   //执行"评论"→"添加..."命令

private void CmtClear_Click(object sender, EventArgs e)
{
    textBox1.Text = "";
}   //执行"评论"→"清除"命令
```

```csharp
private void CmtFont_Click(object sender, EventArgs e)
{
    fontDialog1.ShowColor = true; //显示"字体"对话框中的"颜色"选项
    if (fontDialog1.ShowDialog() == DialogResult.OK)
    {
        textBox1.Font = fontDialog1.Font;
        textBox1.ForeColor = fontDialog1.Color;
    }
} //执行"评论"→"字体..."命令

private void CmtBackColor_Click(object sender, EventArgs e)
{
    if (colorDialog1.ShowDialog() == DialogResult.OK)
        textBox1.BackColor = colorDialog1.Color;
} //执行"评论"→"背景色..."命令

private void Exit_Click(object sender, EventArgs e)
{
    Application.Exit();
} //执行"退出"命令
```

注意：在以上程序源代码中，声明了一个图像对象 img。当用户打开一个图像文件时，img 对象就获取该图片；当用户移除图片时，img 对象就清空。可以根据 img 对象是否为空来判断图像文件是否已打开，以此来提高程序的严谨性。

然后，Form2 中的程序源代码如下。

```csharp
private void Form2_Load(object sender, EventArgs e)
{
    textBox1.Text = "";
    textBox2.Text = "";
    radioButton1.Checked = false;
    radioButton2.Checked = false;
    dateTimePicker1.Value = DateTime.Today;
    comboBox1.Items.Clear();
    comboBox1.Items.Add("全职");
    comboBox1.Items.Add("兼职");
    comboBox1.Items.Add("全/兼职");
    comboBox1.Items.Add("实习");
    comboBox1.Items.Add("学生");
    comboBox1.Items.Add("待业");
    comboBox1.Items.Add("退休");
    comboBox1.Text = "";
    checkBox1.Checked = false;
```

```csharp
        checkBox2.Checked = false;
        checkBox3.Checked = false;
        checkBox4.Checked = false;
        checkBox5.Checked = false;
        this.ControlBox = false;           //去除窗体上的最大化、最小化、关闭按钮
        this.FormBorderStyle = FormBorderStyle.FixedDialog;
                                           //窗体不能自由拖动大小
    }   //Form2 载入时,进行初始化操作

private void button1_Click(object sender, EventArgs e)
{
    string usrInfo = "";                   //usrInfo 变量用于存放评论人信息

    if (textBox1.Text == "")
    {
        MessageBox.Show("请输入评论内容! ");
        textBox1.Focus();
        return;
    }   //用户必须输入评论内容后才能提交

    if (textBox2.Text != "") usrInfo=textBox2.Text+", ";

    if (radioButton1.Checked) usrInfo += radioButton1.Text+", ";
    if (radioButton2.Checked) usrInfo += radioButton2.Text+", ";

    string todayStr=DateTime.Today.ToLongDateString();
    string usrBirthday = dateTimePicker1.Value.ToLongDateString();
    if(usrBirthday!=todayStr) usrInfo+=usrBirthday+"生, ";
                                           //生日不是系统当前日期时才有效

    if (comboBox1.Text !="") usrInfo += comboBox1.Text + ", ";

    if(checkBox1.Checked||checkBox2.Checked||checkBox3.Checked||checkBox4.Checked||checkBox5.Checked)
        usrInfo += "兴趣爱好: ";
    if (checkBox1.Checked) usrInfo += checkBox1.Text+", ";
    if (checkBox2.Checked) usrInfo += checkBox2.Text+", ";
    if (checkBox3.Checked) usrInfo += checkBox3.Text+", ";
    if (checkBox4.Checked) usrInfo += checkBox4.Text+", ";
    if (checkBox5.Checked) usrInfo += checkBox5.Text+", ";

    if (usrInfo != "")
```

```
    {
        usrInfo = usrInfo.Substring(0, usrInfo.Length - 1) + "。";
        textBox1.Text += "\r\n\r\n--------------------\r\n\r\n评论人：" +
usrInfo;
    }       //把 usrInfo 中的最后一个字符","替换成"。"并追加至 textBox1
            //"评论内容"框，为把用户评论送至 Form1 做准备


    this.Close();                       //关闭 Form2
}   //用户单击"确定"按钮，提交"用户评论表"

private void button2_Click(object sender, EventArgs e)
{
    textBox1.Text = "";
    this.Close();
}   //用户单击"取消"按钮
```

以上程序中声明了一个字符串变量 usrInfo，它用来存放用户填写的个人信息文本，该变量中的内容最终会送到 textBox1("评论内容"框)，为把用户的评论填入 Form1 做准备。

当表单提交后，由于评论内容和评论人的信息都在 Form2 的 textBox1 中，可以通过 4.4.4 节介绍的方法，从 Form1 读取 Form2 的 textBox1 中的内容，以"Form2 类对象.textBox1.Text"方式获取。当然，为了使原先 Form2 中的私有成员 textBox1 能被外部访问，还必须将该成员声明语句前的 private 关键字改成 public。

本程序工具栏中的各命令按钮可以采用共享事件处理程序的方法实现，请读者仿照前面记事本程序的例子，这里不再详细介绍。

4.6 能力提高——文件流操作

在一些 C# 应用程序中会涉及对文件的存储、读取和修改等操作。例如，在 4.3 节介绍的记事本程序中，用户通过"打开文件""保存文件"对话框选择要打开或保存的文件。事实上，这两个通用对话框只是通过其 FileName 属性获取用户所选择(或指定)的文件路径，而并非真正意义上实现打开或保存文件的操作。

因此，对于"打开文件"操作，需要将用户所选择路径上的文本文件在后台打开，然后把其中的文本内容"读取"到记事本程序的多行文本框中；而对于"保存文件"操作，同样需要在后台打开指定路径上的文件(如该文件不存在，还需要新建)，然后把记事本程序里多行文本框中的内容"写入"该文件中。

本节将结合 4.3 节中"打开""保存文件"对话框的应用，进一步介绍如何通过流来读写文件。

4.6.1 流的概念

流是进行数据读写操作的基本对象,它提供了连续的字节流存储空间。与流相关的操作包括以下 3 个基本操作。

① 读取:读取流中的内容。
② 写入:将指定的内容写入流中。
③ 定位:可以查找或设置流的当前位置。

C♯的 System.IO 名称空间中有 5 种常见的流操作类,用于提供文件的读取、写入等操作,均继承自 Stream 父类。其中,FileStream 类以字节为单位读写文件;StreamReader 和 StreamWriter 类以字节或字符串为单位读写文件;BinaryReader 和 BinaryWriter 类以基本数据类型为单位读写文件,可从文件直接读写 bool、string、int 等基本数据类型数据。System.IO 名称空间包含了本章介绍的输入/输出类,表 4-14 列出了这些类及其功能。

表 4-14 System.IO 名称空间中的流操作类

类 名	功 能 说 明
FileStream	公开以文件为主的 System.IO.Stream,既支持同步读写操作,也支持异步读写操作。用于打开和关闭文件,以字节为单位读写文件
StreamReader	实现一个 System.IO.TextReader,使其以一种特定的编码从字节流中读取字符
StreamWriter	实现一个 System.IO.TextWriter,使其以一种特定的编码向流中写入字符
BinaryReader	用特定的编码将基本数据类型读作二进制值
BinaryWriter	以二进制形式将基本数据类型写入流并支持用特定的编码写入字符串

以上这些 stream 类在使用之前必须引用以下名称空间。

```
using System.IO;
```

4.6.2 FileStream 类

FileStream(文件流)类公开以文件为主的"流",它既支持同步读写操作,也支持异步读写操作。使用文件流可以对文件进行读取、写入、打开和关闭操作,以及系统相关操作的标准输入、标准输出等。

1. 创建对象

在 C♯中,文件的读写需要通过 Stream 对象进行。可以使用 FileStream 类的构造函数创建 FileStream 对象实例。FileStream 类的构造函数有很多,其中常用的原型如下。

```
public FileStream(string path, FileMode mode, FileAccess access)
```

其中,参数 path 建立指定文件的 FileStream 类对象;参数 mode 用来确定打开或创建文件的模式,其取值如表 4-15 所示;参数 access 确定 FileStream 对象访问文件的方式,其取值如表 4-16 所示。

表 4-15　FileMode 文件模式

名　　称	说　　　　明
CreateNew	创建新文件,若文件已存在,则将引发异常
Create	创建新文件,若文件已存在,它将被覆盖;若文件不存在,将使用 CreateNew
Open	打开现有文件,若文件不存在则引发异常
OpenOrCreate	若文件存在则打开文件,若不存在则创建新文件
Truncate	现有文件一旦打开,其中的内容将被截断为零字节大小;若试图从使用 Truncate 打开的文件中进行读取将引发异常
Append	打开文件并将读写位置移到文件尾,若文件不存在则先创建文件,只能与 FileAccess.Write 一起使用;若试图查找文件结尾之前的位置会引发异常,并且任何试图读取的操作都会失败

表 4-16　FileAccess 访问方式

名　　称	说　　　　明
Read	以只读方式访问文件
Write	以只写方式访问文件
ReadWrite	以读写方式访问文件

2. 常用方法

(1) Read()方法

FileStream 类的 Read()方法从文件流中读数据写入字节数组 array,其原型如下。

```
public override int Read(byte[] array, int offset, int count)
```

这表示将文件流中的内容读取到 array 字节数组,读取的内容从 array 的第 offset 个元素起填入,共 count 个字节。其返回值为 int 型,表示读入缓冲区中的总字节数。

(2) Write()方法

FileStream 类的 Write()方法将字节数组中的多个字节写入文件流,其原型如下。

```
public override void Write(byte[] array, int offset, int count)
```

这表示将 array 字节数组中的内容写入文件流,并且从 array 的第 offset 个元素起写入 count 个字节至文件流;无返回值。

(3) ReadByte()方法

FileStream 类的 ReadByte()方法从文件流中读取 1 字节。其原型如下。

```
public override int ReadByte()
```

读取到的 1 字节数据被强制转换为 int 类型返回,并且将读取位置后移 1 字节。如果读取位置已经在文件流的末尾,则说明读不到数据,返回 -1。

(4) WriteByte()方法

FileStream 类的 WriteByte()方法将 1 字节写入文件流的当前位置,其原型如下。

```
public override void WriteByte(byte value)
```

其中,value 表示要写入文件流的字节数据。

(5) Close()方法

FileStream 类的 Close()方法用于关闭文件流并释放与之关联的所有资源,其原型如下。

```
public virtual void Close()
```

该方法是从其父类 Stream 派生而来的,不再使用的流对象必须关闭。垃圾收集器不能自动清除流对象。

注意:以上方法中所指的"读"、"写"操作都是相对于文件流而言的。

例 4.13 产生 10 个随机数(33～126,ROT47 编码对应的 ASCII 码值),利用 FileStream 类的 Write()方法写入指定的文本文件;打开文件查看内容;再将该文件中的内容以 ASCII 码和字符两种方式读取出来。程序运行界面如图 4-33 所示。

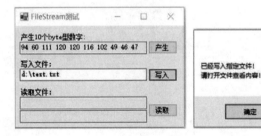
(a) 产生数字并写入文件

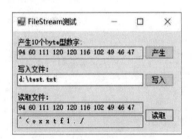
(b) 以两种方式读取文件

图 4-33 例 4.13 程序运行界面

分析:

① 引用名称空间 System.IO,声明一个 byte 型数组,进行窗体初始化操作,代码如下。

```
using System.IO;                    //引用名称空间
...                                 //默认生成的代码
byte[] data = new byte[10];         //声明与文件流交互的 byte 型数组 data
```

```
private void Form1_Load(object sender, EventArgs e)
{
    textBox1.ReadOnly = true;
    textBox3.ReadOnly = true;
    textBox4.ReadOnly = true;
}
```

② 单击"产生"按钮,利用 Random 类随机产生 10 个 33～126 间的随机数,存入 data,代码如下。

```
private void button1_Click(object sender, EventArgs e)
{
    Random rnd = new Random();
    for (int i = 0; i < 10; i++)
        data[i] = (byte)rnd.Next(33, 127);   //ASCII 码值为 33~126 的字符
    textBox1.Text = string.Join(" ", data);
}
```

产生出来的数字存入 byte 型数组 data,使用 string.Join()方法格式化输出。之所以产生 33～126 间的数字,是因为其所表示的 ASCII 值对应 ROT47 编码中的字符。

③ 在指定的路径上创建新文件,建立文件流。将产生到 data 中的数据写入文件流,代码如下。

```
private void button2_Click(object sender, EventArgs e)
{
    if (textBox1.Text == "") return;     //若没产生数字,不写入
    FileStream fs = new FileStream(@textBox2.Text, FileMode.Create);
                                         //创建新文件,若文件已存在,它将被覆盖;
                                         //若文件不存在,将使用 CreateNew
    fs.Write(data, 0, data.Length);      //写入 data 数组中的所有元素
    fs.Close();
    MessageBox.Show("已经写入指定文件!\r\n 请打开文件查看内容!");
}
```

当程序提示文件写入成功后,可以打开这个文件查看里面的内容,如图 4-34 所示。

可以发现,图 4-33(a)中随机产生的数字存入文本文件后,转换成其 ASCII 码值对应的字符 ^<oxxtf1./。这说明虽然 FileStream 以字节读写文件,但最终存放在文本文件中的内容是该字节中数字对应的字符。

④ 最后,将这个文本文件中的内容再次通过

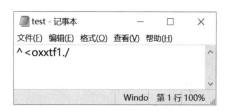

图 4-34　写入后打开文件查看

FileStream 读取出来。

```csharp
private void button3_Click(object sender, EventArgs e)
{
    if (!File.Exists(@textBox2.Text)) return;    //若文件不存在,不读取

    FileStream fs = new FileStream(@textBox2.Text, FileMode.Open);
                                   //打开现有文件,若文件不存在则引发异常
    fs.Read(data, 0, data.Length);    //将文件流中的内容读取到 data 数组
    fs.Close();
    textBox3.Text = string.Join(" ", data);

    char[] data2char = new char[data.Length];
    for (int i = 0; i < data.Length; i++)
    {
        data2char[i] = Convert.ToChar(data[i]);
                                   //所有 data 中的 ASCII 码值转换成对应字符
    }
    textBox4.Text = string.Join(" ", data2char);
}
```

可以看出,文本文件和 FileStream 交互时,始终通过 byte 型数组传递数据,若要在应用程序中显示文本文件中的真正内容,而非存储在 byte 型数组中的 ASCII 码值,需要自行编写转换程序实现。

例 4.14 利用 FileStream 类编写一个能实现文件打开和保存的程序。要求:输入文件路径,若文件不存在,提示用户重新输入;若该文件存在,可以通过"打开"按钮将文件中的内容读出并显示在下面的多行文本框中,也可以通过"保存"按钮将多行文本框中的内容重新写入指定文件。运行界面如图 4-35 所示。

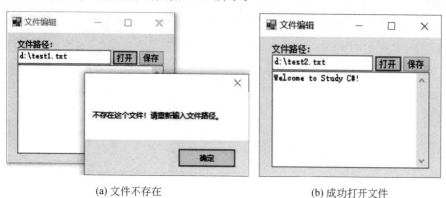

(a) 文件不存在　　　　　　(b) 成功打开文件

图 4-35　例 4.14 程序运行界面

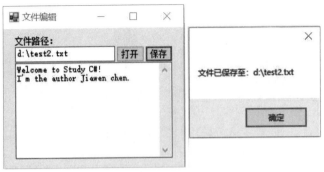

(c) 成功保存文件

图 4-35 （续）

① "打开"或"保存"时应先检查指定路径上的文件是否存在，如果存在，则提示用户重新输入路径。编写一个能判断文件是否存在的函数 testFileExist()，当程序通过该函数验证时才进行后续的文件读写操作。该函数的程序源代码如下。

```csharp
using System.IO;                                    //引用必要的名称空间
...
private bool testFileExist(string path)
{
    if (!File.Exists(path))
    {
        MessageBox.Show("不存在这个文件!请重新输入文件路径。");
        textBox1.Text = "";
        textBox2.Text = "";
        textBox1.Focus();
        return false;
    }
    return true;
}
```

该函数输入路径，用 File 类的 Exists() 方法判断文件是否存在，如存在，返回 true，否则返回 false。

② 文件的打开使用 FileStream 类的 ReadByte() 每次从文件流中读取 1 字节。在"打开"按钮的 Click 事件中编写以下程序源代码。

```csharp
private void button1_Click(object sender, EventArgs e)
{
    if (!testFileExist(textBox1.Text)) return;   //文件路径有效性检验
    int thisByte;                                //每次从文件流中读取的字符存入 thisByte
    FileStream fs = new FileStream(@textBox1.Text, FileMode.Open, FileAccess.Read);
                                                 //以只读模式打开指定路径上的文件
```

```
    textBox2.Text = "";                    //读取前清空 textBox2
    thisByte = fs.ReadByte();              //读取一个字节到 thisByte
    while (thisByte != -1)                 //若未读到文件流尾
    {
        textBox2.Text += ((char)thisByte).ToString();
                                           //thisByte 转换成字符,合并至 textBox2
        thisByte = fs.ReadByte();          //读取下一个字节
    }
    fs.Close();                            //关闭文件流
}
```

注意,ReadByte()方法每次只能从文件流中读入 1 字节的数据。另外,因为其返回值强制转换成 int 型,因此存放单次读取字节数据的 thisByte 应该为 int 型而非 byte 型。

文件以只读模式打开后,每次读取 1 字节并将其转换成字符输出至文本框显示,当读取到文件流末端时,ReadByte()方法返回-1。注意读取完成后用 FileStream 类的 Close()方法关闭文件流。

③ 文件的保存使用 FileStream 类的 WriteByte()每次向文件流中写入 1 字符。在"保存"按钮的 Click 事件中编写以下程序源代码。

```
private void button2_Click(object sender, EventArgs e)
{
    if (!testFileExist(textBox1.Text)) return;     //文件路径有效性检验
    byte thisByte;                         //每次写入文件流的单个字节存入 thisBype
    FileStream fs = new FileStream(@textBox1.Text, FileMode.Truncate,
FileAccess.Write);
                                           //以只写模式打开指定路径上的文件
    for (int i = 0; i < textBox2.Text.Length; i++)
                                           //逐字节读取多行文本框中的内容
    {
        thisByte = (byte)textBox2.Text[i];    //读取 1 字节并转换成字节型
        fs.WriteByte(thisByte);            //将这个字节写入文件流的当前位置
    }
    fs.Close();                            //关闭文件流
    MessageBox.Show("文件已保存至:"+textBox1.Text+"");
}
```

注意,WriteByte()方法每次向文件流中写入 1 字节的数据,其输入参数是 byte 型,因此这里的 thisByte 声明成 byte 型,而不是 int 型。

由于"保存"相当于用 textBox2 的所有内容覆盖原文件中的内容,因此这里要用 Truncate 文件打开模式在打开文件的同时将其中的内容清空,以便后面把 textBox2 中的文本完整地写入该文件中。

文件以只写模式打开后,每次从 textBox2 中读取 1 字符,转换成 byte 型,再用

WriteByte()方法写入文件流,直至 textBox2 中所有字符读取完毕。同样需要注意写入完成后用 FileStream 类的 Close()方法关闭文件流。

4.6.3 StreamReader 和 StreamWriter 类

在 C# 中,除使用 FileStream 类实现文件读写外,对文本文件的读写操作还可以用 Stream Reader 类和 StreamWriter 类。

1. StreamReader 类

StreamReader 类负责从文件中读数据,其构造函数有多种形式,常用的包括如下。

```
public StreamReader(Stream stream[, Encoding encoding])
                                //为指定的流初始化 StreamReader 类实例
public StreamReader(string path[, Encoding encoding])
                                //为指定的文件初始化 StreamReader 类实例
```

其中,stream 参数指定要读取的流,path 参数指定要读取的完整文件路径,encoding 参数可选,指定要使用的字符编码。

表 4-17 为 StreamReader 类的常用方法。

表 4-17 StreamReader 类的常用方法

方法名称	说　　明
Read() Read(buffer, index, count)	读取流中的单个字符并使当前位置后移 1 字符,返回值是 int 型(字符的 ASCII 码值) 从流中的 index 所指定的位置开始读 count 个字符到 buffer 中。其中 buffer 是 char 型数组,index 和 count 是 int 型。返回值是 int 型,表示实际读取的字符数。如果已到达流的末尾并且实际未读取到任何数据,该返回值则为 0
ReadLine()	从当前流中读取一行字符并将数据作为字符串返回。如果已到达输入流的末尾,则返回 null
ReadToEnd()	从流的当前位置到末尾读取流。如果当前位置位于流的末尾,则返回空串""
Close()	关闭 System.IO.StreamReader 对象和基础流,并且释放与读取器关联的所有系统资源

2. StreamWriter 类

StreamWriter 类负责向文件中写入数据,其构造函数也有多种形式,常用的包括如下。

```
public StreamWriter(Stream stream[, Encoding encoding])
                                //为指定的流初始化 StreamWriter 类实例
```

```
public StreamWriter(string path[, bool append, Encoding encoding])
                                    //为指定的文件初始化 StreamWriter 类实例
```

其中,stream 参数指定要写入的流,path 参数指定要写入的完整文件路径,encoding 参数可选,指定要使用的字符编码。

当第 1 个参数是文件路径 path 时,可以使用 append 参数指定是否将数据以追加方式写入。如果该文件存在,并且 append 为 false,则该文件被覆盖。如果该文件存在,并且 append 为 true,则数据被追加到该文件中。否则,将创建新文件进行写入。

表 4-18 为 StreamWriter 类的常用方法。

表 4-18　StreamWriter 类的常用方法

方 法 名 称	说　　明
Write(str) Write(ch) Write(buffer, index, count)	将字符串 str 写入流中,无返回值 将字符 ch 写入流中,无返回值 将 buffer 中从 index 位起的 count 个字符写入流中。其中 buffer 是 char 型数组,index 和 count 是 int 型,无返回值。
ToString()	返回包含迄今为止写入当前流中的字符的字符串,返回值为 string 型
Flush()	清理当前编写器的所有缓冲区并使所有缓冲数据写入基础流
Close()	关闭 System.IO.StreamWriter 对象和基础流,并且释放与编写器关联的所有系统资源

例 4.15　利用 StreamReader 类和 StreamWriter 类编写一个能实现文件打开和保存的程序。要求:单击"打开"按钮,在弹出的"打开文件"对话框中选择一个文本文件打开,文件内容读取至多行文本框;用户可对该文件进行编辑;单击"保存"按钮,可对文件进行保存。运行界面如图 4-36 所示。

图 4-36　例 4.15 程序运行界面

分析:

① 建立 Windows 窗体应用程序,添加工具栏,在上面插入标准项,只保留新建、打开和保存 3 个项;添加一个带垂直滚动条的多行文本框;设置控件属性。

② 引用名称空间 System.IO,声明一个公共变量 nowPath,用来存放当前打开或保存文件的路径。完成窗体的初始化操作,代码如下。

```
using System.IO;                            //引用名称空间
...
string nowPath = "";
```

```csharp
private void Form1_Load(object sender, EventArgs e)
{
    textBox1.Multiline = true;
    textBox1.ScrollBars = ScrollBars.Vertical;
    textBox1.Left = 0;
    textBox1.Top = toolStrip1.Height;
    textBox1.Width = this.ClientSize.Width;
    textBox1.Height = this.ClientSize.Height - toolStrip1.Height;
    this.Text = "简单记事本";
}
```

③ 在工具栏的"新建"项中编写如下代码。

```csharp
private void fileNew_Click(object sender, EventArgs e)
{
    textBox1.Text = "";           //清空文本框
    nowPath = "";                 //清空当前操作文件的路径
}
```

④ 编写两个用户自定义函数：openFile()和saveFile()。通过输入的文件路径，分别利用StreamReader对象或StreamWriter对象完成文件的打开或保存操作，代码如下。

```csharp
private void openFile(string path)
{
    textBox1.Clear();
    FileStream fs = new FileStream(path, FileMode.Open, FileAccess.Read);
    StreamReader sr = new StreamReader(fs, Encoding.GetEncoding("gb2312"));
    textBox1.Text = sr.ReadToEnd();
    sr.Close();
}

private void saveFile(string path)
{
    FileStream fs = new FileStream(path, FileMode.OpenOrCreate, FileAccess.ReadWrite);
    StreamWriter sw = new StreamWriter(fs, Encoding.GetEncoding("gb2312"));
    sw.Write(textBox1.Text);
    sw.Flush();
    sw.Close();
    MessageBox.Show("文件已保存至："+path);
}
```

⑤ 在工具栏的"打开"项中编写如下代码，调用openFile()函数，实现将文本内容读取至多行文本框中。

```
private void fileOpen_Click(object sender, EventArgs e)
{
    openFileDialog1.Title = "打开文件";
    openFileDialog1.FileName = "*.txt";
    openFileDialog1.Filter = "文本文档(*.txt)|*.txt|所有文件|*.*";
    openFileDialog1.FilterIndex = 1;
    openFileDialog1.InitialDirectory = @"d:\";

    if (openFileDialog1.ShowDialog() == DialogResult.OK)
    {
        nowPath = openFileDialog1.FileName;
        openFile(nowPath);
    }
}
```

⑥ 在工具栏的"保存"项中编写如下代码,调用 saveFile()函数,实现将文本框中的内容写入指定文件。

```
private void fileSave_Click(object sender, EventArgs e)
{
    if (nowPath == "")                  //对于新建文件,弹出"保存文件"对话框,保存文件
    {
        saveFileDialog1.Title = "保存文件";
        saveFileDialog1.FileName = "default.txt";
        saveFileDialog1.DefaultExt = "txt";
        saveFileDialog1.Filter = "文本文档(*.txt)|*.txt|所有文件|*.*";
        saveFileDialog1.FilterIndex = 1;
        saveFileDialog1.InitialDirectory = @"d:\";
        if (saveFileDialog1.ShowDialog() == DialogResult.OK)
            nowPath = saveFileDialog1.FileName;
        else return;
    }
    saveFile(nowPath);                  //对于已经打开或保存过的文件,直接保存
}
```

需要注意的是,保存文件时要分两步考虑。如果是一个新建的文件,由于没有获得保存路径,需要弹出"保存文件"对话框,等用户选好保存路径后再保存;如果是一个之前已经打开或保存过的文件,则直接保存在全局变量 nowPath 所指定的路径上。

4.6.4　BinaryReader 和 BinaryWriter 类

C#的 FileStream 类提供了最原始的字节级别上的文件读写功能。但很多情况下是对字符串进行操作的,于是有了 StreamWriter 和 StreamReader 类,它们增强了

FileStream 类,使程序可以在字符串级别上操作文件。还有的时候,我们希望既能在字节级别上操作文件,又可以根据每种原始数据类型的单位存储空间灵活变通。例如,对于 bool 或 byte 型,按 1 字节操作;对于 int 型,按 4 字节操作;对于 long 或 double 型,按 8 字节操作。这便有了 BinaryReader 和 BinaryWriter 类,它们可以将一个字符或数字按指定个数的字节写入,也可以一次读取指定个数的字节并转为字符或数字。

1. BinaryReader 类

BinaryReader 类把原始数据类型的数据读取为具有特定编码格式的二进制数据,其构造函数原型如下。

```
public BinaryReader(Stream input[, Encoding encoding])
```

其中,input 参数为 FileStream 类对象,表示输入流;encoding 参数可选,指定要使用的字符编码。

BinaryReader 类的常用方法有 ReadInt32()、ReadBoolean()、ReadByte()、ReadChar() 等,用来读取当前流中当前位置的 1 个存储单元的数据。例如,byte 和 bool 对应 1 字节,而 int 对应 4 字节,这取决于某种数据类型的单位长度。

2. BinaryWriter 类

BinaryWriter 类以二进制形式把原始数据类型的数据写入流中,其构造函数原型如下。

```
public BinaryWriter(Stream output[, Encoding encoding])
```

其中,output 参数为 FileStream 类对象,表示输出流;encoding 参数可选,指定要使用的字符编码。

BinaryWriter 类使用"Write(数据类型 Value)"方法写入参数指定的数据类型的 1 个存储单元的数据。数据类型可以是各类基本数据类型,例如 int、bool、float 等。

有关 BinaryReader 和 BinaryWriter 类更实用的例子,请参考 6.4.4 节对二进制图像处理的介绍,其中的实例程序展示了在数据库交互应用程序开发时,如何利用 FileStream 类、BinaryReader 和 BinaryWriter 类将图像数据转换成二进制形式存储在数据库中,并且对其进行相应的读写操作。

上 机 实 验

1. 实验目的

① 掌握各种常用控件的使用方法,学会编写具有可视化界面的 Windows 窗体应用程序。

② 学会利用一个事件处理程序响应多个对象的事件的方法,增强代码的重用性;同时加强编程技能训练,这样不仅能提升代码编写效率,更能提升程序执行效率。

③ 掌握下拉菜单、快捷菜单和工具栏的设计及编程方法。

④ 学会使用通用对话框进行编程。

⑤ 了解创建多重窗体程序的有关技术,学会在不同窗体间进行简单的数据访问,掌握一至两种多重窗体间数据传递的方法。

⑥ 了解文件流操作,能利用 System.IO 相关类编写简单的文本文件读写程序。

2. 实验内容

实验 4-1 设计一个如图 4-37 所示的 Windows 窗体应用程序。利用文本框、单选按钮和复选框、列表框和组合框等控件的属性和方法,实现一个能生成计算机配置清单的程序。程序运行界面如图 4-37 所示,项目名保存为 sy4-1。

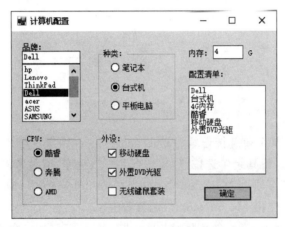

图 4-37 实验 4-1 程序运行界面

要求:为"内存"文本框编写 Leave 事件处理程序,用来检查用户输入的内存信息是否合法。若是非数字内容,提示用户输入有误并要求重新输入。

提示:数据的有效性验证可使用 2.8 节介绍的异常处理机制完成。先用 try 语句尝试将"内存"文本框中输入的数据以 int.Parse() 方法转换成数值型。若转换失败,则说明用户输入的内存信息不合法,在 catch 语句中作出提示,要求用户重新输入。

实验 4-2 设计一个如图 4-38 所示的选课程序。窗体上放置 2 个列表框,左侧的"待选课程"列表框中提供所有选课科目,通过窗体载入事件装入课程名并排序。在某个待选课程上双击,可将课程送入右侧的"已选课程"列表框,实现选课。在某个已选课程上双击,可将课程送回"待选课程"列表框,取消选课。当选课数超过 5 时,不允许再进行选课。程序运行界面如图 4-38 所示,项目名保存为 sy4-2。

实验 4-3 设计一个如图 4-39 所示的三角函数运算程序。当用户输入参数并选择函数后,能实现三角函数的运算。要求最终的计算结果能精确到小数点后两位,并且能对计算结果设置文本格式。程序运行界面如图 4-39 所示,项目名保存为 sy4-3。

图 4-38　实验 4-2 程序运行界面

图 4-39　实验 4-3 程序运行界面

提示：可以先为某个单选按钮编写 CheckedChanged()事件处理程序，然后采用共享事件处理程序的方法，使其余单选按钮、复选框共享该程序，请参考例 4.3 的程序源代码。

三角函数的计算可通过 Math.Sin()、Math.Cos()和 Math.Tan()函数实现。有关小数的四舍五入运算可使用 Math.Round()函数实现。

实验 4-4　参考例 4.3(续)的程序，对实验 4-3 进行适当修改，实现在窗体上任何一个选项发生改变时(即单击某个选项时)，其对应的事件处理程序都能分别只进行相应的字体、颜色设置或函数计算的操作，从而提高程序执行效率。程序运行界面与实验 4-3 完全一致，如图 4-39 所示。

实验 4-5　利用图像框和时钟控件，设计一个如图 4-40 所示的蝴蝶飞舞程序。蝴蝶的飞舞效果由两张蝴蝶图片交替显示在图像框中实现。程序初始化时，图像框中载入蝴蝶图片 bfly2.png；当用户单击"开始"按钮后，蝴蝶开始扇动翅膀，交替显示 bfly1.png 和 bfly2.png；当用户单击"停止"按钮后，蝴蝶停止飞舞，程序回到初始时的状态。程序运行界面如图 4-40 所示，项目名保存为 sy4-5。

提示：可利用时钟控件，编写 timer1_Tick()事件处理程序，交替在 pictureBox1 中载入 bfly1.png 和 bfly2.png 图片。时钟的启动和关闭通过 Enabled 属性设置，时钟的触发频率通过 Interval 属性设置。把图片载入图像框的语句格式如下。

```
图像框控件对象名.Image = Image.FromFile("图片文件名");
```

请将图片事先保存到当前项目的 bin\Debug\ 目录下，否则程序会因无法找到图片而

(a) 素材　　　　　　(b) 程序开始运行时的效果　　　　(c) 蝴蝶扇动翅膀时的效果

图 4-40　实验 4-5 程序运行界面

报错。

实验 4-6　利用滚动条控件编写一个图像缩放程序，要求图像缩放时始终在正中间，并且缩放效果可随窗体大小的改变自由调整。程序运行界面如图 4-41 所示，项目名保存为 sy4-6。

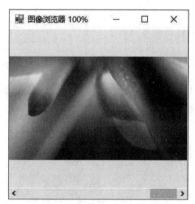
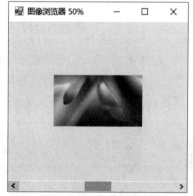

(a) 图像载入时的大小　　　　　　(b) 图像缩放后的效果

图 4-41　实验 4-6 程序运行界面(1)

提示：可利用图像框控件装载图片并将其 SizeMode 属性设置成 Zoom(同比例缩放)，然后通过滚动条的 Value 属性值计算缩放比例，再修改图像框控件的宽和高。

水平滚动条在程序运行时始终在窗体底部，可用如下代码实现。

```
水平滚动条对象名.Dock = DockStyle.Bottom;
```

图像框在程序初始化时充满整个窗体(除水平滚动条占用的位置外)，可将其宽设置成 this.ClientSize.Width，将其高设置成 this.ClientSize.Height-hScrollBar1.Height。图像框在缩放过程中应始终保持居中，这可以通过对控件宽和高及坐标位置进行计算的方法实现。并且，无论窗体大小改变与否，图像框相对于窗体的位置应始终保持不变，可用如下代码实现。

第 4 章　Windows 窗体应用程序开发

```
图像框对象名.Anchor = AnchorStyles.Left | AnchorStyles.Right | AnchorStyles.
Top | AnchorStyles.Bottom;
```

思考：若要实现对任意打开的图像进行浏览和缩放操作,以及如图 4-42 所示的多种图像缩放方式,程序应该作哪些修改?程序源代码请参考本章配套的习题源代码。

(a) 程序运行效果　　　　　　　　　　(b) "打开文件"对话框

图 4-42　实验 4-6 程序运行界面(2)

思政材料

实验 4-7　参考本书第 1 章介绍的字幕动画程序(例 1.1),编写一个火箭发射程序。要求双击窗体发射火箭,待火箭发射出窗体后,结束动画。在整个动画播放过程中用进度条控件显示播放进度。程序运行界面如图 4-43 所示,项目名保存为 sy4-7。

(a) 火箭发射前　　　　　　　　　　(b) 火箭发射中

图 4-43　实验 4-7 程序运行界面

提示：可以利用时钟控件,不断减少火箭的 Top 属性值,使火箭上升。上升过程中,通过增加进度条的 Value 属性值使进度条滚动。火箭在初始位置时,进度条为最小值 0;火箭移出窗体时,进度条达到最大值(即火箭从初始位置到移出窗体时的距离)。

实验 4-8　利用本章介绍的菜单、工具栏和多重窗体,将前面已完成的若干实验整合成一个多重窗体应用程序。程序运行界面如图 4-44 所示,项目名保存为 sy4-8。

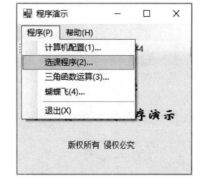

(a) 程序主窗口、下拉菜单、工具栏　　　　(b) "程序"下拉菜单

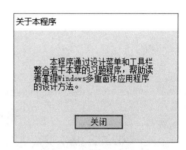

(c) "帮助"下拉菜单、快捷菜单　　　　(d) "关于..."对话框

图 4-44　实验 4-8 程序运行界面

提示：工具栏中的各按钮项在默认情况下是图形按钮,若要改成文本按钮,请将每个按钮项的 DisplayStyle 属性改成 Text。

实验 4-9　利用菜单、工具栏和多重窗体,在实验 4-1 的基础上,完成一个能对计算机配置清单进行新建、打开、保存和格式设置的多重窗体应用程序。程序运行界面如图 4-45 所示,项目名保存为 sy4-9。

要求：在程序主窗口中,执行"文件"→"新建..."命令,弹出"新建配置清单"窗口;用户选择计算机配置信息后,单击"确定"按钮,在本窗口的列表框中产生配置清单;接着用户单击"返回"按钮,将生成的配置信息写入程序主窗口。

提示：关于在"新建配置清单"窗口中,listBox1 中生成的数据如何写入程序主窗口的 textBox1,可根据 4.4.4 节的介绍,先把 listBox1 声明成公共的对象,然后在"新建配置清单"窗口返回后,从程序主窗口访问该对象。

对于文件的打开和保存操作,可以依照例 4.10(续 1)编写相应的 openFile() 和 saveFile() 自定义函数,并且需要声明一个全局的 nowPath 变量来存放当前正在操作的文件路径,用于在文件保存时判断是否需要弹出"保存文件"对话框。

(a) 程序主窗口

(b) "新建配置清单"窗口

(c) 写入配置清单

(d) 设置字体、背景色

图 4-45 实验 4-9 程序运行界面

实验 4-10 编写一个可以先定义抽奖候选名单,再按该名单进行抽奖的程序。要求在 Form1 中先设置抽奖候选名单(可以添加、删除候选人),然后单击"去抽奖"按钮,弹出 Form2。单击"开始抽奖"按钮,使 Form1 中定义好的抽奖候选名单中的人名在 Form2 上滚动显示;当单击"结束抽奖"按钮时,停止滚动,此时停留在 Form2 上的人名即为中奖者。程序运行界面如图 4-46 所示,项目名保存为 sy4-10。

(a) Form1: 定义抽奖候选名单   (b) Form2: 抽奖前   (c) Form2: 抽奖中

图 4-46 实验 4-10 程序运行界面

提示:为了将用户在 Form1 中定义的候选名单传递到 Form2 中实现抽奖,可以参考

4.4.4节介绍的利用窗体构造函数的方法实现多窗体间数据传递。在Form1中创建Form2对象时,将Form1中的listBox1作为实参传递到Form2的构造函数中去。然后在Form2中用一个全局的ListBox对象"接住"该参数(即Form1中传过来的listBox1)。接着,利用时钟控件和Random类对象随机访问该ListBox对象的某个选项,实现能滚动的抽奖程序。

实验篇：Windows窗体应用程序开发实验

第 5 章

图形图像编程

对于传统的程序设计语言来说,图形图像方向的程序设计是相对复杂和困难的。Microsoft 图形设备接口(Graphics Device Interface,GDI)解决方案提供了丰富的图形功能,方便了图形应用程序的开发。.NET 中使用了其升级版本 GDI+,为便于充分利用 Windows 图形库,提供了一个新的接口。GDI+以继承类的方式来完成图形处理,是一个完全面向对象的 2D 图形系统。GDI+中的"+"表示相对于 GDI 来说有了很大的改进,允许编写与设备无关的图形应用程序,如游戏、计算机辅助设计和绘图程序等。

本章将介绍如何在.NET 中建立基于 C♯的 GDI+图形应用程序。

5.1 GDI+绘图基础

5.1.1 GDI+概述

图形设备接口(GDI)是一个可执行程序,它接受 Windows 应用程序的绘图请求(表现为 GDI 的方法调用),并且将它们传给相应的设备驱动程序。GDI+是对图形设备接口的一个扩展,它所提供的类可用于创建二维矢量图形、操纵字体以及插入图像。

1. GDI+图形输出类型

使用 GDI+可以创建 3 种类型的图形输出:矢量图形输出、光栅图形输出和文本输出。

① 矢量图形输出。矢量图形输出指的是创建线条和填充图形,包括点、线、多边形、扇形和矩形的绘制。

② 光栅图形输出。光栅图形输出是指用光栅图形方法对以位图形式存储的数据进行操作。在屏幕上表现为对若干行和列的像素的操作,它是直接从内存到显存的复制操作,在打印机上则是若干行和列的点阵的输出。Windows 在绘制界面时使用了大量的光栅输出。

③ 文本输出。Windows 是按图形方式输出文本。用户可以通过调用各种 GDI+方法,创造出各种文本输出效果,包括加粗、斜体、设置颜色等。

程序员使用 GDI＋时不需要考虑 GDI＋内部是如何实现的，直接使用其提供的类进行编程即可。GDI＋在 System.Drawing.dll 动态链接库中定义，与其相关的名称空间如表 5-1 所示，其中最常用的名称空间是 System.Drawing，主要有 Graphics、Pen、Brush、Image、Bitmap 等类。

表 5-1　GDI＋相关名称空间

命 名 空 间	功　　能
System.Drawing	提供对 GDI＋基本图形功能的访问
System.Drawing.Drawing2D	提供高级的二维和矢量图形功能
System.Drawing.Imaging	提供高级 GDI＋图像处理功能
System.Drawing.Text	允许用户创建和使用多种字体

2．编程步骤

通过 GDI＋进行图形图像编程的一般步骤为：构造画布、建立绘图对象、调用绘图方法以及释放绘图对象。

（1）构造画布

绘图前，先要准备好"画布"，可以使用 Graphics 类创建画布对象。通常情况下，直接在窗体上或在图像框中绘图，可以在相应的控件对象上构造画布。例如：

```
Graphics g = this.CreateGraphics();                  //以窗体为画布
```

表示在窗体上构造画布。又如：

```
Graphics g = pictureBox1.CreateGraphics();           //以图像框为画布
```

表示在图像框中构造画布。

（2）建立绘图对象

有了"画布"后，还需要准备"画笔"和"画刷"。通常情况下，画笔通过 Pen 类创建，可以用来绘制直线、曲线或闭合图形的外轮廓；画刷通过 Brush 类创建，可以用来填充闭合图形内部或输出文字。

① 建立画笔时，可以定义画笔的颜色和粗细，详见 5.2.1 节的介绍。例如：

```
Pen p = new Pen(Color.Blue, 2);                      //构造一支线宽为 2 的蓝色画笔
```

② 建立画刷时，需要根据绘图需求定义不同的画刷类对象（有单色刷、网格刷、纹理刷和渐变刷等多种），详见 5.2.2 节的介绍。例如：

```
SolidBrush sb = new SolidBrush(Color.Pink);          //构造一支粉红色的单色刷
```

③ 若要利用画刷输出文字，还需要创建字体对象，声明要输出文字的字体、字号和格

式等,详见 1.3.1 节的介绍。例如:

```
Font f = new Font("宋体", 10, FontStyle.Bold);        //创建字体对象
```

(3) 调用绘图方法

绘图工具(画布、画笔、画刷等)准备齐全后,就可以开始画图。

① 要绘制直线、曲线或闭合图形的外轮廓,使用 Graphics 类中以 Draw 开头的方法并结合画笔对象实现,详见 5.2.1 节的介绍。例如:

```
g.DrawEllipse(p, 10, 10, 100, 60);                    //用画笔 p 绘制椭圆
```

表示在左上角坐标为(10,10)、宽和高分别为 100 和 60 的矩形中,绘制其内切椭圆外轮廓。

② 要填充闭合图形,使用 Graphics 类中以 Fill 开头的方法并结合画刷对象实现,详见 5.2.2 节的介绍。例如:

```
g.FillEllipse(sb, 10, 10, 100, 60);                   //用画刷 sb 填充椭圆
```

表示在左上角坐标为(10,10)、宽和高分别为 100 和 60 的矩形中,填充其内切椭圆。

③ 要输出文本,使用 Graphics 类的 DrawString()方法,并且结合字体和画刷对象实现,详见 5.2.3 节的介绍。例如:

```
g.DrawString("GDI+绘图", f, sb, 50, 35);              //用画刷 sb 输出字体为 f 的文字
```

表示在坐标为(50,35)的位置输出文字"GDI+绘图",文字颜色和字体样式等根据画刷 sb 和字体 f 指定。

(4) 释放绘图对象

图形绘制完成后,需要调用绘图对象的 Dispose()方法,释放内存资源,提高程序运行效率。例如:

```
p.Dispose();                                          //释放画笔对象
sb.Dispose();                                         //释放画刷对象
f.Dispose();                                          //释放字体对象
g.Dispose()                                           //释放画布对象
```

可以用一个较为形象的方法去理解.NET 中的图形绘制。"画布"就是手工绘图时用到的"纸","画笔"在绘图时可以用来画线条、勾轮廓,"画刷"在绘图时用来填充颜色、写字。

想一想,为什么文字的输出用的是画刷而不是画笔?因为在输出文字时,可以指定不同的字体,尤其是输出汉字时,可以是宋体、楷体、隶书等不同的形体。为完成这些形体的书写,在实际生活中,我们会选择使用毛笔,而这里用到的"画刷"是不是更像一支毛笔呢?

例 5.1 在窗体上绘制椭圆并填充,同时输出一行文字,程序运行界面如图 5-1 所示。

分析:

① 按钮单击时触发绘图程序,并且使用 Graphics 类在窗体上创建画布。

② 需要声明一个画笔对象来绘制椭圆外轮廓,声明两个画刷对象分别用来填充椭圆和输出文字,声明一个字体对象来指定输出文字的字体信息。

③ 绘制椭圆外轮廓用 DrawEllipse()方法,填充椭圆用 FillEllipse()方法,输出文字用 DrawString()方法。

④ 图形绘制完成后记得释放各种绘图对象,节省内存空间。

程序源代码如下。

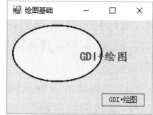

图 5-1 例 5.1 程序运行界面

```
private void button1_Click(object sender, EventArgs e)
{
    //在窗体上构建画布
    Graphics g= this.CreateGraphics();

    //建立画笔对象,调用绘图方法绘制图形
    Pen p = new Pen(Color.Blue, 5);
    g.DrawEllipse(p, 10, 10, 150, 90);

    //建立画刷对象,调用绘图方法填充图形
    SolidBrush sb1 = new SolidBrush(Color.Yellow);
    g.FillEllipse(sb1, 10, 10, 150, 90);

    //建立画刷和字体工具,调用 DrawString()方法绘制文字
    SolidBrush sb2 = new SolidBrush(Color.Red);
    Font f = new Font("楷体", 15, FontStyle.Bold);
    g.DrawString("GDI+绘图", f, sb2, 120, 50);

    //调用各绘图对象的 Dispose()方法释放系统资源
    p.Dispose();
    sb1.Dispose();
    sb2.Dispose();
    f.Dispose();
    g.Dispose();
}
```

5.1.2 坐标系

2D 图形的绘制需要一个可绘图的对象,如窗体、图形框。为了能定位图形,需要一个二维坐标系。在 GDI+中,对象坐标系以像素为单位。像素是指屏幕上的亮点,即显示器

能分辨的最小单元,每个像素都有一个坐标点与之对应,如图 5-2 所示。默认的坐标原点为对象的左上角,横向向右为 X 轴的正向,纵向向下为 Y 轴的正向。例如,如果在窗体上绘画,那么默认坐标原点就在它的左上角(标题栏的左下方)。

GDI+默认的坐标系统与数学中的坐标系统并不一样,在绘制数学函数 y=f(x)的图形时,要使所画的图产生与数学坐标系相同的效果,需要在默认坐标的基础上进行坐标变换,如旋转、平移等。

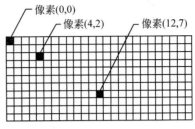

图 5-2 屏幕像素与坐标

Graphics 对象提供了坐标变换方法,常用的坐标变换方法如表 5-2 所示。

表 5-2　Graphics 对象常用的坐标变换方法

方法名	功能	使用范例	
TranslateTransform	平移	TranslateTransform(40,30)	将(40,30)设为原点
RotateTransform	旋转	RotateTransform(−30)	将坐标系逆时针方向旋转30°
ScaleTransform	缩放	ScaleTransform(2,3)	按目前的宽的 2 倍和高的 3 倍放大
ResetTransform	还原	ResetTransform()	还原为默认坐标

例如,坐标系经过平移→旋转→缩放后的效果如图 5-3 所示。其变换参数如下。

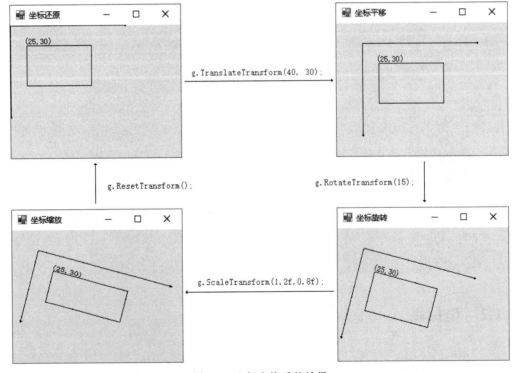

图 5-3　坐标变换后的效果

① 坐标原点平移至(40,30)。
② 坐标系顺时针方向旋转 15°。
③ 坐标系水平放大 20%,垂直缩小 20%。

注意,每次坐标变换后,再次变换坐标是在前一次变换的基础上进行的。图 5-3 中的矩形左上角坐标始终位于(25,30),宽和高分别为 100 和 60。

例 5.2 将例 5.1 中绘制的椭圆和文字经过如图 5-3 所示的坐标变换后,绘制在窗体上,程序运行界面如图 5-4 所示。

分析:

① 按钮单击时触发绘图程序,并且使用 Graphics 类在窗体上创建画布。

② 使用如表 5-2 所示的 Graphics 对象常用的坐标变换方法,实现坐标系的平移、旋转和缩放。

③ 在窗体上建立画笔、画刷和字体对象,用相应的绘图方法绘制椭圆和文字。

程序源代码如下。

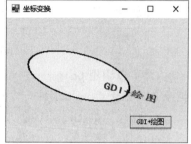

图 5-4 例 5.2 程序运行界面

```
private void button1_Click(object sender, EventArgs e)
{
    Graphics g = this.CreateGraphics();      //构建画布

    g.TranslateTransform(40, 30);            //坐标平移,原点平移至(40,30)
    g.RotateTransform(15);                   //坐标旋转,顺时针方向旋转 15°
    g.ScaleTransform(1.2f,0.8f);             //坐标缩放,水平 1.2 倍、垂直 0.8 倍

    ...                                      //省略图形绘制源代码,详见例 5.1
}
```

注意,用于坐标平移、旋转和缩放的 TranslateTransform()、RotateTransform()和 ScaleTransform()函数,其参数应为 float 数据类型。在调用这些方法时,若输入的实参为整数,则能自动转换成 float 类型;若输入的实参为小数,程序会默认视其为 double 数据类型,此时需要人工地将数据转换成 float 类型。例如,本例中有一个语句。

```
g.ScaleTransform(1.2f,0.8f);
```

通过在小数常量后加上类型符 f,实现了从 double 到 float 的数据类型转换。

5.1.3 Graphics 类

在图形图像应用程序开发过程中,最常用到的类有 Graphics、Pen、Brush 和 Font,如表 5-3 所示。这些类被包含在 System.Drawing 名称空间中。当建立 Windows 窗体应用程序后,系统会默认地将该名称空间通过 using 关键字引用进来。

```
using System.Drawing;
```

表 5-3　GDI+常用类

类　　名	功　　能
Graphics 类	包含完成绘图的基本方法,如直线、曲线、矩形等
Pen 类	处理图形的轮廓部分
Brush 类	对图形进行填充处理
Font 类	字体功能,如字体样式、旋转等

用 GDI+绘图时,必须先创建 Graphics 类的画布对象实例。只有创建了 Graphics 的实例后,才可以调用 Graphics 类的绘图方法。窗体和所有具有 Text 属性的控件都可以构成画布。创建 Graphics 画布对象有以下几种方法。

(1) 使用 CreateGraphics()方法

通过窗体或控件的 CreateGraphics()方法来获取对 Graphics 对象的引用,需要先定义一个 Graphics 类的对象,再调用 CreateGraphics()方法。这种方法一般应用于对象已经存在的情况,语法格式如下。

```
Graphics 画布对象;
画布对象 = 窗体或控件名.CreateGraphics();
```

上述语句也可以合成一句。

```
Graphics 画布对象 = 窗体或控件名.CreateGraphics();
```

(2) 利用 PaintEventArgs 参数传递 Graphics 对象

窗体或控件的 Paint 事件可以直接完成图形绘制。在编写 Paint 事件处理程序时,参数 PaintEventArgs 提供了图形对象,格式如下。

```
private void Form1_Paint(object sender, PaintEventArgs e)
{
    Graphics g = e.Graphics;         //声明对象 g 并获取对 Graphics 对象的引用
    ...                              //在画布 g 上绘制图形
}
```

将绘图程序放在 Paint 事件处理程序中,该事件在控件需要重新绘制时触发。在 Paint 事件结束时,会自动释放 Graphics 对象所占用的系统资源。因此,不必特地使用 Dispose()方法来释放绘图资源。

(3) 使用 Graphics.FromImage()方法从 Image 对象创建

该方法适用于需要处理已经存在的图像的场合。例如,利用图像文件 mypic.bmp 创建 Graphics 对象。

```
Bitmap b = new Bitmap(@"c:\mypic.bmp");    //根据图像文件声明 Bitmap 对象 b
Graphics g = Graphics.FromImage(b);        //将图像 b 作为画布对象 g
...                                         //在画布 g 上进行绘制,相当于修改图像 b
```

注意：在 C♯ 中,为了写文件路径时不加转义符"\",可以在路径前面加上@标识符。例如,在以上代码中,通过用@"c:\mypic.bmp"代替路径字符串"c:\\mypic.bmp",就能忽略转义字符。

此外,由于 Graphics 类的构造函数是私有的,因此不能直接实例化,即不能使用类似下面的语句来创建 Graphics 类的一个实例。

```
Graphics g = new Graphics();
```

绘图时,还会经常用到一些方法,如清理画布、刷新绘图控件、释放绘图对象等,这些方法如表 5-4 所示。

表 5-4 绘图时的常用方法

方法	说 明	
Clear()	功能：清理画布对象 格式：画布对象.Clear(颜色) 范例 1：g.Clear(Color.Pink); 范例 2：g.Clear(this.BackColor);	//将画布对象 g 清理为粉色 //将画布对象 g 清理为绘图控件(窗体对象)的原底色
Refresh()	功能：刷新绘图控件 格式：对象.Refresh() 范例：pictureBox1.Refresh();	//刷新绘图控件 pictureBox1
Dispose()	功能：释放绘图对象 格式：绘图对象.Dispose 范例 1：g.Dispose(); 范例 2：sb.Dispose();	//释放画布 g //释放画刷 sb

例 5.3 编写一个简单的图像编辑程序,要求将图像文件 fruit.jpg 载入窗体后,以该图像作为画布,对其进行适当修改(即圈出水果篮中的葡萄),并且能对编辑后的图像进行保存。程序运行界面如图 5-5 所示。

分析：

① 窗体载入时,通过 Bitmap 类创建图像对象,然后将其装入窗体背景图,调整窗体大小,使之与图像大小一致。

② 为实现图像的简单编辑,需要首先将图像文件作为画布,然后在画布上对该图像进行修改。可以使用上述第 3 种创建画布对象的方法,即使用 Graphics.FromImage()方法从 Image 对象创建;然后再声明绘图工具,进行图形绘制等后续工作。

③ 为实现图像文件的保存,需要建立一个"保存文件"对话框,获取保存路径;并且使用 Bitmap 类的 Save()方法来实现保存。格式如下。

```
图像对象.Save("保存路径");
```

(a) 图像编程前　　　　　　　　　　　(b) 图像编辑后

图 5-5　例 5.3 程序运行界面

程序源代码如下。

```csharp
Bitmap b;
private void Form1_Load(object sender, EventArgs e)
{
    b = new Bitmap("fruit.jpg");          //建立图像对象 b
    this.BackgroundImage = b;             //图像装入窗体背景
    this.ClientSize = b.Size;             //调整窗体大小
}

private void button1_Click(object sender, EventArgs e)
{
    Graphics g = Graphics.FromImage(b);   //在图像对象 b 上创建画布 g
    Pen p = new Pen(Color.Red, 5);        //创建画笔 p
    g.DrawEllipse(p, 250, 150, 140, 80);  //绘图,圈出葡萄
    this.Refresh();                       //刷新窗体,更新修改
    p.Dispose();
    g.Dispose();
}

private void button2_Click(object sender, EventArgs e)
{
    saveFileDialog1.FileName = "fruit";
    saveFileDialog1.Filter = "JPEG图像|*.jpg|PNG图像|*.png|BMP图像|*.bmp";
    if (saveFileDialog1.ShowDialog() == DialogResult.OK) b.Save
(saveFileDialog1.FileName);               //保存图像
}
```

```
private void button3_Click(object sender, EventArgs e)
{
    Form1_Load (sender,e);
}
```

思考：在以上程序源代码中,语句 this.Refresh();起到了什么作用？是否能将其去除？

由于原始图像在编辑前已经装入窗体显示,然后通过画布 g 对图像的编辑实际上是对内存中创建的 Bitmap 对象 b 的修改。当修改完成后,为了使窗体上的显示也得到同步的更新,需要使用语句 this.Refresh();刷新窗体,同步显示图像的更新效果,因此该语句不能去除。

注意：本程序在调试时,若选择的另存位置和图像载入的路径相同,则无法覆盖保存,原因和解决方法可以参考 5.3.4 节的介绍及例 5.11 中的程序源代码。

5.1.4　GDI+中常用的数据类型

进行图形图像编程时,需要使用相关基础类型与结构类型来表示位置、大小、点、矩形等,表 5-5 列出了常用的数据类型。

表 5-5　常用数据类型

类 型 名	说　　明
Point	功能：表示一个二维坐标点(X,Y) 声明方法：Point pt = new Point(X,Y)　　　//X,Y 为 int 型 范例：Point pt = new Point(10, 20);　　　//定义坐标 pt 为(10, 20)的点
PointF	与 Point 相似,坐标点 X、Y 为 float 型
Size	功能：用 W(宽度)和 H(高度)两个属性来表示尺寸大小 声明方法：Size s = new Size(W, H);　　　//W,H 为 int 型 范例：Size s = new Size(30, 50);　　　//定义宽为 30 和高为 50 的尺寸大小
SizeF	与 Size 相似,W 和 H 均为 float 型

Rectangle	功能：定义一个矩形区域,以(X,Y)或 PT 为左上角坐标,以 W 为宽和 H 为高或者以 SZ 为大小
	声明方法 1：Rectangle rect = new Rectangle(X, Y, W, H)　　//X,Y,W,H 均为 int 型
	声明方法 2：Rectangle rect = new Rectangle(PT,SZ)　　//PT 为 Point 型,SZ 为 Size 型
	范例 1：Rectangle rect = new Rectangle(20, 30, 10, 15);
	　　　　//创建一个左上角坐标为(20,30)、宽度为 10、高度为 15 的矩形区域 rect
	范例 2：Rectangle rect = new Rectangle(PT,SZ);//PT 和 SZ,前已声明,表示位置和大小
	　　　　//创建一个以 PT 为左上角坐标、SZ 为大小的矩形区域 rect

RectangleF	与 Rectangle 相似,X、Y、W、H 均为 float 型,或者 PT 为 PointF 型、SZ 为 SizeF 型

续表

类型名	说　明

Color	功能：用于颜色设置
	Color 是一种静态结构，其内部成员直接以"类型名.成员名"方式访问，而不必声明对象后引用
	格式 1：Color.颜色名　　　//通过颜色名称来定义颜色
	格式 2：Color.FromArgb(int red, int green, int blue)
	　　　　　　　　　　　　//通过 RGB 值来定义颜色，R、G、B 值均在 0～255 之间
	格式 3：Color.FromArgb(int alpha, 颜色)
	　　　　　　//设置颜色(Color 型)的透明度，alpha 值在 0～255 之间，0 为完全透明，255
	　　　　　　//为完全不透明，这里的颜色参数可以是格式 1 和格式 2 中的任一种形式
	格式 4：Color.FromArgb(int alpha, int red, int green, int blue)
	　　　　　　　　　　　　//通过 RGB 值来定义颜色，并且设置其透明度
	范例 1：Color.Pink　　　　//定义粉红色
	范例 2：Color.FromArgb(255, 255, 0)
	　　　　　　　　//定义 R 为 255、G 为 255、B 为 0 的颜色(即黄色)
	范例 3：Color.FromArgb(100, Color.Blue);
	　　　　　　　　//通过 Alpha 通道淡化蓝色，调整其透明度为 100/255
	范例 4：Color.FromArgb(50, 120, 50, 255);
	　　　　　　　　//通过 Alpha 通道淡化指定的 RGB 颜色，透明度为 50/255

在 GDI+中，颜色用透明度、红、绿、蓝 4 个分量描述，每个分量为 0～255 之间的整数，各占用 1 字节。用于描述颜色透明度的分量通常称为 Alpha 通道，该分量为 0 时全透明，255 时完全不透明。一般情况下可直接用"Color.颜色名"设置颜色，也可用 Color 结构提供的静态方法 FromArgb()自定义颜色。

若要随机产生一种颜色，可以使用 Random 类。

```
Random ran = new Random();
Color.FromArgb(ran.Next(256), ran.Next(256), ran.Next(256));
```

在以上代码中，利用 ran.Next(256)随机产生 0～255 之间的随机数，表示一个颜色的成分。

5.2　图　形　绘　制

5.2.1　绘制线条与形状

在 GDI+中，线条与形状通过画笔 Pen 并调用 Graphics 类中以 Draw 开头的方法绘制。

1. 画笔

Pen 是绘图时所使用的画笔类，用它声明画笔对象可以在画布上绘制闭合图形的外轮廓以及绘制线条,包括直线、折线和曲线等。声明画笔对象时,可以同时设置线条的颜色和线宽。创建画笔的格式如下。

```
Pen 画笔对象 = new Pen(颜色[,线宽]);
```

当然,如果声明了画刷,也可以通过画刷对象创建画笔对象(通常是网格刷、渐变刷或纹理刷,线宽较粗,具体用法见 5.2.2 节的介绍)。格式如下。

```
Pen 画笔对象 = new Pen(画刷对象[,线宽]);
```

其中,若缺省"线宽"参数,则默认画笔线宽为 1。创建画笔后,即可使用它来绘制直线、曲线或闭合图形的外轮廓。

(1) 重要属性

画笔声明后,可以通过设置其各种属性来改变线条的颜色、粗细、虚实以及线帽样式等。

例如,使用 Color 属性修改画笔的颜色。

```
p.Color = Color.Red;                              //设置画笔颜色为红色
```

又如,使用 Width 属性修改画笔的线宽。

```
p.Width = 5;                                      //设置画笔粗细为 5
```

再如,使用 DashStyle 属性可以指定线条的虚实样式。

```
p.DashStyle=DashStyle.Dash;                       //设置画笔线条为虚线样式
```

可以通过 DashStyle 属性来设置画笔线条的各种虚实样式,如表 5-6 所示。

表 5-6　DashStyle 样式

成 员 名	说　　明	图　　例
Dash	虚线	-------------
DashDot	点画线	—·—·—·—·—
DashDotDot	双点画线	—··—··—··—
Dot	点线	·············
Solid	内实线	———————
Custom	用户自定义样式	(略)

此外,还能使用 StartCap 和 EndCap 属性设置线条起点和终点的线帽样式,使用 DashCap 属性来设置线条为虚线情况下(即 DashStyle 属性值为非 Solid 情况下)的虚线段两端的线帽样式。

例如,以下代码创建了如图 5-6 所示的红色 5 像素宽的箭头形状线条。

```
Pen p = new Pen(Color.Red,5);            //创建线宽为 5 的红色画笔
p.EndCap = LineCap.ArrowAnchor;          //线条终点的线帽样式为箭头
```

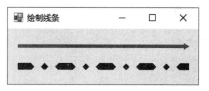

图 5-6　设置线条样式

又如,以下代码对原画笔进行了属性设置,将其修改成如图 5-6 所示的蓝色 10 像素宽的点画线线条。

```
p.Color = Color.Blue;                    //线条颜色为蓝色
p.Width = 10;                            //线条粗细为 10
p.EndCap = LineCap.Flat                  //线条终点的线帽样式为平直
p.DashStyle = DashStyle.DashDot;         //线条的虚实样式为点画线
p.DashCap = DashCap.Triangle;            //虚线段两端的线帽样式为三角形
```

其中,StartCap 和 EndCap 属性值为 LineCap 枚举类型,默认值为 LineCap.Flat;DashCap 属性值为 DashCap 枚举类型,默认值为 DashCap.Flat。有关 LineCap 和 DashCap 枚举类型值的详细描述,请用户查阅 MSDN 帮助文档或 VS 开发环境中的对象浏览器。

在进行上述属性设置时,需要用到的 DashStyle、LineCap、DashCap 等枚举类型被包含在 System.Drawing.Drawing2D 名称空间中,必须用 using 关键字将其引用进来。

```
using System.Drawing.Drawing2D;
```

说明:以上代码仅设置了画笔的样式并引用了所需名称空间,要完成如图 5-6 所示的程序,请参考本章配套的实例源代码。

(2) 常用方法

上述 StartCap、EndCap 和 DashCap 属性还可以通过 SetLineCap()方法来一次性设置,SetLineCap()方法的格式如下。

```
画笔对象.SetLineCap(StartCap, EndCap, DashCap)
```

其中,3 个参数 StartCap、EndCap 和 DashCap 对应于其同名的属性。注意,对于 DashCap 值的设置,只在线条为虚线情况下才有意义。

例 5.4　定义如图 5-6 所示的画笔,绘制如图 5-7(a)所示的图形。要求:
① 坐标系平移至(20,240),Y 轴向上。

② 绘制红色坐标轴且带方向箭头。
③ 用点画线条绘制圆形，坐标位置(30,30)，直径150，颜色随机产生。
④ 程序运行后，尝试先将鼠标置于窗体右下角，沿左上方向拖放窗体至最小，然后再沿右下方向重新拖放窗体至正常大小。在这个过程中，可以看到圆圈的颜色变成如图 5-7(b)所示的效果，解释这一现象产生的原因。

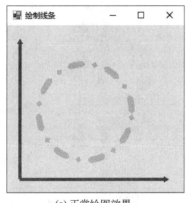 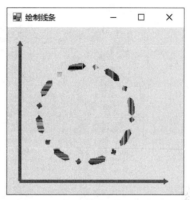

(a) 正常绘图效果　　　　　　　　　　(b) 拖放窗体后的效果

图 5-7　例 5.4 程序运行效果

分析：

① 程序运行时，直接在窗体上绘图。可以利用 5.1.3 节介绍的第 2 种创建画布对象的方法，即在 Paint 事件中，利用 PaintEventArgs 参数传递 Graphics 对象，实现画布对象的创建。

② 坐标系的平移使用 Graphics 类的 TranslateTransform()方法实现；坐标系的翻转可以使用 Graphics 类的 ScaleTransform()方法实现，将 Y 坐标缩放−1 倍可以使 Y 轴向上翻转。

③ 画笔线条样式的定义可以参考图 5-6 所示的线条设置方法，随机颜色可以利用 Random 类和 Color 结构类型对应的方法实现，详见 5.1.4 节对 Color 结构类型的介绍。

程序源代码如下。

```
using System.Drawing.Drawing2D;        //引用 System.Drawing.Drawing2D 名称空间

...                                    //省略其他默认产生的程序源代码

private void Form1_Paint(object sender, PaintEventArgs e)
{
    Graphics g = e.Graphics;           //获取对 Graphics 对象的引用

    g.TranslateTransform(20, 240);     //坐标平移
    g.ScaleTransform(1, -1);           //坐标系垂直翻转
```

```
            //定义画笔,绘制坐标轴
            Pen p = new Pen(Color.Red, 5);              //定义画笔
            p.EndCap = LineCap.ArrowAnchor;             //设置线条结束端线帽样式为箭头
            g.DrawLine(p, 0, 0, 240, 0);                //绘制 X 坐标轴
            g.DrawLine(p, 0, 0, 0, 220);                //绘制 Y 坐标轴

            //修改画笔,绘制圆
            Random ran = new Random();                  //声明 Random 类对象
            p.Color = Color.FromArgb (ran.Next (256),ran.Next (256),ran.Next (256));
                                                        //设置画笔颜色随机
            p.Width = 10;                               //设置线宽
            p.DashStyle = DashStyle.DashDot;            //设置线条的虚实样式
            p.SetLineCap(LineCap.Flat, LineCap.Flat, DashCap.Triangle);
                                                        //重设线条及虚线段的线帽样式
            g.DrawEllipse(p, 30, 30, 150, 150);         //绘制圆
        }
...                                                     //省略其他默认产生的程序源代码
```

注意,为设置画笔的 DashStyle、StartCap、EndCap 以及 DashCap 等属性,需要在程序中引用 System.Drawing.Drawing2D 名称空间。由于 Paint 事件结束时,会自动释放 Graphics 对象所占用的资源,因此可以不必调用 Dispose()方法释放各种绘图对象。

本例在窗体的 Paint 事件中绘图,该事件在窗体对象重新绘制时触发。这就意味着:窗体在拖放(即改变大小)的过程中,该事件会不断地触发。在窗体从左上(小)到右下(大)的拖放过程中,最新显示出来的那一部分窗体内容会因为 Paint 事件的触发被重新绘制,而每次绘制时 Pen 对象的线条颜色又是随机产生的。因此,当窗体最终拖放到和原始一样大小时,可以看到如图 5-7(b)所示的彩色圆圈效果。

2. 图形绘制方法

在 GDI+中绘制线条与形状时,首先需要创建一个 Graphics 对象和一个 Pen 对象。Graphics 对象提供各种绘图方法,每个绘图方法都有其重载形式,表 5-7 列出了常用的线条与形状的绘图方法。Pen 对象可以指定所绘制线条或形状的一些属性,如颜色、宽度和类型等。

表 5-7 GDI+基本绘图方法

绘图方法	功能和格式	参数类型说明
DrawRectangle	功能:绘制矩形 格式 1:DrawRectangle(pen, rect) 格式 2:DrawRectangle(pen, X, Y, W, H)	pen 为画笔对象 rect 为 Rectangle 型对象 X、Y、W、H 为 int 或 float 型数据
DrawEllipse	功能:绘制椭圆轮廓线 格式 1:DrawEllipse(pen, rect) 格式 2:DrawEllipse(pen, X, Y, W, H)	pen 为画笔对象 rect 为 Rectangle 或 RectangleF 型对象 X、Y、W、H 为 int 或 float 型数据

绘图方法	功能和格式	参数类型说明
DrawArc	功能：绘制圆弧 格式1：DrawArc(pen, rect, startAngle, sweepAngle) 格式2：DrawArc(pen, X, Y, W, H, startAngle, sweepAngle)	pen 为画笔对象 rect 为 RectAngle 或 RectangleF 型对象 X、Y、W、H、startAngle、sweepAngle 为 int 或 float 型数据
DrawPie	功能：绘制扇形轮廓 格式1：DrawPie(pen, rect, startAngle, sweepangle) 格式2：DrawPie(pen, X, Y, W, H, startAngle, sweepAngle)	pen 为画笔对象 rect 为 Rectangle 或 RectangleF 型对象 X、Y、W、H、startAngle、sweepAngle 为 int 或 float 型数据
DrawLine	功能：绘制直线 格式1：DrawLine(pen, pt1, pt2) 格式2：DrawLine(pen, X1, Y1, X2, Y2)	pen 为画笔对象 pt1 和 pt2 为 Point 或 PointF 型对象 X1、Y1、X2、Y2 为 int 或 float 型数据
DrawLines	功能：绘制由 Point 数组中的点构成的折线 格式：DrawLines(pen, pts)	pen 为画笔对象 pts 为 Point 或 PointF 型数组对象
DrawPolygon	功能：绘制由 Point 数组中的点构成的多边形 格式：DrawPolygon(pen, pts)	pen 为画笔对象 pts 为 Point 或 PointF 型数组对象
DrawCurve	功能：绘制由 Point 数组中的点构成的曲线 格式：DrawCurve(pen, pts)	pen 为画笔对象 pts 为 Point 或 PointF 型数组对象
DrawClosedCurve	功能：绘制由 Point 数组中的点构成的封闭曲线 格式：DrawClosedCurve(pen, pts)	pen 为画笔对象 pts 为 Point 或 PointF 型数组对象

在以上格式中，参数 pen 为绘制图形时的画笔；参数 rect 表示绘制矩形、椭圆、扇形或弧线时的矩形参数，当然这个参数也可以用表示矩形位置和大小的 X、Y、W、H 参数代替；pt1、pt2 表示绘制直线时的起终点坐标，当然这两个参数也可以用表示两点横纵坐标的 X1、Y1、X2、Y2 参数代替；pts 表示绘制折线、多边形、曲线和闭合曲线时用到的点数组。

在 GDI+ 编程中，扇形和弧线绘制是基于圆（椭圆）的，需要用圆或椭圆的外切矩形来定义圆与椭圆的大小。参数 startAngle 和 sweepAngle 分别表示弧线起始角度和扫过的角度，设 X 轴的正向为 0，顺时针为正值，逆时针为负值，如图 5-8 所示。

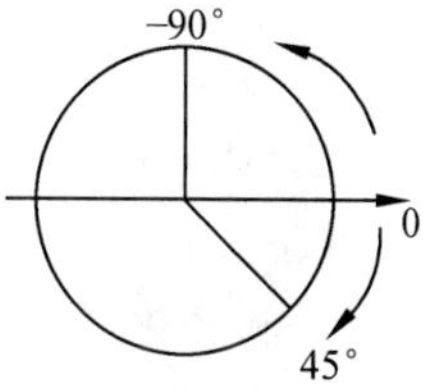

3. 图形间的关系

在进行线条和形状的绘制时，不难发现一些图形所使用的参

图 5-8 角度值的计算

数相同。例如：在绘制矩形、椭圆、弧线和扇形时，都用到了 rect 参数（Rectangle 型）；在绘制折线、多边形、曲线和闭合曲线时，都用到了 pts 参数（Point 型数组）。在给出相同输入参数的情况下，只要变换绘图方法，就能绘制出不同的线条或形状。

(1) 矩形、椭圆、弧线和扇形

在绘制矩形、椭圆、弧线和扇形时都用到了同一个 Rectangle 型参数：rect。该参数除了在绘制矩形时表示要绘制矩形的位置、大小外，也确定了在该矩形区域基础上建立的内切椭圆、在椭圆上所取的弧线以及由该弧线两端和椭圆中心点相连而构成的扇形的位置和大小。

例如，图 5-9 所示的矩形、椭圆、弧线和扇形都是基于同一个矩形区域，该区域以 (60,20) 为左上角坐标、以 180 和 120 为宽和高。只要调用不同的图形绘制方法，就能以该矩形区域为基础绘制出不同的形状或线条。以下是程序源代码。

```csharp
private void Form1_Paint(object sender, PaintEventArgs e)
{
    Graphics g = e.Graphics;                                //创建画布
    Pen p1 = new Pen(Color.Blue,5);                         //创建画笔1
    Pen p2 = new Pen(Color.Red, 5);                         //创建画笔2
    Pen p3 = new Pen(Color.Yellow, 3);                      //创建画笔3
    Pen p4 = new Pen(Color.Cyan, 3);                        //创建画笔4
    Rectangle rect = new Rectangle(60, 20, 180, 120);       //建立矩形区域
    g.DrawRectangle(p1, rect);                              //绘制矩形
    g.DrawEllipse(p2, rect);                                //绘制椭圆
    g.DrawArc(p3, rect, 45, 90);                            //绘制弧线
    g.DrawPie(p4, rect, 0, -90);                            //绘制扇形
}
```

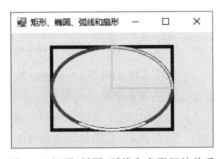

图 5-9 矩形、椭圆、弧线和扇形间的关系

(2) 直线、折线、多边形、曲线和闭合曲线

在绘制直线时，给出两点坐标（2 个 Point 型参数），就能连接成一条直线。如果给出多个点坐标（1 个 Point 型数组）并利用不同的绘图方法，就能将其按序首尾相连，从而绘制出折线、多边形、曲线和闭合曲线等特殊的线条和形状。

例如，图 5-10 所示的折线、多边形、曲线和闭合曲线都是基于同一个坐标集合

{(50,80),(180,30),(300,180),(80,200)}，利用不同颜色、粗细的画笔，调用不同的绘图方法，就可以绘制并区别这些线条和形状。以下是程序源代码。

```csharp
private void Form1_Paint(object sender, PaintEventArgs e)
{
    Graphics g = e.Graphics;                              //创建画布
    Pen p1 = new Pen(Color.Red, 5);                       //定义画笔1
    Pen p2 = new Pen(Color.Yellow , 3);                   //定义画笔2
    Pen p3 = new Pen(Color.Blue, 5);                      //定义画笔3
    Pen p4 = new Pen(Color.Cyan , 2);                     //定义画笔4
    Point[] pts = { new Point(50, 80),new Point(180, 30), new Point(300, 180),
    new Point(80, 200) };                                 //定义坐标集合
    g.DrawClosedCurve(p1, pts);                           //绘制闭合曲线
    g.DrawCurve(p2, pts);                                 //绘制曲线
    g.DrawPolygon(p3, pts);                               //绘制多边形
    g.DrawLines(p4,pts);                                  //绘制折线
}
```

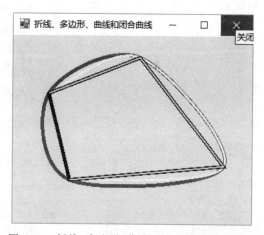

图 5-10 折线、多边形、曲线和闭合曲线间的关系

例 5.5 在窗体上按下对应的按钮，绘制圆柱、矩形、扇形、多边形和曲线，能实现坐标系按顺时针方向或逆时针方向旋转并能将其还原。程序运行界面如图 5-11 所示。

分析：

① 由于要在多个事件中使用画布和画笔，因此可以将画布和画笔声明成公共对象，并且在窗体载入事件中进行初始化。

② 圆柱可通过画两个椭圆并用直线连接形成，如果矩形区域为(a, b, w, h)，则椭圆在 X 轴方向上的顶点坐标为(a, b+h/2)和(a+w, b+h/2)。

③ 扇形可以在其上部的矩形(X,Y,a,b)的基础上，只修改 Y 的值，获得其外切矩形参数。

④ 绘制多边形和曲线，只要给出点坐标的集合，调用对应的绘图方法即可实现。

⑤ 坐标系每次旋转(顺时针或逆时针)在前一次基础上变化 15°;旋转或还原后,需要用 Refresh()方法刷新绘图控件,为下一次在新坐标系中绘制图形做准备。

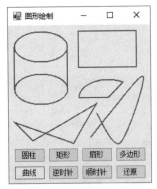
(a) 正常坐标

(b) 逆时针旋转15°

(c) 顺时针旋转15°

图 5-11　例 5.5 程序运行界面

程序源代码如下。

```
Graphics g;                                          //声明画布对象 g
Pen p = new Pen(Color.Red,2);                        //构造画笔 p
Rectangle rect = new Rectangle(120, 10, 100, 60);    //建立一个矩形区域 rect

private void Form1_Load(object sender, EventArgs e)
{
    g = this.CreateGraphics();                       //构造画布 g
}

private void button1_Click(object sender, EventArgs e)
{
    g.DrawEllipse(p, 10, 10, 90, 50);                //画圆柱上方的椭圆
    g.DrawEllipse(p, 10, 80, 90, 50);                //画圆柱下方的椭圆
    g.DrawLine(p, 10, 35, 10, 105);                  //画两个椭圆之间的连线(左)
    g.DrawLine(p, 100, 35, 100, 105);                //画两个椭圆之间的连线(右)
}

private void button2_Click(object sender, EventArgs e)
{
    rect.Y = 10;                                     //改变矩形区域 rect 位置
    g.DrawRectangle(p, rect);                        //绘制矩形
}

private void button3_Click(object sender, EventArgs e)
{
```

```csharp
        rect.Y = 90;                            //改变矩形区域 rect 位置
        g.DrawPie(p, rect, -45, -135);          //绘制扇形
    }

    private void button4_Click(object sender, EventArgs e)
    {
        Point[] pts = { new Point(10, 160), new Point(110, 195), new Point(150, 130),
new Point(40,190) };                            //创建坐标点集合
        g.DrawPolygon(p, pts);                  //绘制多边形
    }

    private void button5_Click(object sender, EventArgs e)
    {
        Point[] pts = { new Point(150, 145), new Point(190, 195), new Point(230, 85),
new Point(140, 185) };                          //创建坐标点集合
        g.DrawCurve(p, pts);                    //绘制曲线
    }

    private void button6_Click(object sender, EventArgs e)
    {
        this.Refresh();                         //刷新绘图控件
        g.RotateTransform(-15);                 //逆时针旋转坐标系
        p.Color = Color.Blue;                   //坐标系逆时针旋转时用蓝色笔绘图
    }

    private void button7_Click(object sender, EventArgs e)
    {
        this.Refresh();                         //刷新绘图控件
        g.RotateTransform(15);                  //顺时针旋转坐标系
        p.Color = Color.Green;                  //坐标系顺时针旋转时用绿色笔绘图
    }

    private void button8_Click(object sender, EventArgs e)
    {
        this.Refresh();                         //刷新绘图控件
        g.ResetTransform();                     //还原坐标
        p.Color = Color.Red;                    //坐标系还原时用红色笔绘图
    }
```

如图 5-11(a)所示,由于矩形和扇形除垂直坐标位置不同外,其水平位置和大小均相同(这里所指的扇形的大小是指其所在椭圆外切矩形的大小),因此可以创建一个公共的矩形区域 rect,在绘制矩形和扇形时,只要改变该矩形对象的 Y 坐标值,就可以共用一个

输入参数 rect，从而提升代码的灵活性。

5.2.2 图形填充

在 GDI+ 中，图形填充通过画刷 Brush 并调用 Graphics 类中以 Fill 开头的方法实现。

1. 画刷

Brush 是图形填充时所用的画刷类，主要用于填充闭合图形和输出文本，最常用的画刷有单色刷（SolidBrush）、纹理刷（TextureBrush）、网格刷（HatchBrush）和渐变刷（LinearGradientBrush）。

由于 Brush 类是抽象类，不能直接将其实例化，而只能实例化其子类对象。其中，用来创建单色刷和纹理刷的 SolidBrush 和 TextureBrush 类包含在 System.Drawing 名称空间中，默认引用该名称空间；而表示网格刷和渐变刷的 HatchBrush 和 LinearGradientBrush 类则包含在 System.Drawing.Drawing2D 名称空间中，使用时必须用 using 关键字将其引用进来。

各种画刷效果如图 5-12 所示。

（1）单色刷

单色刷只能用一种颜色填充闭合图形，例如矩形、椭圆形、扇形、多边形等。可通过 SolidBrush 类定义单色刷，其只有一个 Color 属性。例如，以下代码声明了一个黑色的单色刷。

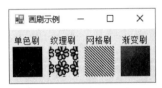

图 5-12 各种画刷效果

```
SolidBrush 单色刷对象 = new SolidBrush(Color.Black);
```

（2）纹理刷

纹理刷可以使用如 .bmp、.jpg 和 .png 等格式的图像来填充图形，它由 TextureBrush 类定义。在创建纹理刷时，需要使用一张图片。创建纹理刷的格式如下。

```
TextureBrush 纹理刷对象 = new TextureBrush(new Bitmap("图像文件路径"));
```

（3）网格刷

网格刷根据条纹样式来设置填充类型，为了使填充区域更生动，还需要说明所使用的颜色。它由 HatchBrush 类定义，创建网格刷的格式如下。

```
HatchBrush 网格刷对象 = new HatchBrush(条纹样式, Color.前景色, Color.背景色);
```

网格刷的条纹样式是 HatchStyle 枚举类型，可以查阅微软的 MSDN Library 或在开发过程中启动对象浏览器，通过搜索 HatchStyle 关键字，获取各条纹样式的枚举值名称。

（4）渐变刷

渐变刷用线性渐变色来填充图形，它由 LinearGradientBrush 类定义，需要 4 个参数。创建渐变刷的格式如下。

```
LinearGradientBrush 渐变刷对象 = new LinearGradientBrush(Point1, Point2, Color1, Color2);
```

其中，参数 Point1、Point2 用来设置渐变线的起点和终点，参数 Color1、Color2 分别设置渐变的起点颜色和终点颜色。

说明：以上语句格式仅说明了 4 种画刷的定义方式，要完成如图 5-12 所示的程序，请参考本章配套的实例源代码。

2. 利用画刷创建画笔对象

在 5.2.1 节中曾提及：如果声明了画刷，也可以通过画刷对象创建画笔。其格式如下。

```
Pen 画笔对象 = new Pen(画刷对象[, 线宽]);
```

例如，要用渐变刷和网格刷来代替单色刷绘制如图 5-13 所示的线条，可以先声明渐变刷、网格刷对象，然后通过画刷创建画笔对象绘制线条。

如图 5-13 所示，绘制红蓝渐变箭头的画笔通过渐变刷创建。程序源代码如下。

```
Point pt1 = new Point(15, 25);
Point pt2 = new Point(270, 25);
LinearGradientBrush lb = new LinearGradientBrush(pt1, pt2, Color.Red, Color.Blue);                              //定义渐变刷
Pen p = new Pen(lb, 5);                         //构造线宽为 5 像素的渐变刷样式画笔
p.Endcap = LineCap.ArrowAnchor;                 //设置画笔终端为箭头样式
```

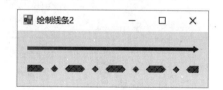

图 5-13　利用画刷创建画笔

利用画刷创建画笔对象后，可以通过画笔的 Brush 属性来更改当前画笔所基于的画刷。如图 5-13 所示，绘制红黑网格虚线的画笔是在原画笔的基础上，通过重设画笔的相关属性实现。程序源代码如下。

```
HatchBrush hb = new HatchBrush(HatchStyle.DiagonalBrick, Color.Black, Color.Red);                              //定义网格刷
p.Brush = hb;                                   //设置画笔为网格刷样式
```

```
p.Width = 10;                        //设置画笔线宽为10
p.EndCap = LineCap.Flat;             //设置画笔终端为平直样式
p.DashStyle = DashStyle.DashDot;     //设置画笔的点画线样式
p.DashCap = DashCap.Triangle;        //设置短画线两端为三角形
```

说明：以上代码仅创建画笔并通过属性设置修改了其样式，要完成如图 5-13 所示的程序，请参考本章配套的实例源代码。

3. 图形填充方法

闭合图形的填充通过各种图形填充方法来完成，表 5-8 列出了常用的填充方法。

表 5-8　GDI＋基本图形填充方法

填充方法	功能和格式	参数类型说明
FillRectangle	功能：填充矩形内部 格式 1：FillRectangle(brush，rect) 格式 2：FillRectangle(brush，X，Y，W，H)	brush 为画刷对象 rect 为 Rectangle 或 RectangleF 型对象 X、Y、W、H 为 int 或 float 型数据
FillEllipse	功能：填充椭圆内部 格式 1：FillEllipse(brush，rect) 格式 2：FillEllipse(brush，X，Y，W，H)	brush 为画刷对象 rect 为 Rectangle 或 RectangleF 型对象 X、Y、W、H 为 int 或 float 型数据
FillPie	功能：填充扇形内部 格式 1：FillPie(brush，rect，startAngle，sweepAngle) 格式 2：FillPie(brush，X，Y，W，H，startAngle，sweepAngle)	brush 为画刷对象 rect 为 Rectangle 或 RectangleF 型对象 X、Y、W、H、startAngle、sweepAngle 为 int 或 float 型数据
FillPolygon	功能：填充由 Point 数组中的点构成的多边形内部 格式：FillPolygon(brush，pts)	brush 为画刷对象 pts 为 Point 或 PointF 型数组对象
FillClosedCurve	功能：填充由 Point 数组中的点构成的封闭曲线内部 格式：FillClosedCurve(brush，pts)	brush 为画刷对象 pts 为 Point 或 PointF 型数组对象

在以上格式中，参数 brush 为填充图形时用的画刷，可以是单色刷、纹理刷、网格刷和渐变刷中的任意一种。其余参数（如 rect、pts 等）的作用与表 5-7 中介绍的同名参数一致。

例 5.6　利用画笔、纹理刷、网格刷及渐变刷编写一个画房子程序，程序运行界面如图 5-14 所示。

分析：

① 创建画笔对象绘制房子外轮廓，创建纹理刷对象填充房顶，创建渐变刷和网格刷对象分别填充墙面和房门。用于创建纹理刷对象的图像文件应该事先保

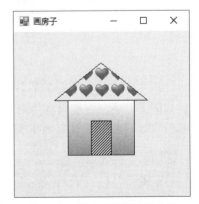

图 5-14　例 5.6 程序运行界面

存到当前项目的 bin\Debug\目录下。

② 房顶是三角形(多边形),通过定义构成三角形的顶点坐标集合(Point 型数组)以及调用 DrawPolygon() 和 FillPolygon() 方法分别实现房顶的绘制和填充。

③ 墙面和房门是矩形,通过定义矩形区域(Rectangle 型)以及调用 DrawRectangle() 和 FillRectangle() 方法实现墙面和房门的绘制与填充。

程序源代码如下。

```
using System.Drawing.Drawing2D;          //网格刷和渐变刷需要引用此名称空间
...
private void Form1_Paint(object sender, PaintEventArgs e)
{
    Graphics g = e.Graphics;             //创建画布 g
    Pen p = new Pen(Color.Black);        //创建画笔 p

    //创建纹理刷、渐变刷、网格刷,分别用来填充房顶、墙面、房门
    TextureBrush tb = new TextureBrush(new Bitmap("love.gif"));
    Point pt1 = new Point(80, 100);
    Point pt2 = new Point(80, 180);
    LinearGradientBrush lb = new LinearGradientBrush(pt1, pt2, Color.White,
Color.FromArgb(70, Color.Blue));
    HatchBrush hb = new HatchBrush(HatchStyle.DarkUpwardDiagonal, Color.
Blue, Color.Yellow);

    //画房顶
    Point[] pts = { new Point(130, 45), new Point(60, 100), new Point(200,
100) };
    g.FillPolygon(tb, pts);
    g.DrawPolygon(p, pts);

    //画墙面
    Rectangle rect1 = new Rectangle(80, 100, 100, 80);
    g.FillRectangle(lb, rect1);
    g.DrawRectangle(p, rect1);

    //画房门
    Rectangle rect2 = new Rectangle(115, 130, 30, 50);
    g.FillRectangle(hb, rect2);
    g.DrawRectangle(p, rect2);
}
```

思考:若将本例中画房顶、墙面和房门的图形填充(Fill 方法)和图形绘制(Draw 方法)语句调换先后顺序,程序运行的效果会有怎样的细微变化? 为什么?

5.2.3 文本输出

在 GDI+中，文本的输出通过定义 Brush 和 Font 对象并调用 Graphics 类的 DrawString()方法实现。

1. 字体

在使用 GDI+绘制文本前，必须先用 Font 类创建字体对象，指定要输出文本的字体名称、大小及字体样式（如粗体、斜体、下画线等）。Font 类位于 System.Drawing 名称空间中，它允许用户创建和使用多种字体。

Font 类决定了文本的字体格式，如字体类型、大小和字体样式等。创建字体对象通过以下语句格式实现。

```
Font 字体对象 = new Font(字体名称, 字号, 字体样式);
```

其中，"字体名称"为表示字体名称的字符串，"字号"为表示字体大小的数字，"字体样式"可以通过 5 个 FontStyle 枚举类型的值任意组合而成，详见 1.3.1 节中的表 1-3。

例如，以下语句创建了仿宋、20 像素的粗斜体字体对象 f。

```
Font f = new Font("仿宋", 20, FontStyle.Bold | FontStyle.Italic);
```

2. 文本输出方法

在 GDI+中，文本输出需要使用 Graphics 类的 DrawString()方法。调用该方法时，需要指定要输出文本的内容、使用的字体及画刷对象，以及开始绘制的坐标位置。其格式如下。

```
画布对象.DrawString(文本内容, 字体, 画刷, 坐标位置);
```

其中，"文本内容"是要输出的文本字符串；"字体"是 Font 类对象，用来指明输出文本的字体名称、大小及样式；"画刷"是 Brush 类对象，用来指明输出文本的颜色、外观样式等信息；"坐标位置"可以是 1 个 PointF 型的点坐标，也可以是 2 个 float 型的横、纵坐标值。

3. 特殊文字效果的输出

利用文本输出的基本方法，配合 GDI+中的坐标变换功能，可以实现旋转文字、阴影字、倒影字等多种艺术字体效果。

例 5.7 利用文本输出及坐标变换等手段，绘制如图 5-15(a)所示的红蓝渐变旋转文字，并且考虑：若要实现如图 5-15(b)所示的输出效果，程序应该作哪些改动？

分析：

① 红蓝渐变文字可声明渐变刷对象和字体对象，并且结合 Graphics 类的

 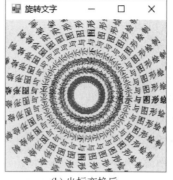

(a) 坐标变换前　　　　　　　(b) 坐标变换后

图 5-15　例 5.7 程序运行界面

DrawString()方法实现绘制。

② 先声明一个水平渐变刷(通过声明 LinearGradientBrush 对象时输入的渐变线起终点坐标参数控制)实现第 1 排文字的绘制,然后通过坐标系的顺时针旋转(每次旋转 10°,共转 9 次)依次绘制其余文字。

③ 若要实现如图 5-15(b)所示的文本输出效果,可以通过坐标平移、缩放以及增加坐标系的旋转次数来实现。

程序源代码如下。

```
using System.Drawing.Drawing2D;                //渐变刷需要引用此名称空间
...
private void Form1_Paint(object sender, PaintEventArgs e)
{
    Graphics g = this.CreateGraphics();        //构造画布 g
    Point pt1 = new Point(20, 0);              //声明水平渐变线起点坐标
    Point pt2 = new Point(200, 0);             //声明水平渐变线终点坐标
    LinearGradientBrush lb = new LinearGradientBrush(pt1, pt2, Color.Red ,
Color.Blue);                                   //创建渐变刷对象 lb
    Font f = new Font("仿宋", 14, FontStyle.Bold); //创建字体对象
    for (int i = 1; i <= 9; i++)
    {
        g.DrawString("窗体演示与图形绘制", f, lb, 20, 0);   //在(20,0)处输出文字
        g.RotateTransform(10);                 //旋转画布,为下一次绘制做准备
    }
}
```

在默认坐标系情况下,如图 5-15(a)所示的文本是绘制在第一象限中的,因此需要将画布每次顺时针旋转 10°,共计旋转 9 次,以完成旋转文字的绘制。

为实现如图 5-15(b)所示的输出效果,则需要首先将坐标原点平移至窗体中心位置,再使坐标系旋转 360°,共计旋转 36 次。可以将上述代码中 for 循坏语句的执行次数更改

为36并在文本输出前(即for循环语句前)进行坐标平移。代码如下。

```
g.TranslateTransform(this.ClientSize.Width / 2, this.ClientSize.Height / 2);
                                        //平移坐标原点至窗体工作区的中心
for (int i = 1; i <= 36; i++)           //画布旋转36次
{
    ...
}
```

坐标原点平移至窗体中心位置后,由于输出文本的字号相对于窗体显示区域而言过大,导致显示效果不佳,这时需要缩小显示文字。有两种解决方法:一种方法是在创建字体对象时对字号进行调整,代码如下。

```
Font f = new Font("仿宋", 10, FontStyle.Bold);  //将字号由原来的14缩小为10
```

另一种方法是通过缩放坐标系调整显示文字的大小,取代直接修改字体对象的字号,使用更为灵活。将以下程序源代码添加在坐标平移的语句之后。

```
g.ScaleTransform(0.7f, 0.7f);                  //缩放坐标系为原来的70%
```

说明:上述两种缩放显示文字的方法在文本的渐变输出效果上会有细微差别,请读者自行调试比较并解释这种差别产生的原因。

例 5.8 利用文本输出及坐标变换等手段,在窗体上输出阴影字和倒影字,程序运行界面如图5-16所示。

(a) 阴影效果   (b) 倒影效果

图 5-16 例 5.8 程序运行界面

分析:

① 为实现阴影字和倒影字的交替输出,需要声明公共的画布、画刷和字体对象。

② 阴影字和倒影字是字体显示中常用的文字效果,其实质是将同一文本内容显示两遍,并且利用坐标变换手段和字体颜色变化来实现文本位置相错(阴影字)或文本垂直翻转(倒影字)的艺术效果。

③ 阴影或倒影的颜色淡化效果可用 Color.FromArgb() 方法来实现。

首先,创建并实例化公共的画布、画刷和字体对象,程序源代码如下。

```
Graphics g;                                              //声明画布 g
SolidBrush sb1 = new SolidBrush(Color.Black);            //构造单色画刷 sb1
SolidBrush sb2 = new SolidBrush(Color.FromArgb(50, Color.Black));
                                                         //构造单色画刷 sb2
Font f= new Font("宋体", 50, FontStyle.Bold);            //声明字体对象 f

private void Form1_Load(object sender, EventArgs e)
{
    g = this.CreateGraphics();                           //构造画布
}
```

然后,实现阴影文字的输出,程序源代码如下。

```
private void button1_Click(object sender, EventArgs e)
{
    this.Refresh();                                      //刷新窗体
    g.ResetTransform();                                  //还原坐标系
    g.DrawString("阴影效果", f, sb2, 5, 15);             //输出阴影字
    g.DrawString("阴影效果", f, sb1, 0, 10);             //输出实体字
}
```

在绘制阴影字时,由于阴影是显示在实体字后方的,因此根据图层顺序,需要先在实体字的偏右下位置输出阴影文本,然后再输出实体文本。例如,实体字输出的坐标位置为(x,y),那么往右下方偏移的阴影文本就应该输出在(x+Δx, y+Δy)坐标位置;其中,Δx 和 Δy 是阴影文字相对于实体文字的水平和垂直位置偏移量,改变这两个参数的正负、大小就可以控制阴影的方向和距离。

从本例可以看出,实体字输出在(0,10)位置上,阴影字输出在(5,15)位置上,阴影相对于实体字的水平、垂直位置增量(Δx 和 Δy)均为 5 像素,从而实现了右下方向的阴影文字输出。

此外,还可以将坐标系先按(Δx, Δy)平移后,绘制阴影字,然后还原坐标系,再在相同位置绘制实体字,从而实现阴影文本的输出(请读者自行尝试)。

最后,实现倒影文字的输出,程序源代码如下。

```
private void button2_Click(object sender, EventArgs e)
{
    this.Refresh();                                      //刷新窗体
    g.ResetTransform();                                  //还原坐标系
    g.ScaleTransform(1, 0.5f);                           //缩放坐标系,纵向缩小一半
    g.DrawString("倒影效果", f, sb1, 0, 20);             //输出实体字
    g.ScaleTransform(1, -1);                             //坐标系垂直翻转
    g.DrawString("倒影效果", f, sb2, 0, -160);           //输出倒影字,最后一个参数值-160是通
                                                         //过调试和计算得到的倒影字的垂直位置
}
```

在绘制倒影字时,为了在不更改字体对象字号的条件下控制倒影字的显示高度,可以先通过 g.ScaleTransform(1, 0.5f);语句将坐标系纵向缩小一半后,再输出实体文本。然后,为了使后续输出的文本呈现倒影状态,通过 g.ScaleTransform(1,－1);语句垂直翻转坐标系。最后,调用 DrawString()方法输出倒影文本。

坐标系垂直翻转后,第一象限会被翻转到窗体可见区域上方,因此在输出倒影文本时,需要计算好文本输出的位置,使其最终能显示在实体文本的下方。

可以看到,以上两个绘图按钮触发时,首先调用 this.Refresh();刷新了窗体,为的是把画布上原有的内容清除干净后再绘制新的艺术文字;然后调用 g.ResetTransform();将坐标系还原,这是由于在绘制倒影文本时,坐标系会被改变,为不影响后续重新绘图,统一在绘制新的艺术文字之前重置坐标系。本例中的画布、画刷及字体对象都是公共的,故绘图完成后不使用 Dispose()方法释放绘图对象。

5.3　图像处理

5.3.1　图像的加载和显示

GDI＋除了能绘制矢量图(即根据线条、形状等几何特性绘制出来的图形)外,还提供了更高级的图像处理功能,实现这些功能的相关类被包含在 System.Drawing.Imaging 名称空间中。

在通过 Graphics 类创建的画布上,不仅能绘制几何图形,更能处理位图(即由一个个像素构成的图像,每个像素都具有特定的位置和颜色值)。为处理图像,首先需要将其加载并显示到用户创建的画布上,然后,在画布上对该图像进行修改。例如,对图像进行绘制、裁切、缩放、翻转等操作。

在窗体或其他控件上加载和显示图像的一般步骤如下。

(1) 创建画布对象

通常情况下,我们会选择直接在窗体上或图像框中绘制(或处理)图像。最简单地,可以通过以下语句创建画布。

```
Graphics 画布对象 = 窗体或控件名.CreateGraphics();
```

或者

```
Graphics 画布对象 = e.Graphics;                    //Paint 事件
```

有关创建 Graphics 画布对象的更多方法详见 5.1.3 节的介绍。

(2) 创建位图对象

要将图像文件加载到画布上,需要首先创建 Bitmap 对象。可以通过以下两种方法创建 Bitmap 对象。

```
Bitmap 位图对象名 = new Bitmap("图像文件路径");
```

或者

```
Bitmap 位图对象名 = (Bitmap)Image.FromFile("图像文件路径");
```

Bitmap 类支持 BMP、GIF、JPEG、PNG 和 TIFF 等多种文件格式。

(3) 绘制图像

在创建好 Bitmap 对象后,可使用 Graphics 对象的 DrawImage()方法在画布上绘制图像。该方法有多种重载形式,能显示图像的最基本格式如下。

```
画布对象.DrawImage(位图对象, X, Y);            //X、Y 为 int 或 float 型
画布对象.DrawImage(位图对象, pt);              //pt 为 Point 或 PointF 型
```

这表示在指定的坐标位置根据图像的原始物理大小绘制图像。其中,(X,Y)和 pt 均表示图像在画布上加载的位置坐标。

例如,以下程序代码实现了从 JPEG 文件创建 Bitmap 对象并按其原始大小进行绘制。

```
private void Form1_Paint(object sender, PaintEventArgs e)
{
    Graphics g = e.Graphics;                       //创建画布 g
    Bitmap pic = new Bitmap("bubble.jpg");         //创建位图 pic
    g.DrawImage(pic, 5, 5,pic.Width,pic.Height);   //按图像原始大小加载并显示
    this.ClientSize = new Size(pic.Width + 10, pic.Height + 10);
                                                   //调整窗体大小使之适应载入的图像
}
```

图 5-17 显示了位图的绘制效果,最后一句 this.ClientSize = new Size(pic.Width + 10, pic.Height + 10);的作用是使窗体大小能自动适应载入的图像。

图 5-17 图像的加载和显示

注意：这里的"图像的加载和显示"是指将图像绘制到画布上，它与 5.1.3 节中介绍的将"图像作为画布"的含义有所不同，请读者注意不要混淆。

5.3.2 图像的缩放和裁切

通过 Graphics 类的 DrawImage()方法，不仅能按图像文件的原始大小显示图片，还可以根据指定的大小进行显示，甚至可以从原始图像中裁切出一部分进行单独显示。

1. 图像缩放

图像缩放是指将 Bitmap 对象在画布上指定的区域内绘制出来，格式如下。

```
画布对象.DrawImage(位图对象, X, Y, W, H);    //X、Y、W、H 为 int 或 float 型
画布对象.DrawImage(位图对象, rect);          //rect 为 Rectangle 或 RectangleF 型
```

其中，(X，Y，W，H)和 rect 均表示图像在画布上加载的位置坐标和宽高。因此，若要将图像按其原始大小加载并显示，也可以在调用 DrawImage()方法时，指定 W 和 H 参数为 Bitmap 对象的宽和高。

当 W 或 H 为负值时，可实现图像在水平或垂直方向上反向绘制。

2. 图像裁切

图像裁切指对于 Bitmap 对象，选取其中的一部分，在画布上指定的区域内绘制出来，格式如下。

```
画布对象.DrawImage(位图对象, X, Y, sRect, sUnit);     //X、Y 为 int 或 float 型
画布对象.DrawImage(位图对象, dRect, sX, sY, sW, sH, sUnit);
                                                    //sX、sY、sW、sH 为 int 或 float 型
画布对象.DrawImage(位图对象, dRect, sRect, sUnit);    //dRect、sRect 为 Rectangle
                                                    //或 RectangleF 型
```

其中，(sX,sY，sW，sH)或 sRect 参数均用来指定在 Bitmap 对象中要裁切的原始区域；(X，Y)参数指定了裁切下的内容要绘制在画布上的哪个坐标位置；若裁切下的内容还要同时进行缩放，则需要将(X，Y)参数改成 dRect 参数，以指明绘制的位置与大小。

图像裁切时，还有一个必选参数 sUnit，它表示对原始图像进行裁切的单位。通常情况下，使用 GraphicsUnit.Pixel 枚举值，表示以像素为单位进行图像裁切。

例 5.9 在窗体上建立 2 个图像框控件，完成一个能实现如图 5-18 所示的图像缩放和裁切效果的程序，要求：

① 图像文件 fruit2.jpg 以原始大小载入左侧图像框。
② 双击原始图像，将其正好缩放至右侧图像框中。
③ 选取原始图像中的局部，将其正好裁切至右侧图像框中。

(a) 图像缩放效果

(b) 图像裁切效果

图 5-18　例 5.9 程序运行界面

分析：

① 要分别在两个事件中触发绘图，需要从图像文件创建公共 Bitmap 对象 pic 以及声明公共的画布对象 g。

② 由于左侧图像框（pictureBox1）在载入原始图像后只用于图像显示和选取，不再绘制图像，因此可以直接通过图像框的 Image 属性载入 Bitmap 对象，并且将该控件的 SizeMode 属性值设为 AutoSize，使之能自适应图像原始大小。

③ 图像缩放与裁切的目标位置在右侧图像框（pictureBox2）中，因此要在该控件上创

建画布 g 并按要求绘制图像。

④ 图像缩放通过 pictureBox1 的 DoubleClick 事件触发,通过调用 DrawImage()方法,使图像缩放到 pictureBox2 中(即画布 g 上),并且指定目标位置为(0,0),缩放大小与 pictureBox2 同宽高(即 rect)。

⑤ 图像的裁切通过鼠标在 pictureBox1 上选取裁切区域触发,选取过程中会触发 pictureBox1 的 MouseDown 和 MouseUp 事件,在这两个事件中,分别能获取裁切区域的起、终点坐标,以此计算出裁切区域在原始图像中的位置和大小(即 sRect);然后,再调用 DrawImage()方法,使原始图像中的 sRect 区域缩放到 pictureBox2 中(即画布 g 上),并且指定目标位置为(0,0),缩放大小与 pictureBox2 同宽高(即 dRect)。

程序源代码如下。

```csharp
Bitmap pic = new Bitmap("fruit2.jpg");              //创建 Bitmap 对象
Graphics g;                                         //声明画布 g

private void Form1_Load(object sender, EventArgs e)
{
    pictureBox1.Image = pic;                        //原始图像载入 pictureBox1
    pictureBox1.SizeMode = PictureBoxSizeMode.AutoSize;
                                                    //pictureBox1 大小自适应图像
    g = pictureBox2.CreateGraphics();               //创建画布 g
}

private void pictureBox1_DoubleClick(object sender, EventArgs e)
{
    g.DrawImage(pic, 0, 0, pictureBox2.Width, pictureBox2.Height);
                                                    //图像缩放至 pictureBox2
}

int x, y;
private void pictureBox1_MouseDown(object sender, MouseEventArgs e)
{
    x = e.X;                                        //获取图像选取的开始坐标位置 X
    y = e.Y;                                        //获取图像选取的开始坐标位置 Y
}

private void pictureBox1_MouseUp(object sender, MouseEventArgs e)
{
    int sX,sY,sW,sH;                                //声明 sX、sY、sW、sH 构成目标区域 sRect
    sX = x < e.X ? x : e.X;                         //计算裁切区域的坐标位置 sX
    sY = y < e.Y ? y : e.Y;                         //计算裁切区域的坐标位置 sY
    sW = Math.Abs(x - e.X);                         //计算裁切区域的宽 sW
    sH = Math.Abs(y - e.Y);                         //计算裁切区域的高 sH
```

```
        Rectangle sRect = new Rectangle(sX,sY,sW,sH);    //建立裁切区域 sRect
        Rectangle dRect = new Rectangle(0, 0, pictureBox2.Width, pictureBox2.
Height);
                                                  //建立缩放区域 dRect
        g.DrawImage(pic, dRect, sRect, GraphicsUnit.Pixel);
                                                  //图像裁切至 pictureBox2
    }
```

要进行图像的裁切和缩放,关键是要建立裁切的原始区域 sRect 参数和缩放的目标区域 dRect(或 rect,仅缩放不裁切时)参数。本例中,通过 MouseDown 事件获取了选取的起点坐标,通过 MouseUp 事件获取了选取的终点坐标,并且利用条件表达式和 Math.Abs()(取绝对值)等方法,实现了从 4 个方向(即左下、右下、左上、右上)上选取都能计算出表示裁切区域的 sRect 参数;而表示缩放的目标区域的 dRect(或 rect)参数则是以 pictureBox2 为画布的,从原点开始以控件宽、高为大小的矩形区域。本例无法实现在原图中建立选区时,将选区用虚线框框起来。要实现这个功能,请参考本书配套的例 5.9(续)程序。

5.3.3 图像的旋转、反射和扭曲

通过 Graphics 类的 DrawImage() 方法,不仅能将图像进行显示、缩放和裁切,还可以通过仿射变换,将矩形图像进行旋转、反射和扭曲。此外,通过 Bitmap 类的 RotateFlip() 方法也能实现图像的旋转和翻转。

1. 图像的仿射变换

通过指定原始图像的左上、右上及左下 3 点在坐标系中的映射位置坐标,可以旋转、反射和扭曲图像,这 3 个坐标点确定了将原始的矩形图像映射为平行四边形的仿射变换。

例如,假设原始图像是一个矩形,其左上、右上和左下角分别位于 (0, 0)、(200, 0) 和 (0, 100) 坐标位置,现在将这 3 个原始坐标点按表 5-9 所示映射到目标坐标点。

表 5-9 仿射变换要求

序 号	原 始 位 置	原 始 坐 标	目 标 坐 标
1	左上角	(0, 0)	(150, 120)
2	右上角	(200, 0)	(20, 170)
3	左下角	(0, 100)	(240, 160)

图 5-19 显示了原始图像按上述要求映射变换为平行四边形的效果。可以看出,原始图像已被扭曲、反射、旋转和平移。沿着原始图像上边缘的 X 轴被映射到通过 (150, 120) 和 (20, 170) 的直线,沿着原始图像左边缘的 Y 轴被映射到通过 (150, 120) 和 (240, 160) 的直线。

为实现图像的仿射变换,可以将 Bitmap 对象在画布上指定的平行四边形区域内绘制出来。绘制时,仍然使用 Graphics 对象的 DrawImage() 方法,格式如下。

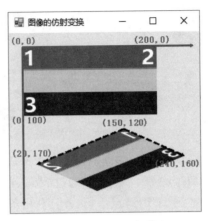

图 5-19 仿射变换效果

画布对象.DrawImage(位图对象, pts, sRect, sUnit);   //pts 为 Point 型或 PointF 型数组

其中，sRect 参数指定在 Bitmap 对象中要进行仿射变换的原始区域（可以是整图，也可以是其中的一个矩形选区）；pts 参数是一个包含了 3 个映射坐标点的 Point（或 PointF）型数组，通过 3 点建立一个平行四边形的原理，指定了仿射变换目标区域的位置、形状和大小；而必选参数 sUnit 和前面一样指明了对仿射变换原始区域进行选取的单位，通常情况下，使用 GraphicsUnit.Pixel 枚举值，表示以像素为单位。

例 5.10 编写一个能实现图像仿射变换的程序，通过鼠标单击建立仿射区域，对原始图像进行仿射变换，程序运行效果如图 5-20 所示。要求：

① 窗体右侧图像框中载入原始图像，仅作显示。

② 窗体左侧绘制坐标系，在坐标系中，通过 3 次单击鼠标选取仿射区域，绘制从原图到仿射区域的变换图像。

③ 每次鼠标单击时，窗体右下角记录映射坐标的位置。

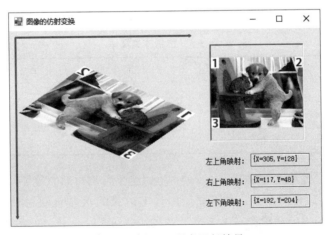

图 5-20 例 5.10 程序运行效果

分析：

① 本程序在窗体载入时，载入原始图像并绘制坐标系；在鼠标单击时，建立仿射区域并绘制仿射图像。因此，需要从图像文件创建公共 Bitmap 对象 pic 以及声明公共的画布对象 g。

② 由于右侧图像框（pictureBox1）在载入原始图像后，只用于原始图像的显示，不再绘制图像，因此可以直接通过图像框的 Image 属性载入 Bitmap 对象，并且将该控件的 SizeMode 属性值设为 Zoom，使之能同比例自适应 pictureBox1 大小。

③ 为抓取鼠标在坐标系中单击点的坐标数据，需要编写 MouseClick（而不是 Click）事件处理程序，获取 MouseEventArgs 对象的坐标值，即 e.X 和 e.Y，用来构造仿射区域并绘图。

④ 由于 3 次鼠标单击才构建一个仿射区域，因此需要一个公共变量 i 来记录鼠标单击的次数。当鼠标第 1、2 次单击时，仅保存并显示坐标数据；当鼠标第 3 次单击时，不仅要保存和显示坐标数据，还要调用 DrawImage() 方法，以 3 个坐标点构成的 Point 型数组作为平行四边形仿射区域进行绘图；最后还要将 i 清零，为下一次仿射变换做准备。

程序源代码如下。

```
Graphics g;                                          //声明公共画布 g
Bitmap pic = new Bitmap("rabbit_dog.jpg");           //创建公共 Bitmap 对象 pic

private void Form1_Load(object sender, EventArgs e)
{
    pictureBox1.Image = pic;
    pictureBox1.SizeMode = PictureBoxSizeMode.Zoom;
    pictureBox1.BorderStyle = BorderStyle.Fixed3D;
}    //原始图像载入 pictureBox1

private void Form1_Paint(object sender, PaintEventArgs e)
{
    g = this.CreateGraphics();
    g.TranslateTransform(10,10);
    Pen p = new Pen(Color.Red, 3);
    p.EndCap = LineCap.ArrowAnchor;
    g.DrawLine(p, 0, 0, 300, 0);
    g.DrawLine(p, 0, 0, 0, 300);
}    //创建画布，绘制坐标轴系

int i = 0;
Point[] pts = new Point[3];
private void Form1_MouseClick(object sender, MouseEventArgs e)
{
    pts[i] = new Point(e.X, e.Y);    //抓取的坐标点保存至 Point 数组中，构建仿射区域
```

```
        if (i < 2)
        {
            if (i == 0)                                  //第 1 个点
            {
                this.Refresh();                          //清除上一次仿射变换结果
                textBox1.Text = pts[i].ToString();       //坐标点 1 数据显示在窗体右下方
                textBox2.Text = "";
                textBox3.Text = "";
            }
            else                                         //第 2 个点
                textBox2.Text = pts[i].ToString();       //坐标点 2 数据显示在窗体右下方
            i++;
        }
        else                                             //第 3 个点
        {
            textBox3.Text = pts[i].ToString();           //坐标点 3 数据显示在窗体右下方
            Rectangle sRect = new Rectangle(0, 0, pic.Width, pic.Height);
                                                         //创建仿射原始区域
            g.DrawImage(pic, pts, sRect, GraphicsUnit.Pixel);   //绘制仿射图像
            i = 0;                                       //将 i 清零,为下一次仿射变换做准备
        }
    }
```

从上述代码可以看出,窗体的 MouseClick 事件触发后,根据公共变量 i 判断当前映射的坐标点是原始图像的左上、右上还是左下角。每次单击时,都要保存和显示坐标数据;除此之外,第 1 次单击时需要清除前一次的绘图结果及坐标数据(显示在窗体右下角);第 3 次单击时还要触发绘图并清空计数器,为下一次变换做准备。

不难看出,只要将原始图像左上、右上及左下 3 点的映射位置选取合理,就能通过仿射变换,轻松地实现图像的旋转、反射和扭曲等操作。

例如,要将如图 5-19 所示的原始图像进行逆时针旋转 90°(效果如图 5-21(a)所示),可以将原图中所示的 1、2、3 点的目标位置映射到以下 Point 数组所定义的坐标点。

```
Point[] pts = {new Point(0,200), new Point(0,0), new Point(100,200)};
                                                //定义逆时针旋转目标 3 点
```

又如,要将如图 5-19 所示的原始图像进行水平翻转(效果如图 5-21(b)所示),可以将原图中所示的 1、2、3 点的目标位置映射到以下 Point 数组所定义的坐标点。

```
Point[] pts = {new Point(200,0), new Point(0,0), new Point(200,100)};
                                                //定义水平翻转目标 3 点
```

定义好映射目标后,可以调用以下语句绘制图形。

```
g.DrawImage(pic, pts,sRect,GraphicsUnit.Pixel);        //绘制旋转或翻转图形
```

说明：以上代码仅建立了对原图进行旋转(或翻转)的映射坐标并调用了绘制图形的方法，要完成如图 5-21(a)和(b)所示的程序，请参考本章配套的实例源代码。

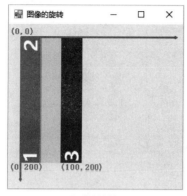 

(a) 逆时针旋转90°　　　　　　　　(b) 水平翻转

图 5-21　旋转和翻转效果

2. 图像的旋转和翻转

要实现图像的旋转和翻转，除利用仿射变换的方法绘制图像外，还有更为便捷的手段。我们可以利用 Bitmap 类(或 Image 类)的 RotateFlip()方法，在图像绘制前(即调用 DrawImage()方法之前)，直接对位图对象进行旋转和翻转。

对于图像的旋转，最常见的是按 90°的倍数进行旋转，例如 90°、180°、270°(逆时针 90°)。对于图像的翻转，通常是沿 X 轴(水平翻转)或 Y 轴(垂直翻转)进行翻转。如果使用 Bitmap 对象的 RotateFlip()方法翻转或者同时旋转和翻转图像，其格式如下。

```
位图对象.RotateFlip(rfType);                //旋转和翻转 Bitmap 对象
```

其中，参数 rfType 指定了图像要旋转和翻转的类型，其值是 RotateFlipType 枚举型，可以同时进行旋转和翻转。例如，将图像对象 pic 旋转 180°后再垂直翻转，可以使用以下语句。

```
pic.RotateFlip(RotateFlipType.Rotate180FlipY);
```

又如，将图像逆时针旋转 90°，再水平、垂直方向同时翻转，可以使用以下语句。

```
pic.RotateFlip(RotateFlipType.Rotate270FlipXY);
```

在 RotateFlipType 枚举型值中，Rotate 后可以是 90、180、270 和 None，分别表示顺时针旋转的度数或不旋转；Flip 后可以是 X、Y、XY 和 None，分别表示水平翻转、垂直翻转、水平垂直同时翻转或不翻转。

例 5.10（续） 在例 5.10 的基础上编写程序，要求能将原始图像进行旋转、翻转和还原等操作，同时使仿射变换也可以基于旋转或翻转后的效果进行。程序运行效果如图 5-22 所示。

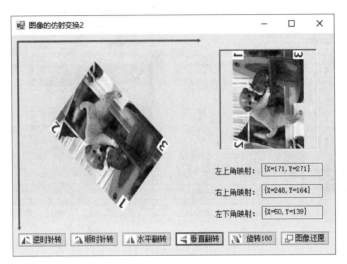

图 5-22 例 5.10（续）程序运行效果

分析：

① 在进行旋转、翻转等操作时，直接调用 Bitmap 对象的 RotateFlip() 方法，根据每个按钮的需求设置 RotateFlipType 值，即可实现相应的功能。

② 由于旋转、翻转等操作是对 Bitmap 对象进行的，为最终更新图像框控件内的显示效果，需要在每次旋转或翻转操作后，用控件的 Refresh() 方法进行刷新。

③ Bitmap 对象在一系列的旋转、翻转操作后已被改变，此时若要还原图像，则需要重新从物理位置上加载 Bitmap 对象并刷新图像框控件。

④ 原始图像旋转或翻转后，如果之前已经绘制过仿射图形，那么应该在原来的仿射区域内实现同步变化。用户可以自定义一个能实现仿射区域重绘的 affineUpdate() 方法，并且在原始图像旋转、翻转或还原后调用它。

程序源代码如下。

```
...                                                  //其余代码见例 5.10
private void button1_Click(object sender, EventArgs e)
{
    pic.RotateFlip(RotateFlipType.Rotate270FlipNone);    //逆时针旋转 90°
    pictureBox1.Refresh();                               //刷新图像框
    affineUpdate()                                       //同步更新仿射区域
}     //逆时针旋转 90°
...   //其余旋转、翻转等操作在 button2_Click~button5_Click 中实现，源代码类似
```

```
        //改变 RotateFlipType 的值即可

    private void button6_Click(object sender, EventArgs e)
    {
        pic = new Bitmap ("rabbit_dog.jpg");
        pictureBox1.Image = pic;                        //重新从物理位置加载图像
        affineUpdate();                                 //同步更新仿射区域
    }   //还原图像

    private void affineUpdate()
    {
        Rectangle sRect = new Rectangle(0, 0, pic.Width, pic.Height);
        g.DrawImage(pic, pts, sRect, GraphicsUnit.Pixel);
    }   //同步更新仿射区域
```

从最后一段代码可以看出,在重绘仿射图形前,要重新定义仿射的原始区域 sRect,这是因为当图像被旋转或翻转后,其宽高比可能会发生变化。因此,为了使仿射效果随图像的旋转和翻转操作同步更新,要重新定义这个 sRect 参数,使之与变换后的 Bitmap 对象宽、高相同,然后再重绘图形。

5.3.4 图像的打开和保存

为编写更为灵活的图像处理程序,经常会配合使用"打开文件"对话框和"保存文件"对话框(详见 4.3 节的介绍),来实现图像文件的打开和保存。

图像打开时,可以获取"打开文件"对话框的 FileName 属性所指定的图像路径来创建 Bitmap 对象,格式如下。

```
Bitmap 位图对象 = new Bitmap(打开文件对话框对象.FileName);
```

图像保存时,可以调用 Bitmap 对象的 Save() 方法,将图像保存到"保存文件"对话框的 FileName 属性所指定的图像路径,格式如下。

```
位图对象.Save(保存文件对话框对象.FileName);
```

通常情况下,图像文件在"打开"和"保存"之间必然会进行一些编辑操作。而这些编辑操作实际上就是对打开时加载到内存中的 Bitmap 对象通过一系列的图形绘制或图像处理手段,在其上进行修改更新,最终使之得以保存。

在进行图形绘制或图像处理之前,最先要做的事情就是创建画布。在 5.1.3 节中,我们曾学习过,创建 Graphics 画布对象有以下几种方法。
- 使用 CreateGraphics() 方法;
- 利用 PaintEventArgs 参数传递 Graphics 对象;

• 使用 Graphics.FromImage()方法从 Image 对象创建。

其中,前两种方法都只能将控件作为画布,把图形(或图像)绘制在控件上。由于图像的保存需要调用 Bitmap 类(或其父类 Image 类)的 Save()方法,因此为了使绘制好的图形(或图像)得以保存,选择在 Image 对象上创建画布是最为合适的。

例 5.11 编写一个图像处理程序,要求从用户指定的位置打开图像文件,对其进行适当的编辑后,能直接保存或另存到用户指定的路径上。程序运行效果如图 5-23 所示。

(a) 图像标记前　　　　　　　　(b) 图像标记后

图 5-23　例 5.11 程序运行效果

分析:

① 在窗体上创建 1 个图像框和 1 个工具栏,其中工具栏中创建 、、和 4 个按钮。窗体载入时,进行控件的初始化操作。

② 在窗体上创建"打开文件"对话框和"保存文件"对话框;文件打开时,把指定位置上的图像加载至 Bitmap 对象,然后在该对象上创建画布,对其进行编辑;文件保存时,调用 Bitmap 对象的 Save()方法,将图像保存到"保存文件"对话框的 FileName 属性所指定的图像路径。

③ 需要声明一个公共的 nowPicPath 变量,用于存放当前正在操作的图像文件的路径,为图像的直接保存做准备。

④ 由于需要多个事件处理程序配合完成打开、编辑、保存等一系列操作,画布和位图对象都要声明成公共的。

⑤ 本例重点说明图像的打开和保存操作,以及进行图像编辑时的画布该如何创建;对于具体作何种编辑,读者可以任意选择。本例中实现了一个简单的给图像左上、右上、左下角做矩形彩色标记的功能。

程序源代码如下。

```
private void Form1_Load(object sender, EventArgs e)
{
```

```csharp
        ...                          //代码略,详见本书配套的程序源代码
}       //完成窗体和控件的初始化操作

Graphics g;                          //声明公共画布 g
Bitmap pic0,pic;                     //声明公共位图对象 pic0、pic
string nowPicPath;                   //声明公共变量 nowPicPath,存放当前正在操作的文件

private void open_Click(object sender, EventArgs e)
{
    openFileDialog1.FileName = "";
    openFileDialog1.Filter = "所有图像文件|*.jpg;*.bmp;*.gif;*.tif;*.png
|JPG图像|*.jpg|BMP图像|*.bmp|GIF图像|*.gif|TIF图像|*.tif|PNG图像|*.png";
    if(openFileDialog1.ShowDialog()==DialogResult.OK )
    {
        nowPicPath = openFileDialog1.FileName ;   //记录当前正在操作的文件路径
        pic0 = new Bitmap(nowPicPath);       //pic0 获取物理路径上的图像
        pic = new Bitmap(pic0.Width, pic0.Height);  //创建空的 pic,大小同 pic0
        g = Graphics.FromImage(pic);         //创建 pic 为画布
        g.DrawImage(pic0, 0, 0, pic0.Width, pic0.Height);
                                             //将 pic0 的内容绘至 g 上,也就是 pic 上
        pic0.Dispose();                      //释放 pic0
        pictureBox1.Image = pic;             //pic 装入图像框显示
        pictureBox1.SizeMode = PictureBoxSizeMode.Zoom;
                                             //调整图像显示方式
        save.Enabled = true;                 //图像打开后启用其他按钮
        saveAs.Enabled = true;               //图像打开后启用其他按钮
        mark.Enabled = true;                 //图像打开后启用其他按钮
    }
}

private void mark_Click(object sender, EventArgs e)
{
    int markW = pic.Width / 10;              //设置每个标记的宽
    int markH = pic.Height / 10;             //设置每个标记的高
    SolidBrush sb = new SolidBrush (Color.Red );
    g.FillRectangle(sb, 0, 0, markW, markH);//标记左上角
    sb.Color = Color.Yellow;
    g.FillRectangle(sb, pic.Width -markW, 0, markW, markH);   //标记右上角
    sb.Color = Color.Blue;
    g.FillRectangle(sb, 0, pic.Height -markH, markW, markH);  //标记左下角
    pictureBox1.Refresh();                   //刷新图像框,应用图像更新
}
```

```csharp
private void saveAs_Click(object sender, EventArgs e)
{
    saveFileDialog1.FileName = "";
    saveFileDialog1.Filter = "JPG图像|*.jpg|BMP图像|*.bmp|GIF图像|*.gif|TIF图像|*.tif|PNG图像|*.png";
    if (saveFileDialog1.ShowDialog() == DialogResult.OK)
    {
        nowPicPath = saveFileDialog1.FileName ;      //记录当前正在操作的文件路径
        pic.Save(nowPicPath);                        //保存文件
    }
}

private void save_Click(object sender, EventArgs e)
{
    pic.Save(nowPicPath);                            //保存文件
}
```

注意：在程序中,我们声明了 2 个 Bitmap 对象 pic0 和 pic,为什么要这样做？这样做的目的是：首先由 pic0 从物理路径上获取图像,然后绘制到作为画布的 pic 上,接着释放掉 pic0,切断与原始图像物理路径上的关联（即关闭图像文件）,之后对图像的修改和保存都由 pic 负责完成。

假设我们只创建了 1 个 Bitmap 对象 pic 并在其上进行编辑,那么如果选择在原位置进行保存,就要调用 pic.Save()；。这样做会失败,因为物理路径上的原始图像文件正被 pic 对象占用着,它不能被释放,这相当于"写保护"状态下的文件不能保存自身。

因此我们需要利用 pic0 作为中转,将原始图像"复制"到 pic 上,再通过释放 pic0 关闭这个图像文件。这样,再次保存到这个物理位置上时,就不会起"冲突"。

说明：通过本程序标记了左上、右上、左下角的图像文件可以作为例 5.10 中图像仿射变换的素材,以方便查看图像的仿射变换效果。

5.4 非规则窗体和控件

在一些游戏程序中,如果把窗体和其他控件制作成不规则形状,会使程序具有更生动美观的界面。在.NET 中,窗体和控件的 Region 属性可以改变其外形,通过将 Region 属性设置成需要的形状,就可获得特殊形状效果的窗体或控件。

其中,形状的定义可通过创建一个路径(GraphicsPath 类)对象实现,格式如下。

```
GraphicsPath 路径对象 = new GraphicsPath();
```

然后,调用表示相应形状(或线条)的 Add 方法将形状(或线条)添加至路径,格式如下。

```
路径对象.Add形状名(参数);
```

这里的 Add 方法可以是具体的 AddRectangle()、AddEllipse()、AddArc()、AddPolygon()、AddLines()等。参数也可以是多个,要根据具体形状(或线条)定义时所需的参数构造。

例如,要添加椭圆形状至路径,可以这样写。

```
路径对象.AddEllipse(rect);
                    //rect 表示椭圆的外切矩形参数,为 Rectangle 或 RectangleF 型
```

可以参考 5.2.1 节表 5-7 中各种绘图方法的参数设置,也可以查阅 MSDN 帮助文档或 VS 开发环境中的对象浏览器,获取更多的路径添加方法。

最后,将路径对象赋予窗体或控件的 Region 属性,就能得到特殊形状的窗体或控件,格式如下。

```
窗体(或控件)对象.Region = new Region(路径对象)
```

下面通过一个简单的例子来说明建立特殊形状的窗体和控件的方法。

例 5.12 将图像装入窗体背景,建立椭圆形状的窗体和菱形的按钮,其中椭圆形状内切于窗体工作区,菱形内接于按钮外边界,能实现程序退出功能。程序运行效果如图 5-24 所示。

图 5-24 例 5.12 程序运行效果

分析:

① 为获取图像的宽高信息,设置窗体工作区与之相同,需要将图像文件创建至 Bitmap 对象,然后再装入窗体背景和设置窗体大小。

② 创建 GraphicsPath 路径对象,然后分别调用 AddEllipse()和 AddPolygon()方法设置椭圆和菱形路径。

③ 为了使椭圆内切于窗体工作区,需要将椭圆位置设置成原点,椭圆宽高设置成窗体工作区的宽和高;窗体变成椭圆形状后,原窗体右上角的最大、最小和关闭按钮不可见。为了使显示效果达到最佳,可以把窗体外边框去掉,这可以通过设置窗体的 FormBorderStyle

属性实现。

④ 为了使菱形内接于按钮外边框，需要将构成菱形的 4 个坐标点设成按钮 4 条边的中点位置，按钮位置和大小作适当调整。

程序源代码如下。

```csharp
private void Form1_Paint(object sender, PaintEventArgs e)
{
    GraphicsPath gp = new GraphicsPath();              //构造 GraphicsPath 对象 gp
    gp.AddEllipse(new Rectangle(0, 0, this.Width, this.Height));
                                                       //将椭圆轮廓线赋予 gp
    this.Region = new Region(gp);                      //设置 Region 属性
    gp.Reset();                                        //重设 gp
    PointF[] pts = new PointF[4];                      //设置菱形 4 个角的坐标点
    pts[0] = new PointF(0, button1.Height / 2);
    pts[1] = new PointF(button1.Width / 2, 0);
    pts[2] = new PointF(button1.Width, button1.Height / 2);
    pts[3] = new PointF(button1.Width / 2, button1.Height);
    gp.AddPolygon(pts);                                //将菱形轮廓线赋予 gp
    button1.Region = new Region(gp);                   //设置 Region 属性
    gp.Dispose();                                      //释放 gp
}

private void Form1_Load(object sender, EventArgs e)
{
    Bitmap pic = new Bitmap ("kxm.jpg");               //创建 Bitmap 对象 pic
    this.BackgroundImage = pic;                        //设为窗体背景
    this.ClientSize = new Size(pic.Width,pic.Height);  //窗体大小同 pic
    this.FormBorderStyle = FormBorderStyle.None;       //改变窗体边框
    button1.Location = new Point(15, 90);              //定位按钮
    button1.Size = new Size(100, 50);                  //重定义按钮大小
}

private void button1_Click(object sender, EventArgs e)
{
    Application.Exit();                                //退出程序
}
```

由于在绘制椭圆窗体和菱形按钮时使用了同一个路径对象 gp，因此在以上程序源代码中，当窗体设成椭圆形状后，要通过语句 gp.Reset();把原来的路径清空，然后再添加菱形，设置按钮形状。如果不把之前路径清空而直接往原路径中添加菱形，会使绘制出来的按钮形状变成两种形状的叠加。读者可以自行尝试把语句 gp.Reset();去掉，对比程序运行效果。

5.5 综 合 应 用

本章首先介绍了 GDI+的基础知识,包括绘图的一般步骤、坐标系的概念、Graphics 类、GDI+中常用的数据类型等。然后介绍了利用画笔绘制线条和形状,以及利用画刷填充封闭图形和输出文本。接着介绍了图像的加载与显示、缩放与裁切以及仿射等处理方法。最后介绍了非规则窗体和控件的制作方法。

通过对本章的学习,读者不但可以编写简单的二维图形(或图像)处理程序,还可以绘制一些艺术图形和函数图形。

1. 旋转艺术图形的绘制

旋转艺术图形通常是某个单一的形状(或线条)经过坐标系反复旋转绘制(或填充)而成,再经过双色、彩色等手段处理形成具有中心对称特点的艺术图形。

例 5.13 编写程序,在图像框中绘制两个旋转艺术图形,分别实现旋转双色矩形和十色花瓣效果,程序运行界面如图 5-25 所示。

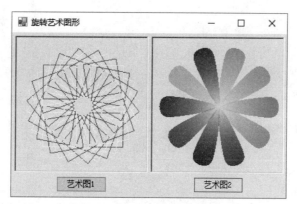

思政材料

图 5-25 例 5.13 程序运行界面

分析:

① 使用 TranslateTransform()方法将坐标中心移至图像框的中心位置;使用 RotateTransform()方法对坐标系进行旋转,每次绘图都从坐标系当前状态出发。

② 旋转双色矩形通过坐标旋转 36 次,每次绘制矩形并调用 RotateTransform(10),同时判断当前旋转次数的奇偶性来修改画笔颜色,实现双色效果。

③ 十色花瓣通过坐标旋转 10 次,每次填充闭合曲线并调用 RotateTransform(36),同时用随机数 Random 类对象创建当前花瓣的随机色彩,实现彩色效果。

④ 为了使十瓣花图形的花瓣效果更为自然,可以使用渐变刷对花瓣进行填充,巧妙地利用渐变刷的前、背景色制作从中心往外部逐渐由浅(透明)至深(随机彩色)的花瓣效果。

程序的源代码如下。

```csharp
using System.Drawing.Drawing2D;                    //渐变刷需要引用此名称空间
...
private void button1_Click(object sender, EventArgs e)
{
    Graphics g = pictureBox1.CreateGraphics();     //创建画布 g
    Pen p = new Pen(Color.Blue,1);                 //创建画笔 p
    g.TranslateTransform(pictureBox1.Width / 2, pictureBox1.Height / 2);
                                                   //坐标平移
    for (int i = 0; i < 36; i++)
    {
        if (i % 2 == 0)
            p.Color = Color.Red;
        else
            p.Color = Color.Yellow;                //构造双色画笔
        g.DrawRectangle(p, 10, 10, 50, 50);        //绘制矩形
        g.RotateTransform(10);                     //坐标旋转
    }
    p.Dispose();
    g.Dispose();
}

private void button2_Click(object sender, EventArgs e)
{
    Graphics g = pictureBox2.CreateGraphics();     //创建画布 g
    Point pt1 = new Point(0,0);
    Point pt2 = new Point(90,0);
    LinearGradientBrush lb = new LinearGradientBrush(pt1, pt2, Color.White, Color.Black);
                                                   //创建渐变刷 lb
    Point[] pts = { new Point(0,0), new Point(80, -15), new Point(80, 15) };
                                                   //构造花瓣参数
    g.TranslateTransform(pictureBox2.Width /2, pictureBox2.Height /2);
                                                   //坐标平移
    Random ran = new Random();                     //定义随机数对象
    for (int i = 0; i < 10; i++)
    {
        Color c1 = Color.Transparent;              //渐变刷 lb 前景透明色
        Color c2 = Color.FromArgb(ran.Next(256), ran.Next(256), ran.Next(256));
                                                   //渐变刷 lb 背景随机彩色
        lb.LinearColors = new Color[] { c1, c2 };  //修改颜色
        g.FillClosedCurve(lb, pts);                //填充花瓣
        g.RotateTransform(36);                     //坐标旋转
```

```
    }
    lb.Dispose();
    g.Dispose();
}
```

从以上程序代码可以看出,在定义好渐变刷后,可以通过修改渐变刷对象的 LinearColors 属性更改前、背景色。该属性是一个 Color 型数组,由两个元素构成:一个定义前景色,另一个定义背景色。其中,Color.Transparent 表示透明,而利用随机数 Random 类构造的 Color.FromArgb(ran.Next(256),ran.Next(256),ran.Next(256)) 则表示随机彩色。

2. 函数图形的绘制

对于由函数构成的曲线图形,可将其视为由许多短线段连接而成,可在定义域范围内,求出曲线上一系列点的坐标(x,y),然后用画直线方法 DrawLine() 将这些点首尾连接起来。

例 5.14 编写一个应用程序,绘制衰减余弦曲线,公式为 $y=e^{-0.1x}\cos(x)$。程序运行界面如图 5-26 所示。

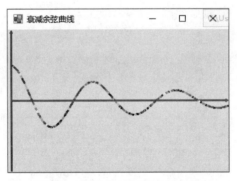

图 5-26 例 5.14 程序运行界面

分析:

① 为了将坐标系变换到如图 5-26 所示的状态,需要进行坐标平移、翻转等操作。由于 Y 轴默认向下,因此可以利用 ScaleTransform(1,-1) 实现坐标系的上下翻转。

② 根据所画曲线的最大值确定绘图的坐标单位,衰减余弦函数的最大值为 1,可用画布高度的 1/4 表示。因此,曲线上每一点的 y 坐标值可以是"实际值 * 画布高度的 1/4",而 x 坐标值也需要扩大,用 20 个像素表示 1 个横坐标单位,否则绘制出的图形太小,体验感差。

③ 绘制曲线时,先给出曲线的起始点 pt1,通过循环每隔一个步长求一个函数的值,并且转换成相应的坐标值 pt2。然后用 DrawLine() 方法把两点相连,再将 pt1 更新成 pt2,继续画下一线段。

程序的源代码如下。

```csharp
using System.Drawing.Drawing2D;              //坐标轴末端的箭头需要引用此名称空间
...
private void Form1_Paint(object sender, PaintEventArgs e)
{
    Graphics g = e.Graphics;                 //创建 Graphics 对象实例
    Pen p = new Pen(Color.Red,3);            //创建红色画笔
    p.EndCap = LineCap.ArrowAnchor;          //画笔结束端加箭头(绘制坐标轴时用)
    int h = this.ClientSize.Height; ;        //绘图区高度
    g.TranslateTransform(5, h / 2);          //坐标平移
    g.ScaleTransform(1, -1);                 //坐标(垂直)翻转
    g.DrawLine(p, 0, 0, this.ClientSize.Width-5, 0);   //画 X 轴
    g.DrawLine(p, 0, -h / 2, 0, h / 2);      //画 Y 轴
    p.EndCap = LineCap.Flat;                 //取消画笔末端箭头

    PointF pt1 = new PointF(0, h / 4);       //短线段的起始点 pt1(初值为曲线起点)
    PointF pt2 = new PointF(0, 0);           //短线段的终止点 pt2(初值任意设)
    float i, x, y;
    Random ran = new Random();
    for (i = 0; i <= 50; i += 0.1F)          //循环求函数值
    {
        x = i * 20;
                    //X轴上 20 像素表示 1 个坐标单位,绘制出来的图形横向拉长 20 倍
        y = (float)( Math.Exp(-i / 10) * Math.Cos(i) * h / 4);
                    //Y轴上 h/4 像素表示 1 个坐标单位,绘制出来的图形纵向拉长 h/4 倍
        pt2.X = x;
        pt2.Y = y;                           //设置当前绘制的短线段的终点坐标 pt2

        p.Color = Color.FromArgb (ran.Next(256),ran.Next(256),ran.Next(256));
        g.DrawLine(p, pt1, pt2);             //绘制当前短线段

        pt1.X = pt2.X;
        pt1.Y = pt2.Y;                       //把当前线段的终点设成下一线段的起点
    }
    p.Dispose();
    g.Dispose();
}
```

从程序源代码中可以看出,产生每个坐标点时并没有直接套用函数公式 $y=e^{-0.1x}\cos(x)$,而是设置了中间变量 i 作为循环变量,并且将 x 坐标值在其基础上扩大 20 倍、y 坐标值通过计算公式(代入 i 后计算)扩大了 h/4 倍,为什么?

这是因为默认的坐标系是以像素为单位的,它直接把以像素为单位的值作为 x 坐标值,代入函数公式,计算并绘制出来的图形会非常小(读者可以自行尝试观察效果)。因

此,需要通过相应的手段,将绘制出来的图形进行放大。

本例中之所以使用随机彩色短线段绘制曲线,是为了让学习者可以直观地看到曲线是通过点与点之间的连线逐步绘制出来的。在现实应用中,也可以直接使用单色画笔绘制各类函数曲线,这样预览效果更为流畅。此外,本例中循环变量 i 的增量越小,绘制出的曲线越精细;i 的增量越大,绘制出的曲线越粗糙。

3. 参数方程艺术图形的绘制

由参数方程绘制而成的艺术图形通常都是在某个 α 角由小放大的过程中(一般从 0°逐渐放大到 360°),将该角度代入参数方程的两个分量,求得当前满足方程的一点的坐标,再和原点(0,0)相连构成直线,在整个 α 角的逐步变化过程中反复绘制,从而获得意想不到的艺术效果。

通常情况下,用这种方法绘制的图形是平面的。若要产生立体图案,可以在通过 α 代入求得一点坐标后,将(α+Δα)角代入方程求得当前满足方程的另一点的坐标(其中,Δα 的大小固定),再把两点相连构成直线,这样绘制出的图形能达到立体效果。

例 5.15 根据参数方程 x=50(1+sin(5 * α)) * cos(α)和 y=50(1+sin(5 * α)) * sin(α)绘制五瓣花图案,要求能同时绘制平面和立体两种花形效果。程序运行界面如图 5-27 所示。

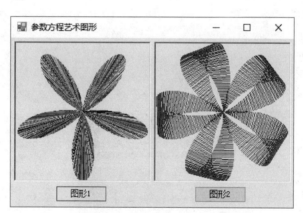

图 5-27 例 5.15 程序运行界面

分析:

① 不难看出在参数方程 x=50(1+sin(5 * α)) * cos(α)和 y=50(1+sin(5 * α)) * sin(α)中,x 和 y 分量有公因子 50(1+sin(5 * α)),为方便起见,可以单独声明该因子为 r。

② α 角从 0°扩大到 360°,由于 Math 类的三角函数的角度是以弧度制为单位的,因此 α 角的取值范围为[0,2π]。编写代码时,声明变量 a 表示 α 角,声明常量 PI 表示圆周率。α 角从小放大的过程可使用循环:for (a = 0; a <= 2 * PI; a += PI / 180),表示每次放大 1°。

③ 绘制立体花形时,需要自定义一个固定的 α 角增量 Δα,从而构造每次绘制直线时

的另一点,这里取 $\Delta\alpha=\pi/6$。

④ 为达到较好的程序运行效果,这里把平面花形设为彩色,立体花形设为双色。程序的源代码如下。

```csharp
private void button1_Click(object sender, EventArgs e)
{
    Graphics g = pictureBox1.CreateGraphics();
    g.TranslateTransform(pictureBox2.ClientSize.Width / 2, pictureBox1.ClientSize.Height / 2);
    Pen p = new Pen(Color.Black);
    const float PI = 3.14F;                //声明圆周率π
    float a, r;                            //变量a为α角,变量r为方程公因子
    int x, y;                              //x、y表示当前α角代入方程后求得的点坐标
    Random ran = new Random();
    for (a = 0; a <= 2 * PI; a += PI / 180)
    {
        r = 50 * (float)(1 + Math.Sin(5 * a));   //求得当前公因子r的值
        x = (int)(r * Math.Cos(a));        //求得当前点横坐标x
        y = (int)(r * Math.Sin(a));        //求得当前点纵坐标y
        p.Color = Color.FromArgb(ran.Next(256), ran.Next(256), ran.Next(256));
        g.DrawLine(p, 0, 0, x, y);         //(x,y)和(0,0)相连,绘制直线
    }
    p.Dispose();
    g.Dispose();
}

private void button2_Click(object sender, EventArgs e)
{
    Graphics g = pictureBox2.CreateGraphics();
    g.TranslateTransform(pictureBox1.ClientSize.Width / 2, pictureBox1.ClientSize.Height / 2);
    Pen p = new Pen(Color.Black);
    const float PI = 3.14F;                //声明圆周率π
    float a, r;                            //变量a为α角,变量r为方程公因子
    int x1, x2, y1, y2;                    //x1、y1表示当前α角代入方程后求得的点坐标
                                           //x2、y2表示当前α+Δα角代入方程后求得的点坐标
    int i = 0;
    for (a = 0; a <= 2 * PI; a += PI / 180)
    {
        r = 50 * (float)(1 + Math.Sin(5 * a));   //求得当前公因子r的值
        x1 = (int)(r * Math.Cos(a));       //求得当前第1点横坐标x1
```

```
            y1 = (int)(r * Math.Sin(a));        //求得当前第 1 点纵坐标 y1
            x2 = (int)(r * Math.Cos(a + PI / 6));
                                                //在临近的位置产生当前第 2 点横坐标 x2
            y2 = (int)(r * Math.Sin(a + PI / 6));
                                                //在临近的位置产生当前第 2 点纵坐标 y2 其中,Δα 取 π/6
            if (i++ % 2 == 0)
                p.Color = Color.Red;
            else
                p.Color = Color.Blue;
            g.DrawLine(p, x1, y1, x2, y2);      //(x1,y1)和(x2,y2)相连,绘制直线
        }
        p.Dispose();
        g.Dispose();
    }
```

本例中之所以用随机彩色绘制平面花形、用双色绘制立体花形,是为了让读者可以直观地看到参数方程艺术图形的绘制过程。在现实应用中,也可以直接使用其他样式的画笔(或画刷)进行绘制,从而达到更为丰富的艺术效果。

5.6 能力提高——图形处理技巧

本节将介绍如何通过输入的数据动态地绘制简单的图表以及如何利用随机图形生成的方法编写验证码程序,通过两个实用性较强的例子帮助读者掌握图形处理技巧。

5.6.1 数据图表的输出

通过学习 GDI+绘图基础,我们可以在坐标系中利用画笔、画刷、颜色等工具,进行各种艺术图形(或文本)的绘制。除此之外,还可以开发 GDI+更强大的功能,即根据输入的数据动态地输出各类图表(如柱形图、折线图、饼图、散点图等),类似于微软 Office Excel 软件上的各类图表,如图 5-28 所示。

图 5-28　Microsoft Excel 部分图表类型

这里通过一个综合性的实例示范饼图、条形图和折线图的绘制方法。当然,对于其他图形的绘制也可以采用类似的处理手段,读者可以在学习完本例后,领会其中的设计思路,自行开发其他图表。

例 5.16　从文本框输入 4 个季度的销售数据并利用这些数据同时绘制出饼图、柱形

图和条形图,注意不同的数据间用颜色加以区分。程序运行界面如图 5-29 所示。

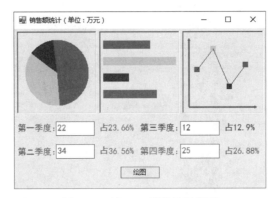

图 5-29　例 5.16 程序运行界面

分析：

① 由于具有相同的输入数据,本例中的饼图、条形图和折线图可以同时绘制,需要分别在 3 个图像框上创建 3 个画布,用 1 个公共的画刷在 3 种图形中进行色彩填充,用 1 支画笔专门绘制折线图中的折线和坐标轴。

② 饼图实际上是由一个个邻接的不同色扇形拼制而成,每个扇形的大小取决于该扇形所代表的季度销量相对于总销量的比例。扇形的绘制可以使用画布对象的 FillPie() 方法完成。其中最重要的参数是每个扇形的起始角 startAngle 和扫过角 sweepAngle。

③ 绘制饼图时,平移坐标中心至图像框中央,就可将饼图圆心定位在整个图表的中心。其中,圆的位置、大小固定,先求出本季度的销售比例 salesRatio(本季度销量/总销量),再乘以 360,就可以求得每个扇形的 sweepAngle。设第一个扇形的 startAngle 为 0,扫过的角度为 sweepAngle,以后每个扇形的 startAngle 是前一个扇形的 startAngle 加当前扇形的 sweepAngle。

④ 条形图是由一个个不同色的矩形绘制而成,每个条宽取决于该矩形所代表的季度销量。矩形的绘制可利用 FillRectangle() 方法完成。其中最重要的参数是每个条的垂直位置 barY 和条宽 barWidth。

⑤ 绘制条形图时,不必平移坐标系。先设最大的那个数据所代表的条宽为 barWidthMax,之后每个条的 barWidth 值为"本季度销量/最大销量 * barWidthMax"。每个条的高设为 barHeight,位置设为(barX,barY),其中 barX 和 barHeight 固定,并且为了使条与条之间有所间距,每个 barY 在前一个条的基础上增加 2 倍 barHeight。

⑥ 折线图是由一个个表示数据点的小矩形和一段段的直线绘制而成,每个数据点的高度取决于该数据点所代表的季度销量。矩形的绘制可利用 FillRectangle() 方法完成,直线的绘制可用 DrawLine 方法完成。其中最重要的参数是每个数据点的位置(pX,pY),即每个矩形的中心位置。

⑦ 绘制折线图时,平移坐标中心至图像框左下角,注意与左、下边界留出适当间距。由于 C# 中默认坐标 Y 轴是往下的,因此还需要对坐标系进行垂直翻转。先设最大的那个数据所代表的数据点垂直位置为 pYMax,之后每个数据点的 pY 值为"本季度销量/最

大销量 * pYMax"。每个数据点的水平位置设为 pX，为了使数据点在水平方向上有所间距，再设置一个能表示该间距的固定值 spaceX，每个 pX 在前一个数据点的基础上增加 spaceX。每个表示数据点的矩形应该以(pX,pY)为中心位置、大小固定进行绘制，折线的绘制应该从第 2 个数据点开始，作当前数据点(pX,pY)与前一个数据点(pX0,pY0)的连线。

程序的源代码如下。

```
using System.Drawing.Drawing2D;              //坐标轴末端的箭头需要引用此名称空间
...
private void button1_Click(object sender, EventArgs e)
{
    TextBox[] tbs = new TextBox[] { textBox1, textBox2, textBox3, textBox4 };
    Label[] lbs = new Label[] {label1, label2, label3, label4, label5, label6, label7, label8};

    pictureBox1.Refresh();                   //每次绘图前刷新绘图控件
    pictureBox2.Refresh();                   //每次绘图前刷新绘图控件
    pictureBox3.Refresh();                   //每次绘图前刷新绘图控件
    Graphics g1 = pictureBox1.CreateGraphics();    //饼图:创建画布 g1
    Graphics g2 = pictureBox2.CreateGraphics();    //条形图:创建画布 g2
    Graphics g3 = pictureBox3.CreateGraphics();    //折线图:创建画布 g3
    Pen p = new Pen(Color.Red, 3);           //折线图:画笔 p,画坐标轴和折线
    p.EndCap = LineCap.ArrowAnchor;          //折线图:画笔 p 末端加箭头
    SolidBrush sb = new SolidBrush(Color.Purple);  //创建画刷 sb,初始颜色任意

    int w = pictureBox1.ClientSize.Width;
    int h = pictureBox1.ClientSize.Height;
    g1.TranslateTransform(w/2,h/2);          //饼图:坐标平移至画布中心

    g3.TranslateTransform(10, pictureBox3.ClientSize.Height -10);
                                             //折线图:坐标平移,距左、下边界各 10
    g3.ScaleTransform(1,-1);                 //折线图:坐标垂直翻转,使 Y 轴向上
    g3.DrawLine(p, 0, 0, pictureBox3.ClientSize.Width - 20,0);
                                             //折线图:绘制坐标 X 轴
    g3.DrawLine(p, 0, 0, 0, pictureBox3.ClientSize.Height - 20);
                                             //折线图:绘制坐标 Y 轴

    float[] salesNum = new float[4];         //salesNum[i]表示第 i 个季度的销量
    float salesMax = 0;                      //salesMax 表示销量最多的那个季度的销量
    float salesTotal = 0;                    //salesTotal 表示所有季度销量总和
    for (int i = 0; i < tbs.Length; i++)
```

```csharp
    {
        salesNum[i] = float.Parse(tbs[i].Text);       //赋值 salesNum[i]
        if (salesNum[i] > salesMax) salesMax = salesNum[i];
                                        //计算 salesMax
        salesTotal += salesNum[i];            //计算 salesTotal
    }

    Rectangle rect = new Rectangle(-60,-60,120,120);       //饼图:定义矩形参数
    float startAngle = 0;       //饼图:startAngle 为每个扇形的起始角
    float sweepAngle;           //饼图:sweepAngle 为每个扇形的大小

    int barX = 5, barY = 15;  //条形图:(barX,barY)为每个条的位置,初值为(5,15)
    int barWidth;                //条形图:barWidth 为每个条的宽
    int barHeight = 15;     //条形图:barHeight 为每个条的高,固定为 15,条间距也是 15
    int barWidthMax = pictureBox2.ClientSize.Width-10;
                            //条形图:barWidthMax 为条宽的最大值,距画布左、右边界各 5

    int pX = 15, pY;           //折线图:(pX,pY)为每个数据点的位置
    int pX0 = 0, pY0 = 0;      //折线图:(pX0,pY0)为每个数据点前一点的位置
    int spaceX = 30;           //折线图:spaceX 为两个数据点横向间距,固定为 30
    int pYMax = pictureBox3.ClientSize.Height - 40;
                            //折线图:pYMax 为数据点的最高值,距画布上边界 30、下边界 10
    p.Color = Color.Blue;
    p.Width = 1;
    p.EndCap = LineCap.Flat;                //折线图:重设画笔,准备画折线

    Random ran =new Random();
    for (int i = 0; i <salesNum.Length; i++)
    {
        float salesRatio = salesNum[i] / salesTotal;
                                    //计算当前季度的销售比例 salesRatio
        sb.Color =Color.FromArgb(ran.Next(256),ran.Next(256),ran.Next(256));
                                    //随机产生当前画刷颜色

        sweepAngle =salesRatio * 360;     //饼图:计算当前扇形大小
        g1.FillPie(sb, rect, startAngle, sweepAngle);    //饼图:绘制扇形
        startAngle += sweepAngle;             //饼图:计算下一个扇形的起始角

        barWidth = (int)(salesNum[i]/salesMax * barWidthMax);
                                    //条形图:计算当前条的宽
        g2.FillRectangle(sb, barX, barY, barWidth, barHeight);
                                    //条形图:绘制条形
        barY += barHeight * 2;          //条形图:计算下一个条 Y 坐标
```

```
            pY = (int)(salesNum[i] / salesMax * pYMax);
                                //折线图:计算当前数据点的 Y 坐标
            g3.FillRectangle(sb, pX - 5, pY - 5, 10, 10);
                                //折线图:绘制数据点,以正方形突出显示
            if(i>0) g3.DrawLine(p, pX0, pY0, pX, pY);
                                //折线图:从第 2 个数据点开始,与前一点相连,绘制折线
            pX0 = pX;           //折线图:当前的(pX,pY)设为下个数据点的前一点(pX0,pY0)
            pY0 = pY;           //折线图:当前的(pX,pY)设为下个数据点的前一点(pX0,pY0)
            pX += spaceX;       //折线图:计算下一个数据点的 X 坐标

            tbs[i].ForeColor = sb.Color;        //季度名称和图表上同色
            lbs[i].ForeColor = sb.Color;        //季度数据和图表上同色
            salesRatio = (float)Math.Round (salesRatio * 100,2);
                                //当前季度的销售比例四舍五入
            lbs[i + 4].Text = "占" + salesRatio+ "%"; //输出当前比例数据
            lbs[i + 4].ForeColor = sb.Color;    //季度比例和图表上同色
        }

        p.Dispose();                            //释放画笔
        sb.Dispose();                           //释放画刷
        g1.Dispose();                           //释放画布 g1
        g2.Dispose();                           //释放画布 g2
        g3.Dispose();                           //释放画布 g3
    }
}
```

在本例中,为了使图表上表示每个季度销量的扇形、条形和小矩形区分颜色,利用了 Random 类和 Color.FromArgb()方法生成随机彩色,更新画刷颜色后再绘图。同时,修改了图表下方的标签、文本框控件的前景色,使每个季度的名称、数据及比例等信息显示的文本颜色和图表中对应区域的颜色相同。

可以看出,本例创建了两个控件数组 tbs(TextBox 控件组)和 lbs(Label 控件组),其目的是在循环绘图的过程中同时输入、输出文本数据及设置其颜色,大大提升了程序的编写效率和代码的执行效率。

5.6.2 随机图形的生成

有时,我们需要在绘图时随机地生成一些图形,这些随机产生的图形可以作为一些复杂图像绘制(例如验证码图像的生成)的基础元素。如图 5-30 所示的 3 个程序分别绘制了 100 个大小、位置不同的彩色矩形点,20 条粗细、长短、方向不同的彩色直线,以及 30 个大小、粗细、位置不同的彩色圆圈。

要在位置、大小、颜色等多个方面同时做到随机,不仅要利用 Random 类,还要学会根

据实际情况确定随机数产生的边界。

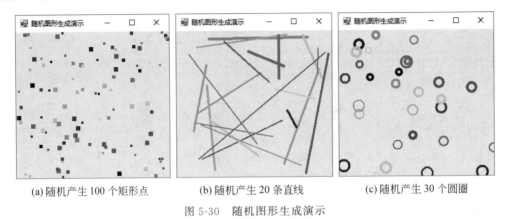

(a) 随机产生 100 个矩形点　　　(b) 随机产生 20 条直线　　　(c) 随机产生 30 个圆圈

图 5-30　随机图形生成演示

1. 位置的随机

要做到位置的随机,可以在绘图对象的工作区范围内随机产生位置坐标。可通过如下代码实现。

```
x = ran.Next(绘图对象.ClientSize.Width + 1);     //x 取值在[0,对象工作区宽度]范围内
y = ran.Next(绘图对象.ClientSize.Height + 1);    //y 取值在[0,对象工作区高度]范围内
```

其中,ran 为 Random 类对象,(x,y)为随机生成的坐标位置。图 5-30 所示的矩形中心、直线两端及圆心坐标均可以用以上方法在窗体工作区范围内随机生成。

2. 颜色的随机

要做到颜色的随机,可以利用 Color.FromArgb()方法,随机产生构成颜色的红、绿、蓝 3 种颜色的成分,颜色的取值在 0~255 之间,并且设置画笔或画刷的颜色。可通过如下代码实现。

```
画笔或画刷对象.Color = Color.FromArgb(ran.Next(256), ran.Next(256), ran.Next(256));
```

由于 Random 类的 Next 方法产生出随机数的区间是左闭右开的(即 Random 对象.Next(m,n)表示产生[m,n)范围内的随机数,Random 对象.Next(n)表示产生[0,n)范围内的随机数),因此要生成表示颜色的 0~255 数字范围,要使用 Random 对象.Next(256)。

3. 图形大小与线条粗细的随机

绘制矩形、圆圈时,矩形的宽高、椭圆的长短轴等决定图形大小的参数,也可以利用 Random 类随机生成。例如,以下代码随机生成了圆的半径(或其外接正方形的 1/2 边长)。

```
r = ran.Next(low, high+1);                    //r 取值在[low, high)范围内
```

其中,r 表示圆的半径,同时表示其外接正方形的 1/2 边长,其取值在[low,high)范围内。

绘制图形的线条粗细可以通过用随机数设置画笔的 Width 属性实现。例如:

```
画笔对象.Width = ran.Next(low, high+1);        //画笔线宽在[low, high)范围内
```

这样生成出来的画笔粗细可以在[low,high)范围内。

利用以上随机位置、颜色、大小和粗细的产生方法,配合使用循环结构,就可以实现如图 5-30 所示的绘图效果。

以下程序源代码实现了如图 5-30(c)所示的 30 个随机彩色圆圈的绘制。

```
int x,y,r;                                    //(x,y)为圆心位置,r 为圆半径
for (int i = 0; i < 30; i++)
{
    x = ran.Next(this.ClientSize.Width + 1);  //圆心 X 坐标随机产生在窗体工作区内
    y = ran.Next(this.ClientSize.Height + 1); //圆心 Y 坐标随机产生在窗体工作区内
    p.Color = Color.FromArgb(ran.Next(256), ran.Next(256), ran.Next(256));
                                              //画笔随机彩色
    r = ran.Next(5, 11);                      //圆半径长度随机 5~10 之间
    p.Width = ran.Next(2, 6);                 //画笔线宽随机 2~5 之间
    g.DrawEllipse(p, x - r, y - 4, 2 * r, 2 * r); //以(x,y)为圆心、r 为半径绘制圆圈
}
```

其中,ran 为随机数对象,g 为画布,p 为画笔。以上仅提供了 30 个随机圆圈的绘制关键代码,要完成如图 5-30 所示的完整程序,请参考本章配套的实例源代码。

例 5.17 编写一个能产生验证码的程序,要求随机产生一个能包含字母(大小写均可)和数字的 6 位验证码,验证码的下方和上方都有随机的干扰噪点和线条。程序运行界面如图 5-31 所示。

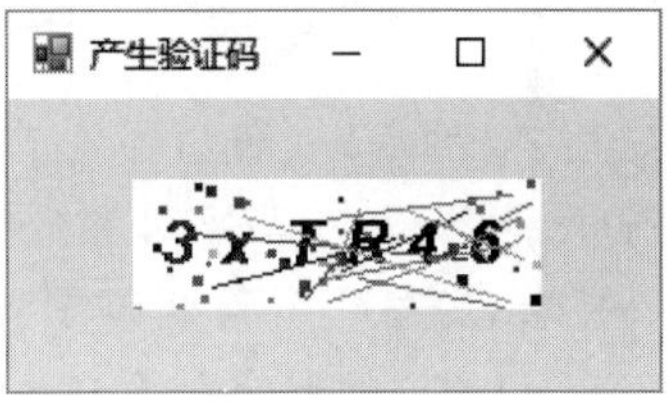

分析:

① 需要编写两个用户自定方法,其中 MakeCode()方法用于生成验证码文本,DrawCodeImg()方法用于创建并绘制验证码图像。

图 5-31 例 5.17 程序运行界面

② 为了使生成的验证码文本能够均匀地覆盖大小写字母和数字,可以利用 Random 类对象随机生成一个整数,根据这个数整除以 3 后取得的余数,确定当前应该生成大写字母、小写字母还是数字。

③ 创建验证码图像时,首先应根据输出的验证码长度和输出时的字体大小确定图像的宽和高。然后,在图像上绘制三层:第 1 层(最底层)为干扰噪点,第 2 层(中间层)为输出的验证码文本,第 3 层(最上层)为干扰直线。

④ 干扰噪点和直线的位置可以在图像的宽、高范围内随机产生,颜色、大小和方向也

可以利用前面介绍的随机图形的绘制方法实现。

首先,设置公共变量,用来存放验证码文本、长度及字体。

```
using System.Drawing.Drawing2D;                    //渐变刷需要引用此名称空间
...
string verifyCode;                                 //验证码
int len = 6;                                       //默认产生 6 位验证码
Font f = new Font("Arial", 15, FontStyle.Italic);  //默认验证码字体
```

然后,编写一个能随机生成验证码文本的 MakeCode() 方法。

```
private string MakeCode(int len)
{
    string checkCode = "";
    char c;
    Random rnd = new Random();
    for (int index = 0; index < len; index++)
    {
        int n = ran.Next();
        if (n % 3 == 0)
            c = (char)(rnd.Next(10) + '0');        //以 1/3 的概率生成数字
        else if(n % 3==1)
            c = (char)(rnd.Next(26) + 'A');        //以 1/3 的概率生成大写字母
        else
            c = (char)(rnd.Next(26) + 'a');        //以 1/3 的概率生成小写字母
        checkCode += c;
    }
    return checkCode;
}
```

其中,形参 len 表示要生成的验证码长度。以上代码以 1/3 的概率生成每种类型的字符(大写字母、小写字母和数字),从而构成验证码字符串。

接着,编写产生验证码图像对象的 DrawCodeImg() 方法。先根据码长 verifyCode.Length 和预设的码字号 f.Size 计算出要创建的图像大小,并且根据这个值创建 Bitmap 对象。产生的验证码的长度和输出编码的字体等设置可以通过公共变量 len 和 f 进行统一修改。然后创建同时分三层(背景干扰噪点、验证码文本和前景干扰直线)绘制验证码图像对象并返回。

```
private Bitmap DrawCodeImg(string code)
{
    //Step1:以下代码根据验证码长度和字体计算图片大小并创建图像
    float imgWidth = (f.Size * 1.5f) * (verifyCode.Length + 0.5f);
```

```csharp
float imgHeight = f.Size * 2.5f;
Bitmap codeImg = new Bitmap((int)imgWidth, (int)imgHeight);

//准备画布、画刷和画笔
Graphics g = Graphics.FromImage(codeImg);        //在图像 codeImg 上创建画布 g
SolidBrush sb = new SolidBrush(Color.Black);     //画刷 sb
Pen p = new Pen(Color.Black);                    //画笔 p

//定义公共的变量
int x, y;                                        //噪点、字符或直线的位置坐标
Random ran = new Random();                       //随机数对象

//Step2:输出背景干扰噪点,50 个大小随机的正方形(2~4 像素宽)
int a;                                           //噪点大小
for (int i = 0; i < 50, i++)
{
    x = ran.Next(codeImg.Width);
    y = ran.Next(codeImg.Height);
    a = ran.Next(2, 5);
    sb.Color = Color.FromArgb(ran.Next(256),ran.Next(256),ran.Next(256));
    g.FillRectangle(sb, x, y, a, a);
}

//Step3:以字号的 0.5 倍为间距输出字符
x = (int)(f.Size /2);                            //最左空 0.5 倍字号宽
y = (int)(pictureBox1.Height - f.Size)/3;        //尽量使字垂直居中
Point pt1 = new Point(0, 0);
Point pt2 = new Point(codeImg.Width,codeImg.Height );
LinearGradientBrush lb = new LinearGradientBrush(pt1,pt2, Color.Red, Color.Blue);
foreach (char c in code)
{
    g.DrawString(c.ToString (),f ,lb,x,y);
    x += (int)(f.Size * 1.5);
}

//Step4:输出前景干扰直线(15 条长短、方向随机的直线)
int x0, y0;                                      //直线的另一点坐标
Pen p =new Pen (Color.Black );                   //画笔 p
for (int i = 0; i < 15; i++)
{
    x0 = ran.Next(codeImg.Width);
```

```
            y0 = ran.Next(codeImg.Height);
            x = ran.Next(codeImg.Width);
            y = ran.Next(codeImg.Height);
            p.Color = Color.FromArgb(ran.Next(256), ran.Next(256), ran.Next
            (256));
            g.DrawLine (p, x0, y0, x, y);
        }

        p.Dispose();
        sb.Dispose();
        lb.Dispose();
        g.Dispose();

        return codeImg;                              //返回验证码图像 Bitmap 对象
    }
```

可以看出，绘制验证码时，为起到保护作用，增强干扰效果，最关键的是要分层绘制。本程序绘制的验证码在最底层由 50 个大小、位置随机的彩色噪点（小正方形）构成；中间层用渐变刷输出验证码文本，字符间适当地空出了半个字符的间距（能根据输出的验证码长度和字号自动计算）；最上层由 15 条颜色、距离、方向不等的彩色线条构成。这样既能保证验证码图像的随机性与模糊性，又能在大多数情况下被人眼识别。

最后，为了使生成的验证码显示在窗体中，需要在窗体载入时先调用 MakeCode() 方法产生验证码 verifyCode，然后用 DrawCodeImg() 方法生成图像对象并显示在图像框控件中，同时设置控件的大小、位置及背景色。

```
    private void Form1_Load(object sender, EventArgs e)
    {
        verifyCode = MakeCode(len);                      //产生默认长度的验证码
        pictureBox1.Image = DrawCodeImg(verifyCode);     //绘制验证码

        //以下代码设置图像框的大小、位置和背景色
        pictureBox1.SizeMode = PictureBoxSizeMode.AutoSize;
        pictureBox1.Left = (this.ClientSize.Width - pictureBox1.Width) / 2;
        pictureBox1.Top = (this.ClientSize.Height - pictureBox1.Height) / 2;
        pictureBox1.BackColor = Color.White;
    }
```

当然，由于验证码干扰信息的随机性特点，有时通过人眼也难以识别，这就需要用户单击图片更换验证码。因此，还要为图像框的 Click 事件编写程序，调用 MakeCode() 和 DrawCodeImg() 方法，以实现随时更换验证码的功能。

```
    private void pictureBox1_Click(object sender, EventArgs e)
    {
```

```
        verifyCode = MakeCode(len);                          //产生默认长度为 len 的验证码
        pictureBox1.Image = DrawCodeImg(verifyCode);         //绘制验证码并显示至图像框
    }
```

还有一点值得一提:验证码生成后,应具有一定的实效性,即需要每隔固定的时间刷新一次(例如每隔 30 秒产生新的验证码)。这可以利用时钟控件 Timer,在窗体载入时打开时钟并设置时钟频率。

```
    private void Form1_Load(object sender, EventArgs e)
    {
        ...
        timer1.Enabled = true;                //打开时钟
        timer1.Interval = 30000;              //每隔 30 秒刷新一次,1000 为 1 秒
    }
```

然后在时钟的 Tick 事件中重新生成验证码。

```
    private void timer1_Tick(object sender, EventArgs e)
    {
        verifyCode = MakeCode(len);                          //产生默认长度为 len 的验证码
        PictureBox1.Image = DrawCodeImg(verifyCode);         //生成验证码并显示至图像框
    }
```

上 机 实 验

1. 实验目的

① 掌握 GDI+绘图的基本步骤,理解并能应用画布创建、坐标变换和绘图常用的数据类型。
② 掌握画笔、画刷等常用绘制工具,以及图形绘制与填充、文本输出的常用方法。
③ 掌握图像处理的各种手段,包括图像的显示、缩放、裁切及仿射变换等。
④ 掌握非规则窗体和控件的建立方法。
⑤ 学会利用 GDI+进行函数和艺术图形的绘制。
⑥ 理解并学会一些图形处理技巧,能通过输入的数据动态地绘制简单的图表,能利用随机图形的生成方法动态地生成图形验证码。

2. 实验内容

实验 5-1 编写一个图形绘制程序,要求绘制立方体和圆柱体,并且用经 Alpha 通道淡化后的蓝色和红色,分别填充立方体的背部和圆柱体的底部。程序运行界面如图 5-32 所示,项目名保存为 sy5-1。

提示：立方体用 2 个矩形和 4 条直线绘制，其背面矩形的左上角坐标位置为(20,20)，宽、高均为 80，并且用 Alpha 值为 70 的蓝色填充；其前面矩形的位置是在背面矩形的基础上向右下方水平、垂直方向各偏移 20 的距离。

圆柱体用 2 个椭圆和 2 条直线绘制，其顶部椭圆外切矩形的左上角坐标为(160,20)，宽为 90、高为 30；其底部椭圆的位置是在顶部椭圆的基础上向正下方偏移 70 的距离，并且用 Alpha 值为 70 的红色填充。

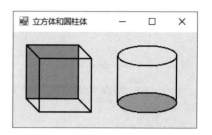

图 5-32　实验 5-1 程序运行界面

请根据提示自行计算绘制各个矩形、椭圆及直线时所需的坐标参数，完成立方体和圆柱体的绘制。

实验 5-2　编写一个图形绘制程序，要求单击不同的功能按钮，能实现矩形、圆形、五边形和扇形的绘制与填充。程序运行界面如图 5-33 所示，项目名保存为 sy5-2。

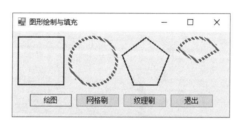

(a) 用画笔绘制图形

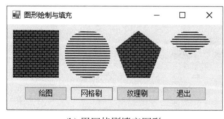

(b) 用网格刷填充图形

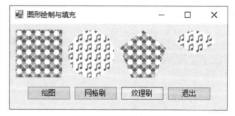

(c) 用纹理刷填充图形

图 5-33　实验 5-2 程序运行界面

提示：绘制矩形、圆形和扇形时，其对应的矩形左上角坐标分别为(10，10,)、(100，10)、(280，10)，宽和高均为 80；绘制五边形时，构成其各顶点的坐标分别为(190，40)、(230，10)、(270，40)、(250，90)和(210，90)。

画笔绘图时，交替使用单色画笔和网格画笔，网格画笔可以通过定义网络刷创建，网络样式为 WideDownwardDiagonal；网格刷填充时，交替使用 HorizontalBrick 和 DarkHorizontal 两种样式；纹理刷填充时，交替使用素材中提供的图像文件。

实验 5-3　编写一个图形绘制程序，要求利用渐变刷在窗体上绘制圆柱体和圆锥体。程序运行界面如图 5-34 所示，项目名保存为 sy5-3。

提示：利用坐标平移的方法绘制图形可以使坐标参数等的计算变得更容易。

绘制圆柱体时，坐标系先平移至(40,40)；设圆柱体顶部椭圆的外切矩形左上角坐标为(0,0),宽为80,高为40,圆柱体底部椭圆的位置是在顶部椭圆的基础上向正下方偏移140的距离;圆柱体的侧面则是一个矩形。可以先用一支黑到白的渐变刷填充圆柱体的侧面和底部,再改用一支白到黑的渐变刷填充圆柱体的顶部。

绘制圆锥体时,坐标系在上次平移的基础上再平移(120,0);设圆锥体底部的椭圆和圆柱体底部的椭圆位置相同;其侧面是一个三角形,顶角位置与圆柱体顶部椭圆的最高点相同,底角位置与其自身底部椭圆的最左端和最右端重合。可以用与绘制圆柱体时相同的黑到白的渐变刷填充圆锥体的侧面和底部。

请根据提示自行计算绘制各个椭圆、矩形及多边形时所需的坐标参数,完成圆柱体和圆锥体的绘制。

实验 5-4 编写一个图形绘制程序,输入旋转次数后,在图形框中显示旋转文字。程序运行界面如图 5-35 所示,项目名保存为 sy5-4。

图 5-34 实验 5-3 程序运行界面

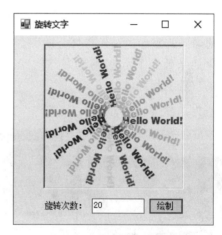

图 5-35 实验 5-4 程序运行界面

提示:本题可参考 5.2.3 节的例 5.7,先将坐标平移至画布中心,沿 X 轴正方向输出第一个文本,然后通过不断地旋转坐标系,绘制旋转文字。随机彩色文字效果可以利用 Random 类和 Color.FromArgb() 方法实现。

实验 5-5 编写一个图像查看器程序,要求把一张大图像采用同比缩放的方式加载至左侧图像框,鼠标在其上移动时,将移动范围内的图像还原至右侧图像框中显示。程序运行界面如图 5-36 所示,项目名保存为 sy5-5。

提示:本题主要利用 5.3.2 节中介绍的图像裁切的原理实现。为简化计算,请使用本题配套的 1000 * 1000 大小的图像文件 random.jpg,将其缩小 4 倍后以 Zoom 方式显示在左侧图像框(pictureBox1)中。

当鼠标在 pictureBox1 上移动时,触发 Mouse_Move 事件。此时,利用(e.X, e.Y)获取当前鼠标指针位置,计算出与该位置相对应的原图坐标位置,求出其周围半径为 r 的矩形区域。然后利用图像裁切的原理,在右侧图像框(pictureBox2)中显示出该区域内的图像。

为方便计算,请预先将 pictureBox1 的工作区大小设置成 250 * 250,将 pictureBox2

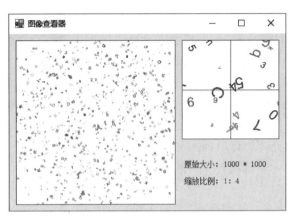

图 5-36 实验 5-5 程序运行界面(1)

的工作区大小设置成 150 * 150,其中 r 的值为 pictureBox2 的一半宽(或高)。

思考：若要实现对任意打开的图像进行查看,完成如图 5-37 所示的效果,程序应该在原来的基础上作哪些改进？需要注意对横向、纵向图像的处理,程序源代码请参考本章配套的习题源代码。

(a) 横向图像　　　　　　　　　　(b) 纵向图像

图 5-37 实验 5-5 程序运行界面(2)

实验 5-6 编写一个图像立方体程序,要求利用"打开文件"对话框加载 3 张图像,构成一个图像立方体,并且能利用"保存文件"对话框将产生的"图立方"保存。程序运行界面如图 5-38 所示,项目名保存为 sy5-6。

提示：本题主要利用 5.3.3 节中介绍的图像仿射变换的原理实现。每个图像立方体分前、上、右 3 个立面。由于这里的"图立方"程序有保存功能,因此不能直接以图像框控件为画布绘图,需要建立一个 Bitmap 对象 img(250 * 250 像素)并以此为画布 g,将打开的图像进行仿射变换后,绘制出不同的立面图像效果。图像的打开和保存可以参考 5.3.4 节的介绍。

绘制图像立方体时,可以声明一个交错数组 pts,用来保存构成每个立面图像的仿射变换 Point 数组。为方便计算,现给出这些参数。

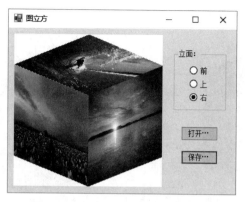

图 5-38 实验 5-6 程序运行界面(1)

```
Point[][] pts = new Point[3][];
pts[0] = new Point[3] { new Point(0, 50), new Point(125, 100), new Point(0, 200) };
                                        //前立面
pts[1] = new Point[3] { new Point(125, 0), new Point(250, 50), new Point(0, 50) };
                                        //上立面
pts[2] = new Point[3] { new Point(125, 100), new Point(250, 50), new Point(125, 250) };
                                        //右立面
```

通过 OpenFileDialog 控件将某个图像文件打开后,利用一个 Bitmap 对象 pic 临时存放该图像,然后计算裁切矩形 sRect,并且调用 DrawImage()方法在目标立面上绘制图像。代码如下。

```
pic = new Bitmap(openFileDialog1.FileName);
sRect = new Rectangle(0, 0, pic.Width, pic.Height);
g.DrawImage(pic, pts[i], sRect, GraphicsUnit.Pixel);
```

其中,pts[i]确定了当前打开的图像绘制在"图立方"的哪个立面上,可以通过判断如图 5-38 所示的单选按钮组的当前选项决定 i 的值。

由于图像立方体是以 Bitmap 对象 img 为画布进行绘制的,需要设置图像框控件的 Image 属性值,将其显示出来,并且在每次重绘"图立方"时用控件的 Refresh()方法进行刷新。

思考:若要实现对"图立方"的每个立面图像进行旋转或翻转操作,完成如图 5-39 所示的效果,程序应该在原来的基础上作哪些改进? 程序源代码请参考本章配套的习题源代码。

实验 5-7 编写一个绘图程序,要求利用坐标系原理,在窗体上绘制由点线旋转构成的彩色圆盘及由三角形旋转构成的大风车效果。程序运行界面如图 5-40 所示,项目名保存为 sy5-7。

提示:本题可参考 5.5 节中介绍的旋转艺术图形的绘制方法实现。使用 TranslateTransform()方法将坐标平移全画布中心位置,利用 RotateTransform()方法和

(a) 原始"图立方"　　　　　　　　(b) 旋转或翻转每个立面图像后的"图立方"

图 5-39　实验 5-6 程序运行界面(2)

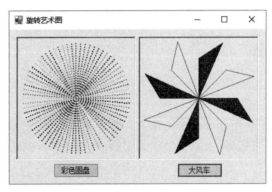

图 5-40　实验 5-7 程序运行界面

循环语句实现点线及三角形的旋转绘制。

绘制彩色圆盘的点线可通过设置画笔的 DashStyle 属性实现,彩色线条则配合使用 Random 类和 Color.FromArgb()方法实现。构成线段的两点坐标为(0,0)、(90,0),坐标系每次旋转 5°,共旋转 72 次绘制成彩色圆盘。

绘制大风车时,利用画笔绘制三角形(即多边形),根据当前循环次数的奇偶性判断是否要用网格刷(网格样式为 DottedGrid)进行填充。构成三角形的 3 个点坐标为(0,0)、(65,0)、(90,40),坐标系每次旋转 45°,共旋转 8 次绘制成大风车。

实验 5-8　编写一个绘图程序,求二次函数 $y=x^2$ 在定义域[30,150]范围内构成的积分面积图。程序运行界面如图 5-41 所示,项目名保存为 sy5-8。

提示:对于二次函数的积分面积图,可以在定义域范围内通过反复绘制曲线和 X 轴之间构成的垂直线

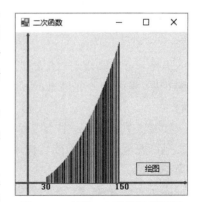

图 5-41　实验 5-8 程序运行界面

段来实现。

在窗体上建立画布,坐标系平移至(20,this.ClientSize.Height－20)。x 作为循环变量,在[30,150]范围内绘制直线,构成直线的一点在(x,0)上,另一点在(x,y)上,可通过函数公式 $y=x^2$ 求出当前 y 的值。

由于默认情况下坐标 Y 轴向下,且 $y=x^2$ 函数开口非常小,为达到如图 5-41 的绘制效果,需要将求出的 y 值乘以一个系数,请读者自行推算该系数的值。

实验 5-9　编写一个绘图程序,求正弦函数 $y=\sin(x)$ 在 $[-\pi,\pi]$ 范围内的曲线图并显示 X 轴的刻度。程序运行界面如图 5-42 所示,项目名保存为 sy5-9。

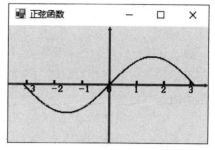

图 5-42　实验 5-9 程序运行界面

提示:将坐标系平移至画布中心位置,为了在窗体工作区内绘制一个周期的正弦函数,可以设 X 轴上 this.ClientSize.Width－40 的宽度为 2π,减 40 的目的是为了使绘图在画布两边留有 20 的间距。计算出绘图的放大倍数 t＝(this.ClientSize.Width－40)/2π,t 实际上表示画布上单位刻度为 1 的距离对应的像素数。

利用循环绘制出代表 X 轴上单位刻度的短线和刻度值,曲线的绘制可以参考 5.5 节中介绍的函数的绘制方法。绘制刻度线和曲线时,都需要乘以放大倍数 t。

实验 5-10　编写一个多瓣花绘图程序,根据输入的花瓣数和邻近点的角度变化绘制彩色立体花形图案,图案的参数方程为 $x=50(1+\sin(k*\alpha))*\cos(\alpha)$ 和 $y=50(1+\sin(k*\alpha))*\sin(\alpha)$,k 为花瓣数。程序运行界面如图 5-43 所示,项目名保存为 sy5-10。

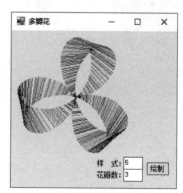

(a) 一瓣花效果图　　　　(b) 三瓣花效果图

图 5-43　实验 5-10 程序运行界面

提示:要产生立体的多瓣花图形,可以设某个 α 角处于由小放大的过程中。通过将 α 代入参数方程后求得一点坐标(x1,y1),再将(α+Δα)角代入,求得当前满足方程的另一点的坐标(x2,y2),再把两点相连构成直线,这样通过整个循环绘制出的图形能达到立体的效果。

设以上参数方程中的变量 a 为该 α 角，k 为输入的花瓣数，d 为输入的样式数，令 Δα＝π/d。将 a 和(a＋π/d)分别代入参数方程后求得的两点作连线，在 a 从 0 变化到 2π 的过程中(每次放大 1°，即 π/180)绘制出图形。其中，π 可以声明成常量 PI＝3.14159。

请参考 5.5 节中介绍的参数方程艺术图形的绘制方法实现。程序完成后，请读者思考，样式参数的大小对于绘图的效果起到什么样的作用？

思考：若取消如图 5-43 中的样式输入参数，直接绘制由 α 角代入方程后求得的一点坐标(x,y)和坐标原点(0,0)的连线，又会得到什么样的输出效果？请读者自行尝试。

实验 5-11 编写一个绘图程序，根据输入的男女生人数绘制饼图。程序运行界面如图 5-44 所示，项目名保存为 sy5-11。

提示：构成饼图的各扇形所在外切矩形的左上角坐标为(20，20)，长、宽均为 150，角度请根据输入的数据计算。饼图绘制关键是要计算出每个数据占总数据的比例并将该比例转换为角度。

每个扇形用网格刷填充，表示男生的网络刷样式为 WideDownwardDiagonal(白红条纹)，表示女生的网络刷样式为 WideUpwardDiagonal(蓝红条纹)。图例为 15＊15 的小矩形，位置及旁边的文字说明请自行计算。

实验 5-12 编写一个绘图程序，根据输入的各类消费数据生成柱形图。程序运行界面如图 5-45 所示，项目名保存为 sy5-12。

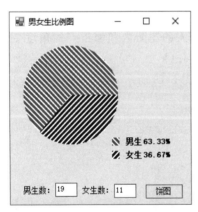
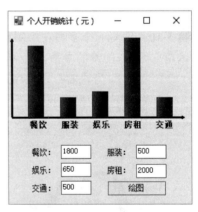

图 5-44　实验 5-11 程序运行界面　　　　图 5-45　实验 5-12 程序运行界面

提示：坐标系平移至(5，h)，其中 h＝this.ClientSize.Height/2，即以窗体上半工作区为绘图区域。设输入数据中最大的一个数据值 max 对应柱形图中最高的那个柱(图 5-45 所示表示"房租"的那个柱形对应的数据值，max＝2000)，距离窗体顶部为 10(即表示"房租"的那个柱高为 h-10)。

柱形图绘制的关键是要计算每个柱的高度，用绘图允许的最大高度(h-10)与最大值(max)之比计算出绘图单位放大倍数 bl，即 bl＝(h－10)/max。在循环中绘制矩形时，用放大倍数 bl 乘上数据值(图 5-45 所示表示"交通"的那个柱形的高为 500＊bl)，即求得每个柱形的高度。

定义红蓝渐变刷对象,渐变线始末点坐标为(0,0)、(0,25)。用渐变刷根据输入的数据绘制柱形图,要求每个柱的宽为25,柱间的间隔也为25。

实验 5-13　编写一个绘图程序,要求随机产生10个成绩,生成散点图并统计优良率、合格率与不合格率。程序运行界面如图5-46所示,项目名保存为sy5-13。

提示：坐标系平移至(20,this.ClientSize.Height−40),坐标X轴长度w=窗体工作区宽度−30,坐标Y轴长度h=窗体工作区高度−50。

在本题中,为简化数据输入,通过Random类生成10个成绩,最高分为100,最低分为0。设最高分100对应的刻度的像素高为Y轴向下距离20处,即h−20。

散点图绘制的关键是要计算每个散点高度并绘制出刻度线。用绘图允许的最大高度(h−20)与分数最大值(100)之比计算出散点高度的单位放大倍数bl,即bl=(h−20)/100。在循环中绘制散点时,用放大倍数bl乘分数值,即求得每个分数对应散点中心位置的高度。

刻度线的绘制可以利用循环,在每隔20*bl的纵向位置上绘制横向短线。每个散点为6*6的小矩形,其横向间距可以是固定值,这里设成(w−20)/成绩数,可根据产生的成绩数量自适应。

实验 5-14　编写一个图像处理程序,要求利用随机图形生成的原理,根据指定分辨率生成位置、颜色、大小、角度均随机的字母数字图像并保存。程序运行界面如图5-47所示,项目名保存为sy5-14。

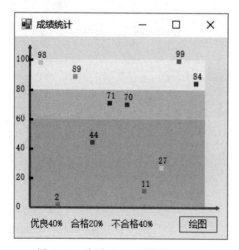

图 5-46　实验 5-13 程序运行界面

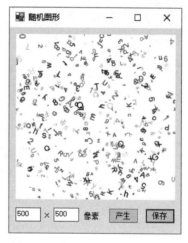

图 5-47　实验 5-14 程序运行界面

提示：在本题中,由于生成的图像文件需要保存,因此应当把画布创建在指定大小的Bitmap对象上。通过以下语句创建指定大小的Bitmap对象。

```
Bitmap 位图对象 = new Bitmap(width, height);
```

其中,width和height参数为要创建的位图对象的宽和高,默认单位为像素。

本例需要创建 Random 类对象以实现各类数据的随机。其中,位置、颜色、大小的随机方法可参考 5.6.2 节介绍的随机图形生成方法完成;大小写字母及数字的随机可参考例 5.17 的验证码程序;角度的随机可通过坐标系在[0,360]之间随机旋转后再输出文字的方法实现。

图像文件的保存通过"保存文件"对话框和 Bitmap 对象的 Save()方法实现。

实验篇:图形图像编程实验

第 6 章

数据库访问技术

当应用程序开发到一定规模时,就会产生一些数据,如何对这些数据进行合理而有效的组织和存储是软件开发过程中的一项重要选择。通常情况下,数据的存储方式主要有两种:数据库存储和文件存储。对于大量的数据,使用数据库来存储管理比通过文件来存储管理具有更高的效率。在.NET 中,对数据库的访问支持集中体现在 ADO.NET 技术上。本章将介绍有关数据库的基本概念、ADO.NET 的组成结构和基本对象,以及使用 ADO.NET 操作数据库的常用方法。

6.1 数据库概述

思政材料

数据库技术是计算机科学中的一项重要技术。目前,与数据库相关的各类访问与存储技术已经广泛应用于各个领域,如电子商务、金融交易、教育技术等。本节介绍数据库的基本知识。

6.1.1 关系数据库模型

数据模型是对现实生活中各种数据特征的抽象,是数据库中数据的存储方式。每一种数据库管理系统都是基于某种数据模型的,目前应用最广泛的是关系模型,基于该模型的数据库在数据库产品中占主导地位。目前,较为主流的关系数据库产品有 Microsoft Access、SQL Server、Oracle 及 MySQL 等。

关系数据库的主要概念包括表、记录、字段、键、关系、存储过程等。

- 表:又称数据表,它由一条条的记录构成,每一条记录又由若干字段组成。简单地说,表是一种按行与列排列相关信息的逻辑组,而数据库是由一个或多个表构成的集合。
- 记录:一条记录是指表中的某一行,相同数据表中任意两条记录不能完全相同。
- 字段:表中的某一列称为表的一个字段,它用来描述记录所具有的某个属性。字段可以是数字、字符、字符串、图像等多种类型的数据。
- 键:表中的某个字段,或表中多个字段的组合。键可以是唯一的,也可以是非唯一的。唯一的键可以被指定成主键,用来唯一确定表中的每条记录。
- 关系:表与表间的联系。数据库可以由多个表组成,表与表之间可以用不同的方式相互关联。表与表之间若能通过某个键相关联,则称这样的键为外键。
- 存储过程:一组用于完成特定功能的 SQL 语句集,它存储在一个存储过程名称下,用户可以通过指定存储过程的名称并输入参数来执行它。存储过程经过第一次编译后,再次调用无须再编译,能提高 SQL 语句的执行效率。

例如,存储学生信息的数据库 student.accdb 中有一个数据表"基本信息表",如图 6-1 所示。其中,某一行的数据称为记录,某一列的数据称为字段。

图 6-1 基本信息表

在如图 6-1 所示的数据表中,只有"学号"字段能用来唯一确定表中的每条记录,其余字段都有可能在不同的记录中重复,因此该表的主键就是"学号"。

而在如图 6-2 所示的"成绩表"中,任何单一的字段都有可能在不同的记录中重复,只有"学号"和"课程"两个字段的组合可以用来唯一确定表中的每条记录(因为每个学号对应的学生只可能参加某项课程的一次考试),因此"学号"和"课程"字段组合构成"成绩表"的主键。

图 6-2 成绩表

当数据库包含多个表时,表与表之间可以用不同的方式相互关联。例如,在如图 6-2 所示的"成绩表"中,可以通过一个"学号"字段来引用"基本信息表"中对应学生的姓名、性别、专业及出生年月等信息,而不必在"成绩表"的每条记录上再重复添加这些信息的对应字段。因此,"成绩表"中的"学号"字段是外键,该外键依赖于"基本信息表"。

6.1.2 创建 Access 数据库及数据表

Microsoft Office Access 是由微软公司发布的关系数据库管理系统。它结合了 Microsoft Jet Database Engine 和图形用户界面两大特点,可以很方便地创建数据库和设计数据表。

下面介绍在 Access 中创建数据库及数据表的一般步骤。

例 6.1 在 Access 中新建空数据库 student.accdb，并且建立如图 6-1 和图 6-2 所示的数据表，表中各字段的名称、数据类型和字段大小如表 6-1 所示。

表 6-1 student.accdb 数据库的结构

基 本 信 息 表			成 绩 表		
字段名	字段类型	字段大小/B	字段名	字段类型	字段大小/B
学号	文本型	8	学号	文本型	8
姓名	文本型	10	课程	文本型	10
性别	文本型	1	成绩	数字型	1
专业	文本型	20			
出生年月	日期型	—			

操作步骤：

① 启动 Access 软件，执行"文件"→"新建"→"空数据库"命令。此时，会默认地在 Windows 用户的"文档"目录中建立 Database1.accdb 文件，即数据库文件。

② 在打开的数据库窗口中，单击 Access 工具栏左上角的 ⊾（设计视图）按钮，弹出"另存为"对话框，要求输入新建数据表的名称，如图 6-3 所示。

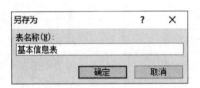

图 6-3 新建数据表

③ 输入表名称，单击"确定"按钮后，进入表设计视图，对数据表进行结构设计，如图 6-4 所示。

图 6-4 设计数据表结构

④ 完成表结构设计后，单击 Access 工具栏左上角的 ▦（数据表视图）按钮，进入数据表视图，完成如图 6-1 所示的"基本信息表"数据输入工作并保存该表。

⑤ 第 1 个数据表完成后，执行 Access 工具栏上的"创建"→"表"命令，重复步骤

第 6 章 数据库访问技术

②~④,创建如图6-2所示的"成绩表"。

需要注意,Access数据库在创建时会默认地在硬盘上存放数据库文件。通常是存放在Windows用户的"文档"目录中,以DatabaseN.accdb为文件名,数据表则存放在数据库文件的内部。当用户完成数据库及其中表的创建工作后,可以用"文件"菜单下的"数据库另存为"命令重新保存,也可以用文件重命名和移动的方法更改数据库的名称和物理位置。

6.1.3 关系数据库标准语言 SQL

要完成能与数据库交互的应用程序,首先必须掌握结构化查询语言(Structure Query Language,SQL)。它又称 SQL 语言或 SQL 命令,是操作关系数据库的工业标准语言。通过 SQL 可以执行各种各样的数据库操作,例如从数据库中获取数据、更新数据库中的数据等。

SQL 具有结构简洁、功能强大、简单易学的特点。目前,绝大多数流行的关系数据库管理系统(如 Oracle、Sybase、Microsoft Access、SQL Server 等)都采用 SQL 语言标准。SQL 的主要语句如表6-2所示。

表 6-2　SQL 的主要语句

语句	分类	描述
SELECT	数据查询	在数据库中查找满足特定条件的记录
DELETE	数据操作	从数据表中删除记录
INSERT	数据操作	向表中插入一条记录
UPDATE	数据操作	用来改变特定记录和字段的值
CREATE	数据定义	在数据库中建立一个新表
DROP	数据定义	从数据库中删除一个表

SQL 语言支持多种标准数据类型,包括字符型、整型、货币类型、二进制数据类型等。SQL 语言通过各种运算符可以完成多种复杂的运算,它支持的运算符主要有算术运算符、位运算符、比较运算符和逻辑运算符。

下面以例6.1中创建的 student.accdb 数据库为例,介绍 SQL 语言中的主要语句。

1. SELECT 语句

在众多的 SQL 命令中,SELECT 语句的使用最为频繁,它主要用来对数据库进行查询并返回符合用户查询标准的结果数据。SELECT 语句的基本形式由 SELECT-FROM-WHERE 查询块组成,其语法格式如下。

```
SELECT 目标表达式列表 FROM 表名
[WHERE 查询条件]
```

```
[GROUP BY 分组字段 HAVING 分组条件]
[ORDER BY 排序关键字段 [ASC|DESC]]
```

其中,[]中的内容表示可选项。

(1) 简单查询

SELECT 语句用来决定哪些列(字段)将作为查询结果返回,用户可以按照自己的需要选择任意列,可以使用通配符"*"来返回表中的所有列,还可以用 AS 短句为字段指定别名。FROM 子句指明要从哪些表中查询数据。WHERE 子句指明要选择满足什么条件的记录,即在一张二维表中选择表的哪些行(记录)。

例如,要在"基本信息表"中查询物理专业学生的所有信息,可以使用以下 SQL 语句。

```
SELECT * FROM 基本信息表 WHERE 专业='物理'
```

其中,WHERE 子句后也可以有多个条件,可以用 AND 或 OR 关键字作连接。

又如,要查询物理专业的女生,可以这样写:

```
SELECT * FROM 基本信息表 WHERE 专业='物理' AND 性别='女'
```

注意:在 Access 数据库中,文本型字段值必须由一对单引号' '标识。

有时,我们需要对某个字段进行模糊查询,这时可以使用 LIKE 关键字代替等号"=",并且结合通配符"#""?""*"。其中,"#"表示通配任意单个数字,"?"表示通配任意单个字符,"*"表示通配任意多(0~n)个字符。

例如,要查询所有姓"李"的学生,可以这样写:

```
SELECT * FROM 基本信息表 WHERE 姓名 LIKE '李*'
```

又如,要查询所有姓"李"且单名的学生,可以这样写:

```
SELECT * FROM 基本信息表 WHERE 姓名 LIKE '李?'
```

再如,要查询所有姓名(无论姓还是名)中包含"李"字的学生,可以这样写:

```
SELECT * FROM 基本信息表 WHERE 姓名 LIKE '*李*'
```

(2) 分组查询

GROUP BY 子句把指定字段列表中有相同值的记录合并成一条记录,如果该字段当前的取值有 n 种,则可产生 n 条记录;即可以使用 GROUP BY 子句按某个字段值的不同进行分组查询。

通常情况下,分组查询会配合使用统计函数 Count()、Sum()、Avg()、Max()、Min()等进行。例如,要从"基本信息表"中统计出男、女生人数,可以这样写:

```
SELECT 性别, Count(*) AS 人数 FROM 基本信息表 GROUP BY 性别
```

又如，要从"成绩表"中统计出每门课程的平均分，可以这样写：

> SELECT 课程, Avg(成绩) AS 平均分 FROM 成绩表 GROUP BY 课程

由于通过统计函数计算后产生的目标值列表名称不确定，因此通常需要用 AS 关键字为其取别名，以较为"人性化"地输出列表名称。

记录分组后，若还要针对组进行筛选过滤，可以使用 HAVING 子句完成。例如，要求每个学生的各科平均分并筛选出平均分在 80 及以上的那些学生（即查询平均分在 80 及以上的学生），可以这样写：

> SELECT 学号, Avg(成绩) AS 平均分 FROM 成绩表 GROUP BY 学号 HAVING Avg(成绩)>=80;

(3) 跨表查询

有时一个查询的数据来源于两张（或更多）数据表，这就需要使用跨表查询的方法对数据进行查询。例如，查询出所有学生的大学英语成绩，要求显示学生的学号、姓名及成绩。这种情况下，学生的学号、成绩数据来源于"成绩表"，而姓名却来源于"基本信息表"，这就不得不跨两张表进行数据查询。

最简单的跨表查询方法如下（仅以跨两表为例）。

① 在 FROM 子句后面指定多个表，表名间用","隔开。例如：

> FROM 表 1, 表 2

② 在 WHERE 子句后面指定两表间的关联字段。例如：

> WHERE 表 1.字段 X=表 2.字段 X

③ 多表中重复的字段名前要引用表名。例如：

> 表 1.字段 Y

如果采用以上方法查询所有学生的大学英语成绩并显示学号、姓名和成绩，可以这样写：

> SELECT 成绩表.学号, 姓名, 成绩 FROM 基本信息表, 成绩表 WHERE 基本信息表.学号=成绩表.学号 AND 课程='大学英语';

(4) 查询结果排序

ORDER BY 子句决定了查询结果的排列顺序，可以指定一个或多个字段作为排序关键字，ASC 代表升序，DESC 代表降序。若 ORDER BY 后只有字段名，缺省 ASC 或 DESC，则表示 ASC，即升序。

例如，查询出所有学生的基本信息，要求先按性别排序，性别相同的再按出生年月的降序排序，可以这样写：

```
SELECT * FROM 基本信息表 ORDER BY 性别,出生年月 DESC
```

2. INSERT 语句

当需要向数据库表中插入(或添加)新记录时,使用 INSERT 语句。INSERT 语句的语法格式如下。

```
INSERT INTO 表名
[(字段名列表)] VALUES (表达式列表)
```

其中,字段名列表可以省略,默认为针对当前数据表的所有字段,此时在 VALUES 子句中必须为所有字段指定取值,并且要与数据表中的字段先后顺序、数据类型完全一致。我们还可以对部分字段进行赋值,其余字段使用默认值(数据表在定义时指定了默认值)或空。

注意,每条记录的主键和非空字段必须赋值。

例如,在学生基本信息表中插入学生信息(10023209,杨丹,女,计算机,1992-7-15),可以使用如下语句。

```
INSERT INTO 基本信息表 VALUES ('10023209','杨丹','女','计算机',#1992-7-15#)
```

注意:在 Access 数据库中,日期型字段值必须由一对井号##标识。

如果只插入部分字段的值,可以使用字段名列表指定,但是要注意主键和要求非空的字段必须赋值。

又如,在学生基本信息表中插入学生信息(10023210,王红,计算机),可以使用如下语句。

```
INSERT INTO 基本信息表 (学号,姓名,专业) VALUES ('10023210','王红','计算机')
```

以上 SQL 语句在"基本信息表"中插入了一条缺省性别和出生年月字段值的新记录。

3. UPDATE 语句

UPDATE 语句的作用是对某些记录的字段进行更新(或修改),其语法格式如下。

```
UPDATE 表名
SET 字段名=表达式 [,字段名 2=表达式 2...]
[WHERE 更新条件]
```

对多个字段的值进行修改时,每个字段的取值应紧跟在字段名称后且用等号连接,多个字段之间用逗号分隔。省略 WHERE 子句时,UPDATE 语句的作用范围是数据表中的所有记录。

例如,将成绩表中所有数学成绩减 5 分并把数学课程更改为高等数学课程,可以使用如下语句。

```
UPDATE 成绩表 SET 成绩=成绩-5,课程='高等数学' WHERE 课程='数学'
```

4. DELETE 语句

SQL 语言使用 DELETE 语句删除数据库表中的行。DELETE 语句的语法格式如下。

```
DELETE FROM 表名
[WHERE 删除条件]
```

WHERE 子句表示按照一定条件有选择地删除记录,如果省略 WHERE 子句,则表示将数据表中所有记录删除,也就是清空该数据表。

例如,将学生基本信息表中学号为 10023209 的数据删除,可以使用如下语句。

```
DELETE FROM 基本信息表 WHERE 学号='10023209'
```

请读者在例 6.1 创建的 student.accdb 数据库中,调试并观察上述各类 SQL 语句的执行效果。

调试 SQL 语句的步骤为:执行 Access 工具栏上的"创建"→"查询设计"命令,关闭弹出的"显示表"窗口,再单击 Access 工具栏左上角的 (SQL 视图)按钮,进入 SQL 视图,编写 SQL 语句。完成后,单击 Access 工具栏上的 ❗(运行)按钮调试程序。本操作步骤在 Access 2010 版本上进行,其他版本操作方法类似,读者可自行尝试。

6.2 ADO.NET 数据访问对象

在.NET 中,采用 ADO.NET 将数据库应用系统的前端用户界面(如 Web 浏览器、窗体、控制台等)和后台数据库联系起来。用户和系统的交互过程是:首先用户通过用户界面向系统发出数据操作的请求,用户界面接收请求后传送到 ADO.NET;然后 ADO.NET 分析用户请求,通过数据库访问接口与数据源交互,向数据源发送 SQL 指令并从数据源获取数据;最后,ADO.NET 将数据访问结果传回给用户界面,显示给用户。

6.2.1 ADO.NET 简介

ADO.NET 是与数据库访问操作有关的对象模型的集合,它基于 Microsoft 的.NET Framework,拥有两个核心组件:Data Provider(数据提供程序)和 DataSet(数据结果集)。图 6-5 描述了 ADO.NET 组件的体系结构。

Data Provider 包含 Connection、Command、DataReader 和 DataAdapter 四类对象。其中,Connection 对象用来实现对数据源的连接,Command 对象用来执行 SQL 语句,DataReader 对象和 DataAdapter 对象能根据不同场合实现对数据的检索。

DataSet 包含 DataTable 对象集合和 DataRelation 对象集合。在 DataAdapter 对象

和 DataSet 对象间建立联系能使 DataSet 对象获取来自多个数据源的数据,且 DataSet 对象能在离线的情况下管理存储数据。

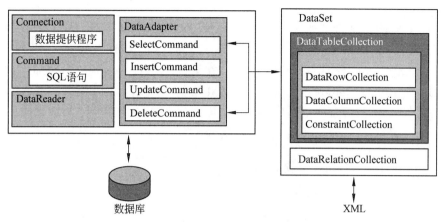

图 6-5　ADO.NET 组件的体系结构

在.NET Framework 中,有 4 种数据提供程序,如表 6-3 所示。每种数据提供程序都包含了相应的 Connection 对象、Command 对象、DataReader 对象和 DataAdapter 对象。本章将以 OLE DB.NET Framework 数据提供程序为例,讲述对数据库的访问操作。

表 6-3　.NET Framework 数据提供程序

.NET Framework 数据提供程序	用　　途
SQL Server.NET Framework 数据提供程序	用于 SQL Server 7.0 以及更高版本
OLE DB.NET Framework 数据提供程序	用于以 OLE DB 方式连接的数据源
ODBC.NET Framework 数据提供程序	用于 ODBC 数据源
Oracle.NET Framework 数据提供程序	用于 Oracle 数据库产品

要创建基于 OLE DB.NET 的数据访问应用程序,首先需要引用 System.Data 和 System.Data.OleDb 名称空间。其中,System.Data 名称空间在创建 Windows 窗体应用程序时默认引用,我们只需要使用以下语句将 System.Data.OleDb 名称空间引用进来即可。

```
using System.Data.OleDb;
```

在.NET 中,可以使用控件和代码两种方式创建数据访问对象。对于初学者来说,使用控件创建的方法虽然较容易上手,但由于数据连接访问等的源代码都在后台自动生成,如果开发者无法读懂相关的程序源代码,将对后续修改和更新应用程序带来极大的不便。因此,为帮助读者真正理解并掌握基于 OLE DB.NET 的数据库访问技术,设计和开发出简洁、灵活、实用的数据库应用程序,本章将主要介绍通过代码创建和使用数据访问对象的方法。

6.2.2 连接数据库：Connection 对象

Data Provider 组件中的 Connection 对象是用来连接数据源的。对于不同类型的数据连接提供程序（又称数据连接引擎），其 Connection 类的名称是不同的。例如，SqlConnection 类的对象连接 SQL Server 数据库；OracleConnection 类的对象连接 Oracle 数据库；OleDbConnection 类的对象连接支持 OLE DB 的数据库（如 Access）；而 OdbcConnection 类的对象连接任何支持 ODBC 的数据库。应用程序与数据库的所有通信工作最终都是通过 Connection 对象来完成的。

1. Connection 对象的重要属性

（1）ConnectionString 属性

Microsoft Office Access 数据库使用 OleDbConnection 类对象来连接数据库。其中，最关键的是 ConnectionString 属性，它是可读写属性，能用来设置或获取数据库的连接字符串。该字符串指定了将要连接数据源的种类、数据库服务器的名称、数据库名称、登录用户名、密码、等待连接时间、安全验证设置等参数信息，这些参数之间用分号隔开。

例如，最典型的 ConnectionString 属性设置格式如下。

```
"Provider = Microsoft.ACE.OLEDB.12.0;Data Source = student.accdb"
```

其中，Provider 参数指定了数据连接引擎的名称，Data Source 参数用于指定要连接的数据源文件（或服务器）的路径及名称。当 Data Source 参数中只提供数据源文件名时，说明要连接的数据库文件位于本程序项目的 bin\Debug\ 目录中。

以上连接字符串表示使用 Microsoft.ACE.OLEDB.12.0 版的数据连接提供程序，连接的数据库 student.accdb 位于本程序项目的 bin\Debug\ 目录中。

（2）Provider 属性

Provider 属性为只读属性，用来获取 OLE DB 数据连接提供程序的名称，即在连接字符串的"Provider = "子句中指定的值。

（3）DataSource 属性

DataSource 属性为只读属性，用来获取要连接的数据源文件（或服务器）的路径及名称，即在连接字符串中"Data Source = "子句中指定的值。

（4）State 属性

State 属性为只读属性，用来获取连接对象与数据源的连接的当前状态，其值为 ConnectionState 枚举类型，共有 6 个值，默认值是 Closed，如表 6-4 所示。

表 6-4　ConnectionState 枚举类型

ConnectionState 成员	意　义
Connecting	连接对象正在与数据源连接

续表

ConnectionState 成员	意　义
Open	连接处于打开状态
Executing	连接对象正在执行命令
Fetching	连接对象正在检索数据
Broken	与数据源的连接中断。只有在连接打开之后才可能发生这种情况。可以关闭处于这种状态的连接，然后重新打开
Closed	连接处于关闭状态

2. 创建连接

在建立数据连接时，使用 OleDbConnection 类创建连接对象，并且通过 ConncctionString 属性的值告诉程序提供数据库连接的程序名称及数据库文件的存放位置。ConnectionString 属性值可以在创建连接对象时，通过类的构造函数直接指定。例如：

```
string CString = "Provider = Microsoft.ACE.OLEDB.12.0;Data Source = student.accdb";
OleDbConnection conn = new OleDbConnection(CString);
```

也可以在连接对象创建好后，单独进行设置。例如：

```
string CString = "Provider = Microsoft.ACE.OLEDB.12.0;Data Source = student.accdb";
OleDbConnection conn = new OleDbConnection();
conn.ConnectionString = CString;
```

3. 打开和关闭连接

使用 OleDbConnection 创建数据连接对象并设置 ConnectonString 属性值仅是告诉程序以何种方式(哪个数据连接引擎)打开哪个数据库，此时只是创建了一条用户应用程序到数据库之间的连接，库文件尚未被真正打开。

要真正实现打开连接所指定的数据库文件，必须显式调用 Open() 方法打开连接，然后才能进行相应的数据访问操作，访问完成后，还需要用 Close() 方法关闭这个数据库连接。

Open() 和 Close() 方法通过连接对象直接调用，两个方法都不带参数且无返回值。例如：

```
conn.Open();
...                //访问数据库,通常会执行 SQL 语句,进行数据的读、写操作
conn.Close();
```

注意：由于数据库连接要使用到系统资源（如内存和网络带宽），因此对一个专业的数据库软件开发工程师来说，既要在提出需求的最晚时间建立数据库连接（调用 Open()方法），也要在完成需求后的最早时间关闭数据库连接（调用 Close()方法）；即在开发应用程序时，尽量缩短数据库打开和关闭之间消耗的时间。

例 6.2 使用 Connection 对象建立与数据库 student.accdb 的连接并显示连接信息，观察后台数据库文件的状态。程序运行界面如图 6-6 所示。

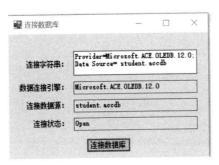

(a) 打开连接

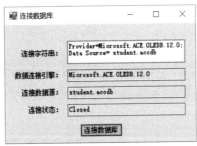

(b) 关闭连接

图 6-6 例 6.2 程序运行界面

分析：

① 要创建基于 OLE DB.NET 的数据访问应用程序，需要引用 System.Data.OleDb 名称空间。

② 通过 ConnectionString 属性指定数据连接引擎及数据库文件的存放位置，并且使用 OleDbConnection 创建连接对象。获取 Connection 对象的 Provider、DataSource 和 State 属性值，查看数据库连接相关信息。

③ 当数据库连接通过 Open() 方法打开后，弹出提示框，程序进入中断。此时，请不要立即单击提示框中的"确定"按钮，先查看窗体上显示的各属性值，再去本程序项目的 bin\Debug\ 目录中查看数据库文件有什么变化。

程序源代码如下。

```
using System.Data.OleDb;                          //引用名称空间
...
private void button1_Click(object sender, EventArgs e)
```

```
{
    string CString = textBox1.Text;              //设置连接字符串为用户输入
                                                 //设置连接字符串
    OleDbConnection conn = new OleDbConnection(CString);
                                                 //创建连接
    conn.Open();                                 //打开数据连接
    textBox1.Text = conn.ConnectionString;       //显示连接字符串
    textBox2.Text = conn.Provider.ToString();    //显示数据连接提供程序
    textBox3.Text = conn.DataSource;             //显示数据源文件路径及名称
    textBox4.Text = conn.State.ToString();       //显示当前数据连接的状态
    MessageBox.Show("请查看后台数据库文件!");    //程序进入中断状态
    conn.Close();                                //关闭数据连接
    textBox4.Text = conn.State.ToString();       //显示当前数据连接的状态
}

private void Form1_Load(object sender, EventArgs e)
{
    textBox1.Text = "Provider=Microsoft.ACE.OLEDB.12.0;Data Source=student.accdb";
    textBox2.ReadOnly = true;
    textBox3.ReadOnly = true;
    textBox4.ReadOnly = true;
}
```

在程序运行前,先观察本程序项目中的 bin\Debug\ 目录,可以看到 student.accdb 处于未打开的状态,如图 6-7(a)所示。接着,运行程序,当调用连接对象的 Open()方法后,

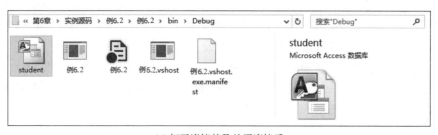

(a) 打开连接前及关闭连接后

(b) 打开连接后及关闭连接前

图 6-7 应用程序在后台打开数据库连接的效果

打开连接,可以看到程序运行界面上如图 6-6(a)所示的各属性值。其中,表示连接状态的 State 属性值为 Open,说明当前的数据库连接处于打开状态;并且弹出提示框,程序进入中断状态。此时,根据提示信息,再次进入 bin\Debug\目录,可以看到如图 6-7(b)所示效果:文件夹中多了一个"带锁"的 student 数据库文件。这说明数据库 student.accdb 已经在后台被打开,并且当前处于"写保护"的状态,任何其他应用程序不得再打开它。

最后,用户单击如图 6-6(a)所示的消息框中的"确定"按钮,程序调用 Close()方法,关闭与数据库的连接。再次查看程序运行界面上的"连接状态"信息,State 属性值变为 Closed,如图 6-6(b)所示。此时,bin\Debug\目录中"带锁"的 student 数据库文件消失,如图 6-7(a)所示,说明数据库连接已经关闭,文件 student.accdb 不再被"写保护"。

6.2.3 执行 SQL 语句:Command 对象

在连接数据源后,就可以对数据源进行各种读写操作。一般地,对数据源的操作包括查询、插入、更新和删除,可以使用 Command 对象进行这些操作。

1. Command 对象的重要属性

Microsoft Office Access 数据库使用 OleDbCommand 类对象来执行 SQL 语句或存储过程。其中,最关键的是 Connection 属性和 CommandText 属性。

Connection 属性用来获取或设置当前要执行的 SQL 语句在哪个数据库连接(Connection 对象)中执行,即指定 SQL 语句执行的位置。CommandText 属性用来获取或设置要对数据源执行的 SQL 语句,即指定要执行什么样的 SQL 语句。

2. 创建命令对象

当连接对象通过 Open()方法成功建立与数据源的连接后,就要通过创建命令对象,执行相应的 SQL 语句,进行读写数据的操作。

建立命令对象时,需要通过 CommandText 属性指定要执行的 SQL 语句,并且用 Connection 属性指定该 SQL 语句在哪个数据库连接中执行。这两个属性值可以在创建命令对象时通过类的构造函数直接指定。例如:

```
string strSql = "SELECT * FROM 基本信息表";
OleDbCommand cmd = new OleDbCommand(strSql, conn);
```

也可以在命令对象创建好后,单独进行设置。例如:

```
string strSql = "SELECT * FROM 基本信息表";
OleDbCommand cmd = new OleDbCommand();
cmd.CommandText = strSql;              //指定要执行的 SQL 语句
cmd.Connection = conn;                 //指定连接对象
```

其中,字符串 strSql 声明要执行的 SQL 语句,conn 为之前建立数据库连接时的连接对象。以上代码创建了命令对象 cmd,表示程序将要在名为 conn 的数据库连接中,执行 strSql 字符串中指定的 SQL 语句。

3. 执行 SQL 语句

Command 对象构造完成后,就可以执行 SQL 语句对数据库进行操作。Command 对象执行 SQL 语句的方法有 ExecuteNonQuery()、ExecuteScalar()、ExecuteReader()等。

(1) ExecuteNonQuery()方法

ExecuteNonQuery()方法用来执行 INSERT、UPDATE、DELETE 等非查询语句和其他没有返回结果集的 SQL 语句,并且返回执行命令后的影响行数。若 UPDATE 和 DELETE 语句执行时对应的目标记录不存在,则返回 0。

(2) ExecuteScalar()方法

ExecuteScalar()方法执行一个 SQL 命令并返回结果集中的首行首列。如果结果集大于 1 行 1 列,则忽略其他部分。该方法通常用来执行包含 Count、Sum 等合计函数的 SQL 语句。

(3) ExecuteReader()方法

ExecuteReader()方法用于执行查询操作,它返回一个 DataReader 型的对象,通过该对象可以读取查询所得的数据,通常用来处理 SELECT 语句执行后返回的多行多列数据。

例 6.3 创建一个数据库访问程序,使用 Connection 对象连接数据库 student.accdb 后,使用 Command 对象分别执行用户输入的 SELECT、INSERT、UPDATE 和 DELETE 语句,观察程序运行效果和后台数据库中数据的变化。程序运行界面如图 6-8 所示。

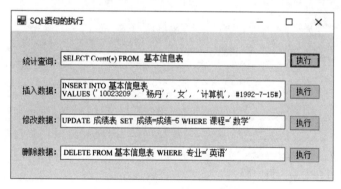

图 6-8 例 6.3 程序运行界面

分析:

① 本程序需要在同一个数据库中执行 4 个查询,因此可以在事件处理程序外部,声明公共的连接字符串 CString 和连接对象 conn。

② 因为在事件处理程序的外部,只能调用其不带参数的构造函数声明对象,所以既不能给属性赋值,也不能调用其带参数的构造函数间接地给对应的属性赋值。因此,这里只能使用先创建连接对象,再单独进行 ConnectionString 属性设置的方法来创建公共的

连接对象 conn。

③ 在 6.2.2 节介绍连接对象时,我们曾提到过数据库连接要使用到系统资源,在开发应用程序时,应尽量缩短数据库打开和关闭之间消耗的时间。因此在本题中 4 个查询的执行前后,我们单独为每个查询打开和关闭连接。

程序源代码如下。

```csharp
using System.Data.OleDb;                                  //引用名称空间
...
string CString = "Provider = Microsoft.ACE.OLEDB.12.0;Data Source = student.accdb";
OleDbConnection conn = new OleDbConnection();             //创建连接对象

private void Form1_Load(object sender, EventArgs e)
{
    conn.ConnectionString = CString;                      //设置连接字符串
}

private void button1_Click(object sender, EventArgs e)
{
    conn.Open();
    string sql = textBox1.Text ;
    OleDbCommand cmd = new OleDbCommand(sql, conn);
    int i = (int)cmd.ExecuteScalar();
    MessageBox.Show("统计结果: " + i.ToString());
    conn.Close();
}   //用命令对象的 ExecuteScalar()方法执行 SELECT 语句,查询并返回单行单列结果的
    //数据

private void button2_Click(object sender, EventArgs e)
{
    conn.Open();
    string sql = textBox2 .Text ;
    OleDbCommand cmd = new OleDbCommand(sql, conn);
    int i = (int)cmd.ExecuteNonQuery();
    MessageBox.Show("成功插入" + i.ToString() + "条记录! ");
    conn.Close();
}   //用命令对象的 ExecuteNonQuery()方法执行 INSERT 语句,返回成功插入数据行数

private void button3_Click(object sender, EventArgs e)
{
    conn.Open();
    string sql = textBox3.Text ;
    OleDbCommand cmd = new OleDbCommand(sql, conn);
```

```
        int i = (int)cmd.ExecuteNonQuery();
        MessageBox.Show("成功更新" + i.ToString() + "条记录！");
        conn.Close();
    }   //用命令对象的ExecuteNonQuery()方法执行UPDATE语句,返回成功更新数据行数

    private void button4_Click(object sender, EventArgs e)
    {
        conn.Open();
        string sql = textBox4.Text;
        OleDbCommand cmd = new OleDbCommand(sql, conn);
        int i = (int)cmd.ExecuteNonQuery();
        MessageBox.Show("成功删除" + i.ToString() + "条记录！");
        conn.Close();
    }   //用命令对象的ExecuteNonQuery()方法执行DELETE语句,返回成功删除数据行数
```

从以上代码可以看出,因为公共的连接对象conn声明时无法指定连接字符串,所以需要单独地设置conn的ConnectionString属性来指定它。同时,连接字符串又要在连接打开之前(即调用Open()方法前,也就是单击程序中每个"执行"按钮前)指定。因此,将连接字符串的设置工作放在窗体载入时(即Form_Load事件触发时)是最好的选择。

本程序经过调试,细心的读者可能会发现一些问题。

① 相同的INSERT语句只能成功执行一次。原因是在往数据表中添加记录时,会受到主键唯一性的约束。如果再次插入数据的主键值完全一致,程序会因主键值重复而引发异常。解决这一问题最简单的方法是使用第2章介绍的try...catch...异常处理机制。

② 删除数据后,若再执行相同的DELETE语句,会发现返回结果为0。原因是前一次满足WHERE子句条件的记录已经被删除,再次执行时根本查找不到符合条件的数据,就更不用谈删除了。这种情况下,最好用IF语句判断返回结果行数是否大于0,如果返回结果为0,可以提示用户没有符合条件的记录需要删除。同理,更新数据时,可能也会遇到此类问题,应予以相同的处理方法。

③ 执行INSERT、UPDATE、DELETE语句时都涉及数据库的"写"操作,因此一个专业的程序员应该考虑到：每次数据库内容即将被修改时,应提示用户诸如"数据即将更新,是否要继续"等类似的内容,从而防止用户因为在界面上"误操作"而带来不可挽回的数据损失。这可以在每次数据连接打开之前,用包含各种选择按钮的MessageBox.Show()方法向用户弹出消息框,询问用户是否继续进行相应的操作来实现。

以上提到的3项内容若能在数据库应用程序开发过程中考虑到并实现,将大大增强应用程序的用户体验感,使其容错性更佳。改进的程序源代码请参考本章配套的例6.3(续)实例源代码。

例6.3通过用户在窗体中输入各类SQL语句并远程执行它们,向读者展示了编写数据库应用程序的一般步骤。但在更多情况下,用户数据应该是从更加界面友好、体验感强的可视化平台下输入,大多数的用户并不懂得如何编写SQL语句来实现对数据的查询、添加、修改和删除等操作。因此,我们再介绍一个更为实用的数据库应用程序。

例 6.4 编写一个能录入学生基本信息的程序,将数据从窗体上输入后,执行 INSERT 语句,将学生信息插入到 student.accdb 库的"基本信息表"中,并且实现在输入学号时立即判断该学号是否已用(即主键值重复)的提示功能。程序运行界面如图 6-9 所示。

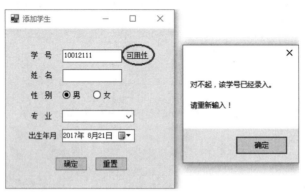

(a) 检查当前学号是否已用

(b) 添加学生

图 6-9 例 6.4 程序运行界面

分析:

① 本程序主要通过命令对象执行 INSERT 语句向数据库的"基本信息表"中添加记录。本程序需要实现两个查询:一个是 SELECT 查询,用来检测学号的可用性;另一个是 INSERT 语句,用来插入记录。为节省开销,可以共用同一个数据库连接对象。

② 在例 6.3 中曾提到过,向数据表中添加记录时会受到主键唯一性的约束。由于"基本信息表"中的"学号"字段是主键,若在添加学生时输入的学号与该表中的已有学号重复,会引发主键值冲突而使添加学生信息失败。提交表单时,使用 try…catch…异常处理机制固然可以在插入记录时进行检测,但更好的做法是:在学号刚输入时就去查询当前输入的学号在数据表中是否已经存在,如已经存在则说明该学号不可用,当即清除错误输入后要求用户重试,如图 6-9(a)所示。这样可以帮助用户及早发现数据有误并及时纠正自己的输入。

③ 当用户输入学号后,可以立即单击其右侧的"可用性"链接,触发 LinkLabel 控件的 LinkClicked 事件。利用 Command 对象执行 SELECT 语句,查询输入的学号是否存

在,若存在,说明主键值冲突,提醒用户重新输入。

④ 当用户单击"确定"按钮时,检查应该输入的数据是否完整,然后将学号、姓名、性别、专业、出生年月等基本信息转换成字符串,为构造 SQL 字符串做准备。接着利用 Command 对象执行 INSERT 语句,返回查询结果。

首先,建立公共的连接对象并设置连接字符串,代码如下。

```
using System.Data.OleDb;                    //引用名称空间
...
string CString = "Provider = Microsoft.ACE.OLEDB.12.0;Data Source = student.accdb";
OleDbConnection conn = new OleDbConnection();

private void Form1_Load(object sender, EventArgs e)
{
            conn.ConnectionString = CString;
}
```

然后,编写检查学号可用性的程序,代码如下。

```
private void linkLabel1_LinkClicked(object sender,
    LinkLabelLinkClickedEventArgs e)
{
    if (textBox1.Text == "") return;
    conn.Open();
    string strSql = "SELECT Count( * ) FROM 基本信息表 WHERE 学号 = '" + textBox1.Text + "'";
    OleDbCommand cmd = new OleDbCommand(strSql, conn);
    int i = (int)cmd.ExecuteScalar();
    if (i > 0)
    {
        MessageBox.Show("对不起,该学号已经录入。\n\n请重新输入!");
        textBox1.Text = "";
        textBox1.Focus();
    }else
        MessageBox.Show ("恭喜你!该学号可用。");
    conn.Close ();
}
```

在这里,请注意 SQL 字符串的构造。因为"学号"字段在"基本信息表"中是以文本型数据进行存储的,所以对于其值的引用,应该在两边加上一对单引号'',而整个 SQL 语句最终又要构造成字符串 strSql,学号的值需要通过 textBox1 输入进来,这时就要使用＋来进行字符串连接。因此,可以在程序源代码中看到整个 SQL 字符串在构造时会出现单、双引号交错嵌套的情况。

接着,再编写学生信息插入数据表的程序,代码如下。

```csharp
private void button1_Click(object sender, EventArgs e)
{
    if (textBox1.Text == "" || textBox2.Text == "" || comboBox1.Text == "")
    {
        MessageBox.Show("请将信息填写完整!");
        return;
    }   //必须将所有信息填写完成后再提交,其中性别和出生年月有默认值

    string num = textBox1.Text;                                     //学号
    string name = textBox2.Text;                                    //姓名
    string gender;                                                  //性别
    if (radioButton1.Checked)
        gender = radioButton1.Text;
    else
        gender = radioButton2.Text;
    string major = comboBox1.Text;                                  //专业
    string time = dateTimePicker1.Value.ToShortDateString();        //出生年月

    conn.Open();
    string strSql = "INSERT INTO 基本信息表 VALUES ('" + num + "','" + name + "','" + gender + "','" + major + "',#" + time + "#)";
    OleDbCommand cmd = new OleDbCommand(strSql, conn);
    try
    {
        int i = cmd.ExecuteNonQuery();
        MessageBox.Show("成功添加学生信息!");
        if (comboBox1.FindString(major) == -1)
            comboBox1.Items.Add(comboBox1.Text);
                                //新的专业要添加至当前专业列表
        button2_Click(sender, e);   //调用"重置"按钮单击事件,使窗体各输入控件重置
    }
    catch
    {
        MessageBox.Show("添加记录失败!\n\n可能因为学号重复!");
    }
    conn.Close();
}
```

请注意以上程序源代码中 try{...} 代码块的第 3 个语句的作用:当用户成功添加学生信息后,若该学生所属专业是之前从组合框中输入的新专业,而非下拉列表框中所选(可用组合框的 FindString() 方法判断),这时为保证"专业"下拉菜单和数据库中已有的专业保持同步,需要在组合框中添加这个专业项。

此外,在以上程序源代码中可以看出,无论数据库表中的数据是以何种类型存储的,其值一律都要构造到 SQL 字符串中。通常,文本型的值两边要套单引号,时间日期型的值两边要套♯号,而数字型的数据两边不套任何符号。可以看到,图 6-9(a)所示的控件中的数据均输入对应其名的 string 变量,然后再根据其该有的值在字符串构造时加上对应的符号。

对于初学者,若无法熟练掌握 SQL 字符串的构造方法,可在编写完 SQL 字符串语句后,临时使用 MessageBox.Show()方法进行测试。在消息框中输出该 SQL 语句,检查语句是否合法,以此来判断 SQL 字符串是否定义正确。可将以下代码临时加在 SQL 字符串定义那句下面。

```
MessageBox.Show(strSql);                //用消息框输出 SQL 语句
return;                                 //程序返回
```

其中,return;语句用来临时屏蔽掉后续代码的运行。待程序员检查并确定 SQL 语句合法后,再将这两条语句去掉(或注释掉)。

例如,以上程序源代码中的两句 SQL 语句通过消息框输出后的效果如图 6-10 所示。程序员可在这时检查该 SQL 语句编写是否合法、合要求,若检查出问题,再回去修改定义 SQL 字符串的那行代码。

(a) 检查当前学号是否已用的 SQL 输出

(b) 添加学生的的 SQL 输出

图 6-10　用 MessageBox 检查 SQL 字符串是否合法

可见,通过消息框输出用户定义的 SQL 字符串后,就可以比较清楚地检查 SQL 语句。SQL 字符串的构造是初学者编写数据库访问应用程序时的一大难点,标号符号、数据类型等稍有不慎就会使后续的 SQL 执行无法成功。但是,所谓熟能生巧,读者应不断尝试,学会利用消息框检验 SQL 字符串的构造方法,这样就能顺利地在将来建立各类数据库访问程序。

最后,为"重置"按钮编写程序,可实现将各输入控件重新初始化,代码如下。

```
private void button2_Click(object sender, EventArgs e)
{
    textBox1.Text = "";
    textBox2.Text = "";
    radioButton1.Checked = true;
    //列表框、组合框控件的重置,需要同时设置 SelectIndex 和 Text 两个属性
    comboBox1.SelectedIndex = -1;
    comboBox1.Text = "";
    dateTimePicker1.Value = System.DateTime.Now;
}
```

从以上两个例子可以看出,通过 Command 对象的 ExecuteNonQuery()和 ExecuteScalar()方法可以执行 SQL 语句。其中,ExecuteNonQuery()方法用来执行 INSERT、UPDATE、DELETE 等语句;ExecuteScalar()方法多用来执行一个返回结果为 1 行 1 列的 SELECT 语句,这样的查询通常具有统计意义。这两个方法返回的数据比较简单,通常只有(或只需要)一个数据,或者为影响行数,或者为统计结果值,通常使用一个简单变量存储返回值后处理即可。

6.2.4 读取数据:DataReader 对象

然而,很多情况下,我们需要进行大量数据查询,通常查询结果集会包含多行多列的数据。这里就需要用到 Command 对象的 ExecuteReader()方法,通过该方法执行 SELECT 语句后,其返回的多行多列数据可以使用一个 DataReader 对象存储,之后再对其进行处理并显示输出结果。

DataReader 对象以"基于连接"的方式从数据源中获取只读的、单向的数据流,适合从数据源中检索大量的不需要进行更新操作的数据。OleDbDataReader 类没有构造函数,因此不能直接实例化,需要从 Command 对象中返回一个 DataReader 实例,具体做法是通过调用 Command 对象的 ExecuteReader()方法。

例如,通过命令对象执行 SQL 后的返回结果(m 行 n 列的二维数据)存储至 DataReader 对象 dr 可使用以下代码实现。

```
OleDbDataReader dr = 命令对象.ExecuteReader();
```

当 ExecuteReader()方法返回 DataReader 对象时,当前光标的位置在第一条记录的前面,必须调用 DataReader 的 Read()方法把光标移动到第一条记录,然后第一条记录将变成当前记录。如果 DataReader 包含的记录不止一条,可以再次调用 Read()方法移到下一条记录。经常使用 while 循环来遍历记录。

例如,遍历 DataReader 对象中的每一行数据可使用以下代码实现。

```
while (dr.Read())
{
    ...
}
```

这样，就可以在以上循环体中逐行访问 SELECT 语句的返回结果集，通过 dr[0]访问当前行的第 1 列数据，通过 dr[1]访问当前行的第 2 列数据，以此类推。

例 6.4（续） 使用 DataReader 对象，将例 6.4 中的"专业"信息从数据库的"基本信息表"中通过查询自动加载。程序运行界面与例 6.4 相同，如图 6-9 所示。

分析：

① 在例 6.4 中，"专业"信息是在窗体设计时，通过 ComboBox 控件的 Items 属性静态指定的。这样做的缺点是："专业"下拉列表中的选项不能和数据库"基本信息表"中对应的字段值同步更新。设想在添加学生时，往"基本信息表"中新增了一个专业，我们当然希望在下一次启动"添加学生"窗口时，"专业"下拉列表中会自动加载这个新增的专业。

② 可以在窗体载入时，通过以下查询来取出"基本信息表"中的所有专业。

```
SELECT DISTINCT 专业 FROM 基本信息表
```

其中，使用关键字 DISTINCT 可以过滤掉重复的"专业"字段值。

③ 利用 Command 对象和 DataReader 对象进行查询，构造出如图 6-9(a)所示的"专业"下拉列表。

在例 6.4 程序源代码的基础上修改，在 Form_Load 事件处理程序中编写以下代码。

```csharp
private void Form1_Load(object sender, EventArgs e)
{
    conn.ConnectionString = CString;
    conn.Open();
    string strSql = "SELECT DISTINCT 专业 FROM 基本信息表";
    OleDbCommand cmd = new OleDbCommand(strSql, conn);
    OleDbDataReader dr = cmd.ExecuteReader();
    while(dr.Read())
    {
        comboBox1.Items.Add(dr[0].ToString());
    }
    conn.Close();
}
```

其中，dr[N]表示当前行的第 N 列上的数据，其值为 Object 型，可以通过调用 ToString()方法获取其文本内容并显示输出。本例中，由于只查询了"专业"字段，结果返回多行 1 列的数据，因此只用 dr[0]读取结果。当查询返回结果集为多行多列的数据时，可以用 dr[1]、dr[2]等读取更多列上的数据。

6.2.5 数据适配器：DataAdapter 对象

在需要大量的数据处理或者动态交互数据的场合，使用 DataAdapter 对象连接 Connection 对象和 DataSet 对象，完成数据库与本机 DataSet 之间的交互。

1. DataAdapter 对象的重要属性

通常，DataAdapter 对象通过 SelectCommand、InsertCommand、UpdateCommand 和 DeleteCommand 这 4 个属性分别实现读取、添加、更新和删除数据源中的记录，它们都通过命令对象赋值。

2. 创建适配器对象

DataAdapter 对象主要用来承接 Connection 和 DataSet 对象。创建适配器对象时，最重要的是指定要执行的 SQL 语句及承接连接对象。

例如，以下代码创建了 DataAdapter 对象 adap，要求在 conn 所指定的数据库连接中，执行 strSql 所指定的查询语句。

```
...                                                    //创建连接对象 conn
string strSql = "SELECT * FROM 基本信息表";              //定义 SQL 字符串
OleDbDataAdapter adap = new OleDbDataAdapter(strSql,conn);    //创建适配器对象
```

要执行的 SQL 语句也可以在适配器对象创建好后，通过 SelectCommand、InsertCommand、UpdateCommand、DeleteCommand 等属性单独进行设置。例如：

```
...                                                    //创建连接对象 conn
string strSql = "SELECT * FROM 基本信息表";              //定义 SQL 字符串
OleDbDataAdapter adap = new OleDbDataAdapter();        //创建适配器对象
adap.SelectCommand = new OleDbCommand(strSql,conn);    //设置 SelectCommand 属性
```

若上述代码中的 SQL 字符串所指定的语句是 INSERT、UPDATE 或 DELETE，对应地需要设置 InsertCommand、UpdateCommand 或 DeleteCommand 属性来实现数据的添加、修改和删除操作。由于 DataAdapter 对象会自动打开或关闭数据库连接，因此在创建连接对象后，可以不用 Open() 及 Close() 方法执行对数据库的打开或关闭操作。

3. 数据填充

DataAdapter 对象通过 Fill() 方法把数据源数据填充到本机 DataSet 或 DataTable 中，填充完成后与数据库服务器的连接自动断开，然后可以在与数据库服务器不保持连接的情况下对 DataSet 中的数据进行操作。操作完成后若需要更新数据库，再利用 DataAdapter 的 Update() 方法把 DataSet 或 DataTable 中的处理结果更新到数据库中。

数据填充至 DataSet 的语句格式如下。

```
DataAdapter对象.Fill(ds [, srcTable]);
```

其中，ds 参数表示要填充到的 DataSet 对象。可以把 DataSet 对象视为内存中的一个数据库，库中有若干数据表(DataTable)。所谓的数据填充就是将查询结果存放于指定 DataSet 对象中的一个 DataTable 中。srcTable 参数可选，为 String 型，用来指定当前数

据填充到的数据表名,对应于 DataTable 对象的 TableName 属性。若不指定该参数,系统会给予默认的表名。

若声明了 DataTable 对象,数据也可以直接填充至 DataTable,语句格式如下。

```
DataAdapter 对象.Fill(dt);
```

其中,dt 参数表示要填充到的 DataTable 对象。关于 Dataset 和 DataTable 的详细内容将在 6.2.6 节中介绍。

4. 数据更新

DataAdapter 对象不仅能进行数据填充,还能将 DataSet(或 DataTable)中的更新同步到对应的数据源。例如,当数据填充至 DataSet 后,又在 DataSet 中对数据进行了添加、修改或删除等操作,就需要同步更新数据库中对应的数据。这可以通过 Update() 方法实现。

从 DataSet 同步更新数据源,其语句格式如下。

```
DataAdapter 对象.Update(ds [, srcTable]);
```

或者,从 DataTable 同步更新数据源,其语句格式如下。

```
DataAdapter 对象.Update(dt);
```

其中,参数 ds、dt、srcTable 等的意义等同于 Fill() 方法中的同名参数。

6.2.6 数据集:DataSet 对象

DataSet 对象是 ADO.NET 中用来访问数据库的对象,其内部用动态 XML 的格式来存放数据,这种设计使 DataSet 能访问不同数据源的数据。DataSet 对象建立在内存中,是存放在内存中的数据暂存区,其本身不与数据库发生关系,而是通过 DataAdapter 对象从数据库中获取数据并把修改后的数据更新到数据库。

1. DataSet 对象的结构

DataSet 对象的结构类似于关系数据库,其中包含了数据表(DataTable)和表间关系(DataRelation)。而每个数据表中又包含了数据行(DataRow)、数据列(DataColumn),以及在数据列上强制的约束(Constraint)。

在 DataSet 内部允许同时存放一个或多个不同的 DataTable,这些 DataTable 通过 DataRelation 类型的对象来存储它们之间的约束关系。6.2.1 节中的图 6-5 展示了 DataSet、DataTable(包括 DataTable、DataRow、DataColumn)及 DataRelation 之间的关系。

2. 创建和使用 DataSet 对象

(1) 创建数据集

创建 DataSet 对象的语句格式如下。

```
DataSet 对象名 = new DataSet([dataSetName]);
```

其中,dataSetName 参数可选,用来设置当前 DataSet 的名称,对应于 DataSet 对象的 DataSetName 属性。

(2) 数据源填充至 DataSet(数据填充)

DataSet 中的数据通常由 DataAdapter 对象通过 Fill()方法进行填充。例如,以下代码实现了将 student.accdb 数据库中"基本信息表"的所有数据填充至 DataSet 中。

```
string CString = "Provider = Microsoft.ACE.OLEDB.12.0;Data Source = student.accdb";
OleDbConnection conn = new OleDbConnection(CString);
string strSql = "SELECT * FROM 基本信息表";
OleDbDataAdapter adap = new OleDbDataAdapter(strSql,conn);
DataSet ds = new DataSet();
adap.Fill(ds, "学生表");
```

以上代码执行后,系统会在数据集 ds 中创建一个名为"学生表"的 DataTable 来存储数据。

(3) 修改 DataSet 中的内容

当指定数据源中的数据填充至 DataSet 对象后,通常会通过应用程序对其中的数据作一些修改,这些修改操作常常会结合数据绑定技术实现。有关数据绑定技术的详细内容可参考 6.3 节的介绍。

(4) DataSet 更新至数据源(数据更新)

要把在 DataSet 对象中作的更改(例如对其中的数据进行了增、删、改等操作)同步更新到数据库中,可以使用 DataAdapter 对象的 Update()方法进行更新。例如,以下代码实现了将数据集 ds 中的内容同步更新至适配器 adap 所指定的数据源。

```
If(ds.HasChanges()) adap.Update(ds);            //若 ds 中有改变,再进行更新
```

更新时,可以先用 DataSet 对象的 HasChanges()方法检测数据集中的数据是否被更新过,若更新过,再去同步数据源。这样做的好处是可以减少掉不必要的数据交互开销。

例 6.5 使用 DataAdapter 对象和 DataSet 对象,将"基本信息表"的查询结果显示在 ListView 中,程序运行界面如图 6-11 所示。

分析:

① 窗体上放置 ListView 控件、文本框和按钮,要执行的查询语句通过文本框输入。

图 6-11　例 6.5 程序运行界面

② ListView 中最终显示的列标题和列数据要与输入的查询语句结果返回的列自动匹配。

③ 列标题通过 ListView 的 Columns.Add() 方法构造；行标题（即首列数据）通过设置每一行 ListViewItem 对象的 Text 属性设置。

在"查询"按钮的 Click 事件中编写如下程序源代码。

```
String CString = "Provider = Microsoft.ACE.OLEDB.12.0; Data Source = student.accdb";
OleDbConnection conn = new OleDbConnection(CString);      //连接设置

string sql = textBox1.Text;
OleDbDataAdapter adap = new OleDbDataAdapter(sql, conn);  //适配器定义

DataSet ds = new DataSet();
adap.Fill(ds, "学生查询");                                //数据集填充

int cols = ds.Tables[0].Columns.Count;                    //获取结果集中的列数

listView1.Clear();
for (int i = 0; i < cols; i++)
    listView1.Columns.Add(ds.Tables[0].Columns[i].Caption);
listView1.View = View.Details;                            //构造列标题

foreach (DataRow row in ds.Tables[0].Rows)                //遍历查询结果的每一行
{
    ListViewItem lvi = new ListViewItem();                //创建当前行
    lvi.Text = row[0].ToString();                         //构造第 1 列
    for (int i = 1; i < cols; i++)
        lvi.SubItems.Add(row[i].ToString());              //构造第 2~n 列
    listView1.Items.Add(lvi);                             //添加整行至 ListView
}
```

当查询结果填充至 ds 中的 DataTable（即 ds.Tables[0]）后，可以通过 DataTable 对象的 Columns.Count 属性获取返回列数，然后遍历这些数据列，用 ListView 的 Columns.Add()方法先构造列标题。接着遍历 DataTable 的每一行数据，逐行创建并获取数据，添加至 ListView 控件中。接下来，我们将对 DataTable 的结构作详细介绍。

3. DataTable

DataTable 对象表示保存在本机内存中的表，它提供对表中数据的各种操作。与关系数据库中的表结构类似，DataTable 对象也包括行、列及约束等属性。一个表中可以包含多个 DataColumn 对象，每一个 DataColumn 对象表示一列，每列有一个 DataType 属性，表示该列的数据类型。每个表可以有多行，每一行是一个 DataRow 对象。

DataTable 对象可通过使用构造函数来创建，例如：

```
DataTable table = new DataTable("table1");
```

通过 DataSet 的 Tables 属性的 Add()方法也能创建 DataTable 对象，例如：

```
DataSet ds = new DataSet();
DataTable table = ds.Tables.Add("table1");
```

最初创建的 DataTable 是没有结构的，必须创建 DataColumn 对象，将其添加到表的 Columns 集合中并定义主键。在定义好 DataTable 的结构后，可通过将 DataRow 对象添加到表的 Rows 集合中来添加数据行。例如：

```
DataTable table = new DataTable("table1");

DataColumn id = table.Columns.Add("编号", typeof(Int32));
id.AllowDbNull = false;
id.Unique = true;                                      //创建"编号"字段,整型、非空、唯一
table.Columns.Add("姓名", typeof(String));             //创建"姓名"字段,字符串型
table.Columns.Add("年龄", typeof(Int32));              //创建"年龄"字段,整型
DataRow row = table.NewRow();                          //创建一行空数据
row["编号"] = 101;
row["姓名"] = "张三";
row["年龄"] = 19;
table.Rows.Add(row);                                   //录入一行数据,相应值填入各字段
```

说明：在以上代码中，由于"编号"字段要设成非空、唯一，因此需要创建 DataColumn 类型对象 id，并且通过设置 AllowDbNull 及 Unique 属性来实现。而"姓名""年龄"字段只需要指定数据类型，故可以直接通过 DataTable 对象的 Columns.Add()方法进行添加。

此外，以上代码仅实现了 DataTable 结构的创建，这种结构仅存储于内存中。若要将其可视化输出，还需要结合相关的控件（如 ListView 或 DataGridView 等）实现。

6.3 数据绑定技术

当指定数据源中的数据填充至 DataSet 对象后,通常会通过应用程序对其中的数据作一些修改,这些修改操作常常会结合数据绑定技术实现。

6.3.1 数据绑定

数据绑定是把已经打开的数据集中某个或者某些字段绑定到控件上显示。当对控件完成数据绑定后,其显示的字段内容将随着数据记录指针的变化而变化。此外,在被绑定控件中修改数据后,也能同步更新数据集中的内容。

数据绑定根据不同控件分为简单数据绑定和复杂数据绑定。简单数据绑定指绑定后控件中显示的内容对应单个字段值,例如 TextBox、Label 等通常用来实现简单数据绑定。复杂数据绑定指绑定后控件中显示的内容对应多个字段值,例如 ListBox、ComboBox、ListView、DataGridView 等通常用来实现复杂数据绑定。

数据绑定的一般步骤如下。

① 连接数据库,执行查询,获取结果填充至数据集 DataSet。

② 对于简单数据绑定,将数据集中相应单个字段绑定到控件的显示属性上,例如 TextBox 组件的 DataBindings 下的 Text 属性。

③ 对于复杂数据绑定,将数据集中相应多个字段绑定到控件的显示属性上,例如 DataGridView 组件的 DataSource 属性和 DataMember 属性。

6.3.2 简单数据绑定

所谓简单数据绑定,就是将数据集里某个 DataTable 中的单个数据显示在单个控件上,TextBox、Label 及 DateTimePicker 等控件都能进行常用的简单数据绑定工作。要实现简单数据绑定,通常需要在设计或运行时对控件的 DataBindings 属性进行设置,格式如下。

```
控件名.DataBindings.Add(new Binding("Text",ds,"DataTable对象.字段名"));
```

其中,控件名可以是要与数据进行绑定的 TextBox、Label 或 DateTimePicker 等对象。ds 表示填充时的数据集,"DataTable 对象.字段名"表示 ds 中存放某个查询结果的 DataTable 中的某个字段,而"Text"是指数据与控件的 Text 属性进行绑定。

例 6.6 设计一个窗体,用于浏览 student.accdb 数据库中"基本信息表"的内容,程序运行界面如图 6-12 所示。

分析:

① 窗体上放置 6 个标签、4 个文本框、4 个命令按钮和 1 个日期控件。

图 6-12　例 6.6 程序运行界面

② 查询结果的每个数据通过控件的 DataBindings 属性进行设置。

③ 数据集中每一行数据的翻页及页码显示功能可以通过设置（或获取）绑定管理对象（BindingManagerBase）的 Position 和 Count 属性完成。

首先，建立各公共对象并进行初始化操作，代码如下。

```
using System.Data.OleDb;                              //引用名称空间
...
String CString = "Provider = Microsoft.ACE.OLEDB.12.0; Data Source = student.accdb";
OleDbConnection conn = new OleDbConnection();         //连接对象
string strSql = "SELECT * FROM 基本信息表";            //SQL 字符串
OleDbDataAdapter adap = new OleDbDataAdapter();       //适配器对象
DataSet ds = new DataSet();                           //数据集对象
BindingManagerBase bind;                              //绑定管理对象,抽象类只要声明
```

然后，在指定的数据库连接中执行 SQL，将结果集填充至数据集 ds。通过数据绑定，将数据集中的记录显示在对应的文本框（或日期控件）中。通过绑定管理对象 bind 显示页码并实现翻页功能。

程序源代码如下。

```
private void Form1_Load(object sender, EventArgs e)
{
    conn.ConnectionString = CString;                         //设置连接字符串
    adap.SelectCommand = new OleDbCommand(strSql, conn);     //在指定的连接中执行 SQL
    adap.Fill(ds, "基本信息表");                              //数据连接

    textBox1.DataBindings.Add (new Binding("Text",ds,"基本信息表.学号"));
    textBox2.DataBindings.Add (new Binding("Text",ds,"基本信息表.姓名"));
    textBox3.DataBindings.Add (new Binding("Text",ds,"基本信息表.性别"));
    textBox4.DataBindings.Add (new Binding("Text",ds,"基本信息表.专业"));
    dateTimePicker1.DataBindings.Add(new Binding("Text", ds, "基本信息表.出生年月"));                                              //数据绑定
```

```
        bind = this.BindingContext[ds, "基本信息表"];        //设置绑定管理对象
        getPage();                                          //显示首页页码
    }

    private void getPage()
    {
        label6.Text = (bind.Position + 1) + "/" + bind.Count;
                                                            //设置"当前页/总页数"
    } //在label6中显示页码

    private void button1_Click(object sender, EventArgs e)
    {
        bind.Position = 0;
        getPage();
    } //首记录

    private void button2_Click(object sender, EventArgs e)
    {
        bind.Position -= 1;
        getPage();
    } //上一条

    private void button3_Click(object sender, EventArgs e)
    {
        bind.Position += 1;
        getPage();
    } //下一条

    private void button4_Click(object sender, EventArgs e)
    {
        bind.Position = bind.Count - 1;
        getPage();
    } //尾记录
```

在这里,使用 BindingContext 对象实现对数据记录的浏览,其 Position 属性可设定或返回数据集中记录的序号位置,而 Count 属性可返回数据表中的记录条数。第一条记录的 Position 属性值为 0,最后一条记录的 Position 属性值为"Count 属性值－1"。在命令按钮的 Click 事件中改变其 Position 属性值,实现对数据记录的浏览。例如:

跳转到第一条记录。

```
this.BindingContext[ds, "dataTable"].Position = 0;
```

跳转到上一条记录。

```
this.BindingContext[ds, "dataTable"].Position -= 1;
```

跳转到下一条记录。

```
this.BindingContext[ds, "dataTable"].Position += 1;
```

跳转到最后一条记录。

```
this.BindingContext[ds, "dataTable"].Position = this.BindingContext[ds, "dataTable"].Count - 1;
```

其中,ds 表示数据集名,dataTable 表示对应数据集中的表名称。

为更好地实现程序封装,本例中通过把 BindingContext 对象赋值到一个抽象的 BindingManagerBase 类对象 bind 以及定义翻页函数 getPage(),简化了记录浏览和页码显示的程序源代码。

6.3.3 复杂数据绑定

所谓复杂数据绑定,就是将数据集里某个 DataTable 中的多个数据显示在单个控件上,即同时显示记录集中的单行、单列或多行、多列数据。支持复杂数据绑定的常用控件有网格控件(DataGridView)、组合框控件(ComboBox)、列表框控件(ListBox)等,这些控件的属性设置如表 6-5 所示。

表 6-5 复杂数据绑定控件的属性设置

控件	属性	说明
DataGridView	DataSource	指定数据源(如 DataSet、DataTable、DataView)
	DataMember	若 DataSet 包含多个表,由该属性指定要绑定的表
ComboBox ListBox	DataSource	指定数据源
	DisplayMember	显示的字段
	ValueMember	实际使用的值

其中,DataGridView 以表格的形式显示绑定的数据,自动为数据源中的每个字段创建一列并使用字段名作为列标题,还可进行设置只显示需要的行和列。

如果数据源在设计时可用,那么在设计时就能将该 DataGridView 控件绑定到数据源并预览数据。但是,这种方法由于代码在系统后台自动生成,修改起来不够灵活,仅适用于初学者使用。对于专业开发人员,建议在运行时以编程方式将控件绑定到数据源。

为实现复杂数据绑定,除了与简单绑定一样,要经过建立连接、建立数据适配器、建立数据集并填充外,还要对控件的 DataBindings(或 DataSource)属性进行设置,从而实现对数据源的绑定。格式如下。

```
控件名.DataBindings.Clear();                    //清除网格中原来的数据
控件名.DataBindings.Add("DataSource", ds, "dataTable");
```

使用以上格式时,若不事先清除网格中的数据,则将实现数据的追加。

或者：

```
控件名.DataSource = ds.Tables["dataTable"];
```

其中，控件名可以是要与数据进行绑定的 DataGridView 对象。ds 表示填充时的数据集，"dataTable"指定 ds 中的表名。

这里主要通过实例介绍以编程方式绑定数据至网格控件。

例 6.7　使用 DataGridView 控件，在程序运行时显示 student.accdb 数据库中"基本信息表"和"成绩表"的内容，如图 6-13 所示。

图 6-13　例 6.7 程序运行界面

分析：

① 窗体上放置 2 个网格控件。

② 将查询结果最终显示在网格控件上，需要经过数据连接、适配器执行 SQL 语句、数据集填充以及复杂绑定等 4 个标准步骤。

③ 利用网格控件的 DataBindings.Add()方法实现复杂数据绑定。

④ 本例使用两个适配器对象分别执行 SQL 语句并填充。

首先，建立各公共对象并进行初始化操作，代码如下。

```
using System.Data.OleDb;                    //引用名称空间
...
string CString = "Provider = Microsoft.ACE.OLEDB.12.0;Data Source = student.accdb";
OleDbConnection conn = new OleDbConnection();
string sql1 = "SELECT * FROM 基本信息表";
string sql2 = "SELECT * FROM 成绩表";
OleDbDataAdapter adap1 = new OleDbDataAdapter();
```

```
OleDbDataAdapter adap2 = new OleDbDataAdapter();
DataSet ds = new DataSet();
```

然后,在窗体载入事件中,完成数据连接、适配器执行 SQL 语句、数据集填充及复杂绑定等工作。程序源代码如下。

```
private void Form1_Load(object sender, EventArgs e)
{
    conn.ConnectionString = CString;         //数据连接

    adap1.SelectCommand = new OleDbCommand(sql1, conn);
    adap2.SelectCommand = new OleDbCommand(sql2, conn);
                                             //适配器执行 SQL
    adap1.Fill(ds, "基本信息表");
    adap2.Fill(ds, "成绩表");
                                             //数据填充
    dataGridView1.DataBindings.Add("DataSource", ds, "基本信息表");
    dataGridView2.DataBindings.Add("DataSource", ds, "成绩表");
                                             //数据绑定
    dataGridView1.AutoSizeColumnsMode = DataGridViewAutoSizeColumnsMode.Fill;
    dataGridView2.AutoSizeColumnsMode = DataGridViewAutoSizeColumnsMode.Fill;
                                             //设置网格内容布局方式
}
```

在上例中,声明了两个数据适配器对象,分别用来执行不同的 SQL 语句并填充。实际上,单个数据适配器对象也可以执行不同的 SQL 语句并进行数据集的填充,请看下面的例子。

例 6.8 使用 DataGridView 控件,通过单击不同的命令按钮,浏览 student.accdb 数据库中"基本信息表"和"成绩表"的内容,如图 6-14 所示。

(a) 基本信息表　　　　　　　　　　　　(b) 成绩表

图 6-14　例 6.8 程序运行界面

分析：

① 窗体上放置 1 个网格和 2 个命令按钮。

② 将查询结果最终显示在网格控件上，需要经过数据连接、适配器执行 SQL 语句、数据集填充以及复杂绑定等 4 个标准步骤。

③ 利用网格控件的 DataBindings.Add() 方法实现复杂数据绑定。

④ 本例使用 1 个适配器对象交替执行不同的 SQL 语句并填充。

首先，建立各公共对象并进行初始化操作，代码如下。

```
using System.Data.OleDb;                                    //引用名称空间
...
string CString = "Provider = Microsoft.ACE.OLEDB.12.0;Data Source = student.accdb";
OleDbConnection conn = new OleDbConnection();               //连接对象
OleDbDataAdapter adap = new OleDbDataAdapter();             //适配器对象
DataSet ds = new DataSet();                                 //数据集对象

private void Form1_Load(object sender, EventArgs e)
{
    conn.ConnectionString = CString;                        //设置连接字符串
     dataGridView1.AutoSizeColumnsMode = DataGridViewAutoSizeColumnsMode.Fill;
                                                            //设置网格内容布局方式
}
```

然后，在对应按钮的单击事件中，完成适配器执行 SQL 语句、数据集填充及复杂绑定等工作。程序源代码如下。

```
private void button1_Click(object sender, EventArgs e)
{
    string sql1 = "SELECT * FROM 基本信息表";
    adap.SelectCommand = new OleDbCommand(sql1, conn);
    ds.Clear();
    adap.Fill(ds, "学生信息");
    dataGridView1.DataBindings.Clear();
    dataGridView1.DataBindings.Add("DataSource", ds, "学生信息");
}

private void button2_Click(object sender, EventArgs e)
{
    string sql2 = "SELECT * FROM 成绩表";
    adap.SelectCommand = new OleDbCommand(sql2, conn);
    ds.Clear();
    adap.Fill(ds, "学生成绩");
```

```
        dataGridView1.DataBindings.Clear();
        dataGridView1.DataBindings.Add("DataSource", ds, "学生成绩");
    }
```

从上例可以看出,当一个窗体中有多个查询需要执行时,数据连接工作可以只做一次。而适配器执行不同的 SQL 语句(即设置适配器对象的 SelectCommand 属性)则需要单独写,并且之后的填充、绑定等工作也需要重新进行。

比较例 6.7 和例 6.8 的程序,请读者想一想,什么时候需要清空数据集,即执行"ds.Clear();",什么时候需要清空网格,即执行"dataGridView1.DataBindings.Clear();"。

6.3.4 使用 BindingSource 组件实现绑定

通过代码实现数据绑定可使程序控制更灵活。在实现数据绑定时,可以直接设置支持数据绑定控件的相关属性,也可以使用 BindingSource 组件。BindingSource 组件是将数据绑定到显示控件的中间层,BindingSource 首先绑定到数据集,然后将显示控件绑定到 BindingSource。

创建 BindingSource 对象的格式如下。

```
BindingSource BSName = new BindingSource(ds,"dataTable");
```

或者:

```
BindingSource BSName = new BindingSource();
BSName.DataSource = ds;
BSName.DataMember = "dataTable";
```

其中,BSName 为声明的 BindingSource 对象名,ds 为数据集名称,dataTable 为数据集中指定的表名称。

有了 BindingSource 对象后,就可以绑定数据至网格控件。

```
控件名.DataSource = BSName;
```

此外,对于 DataGridView 控件,还可以使用 6.3.3 节中介绍的 DataBindings.Add()方法设置其 DataSource 和 DataMember 属性。

利用 BindingSource 组件除实现数据集中数据与控件的直接绑定外,还能与 DataRelation 对象结合,实现表与表之间关系的绑定,请看下面的例子。

例 6.7(续) 在例 6.7 程序的基础上,为"基本信息表"和"成绩表"添加关系,即浏览"基本信息表"选择不同的学生时仅显示该学生的成绩信息,如图 6-15 所示。

分析:

① 窗体上放置 2 个网格控件。

② 将查询结果最终显示在网格控件上,需要经过数据连接、适配器执行 SQL 语句、

图 6-15 例 6.7(续)程序运行界面

数据集填充以及复杂绑定等 4 个标准步骤。

③ 利用 BindingSource 组件,将数据绑定到显示控件。
④ 利用 DataRelation 对象,在数据集的两个表间建立关系。

首先,建立各公共对象并进行初始化操作,代码如下。

```
using System.Data.OleDb;
...
string CString = "Provider = Microsoft.ACE.OLEDB.12.0;Data Source = student.accdb";
OleDbConnection conn = new OleDbConnection();
OleDbDataAdapter adap = new OleDbDataAdapter();
DataSet ds = new DataSet();
```

然后,在窗体载入事件中,完成数据连接、适配器执行 SQL 语句、数据集填充及复杂绑定等工作。程序源代码如下。

```
private void Form1_Load(object sender, EventArgs e)
{
    conn.ConnectionString = CString;                    //数据连接
    string sql1 = "SELECT * FROM 基本信息表";
    string sql2 = "SELECT 基本信息表.学号,姓名,课程,成绩 FROM 基本信息表,成绩表 WHERE 基本信息表.学号=成绩表.学号";
    adap.SelectCommand = new OleDbCommand(sql1, conn);
    adap.Fill(ds, "学生信息");
    adap.SelectCommand = new OleDbCommand(sql2, conn);
    adap.Fill(ds, "学生成绩");
                                                        //执行 SQL 并填充
```

```
        DataRelation depEmpRelation = ds.Relations.Add("学生_成绩", ds.Tables[0].
Columns["学号"], ds.Tables[1].Columns["学号"]);  //建立 ds 中两表间关系

        BindingSource masterBS = new BindingSource(ds,"学生信息");
        BindingSource detailsBS = new BindingSource(masterBS ,"学生_成绩");
                                                //ds 中数据绑定到中间层
        dataGridView1.DataSource = masterBS;
        dataGridView2.DataSource = detailsBS;
                                //通过中间层数据绑定至控件
         dataGridView1.AutoSizeColumnsMode = DataGridViewAutoSizeColumnsMode.
Fill;
         dataGridView2.AutoSizeColumnsMode = DataGridViewAutoSizeColumnsMode.
Fill;
                                //设置网格内容布局方式
    }
```

上述程序创建了 DataRelation 对象 depEmpRelation,并且通过"学号"字段建立了"基本信息表"与"成绩表"间的关系,然后利用作为中间层的 BindingSource 对象 masterBS 和 detailsBS,使绑定到两个网格控件上的"学生信息"和"学生成绩"得以灵活显示。有关 BindingSource 组件的更多灵活用法,建议读者参考 MSDN 官方文档,获取更多信息。

6.4 数据库操作

数据库的操作主要有数据的查询和编辑(包括添加、修改和删除)。本节主要介绍数据库操作的步骤以及如何将数据以二进制形式进行读写。

6.4.1 数据库操作步骤

创建一个 ADO.NET 数据库应用程序可采用连接方式和非连接方式。

采用连接方式时,数据库应用程序通过 SQL 语句直接对数据库进行操作,如添加、修改、删除记录或者查询少量不需要缓冲的数据。有时,需要处理的结果集太大,不能全部放入内存中,也会使用连接方式创建数据库应用程序。

采用非连接方式时,数据库应用程序把数据库中需要的数据读入,建立一个内存副本。然后程序对副本进行操作,必要时将修改的副本存回数据库,适合多个数据源或操作结果中含有多个分离数据表的场合。

1. 建立连接方式的数据库应用程序

创建连接方式数据库应用程序时,通常使用 Connection 对象、Command 对象和

DataReader 对象,需要手动打开和关闭连接,其一般步骤如下。

① 创建 Connection 对象,建立数据库应用程序与数据库间的连接。

② 创建 Command 对象,使用 SQL 语句访问数据库中的数据,直接对数据库中的表进行操作。

③ 若 Command 对象执行的是 Select 语句,对于非单个查询数据的返回,需要创建 DataReader 对象获取数据并用合适的方法显示这些数据。

以本章教学案例 student 数据库为例,采用连接方式建立数据库应用程序的代码编写步骤如下。

(1) 创建连接对象

① 定义连接字符串。

```
String CString = "Provider = Microsoft.ACE.OLEDB.12.0; Data Source = student.accdb";
```

② 创建连接对象。

```
OleDbConnection conn = new OleDbConnection();
conn.ConnectionString = CString;
```

或者:

```
OleDbConnection conn = new OleDbConnection(CString);
```

(2) 打开数据库连接

```
conn.Open();
```

(3) 执行 SQL 语句

① 定义 SQL 字符串。

```
string strSql = "SELECT * FROM 基本信息表";  //定义要执行的 SQL 语句,可能是 SELECT、
                                            //INSERT、UPDATE、DELETE 中的任意一种
```

② 创建 Command 对象。

```
OleDbCommand cmd = new OleDbCommand(strSql, conn);
```

或者:

```
OleDbCommand cmd = new OleDbCommand();
cmd.CommandText = strSql;
cmd.Connection = conn;
```

③ 执行 SQL 语句(三选一)。

```
cmd.ExecuteNonQuery();              //执行添加、修改、删除操作时用
cmd.ExecuteScalar();                //执行查询,查询出 1 行 1 列时用
cmd.ExecuteReader();                //执行查询,查询出多行多列时用
```

④ 显示输出。

程序员根据查询结果的多少确定显示输出的方式,对于增、删、改或只返回单个数据的查询操作,通常使用消息框、文本框或标签控件。对于返回多个数据的查询操作,通过遍历 DataReader 对象,将返回的数据显示在列表框、组合框等能显示多个数据的控件中。具体操作方法见 6.2.4 节的介绍。

(4) 关闭数据库连接

```
conn.Close();
```

2. 建立非连接方式的数据库应用程序

创建非连接方式数据库应用程序时,通常使用 Connection 对象、DataAdapter 对象和 DataSet 对象,自动打开和关闭连接,其一般步骤如下。

① 创建 Connection 对象,建立数据库应用程序与数据库间的连接。

② 创建 DataAdapter 对象,从数据库中取出需要的数据,提供数据源与数据集之间的数据交换。

③ 创建 DataSet 对象,将从数据源获得的数据保存在内存中。

④ 用支持数据绑定的控件显示 DataSet 对象中的数据,编写代码实现用户浏览、查询和修改数据。

⑤ 若对 DataSet 进行过增、删、改操作,还需要将修改的数据存回数据源。

以本章教学案例 student 数据库为例,采用非连接方式建立数据库应用程序的代码编写步骤如下。

(1) 建立连接

① 定义连接字符串。

```
String CString = "Provider = Microsoft.ACE.OLEDB.12.0; Data Source = student.accdb";
```

② 创建连接对象。

```
OleDbConnection conn = new OleDbConnection();
conn.ConnectionString = CString;
```

或者:

```
OleDbConnection conn = new OleDbConnection(CString);
```

(2) 创建 DataAdapter 对象

① 定义 SQL 字符串。

```
string strSql = "SELECT * FROM 基本信息表";        //定义要执行的SQL语句
```

② 创建适配器对象。

```
OleDbDataAdapter adap = new OleDbDataAdapter(strSql,conn);
```

或者:

```
OleDbDataAdapter adap = new OleDbDataAdapter();
adap.SelectCommand = new OleDbCommand(strSql,conn);
```

(3) 创建 DataSet 对象

① 创建数据集。

```
DataSet ds = new DataSet();
```

② 数据填充。

```
adap.Fill(ds, "学生信息");        //"学生信息"为查询结果填充至ds中的1个表名
```

(4) 数据绑定

① 简单绑定(窗体上的单个控件绑定1行1列数据)。

```
textBox1.DataBindings.Add (new Binding("Text",ds,"学生信息.学号"));
...                              //每个简单绑定控件绑1个数据,写一行类似代码
```

② 复杂绑定(窗体上的单个控件绑定 m 行 n 列数据)。

```
dataGridView1.DataBindings.Clear();
dataGridView1.DataBindings.Add("DataSource", ds, "学生信息");
```

或者:

```
dataGridView1.DataSource = ds.Tables["学生信息"];
```

(5) 更新数据源

查询数据经由 DataSet 绑定至控件后,若对 DataSet 进行过增、删、改操作,还需要将修改的数据存回数据源,即同步更新数据库中相应的数据。这时,就需要利用 DataAdapter 对象从 DataSet 同步更新数据源,具体代码实现方法见 6.2.5 和 6.2.6 节中的相关介绍。

6.4.2 数据库查询

在 ADO.NET 中,查询通常使用 SQL 语句从数据源中获取信息,查询条件由 SELECT 语句的 WHERE 子语构成,使用 And 或 Or 逻辑运算符可组合出复杂的查询条件。

例 6.9 设计一个学生查询应用程序,能实现专业和性别的组合查询,以及姓名的模糊查询,如图 6-16 所示。

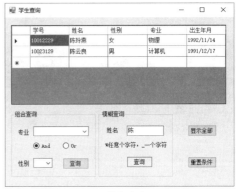

(a) 组合查询　　　　　　　　　　　　　　(b) 模糊查询

图 6-16　例 6.9 程序运行界面

分析:

① 窗体上放置 2 个框架、1 个网格、2 个组合框、1 个文本框以及若干标签和命令按钮。

② 窗体上包含 2 个全查询(窗体载入时和单击"显示全部"按钮时)、1 个组合查询和 1 个模糊查询。组合查询除需要考虑专业和性别的 And、Or 运算外,还要考虑仅有 1 个查询条件(即仅按"专业"或仅按"性别"查询)时的情况。模糊查询要考虑未输入通配符(%或_)和输入通配符(%或_)两种情况。

③ 为增加程序灵活性,"专业"信息应从数据源中自动提取,并且用 DataReader 对象构造到对应的组合框中。"性别"由于仅有"男""女"两种情况,因此可以在窗体设计时通过属性窗口设置。

④ 由于不同的查询结果需要各自绑定到组合框或网格中,因此本程序需要同时建立连接与非连接两种方式的数据库应用。

⑤ 本程序在同一窗体上包含多次不同的查询,为减少代码冗余,在这里自定义了一个 exeSQL() 函数,用来多次执行不同的查询并反复填充数据集。

首先,建立各公共对象并进行窗体的初始化操作,代码如下:

```
using System.Data.OleDb;
...
string CString = "Provider = Microsoft.ACE.OLEDB.12.0;Data Source = student.accdb";
```

```csharp
OleDbConnection conn = new OleDbConnection();           //连接对象
OleDbDataAdapter adap = new OleDbDataAdapter();         //适配器对象
DataSet ds = new DataSet();                             //数据集对象
string strSql;                                          //SQL字符串

private void Form1_Load(object sender, EventArgs e)
{
    conn.ConnectionString = CString;                    //设置连接字符串

    //以下代码实现"专业"下拉菜单的构造
    conn.Open();
    strSql = "SELECT DISTINCT 专业 FROM 基本信息表";
    OleDbCommand cmd = new OleDbCommand(strSql, conn);
    OleDbDataReader dr = cmd.ExecuteReader();
    while(dr.Read())
    {
        comboBox1.Items.Add(dr[0]);
    }
    dr.Close();
    conn.Close();

    //以下代码实现网格控件中数据的初始化操作
    strSql = "SELECT * FROM 基本信息表";                  //定义全查询
    exeSQL(strSql);                                     //执行 SQL 并填充
    dataGridView1.DataSource = ds.Tables["学生信息"];     //数据绑定
    dataGridView1.AutoSizeColumnsMode = DataGridViewAutoSizeColumnsMode.
Fill;                                                   //设置网格内容布局方式
}

private void exeSQL(string sql)
{
    adap.SelectCommand = new OleDbCommand(sql, conn);
    ds.Clear();
    adap.Fill(ds, "学生信息");
}                                                       //执行 SQL 并重新填充数据集
```

从以上代码可以看出，无论以连接方式还是以非连接方式创建数据库应用，对于相同的数据库，连接和同一个控件的绑定工作只需要进行一次即可；而 SQL 语句的执行和数据集的填充工作则需要根据不同的查询反复执行。因此，为减少代码冗余，我们将适配器执行 SQL 语句和数据集填充的源代码封装在一个 exeSQL() 函数中，为后续实现组合查询、模糊查询等做好准备。

进行组合查询时，需要考虑 4 种情况，即专业和性别的 And 查询、专业和性别的 Or 查询、仅按"专业"查询、仅按"性别"查询。同时，还应在查询之前先判断下用户是否输入了查询条件。代码如下。

```
private void button1_Click(object sender, EventArgs e)
{
    if (comboBox1.Text == "" && comboBox2.Text == "")
    {
        MessageBox.Show("请输入查询条件！");
        comboBox1.Focus();
        return;
    }

    if(comboBox1.Text!="" && comboBox2.Text!="")         //同时指定专业、性别
    {
        if(radioButton1.Checked)
            strSql = "SELECT * FROM 基本信息表 WHERE 专业='" + comboBox1.Text
            + "' AND 性别='" + comboBox2.Text + "'";
        else
            strSql = "SELECT * FROM 基本信息表 WHERE 专业='" + comboBox1.Text
            + "' OR 性别='" + comboBox2.Text + "'";
    }

    if(comboBox1.Text != "" && comboBox2.Text == "")     //仅指定专业
        strSql = "SELECT * FROM 基本信息表 WHERE 专业='" + comboBox1.Text + "'";

    if(comboBox1.Text == "" && comboBox2.Text != "")     //仅指定性别
        strSql = "SELECT * FROM 基本信息表 WHERE 性别 = '" + comboBox2.Text + "'";

    exeSQL(strSql);
}
```

进行模糊查询时，要考虑未输入通配符的情况和输入通配符的情况。实现模糊查询其实很容易，只要在写 SQL 语句时把 WHERE 关键字后指定查询条件的"＝运算符"改成"LIKE 运算符"即可。同时，%表示通配零个或多个字符，_表示通配单个字符。实现代码如下。

```
private void button2_Click(object sender, EventArgs e)
{
    if(textBox1.Text == "")
    {
        MessageBox.Show("请输入查询条件！");
        textBox1.Focus();
        return;
```

```
       }
       string name = textBox1.Text;
       if (name.IndexOf("%") == -1 && name.IndexOf("_") == -1)    //未输入通配符
           strSql = "SELECT * FROM 基本信息表 WHERE 姓名 LIKE '%" + textBox1.Text
       + "%'";
       else                                                        //输入通配符
           strSql = "SELECT * FROM 基本信息表 WHERE 姓名 LIKE '" + textBox1.Text + "'";

       exeSQL(strSql);
   }
```

以上代码最终实现：若用户在输入查询条件时没有用%或_指定字符通配，则查询出姓名中包含输入条件文本的所有学生信息；若用户在输入查询条件时用%或_指定字符通配，则根据用户指定的通配规则查询学生信息。这里，使用 String 类的 IndexOf() 方法来判断用户输入的查询条件中是否包含通配字符%或_。

最后，完成"显示全部"和"重置条件"两个命令按钮中的代码编写。

```
private void button3_Click(object sender, EventArgs e)
{
    strSql = "SELECT * FROM 基本信息表";
    exeSQL(strSql);
}

private void button4_Click(object sender, EventArgs e)
{
    comboBox1.SelectedIndex = -1;
    comboBox2.SelectedIndex = -1;
    radioButton1.Checked = true;
    textBox1.Text = "";
}
```

从本例可以看出，完成一个功能齐备的数据库查询程序需要考虑多种情况，不但需要判断多个查询条件的 And、Or 运算，有时还需要进行判空、判缺等操作。能够考虑到用户所有可能输入的情况并编写相应的处理模块是一个优秀的程序员必不可少的专业素质。

6.4.3 数据库编辑

对数据库的编辑操作包括对数据的增、删、改。实现这些操作最简单的方法就是通过命令对象 OleDbCommand 来完成。命令对象直接对数据源进行操作，它通过 CommandText 属性设置相应的 SQL 语句，然后通过调用 ExecuteNonQuery() 方法执行

SQL 语句,如例 6.3 和例 6.4 所示。

本章配套的实验源代码中包含了一个例 6.6(续 1)程序,该程序将例 6.6 和例 6.4 的程序相结合并在其中增设了一些功能,完成了一个能实现数据浏览、添加、修改及删除的学生信息管理程序,程序运行界面如图 6-17 所示。读者若想自行编写,可以把 6.2.3 节中介绍的命令对象以及 6.3.2 节中介绍的简单数据绑定中的相关实例进行整合、改编与升级,完成本例。同时,需要注意更新后的数据库与 DataSet 之间的数据同步及记录定位等问题。由于代码篇幅较长且和前述若干例子有相同之处,这里就不再叙述,若有困难,读者可以自行查阅本章配套的实验源代码程序及相关注释。

(a) 程序主界面　　　　　　　　　(b) "添加学生"窗口

图 6-17　例 6.6(续 1)程序运行界面

除通过命令对象 OleDbCommand 来完成数据的增、删、改操作外,还可以利用 OleDbCommandBuilder 对象,修改绑定控件中的数据,然后通过 DataAdapter 对象的 Update()方法实现对数据库的编辑。

例 6.10　设计一个应用程序,将 student 数据库中的成绩表绑定到网格控件,然后在网格上进行编辑,实现对后台数据库的同步更新,程序运行界面如图 6-18 所示。

分析:

① 窗体上放置 1 个网格和 3 个命令按钮。

② 用户可以通过在网格控件的最后一个空行内输入新的数据来实现数据添加;在任何有数据的单元格中修改数据来实现数据修改;将光标定位至某一行再单击"删除"按钮来实现数据删除。注意,这些操作仅在网格上进行,并没有同步更新到数据库和数据集。

图 6-18　例 6.10 程序运行界面

③ 单击"保存编辑"按钮,可以将用户在网格上对数据进行的添加、修改和删除操作同步更新至数据库,并且同时更新数据集。该功能可直接通过 OleDbCommandBuilder 对象和 DataAdapter 对象的 Update()方法实现。

④ 在用户尚未"保存编辑"的情况下,若想取消之前在网格上进行的操作,可以单击"重载数据"按钮,将数据从数据库中重新载入。

首先,建立各公共对象并进行初始化操作,代码如下。

```csharp
using System.Data.OleDb;                                              //引用名称空间
...
string CString = "Provider = Microsoft.ACE.OLEDB.12.0;Data Source = student.accdb";
string strSql = "SELECT * FROM 成绩表";
OleDbConnection conn = new OleDbConnection();
OleDbDataAdapter adap = new OleDbDataAdapter();
DataSet ds = new DataSet();
```

然后,在窗体载入事件中,完成数据连接、适配器执行 SQL 语句、数据集填充及复杂绑定等工作。程序源代码如下。

```csharp
private void Form1_Load(object sender, EventArgs e)
{
    conn.ConnectionString = CString;                          //连接
    updDs();                                                   //调用 updDs()
    dataGridView1.DataSource = ds.Tables["学生成绩"];          //绑定
    dataGridView1.AutoSizeColumnsMode = DataGridViewAutoSizeColumnsMode.Fill;
}

private void updDs()
{
    adap.SelectCommand = new OleDbCommand(strSql, conn);   //适配器执行 strSql
    ds.Clear();                                             //清空数据集
    adap.Fill(ds, "学生成绩");                              //填充新数据
}
```

在这里,我们将适配器执行 SQL 并重新填充数据集的语句单独封装在一个 updDs() 方法中,在窗体载入时初次调用。这样做可增强相同代码的复用,因为之后"保存编辑""重载数据"时也会用到相同的语句。

在网格上删除一行数据很容易:先用 DataGridView 对象的 CurrentRow.Index 属性获取当前光标所在的行号,再用 DataGridView 对象的 Rows.RemoveAt() 方法从网格中删除这一行数据。通常,在删除数据前,需要弹出消息框让用户确认删除。

在"删除行"按钮的 Click 事件中添加以下代码。

```csharp
private void button1_Click(object sender, EventArgs e)
{
```

```
        if (MessageBox.Show("确定要删除选定的学生成绩信息吗?", "提示",
MessageBoxButtons.OKCancel) == DialogResult.Cancel)
            return;
        dataGridView1.Rows.RemoveAt(dataGridView1.CurrentRow.Index);
}
```

在网格上对数据进行添加、修改和删除的这些操作仅在网格上进行,实际上并没有同步更新到数据库和数据集。为实现同步更新,需要通过 OleDbCommandBuilder 对象和 DataAdapter 对象的 Update() 方法实现。在保存编辑之前,仍然用消息框弹出提示信息,让用户确认后再操作。

在"保存编辑"按钮的 Click 事件中添加如下代码。

```
private void button2_Click(object sender, EventArgs e)
{
    if (MessageBox.Show("确定要保存您对学生成绩信息所做的编辑吗?", "提示",
MessageBoxButtons.OKCancel) == DialogResult.Cancel)
        return;
    OleDbCommandBuilder cb = new OleDbCommandBuilder();   //用于生成 SQL 语句
    cb.DataAdapter = adap;
    try
    {
        adap.Update(ds.Tables["学生成绩"]);
        ds.AcceptChanges();
    }
    catch
    {
        MessageBox.Show("更新失败!可能因为主键重复,或主键为空,或一些字段值不合法。请重试!");
    }
    updDs();                                              //调用 updDs()
}
```

需要注意的是:当用户在网格中添加或修改数据时,主键(本例为"学号""课程"字段的组合)不能为空或有重复,且每个单元格中输入的数据必须与数据库表中设计的数据类型相匹配,否则会导致数据更新失败。为解决因用户误输入而造成的程序错误,本例巧妙地应用了 try...catch...异常处理机制来检测数据更新是否成功。若失败,则给出用户相应的提示,增强用户体验感。

无论"保存编辑"的操作是否成功,最后都应该调用 updDs() 方法,从数据库中重载数据,以使网格上显示的数据始终与数据库中的保持一致。

最后,在"重载数据"按钮的 Click 事件中添加如下代码。

```
private void button3_Click(object sender, EventArgs e)
{
    if (MessageBox.Show("确定要从库中重新载入学生成绩信息吗?", "提示",
MessageBoxButtons.OKCancel) == DialogResult.Cancel)
        return;
    Form1_Load(sender, e);
}
```

由于数据重新载入后,在网格上编辑且未被保存过的数据将消失,因此有必要先用消息框进行提示,然后重新调用窗体载入事件处理程序实现数据的重载。

6.4.4 二进制数据处理

在开发数据库交互应用程序时,有时需要处理一些非基本的数据类型,例如图像、声音、视频等。这种情况下,一种行之有效的方法是将这类文件转换成二进制的形式,存储到数据库中。然后,在需要使用时,从数据库中读出这些二进制的编码,还原成其原来的形式。本节以图像文件为例,介绍开发能处理二进制数据的数据库交互应用程序的一般方法。

二进制大型对象(Binary Large Object,BLOB)是指任何需要存入数据库的随机大块字节流数据,如图形或声音文件。数据库中存放 BLOB 的字段必须是二进制类型(在 Access 中为 OLE 对象),本节讨论在 ADO.NET 中如何处理 BLOB 类型的数据,把图形作为数据库的一个字段值存放在数据库中并能显示图形数据。

PictureBox 控件显示的是 Image 对象,不能直接绑定到存储图形的数据库字段上。为了能操作 BLOB 类型的数据,需要使用 Stream 类,它包含在 System.IO 类中(详见 4.6 节)。Stream 类中的 FileStream 类用于对文件进行操作,BinaryReader 类用于二进制文件的读写操作,MemoryStream 类用于向内存读写数据。

例 6.6(续 2) 在例 6.6 程序的基础上,完成一个学生信息浏览程序,要求能够在浏览学生信息的同时实现学生照片的输入和清除。程序运行界面如图 6-19 所示。

图 6-19 例 6.6(续 2)程序运行界面

分析:

① 窗体上放置 1 个图像框和 2 个命令按钮。

② 用户在浏览学生信息时单击"图像输入"按钮,弹出"打开文件"对话框,选择学生照片后,该照片被转换成二进制数据存入数据库中。首先,以"读"方式打开所选择的图像文件;然后,将图像文件读成二进制数据,再存储到一个字节型数组中,将该数组中的数据更新至数据库中存储二进制数据的那个字段(即"照片"字段,OLE 对象类型)。

③ 用户在有照片的记录上单击"图像清除"按钮,可以将该照片对应的二进制数据从数据库中清除。这可以通过执行 UPDATE 命令完成,更新存储二进制数据的字段为空即可。

④ 当图像输入或清除后,对应数据集的更新和绑定记录的定位也是不容忽视的一个问题。

首先,在 student 数据库的"基本信息表"中加入"照片"字段,如图 6-20 所示。

图 6-20　增加"照片"字段

然后,在例 6.6 程序的基础上,引入 System.IO 名称空间,声明公共变量及进行窗体的初始化操作。程序源代码如下。

```
...                                    //引用其他名称空间,详见例 6.6
using System.IO;                        //引用名称空间

...                                    //声明公共对象:连接字符串、连接对象、
                                       //SQL 字符串、适配器对象、数据集对象、
                                       //绑定管理对象等,详见例 6.6
int dsPos = 0;                         //声明用来备份 ds 游标位置
```

为保持数据同步,图像输入或清除后,需要更新数据集。数据集一旦被更新,其游标位置会重新定位到首行。在这里,为了使数据集更新后,程序仍然显示到前一次更新时的那个位置,需要在程序中添加一个公共的 dsPos 变量,来存储每次图像输入(或清除)时的记录位置,使数据集被更新后仍能跳到原来的位置。

然后,在"图像输入"按钮的 Click 事件中编写如下程序源代码。

```
private void button5_Click(object sender, EventArgs e)
{
    OpenFileDialog ofd = new OpenFileDialog();      //创建"打开文件"对话框
    ofd.FileName = "";
    ofd.Filter = "*.JPG|*.jpg|*.GIF|*.gif|*.BMP|*.bmp";
```

```csharp
    if (ofd.ShowDialog() == DialogResult.OK)      //弹出"打开文件"对话框
    {
        dsPos= bind.Position;                      //备份当前 Position

        //以"读"方式打开图像文件,将其转成二进制流,读到字节数组 imagebytes 中
        FileStream fs = new FileStream(ofd.FileName, FileMode.Open, FileAccess.Read);
        BinaryReader br = new BinaryReader(fs);
        byte[] imagebytes = br.ReadBytes(Convert.ToInt32(fs.Length));

        //将转换成二进制流的照片数据存储至数据库表的对应字段中
        string updSql = "UPDATE 基本信息表 SET 照片= @imagelist WHERE 学号 = '" + textBox1.Text + "'";
        OleDbCommand cmd = new OleDbCommand(updSql, conn);
        cmd.Parameters.Add("@imagelist", OleDbType.Binary).Value = imagebytes;
        conn.Open();
        cmd.ExecuteNonQuery();
        conn.Close();

        //更新数据集,跳转至更新前的位置并显示照片
        updDs();                                   //重新获取"基本信息表"中数据并重新填充至 ds
        displayImage(bind.Position);               //调用 displayImage()方法,显示照片
    }
}
```

可以看出,当图像文件被转换成二进制数据并存储至数据库后,为保持绑定控件、数据集和数据库三者的同步,我们调用了 updDs()函数,它用来从数据库中重新抓取学生信息并重填 ds,并且能使 ds 的游标跳转到更新前的那个位置。其源代码如下。

```csharp
private void updDs()
{
    adap.SelectCommand = new OleDbCommand(strSql, conn);
    ds.Clear();
    adap.Fill(ds, "基本信息表");
    bind.Position = dsPos;                         //还原到上一次备份的位置
    getPage();                                     //显示页码
}
```

而用户自定义的 displayImage()函数则用来把 ds 中的二进制形式的图像还原到图像框中。实现步骤为:首先将记录集中的图形数据读到字节类型数组中,其次将数组的内容传送到 MemoryStream 对象中,最后将 MemoryStream 中的数据加载到 PictureBox 的图形属性中。根据记录号显示图形,其源代码如下。

```
public void displayImage(int num)      //从 ds 中读取图像数据并显示在 PictureBox 中
{                                      //参数 num 代表当前记录的 Position
    if (ds.Tables[0].Rows[num]["照片"] != DBNull.Value)
    {
        byte[] imagebytes = (byte[])ds.Tables[0].Rows[num]["照片"];
        MemoryStream ms = new MemoryStream(imagebytes);
        pictureBox1.Image = System.Drawing.Image.FromStream(ms);
    }   //将图像数据读到字节数组,然后传递到内存流并加载至 PictureBox
    else
        pictureBox1.Image = null;
        //若当前记录"照片"字段为空,清空 PictureBox
}
```

由于 PictureBox 控件显示的是 Image 对象,不能直接绑定到存储图形的数据库字段上,因此在单击"首记录""上一条""下一条""尾记录"等 4 个命令按钮时(button1～button4),为了动态切换当前学生对应的照片,也要加入调用 displayImage() 函数的语句。例如:

```
private void button1_Click(object sender, EventArgs e)
{
    bind.Position = 0;
    getPage();
    displayImage(bind.Position);
                    //在 button1~button4 的 Click 事件中加入显示图像的调用
}
```

同时,在窗体载入事件中,为显示记录集中第一条记录对应学生的照片,也应该加入对 displayImage() 函数的调用。

```
private void Form1_Load(object sender, EventArgs e)
{
    ...     //程序初始化操作,简单绑定"基本信息表"数据,详见例 6.6
    displayImage(bind.Position);                              //显示第 1 张照片
    pictureBox1.SizeMode = PictureBoxSizeMode.StretchImage;   //图像随框自适应
}
```

最后,完成图像的清除功能,在"图像清除"按钮的 Click 事件中编写如下代码。

```
private void button6_Click(object sender, EventArgs e)
{
    dsPos = bind.Position;              //备份当前 Position
    //清空"基本信息表"中对应记录的"照片"字段
```

```csharp
        string updSql="UPDATE 基本信息表 SET 照片= null WHERE 学号 = '" + textBox1.
Text + "'";
        OleDbCommand cmd = new OleDbCommand(updSql, conn);
        conn.Open();
        cmd.ExecuteNonQuery();
        conn.Close();

        //更新数据集并跳转至原来的位置,显示图像框的更新
        updDs();                              //重新获取"基本信息表"中数据并填充至 ds
        displayImage(bind.Position);          //调用 displayImage()方法,显示图片
    }
```

图像从数据库中清除后,仍然需要更新数据集并跳转至更新前的位置。本例中,自定义的 displayImage()函数有两个功能:当对应"照片"字段有数据时,PictureBox 中显示图像;当对应"照片"字段中的数据被删除时,通过设置 PictureBox 的 Image 属性的值为 Null 来清除原来显示的图像。

本章配套的实验源代码中的例 6.6(续 3)程序实现了完整的学生信息浏览与编辑,包括图像处理和数据的添加、修改及删除,请读者自行学习。

6.5 综合应用

本章主要介绍了创建数据库应用程序的一般步骤,以及基于 Microsoft 的.NET Framework 的两个核心组件:Data Provider 和 DataSet。其中,Data Provider 包含了 Connection、Command、DataReader 和 DataAdapter 四类对象,用来实现对数据源的连接,执行 SQL 语句,以及在不同的场合对数据的检索。DataSet 则包含了 DataTable 对象集合和 DataRelation 对象集合。在 DataAdapter 对象和 DataSet 对象间建立联系能使 DataSet 对象获取来自多个数据源的数据,且 DataSet 对象能在离线的情况下管理存储数据。

本章介绍了两种数据绑定技术,它将数据集中的字段绑定到组件,根据组件的不同可分为简单数据绑定和复杂数据绑定。它能够实现各种类型的数据库的查询与编辑。通过对本章的学习,读者可以编写应用程序对数据库进行访问和操作。

下面以一个简单的学生成绩管理系统为例,介绍设计和开发数据库应用程序的思路与步骤,帮助读者了解在创建数据库交互应用程序时,每个功能模块在设计之初需要考虑的方方面面。注意,学生成绩管理系统的程序源代码较多,因此本例只给出一些关键功能的源代码及其分析,要查看完整的程序源代码,请读者自行查阅本章配套的实验材料。

例 6.11 设计和开发一个简单的学生成绩管理系统,要求能够实现以下几个功能模块。

① 系统登录模块;

② 学生信息管理模块：包含学生信息添加、修改和删除；
③ 课程管理模块：包含课程信息维护（增、删、改）；
④ 学生成绩管理模块：包含学生成绩的录入、维护与查询；
⑤ 数据统计模块：包含对每个学生大学绩点的查询与排名汇总。

系统成功登录后，程序运行主界面如图 6-21 所示。

图 6-21　例 6.11 程序运行主界面

下面给出分析和步骤。

(1) 系统结构图

根据系统要求，学生成绩管理系统功能模块图如图 6-22 所示。

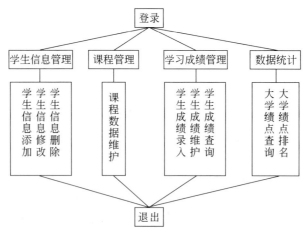

图 6-22　学生成绩管理系统功能模块图

(2) 数据库表设计

使用 Access 创建数据库 student_course.accdb，其中包括学生基本信息表 student、

课程基本信息表 course、成绩表 score 以及管理员表 admin，数据结构如表 6-6 所示。

表 6-6 student_course.accdb 数据库结构

学生基本信息表：student

字段名	学号	姓名	性别	专业	年级	生日	照片
字段类型	文本	文本	文本	文本	数字	日期/时间	OLE 对象
字段大小	8	15	1	15	整型	—	—

课程基本信息表：course

字段名	课程 ID	课程名	学分
字段类型	文本	文本	数字
字段大小	4	20	小数

成绩表：score

字段名	成绩 ID	学生 ID	课程 ID	得分
字段类型	自动编号	文本	文本	数字
字段大小	长整型	8	4	字节

管理员表：admin

字段名	用户名	密码
字段类型	文本	文本
字段大小	20	32

在上述 4 个数据表中，将能用来唯一确定表中每条记录的字段设置为主键。我们可以很容易地看出：在 student 表中，主键为"学号"字段；在 course 表中，主键为"课程 ID"字段，在 admin 表中，主键为"用户名"字段。而在成绩表 score 中，用来唯一确定表中每条记录的字段应该是"学生 ID"和"课程 ID"的组合，这是因为每一个学生的每一门课只可能有一个得分(不考虑补考、重修等特殊情况)。在这种主键不为单一字段的情况下，为提高数据访问的灵活性，通常会增设一个自动编号类型的字段，用来代替多字段主键，以此来唯一标识表中的每一条记录(如本例 score 表中的"成绩 ID"字段)，而把原来设置成主键的多个字段(如本例 score 表中的"学生 ID"和"课程 ID"字段)组合设置成一个唯一性的索引。

在数据表的设计视图中，选好对应字段行，通过"表格工具-设计"面板中的 (主键)按钮，设置主键，如图 6-23(a)所示；通过"表格工具-设计"面板中的 (索引)按钮，设置索引，如图 6-23(b)所示。

（3）系统登录模块

学生成绩管理系统启动后，首先进入系统登录模块，如图 6-24(a)所示。登录的原理是：用户在登录窗口 Form1 中输入用户名和密码后，单击"登录"按钮，应用程序访问后台数据库中存放系统用户信息的数据表(如本例中的 admin 表)。若能在该数据表中找

(a) 设置 score 表的主键　　　　　　　　(b) 设置 score 表的索引

图 6-23　主键和索引的设置

到与之前输入的用户名、密码数据相同的行,则说明是合法用户,提示登录成功并跳转至内部页面(如本例中的程序运行主界面 Form2,如图 6-21 所示)。

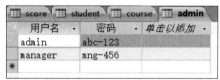

(a) 前台登录窗口　　　　　　　　(b) 后台用户数据

图 6-24　系统登录模块

实现系统登录(Form1)功能应采用 6.4.1 节介绍的"建立连接方式的数据库应用程序"的一般步骤,利用连接对象、命令对象实现数据库访问。

为实现系统登录,最关键的是执行 SQL 语句。

```
SELECT Count(*) FROM admin WHERE 用户名='[username]' And 密码='[userpass]';
```

其中,[username]和[userpass]处应该代入用户在登录窗口中实际输入的用户名和密码内容。以上查询只统计匹配[username]和[userpass]记录的行数,其返回数据只有 1 个,即 Count(*)的结果。对于返回单个数据的查询语句,我们通常使用命令对象的 ExecuteScalar()方法去执行 SQL 字符串。在本例中,判断查询结果的返回值是否大于零。若大于零,则说明该用户在 admin 表中存在,是合法用户,登录成功;否则说明输入的用户名或密码错误,登录失败。

首先,在 Form1.cs 中引用名称空间。

```
using System.Data.OleDb;
```

然后,在"登录"按钮的 Click 事件处理程序中编写如下代码。

```csharp
private void button1_Click(object sender, EventArgs e)
{
    ...                                //检验用户名和密码是否输入完整及合法,代码略

    string CString = "Provider=Microsoft.ACE.OLEDB.12.0;Data Source=
student_course.accdb";                 //连接字符串
    OleDbConnection conn = new OleDbConnection(CString);    //连接对象
    string strSql = "SELECT Count(*) FROM admin WHERE 用户名 = '" + textBox1.
Text + "' And 密码 = '" + textBox2.Text + "'";              //SQL字符串
    conn.Open();                       //打开连接
    OleDbCommand cmd = new OleDbCommand(strSql, conn);//命令对象
    int i = (int)cmd.ExecuteScalar();  //执行SQL,返回查询结果
    if (i > 0)
    {
        MessageBox.Show("登录成功!");
        conn.Close();
        ...                            //清除登录窗口上的数据,跳转到系统主界面,代码略
    }    //若找到与输入的用户名和密码匹配的用户,则跳转至Form2
    else
    {
        MessageBox.Show("登录失败,请重试!");
        conn.Close();
        ...                            //重置登录窗口上的数据,代码略
    }    //否则提示登录失败,要求用户重新输入
}
```

从以上程序源代码可以看出,由于Form1窗口中只有登录时需要访问数据库,数据库连接、命令等对象只使用一次,因此可以直接将这些对象声明成局部的。

最后为"重置"按钮编写事件处理程序实现登录窗口数据的重置,代码略。

(4) 学生信息管理模块

用户成功登录后,首先进入学生信息管理模块。在系统主窗口中,通过复杂绑定技术,实现各种手段的学生基本信息查询功能,如图6-25所示。在主菜单"学生管理"项下,可以进行学生信息的添加、修改与删除操作。

在系统主窗口中,各种类型的学生信息查询功能,其实现方法与6.4.2节中介绍的例6.9程序类似。其中,组合查询可以实现专业、年级和性别三者之间的"与"筛选;模糊查询可以根据用户输入的姓名准确或模糊地搜索出匹配的学生;生日查询则可以根据指定的日期范围搜索出符合出生日期范围要求的学生。

模糊查询与例6.9程序完全相同,这里只给出组合查询和生日查询的源代码,其他源代码请直接参考本章配套的实验材料。

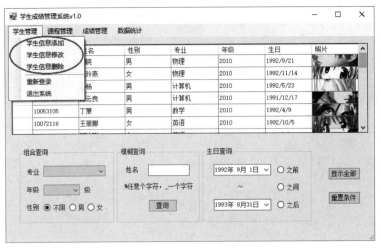

图 6-25　系统主窗口——学生信息查询

```
using System.Data.OleDb;

...         //公共对象初始化,代码略
            //连接字符串、连接对象、适配器对象、数据集对象、SQL 字符串等的声明

private void Form2_Load(object sender, EventArgs e)
{
    ...         //网格数据、专业、年级列表等初始化,代码略
}
private void exeSQL(string sql)
{
    adap.SelectCommand = new OleDbCommand(sql, conn);    //执行 SQL
    ds.Clear();
    adap.Fill(ds, "学生信息");                            //重新填充
}   //每次进行新的查询后要调用此函数,更新数据集并重新填充
```

由于专业、年级和性别构成的组合查询没有"查询"按钮,而是通过在 3 个查询条件上直接选择触发的查询,我们可以先编写一个 filterMajorGenderGrade() 公用函数,实现查询条件的筛选过滤及执行。

```
private void filterMajorGenderGrade()
{
    strSql = "SELECT * FROM student WHERE true";
    if (comboBox1.Text != "")                //筛选专业
        strSql += " AND 专业='" + comboBox1.Text + "'";
    if (comboBox2.Text != "")                //筛选年级
        strSql += " AND 年级=" + comboBox2.Text;
```

```
    if (radioButton1.Checked)                    //筛选男生
        strSql += " AND 性别='"+radioButton1.Text +"'";
    if(radioButton2.Checked)                     //筛选女生
        strSql += " AND 性别='" + radioButton2.Text + "'";
    strSql += " ORDER by 学号";
    exeSQL(strSql);                              //更新数据集并重新填充
}
```

接着，在"专业""年级""男"和"女"等选项控件的默认事件中调用这个 filterMajorGenderGrade()函数即可。现以"专业"下拉框为例，代码如下。

```
private void comboBox1_SelectedIndexChanged(object sender, EventArgs e)
{
    filterMajorGenderGrade();          //"专业"下拉框触发组合查询
}
```

其余 3 个控件（"年级""男"和"女"）的默认事件中也调用以上实现组合查询的函数；也可参考 4.1.1 节中介绍的一个事件处理程序响应多个事件的方法实现。

生日查询可以在指定日期之前、之后或之间筛选出生日符合指定条件的学生，通过 3 个单选按钮的默认事件触发。源代码如下。

```
private void radioButton3_CheckedChanged(object sender, EventArgs e)
{
    if(radioButton3.Checked)
    {
        strSql = "SELECT * FROM student WHERE 生日<#" + dateTimePicker1.Value.ToShortDateString() +"# ORDER BY 学号";
        exeSQL(strSql);
    }
}   //查询生日符合指定日期之前的学生

private void radioButton4_CheckedChanged(object sender, EventArgs e)
{
    if(radioButton4.Checked)
    {
        strSql = "SELECT * FROM student WHERE 生日>#" + dateTimePicker1.Value.ToShortDateString() + "# AND 生日<#" + dateTimePicker2.Value.ToShortDateString() + "# ORDER BY 学号";
        exeSQL(strSql);
    }
}   //查询生日符合指定日期之间的学生

private void radioButton5_CheckedChanged(object sender, EventArgs e)
{
```

```
    if (radioButton5.Checked)
    {
        strSql = "SELECT * FROM student WHERE 生日>#" + dateTimePicker2.
Value.ToShortDateString() + "# ORDER BY 学号";
        exeSQL(strSql);
    }
}   //查询生日符合指定日期之后的学生
```

这里,由于"生日"字段在数据库中以时间/日期类型存储,因此在构造其 SQL 语句时,生日的值两端要加上一对♯号。

在如图 6-25 所示的学生信息查询窗口中,还有"显示全部"和"重置条件"两个按钮,可以将查询数据与条件重置为初始状态,代码相对容易,请读者自行查看本章配套的实验程序源代码。

如图 6-25 所示,在系统主界面学生信息查询窗口左上角,单击"学生管理"菜单,可以看见"学生信息添加""学生信息修改"与"学生信息删除"等 3 个子菜单。进入这些菜单项,可以打开对应的窗体(Form3、Form4 和 Form5)进行相应的操作,实现对后台数据表 student 的多样化操作。打开新窗口(如"学生信息添加"窗口 Form3)的源代码如下。

```
private void menu11_Click(object sender, EventArgs e)
{
    Form3 f3 = new Form3 ();
    this.Hide();
    f3.ShowDialog ();
    button3_Click(sender, e);    //调用"显示全部"按钮处理程序,同步更新学生数据
    this.Show() ;
}   //弹出 Form3,添加学生信息
```

在学生信息被添加、修改或删除后,需要同步更新系统主窗口中的学生数据,因此需要在 Form3、Form4 和 Form5 返回后,调用"显示全部"按钮的处理程序 button3_Click(),同步更新主窗口中的学生数据。在"学生信息修改"和"学生信息删除"两个菜单项的 Click 事件中也编写相应的代码。

在主菜单中,"课程管理""成绩管理"及"数据统计"菜单下的各子项中的功能不涉及与主窗口中的学生数据同步问题,故对应菜单项的 Click 事件处理程序中不必像上述 3 个窗口一样必须调用"显示全部"按钮处理程序(即 button3_Click())。

单击主菜单"学生管理"→"学生信息添加"项,弹出如图 6-26 所示的"学生信息添加"窗口(Form3),实现对学生基本信息的添加功能,并且能在添加学生前校验学号是否重复,避免主键冲突造成的数据插入失败。实现该功能的程序与 6.2.3 节及 6.2.4 节中提到的例 6.4 及

图 6-26 "学生信息添加"窗口

例 6.4(续)程序相似,只要增设对"年级"和"照片"两个字段数据的处理即可。源代码请直接参考本章配套的实验材料,这里不再重复介绍。

单击主菜单"学生管理"→"学生信息修改"项,弹出如图 6-27 所示的"学生信息修改"窗口(Form4),实现对学生基本信息的修改功能并能同时处理学生照片。该程序在 6.4.4 节中介绍的例 6.6(续 2)程序的基础上增加了记录修改功能,并可通过指定性别、专业和年级对学生进行过滤筛选,缩小数据范围。

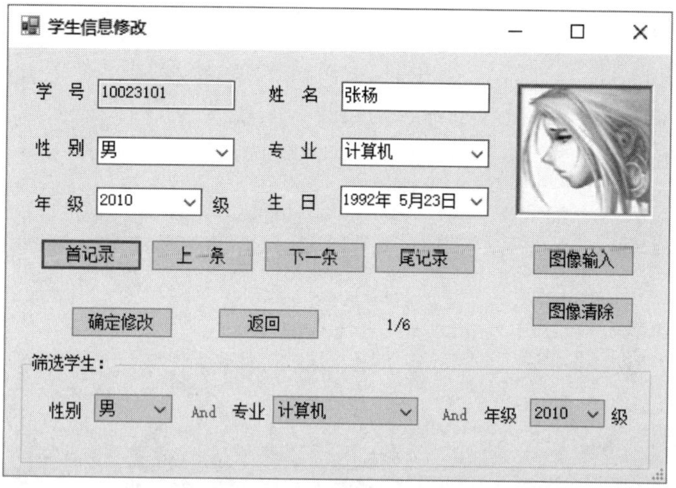

图 6-27 "学生信息修改"窗口

声明公共变量及进行窗体的初始化操作,以及简单绑定数据记录的翻页、图像输入/清除等功能的程序源代码基本上与例 6.6(续 2)程序相同,这里不再介绍,读者请自行查看本章配套的实验源代码。这里主要介绍学生信息的筛选与修改功能的源代码。

学生信息的筛选通过一个用户自定义的 filterStudent()函数实现,程序源代码如下。

```
private void filterStudent()
{
    strSql = "SELECT * FROM student WHERE True";
    if (comboBox4.Text != "")
        strSql += " AND 性别 = '" + comboBox4.Text + "'";
    if (comboBox5.Text != "")
        strSql += " AND 专业 = '" + comboBox5.Text + "'";
    if (comboBox6.Text != "")
        strSql += " AND 年级 = '" + comboBox6.Text + "'";
    strSql += " ORDER BY 学号";
    dsPos = 0;                              //ds 记录重定位至 0
    updDs();                                //更新数据集,重新填充
    displayImage(bind.Position);            //调用 displayImage()方法,显示图片
}
```

然后,用户选择性别、专业、年级筛选学生时调用这个函数。可以在对应的 3 个组合

框的默认事件触发时调用,程序源代码如下(以"性别"下拉框为例)。

```
private void comboBox5_SelectedIndexChanged(object sender, EventArgs e)
{
    filterStudent();
}   //重选"性别"时触发,调用 filterStudent()函数
```

请同时在"专业"和"年级"下拉框的默认事件中调用 filterStudent()函数。

由于对学生进行筛选后,ds 中的学生数据会有变化,为保持与绑定控件中的数据一致,在 6.4.4 节中介绍例 6.6(续 2)程序时,我们提到过,需要编写一个 updDs()函数来更新数据集。但是,在这里,先对学生筛选的结果有可能为空,因此需要改写这个 updDs()函数,在筛选学生的结果为空时提示用户且取消筛选。

以下是更新后的 updDs()函数源代码。

```
private void updDs()
{
    adap.SelectCommand = new OleDbCommand(strSql, conn);
    ds.Clear();
    adap.Fill(ds, "学生信息");
    if(bind.Count ==0) {
        MessageBox.Show("对不起,查询结果为空!请重试。");
        strSql = "SELECT * FROM student ORDER BY 学号";
        dsPos = 0;
        updDs();
        return;
    }
    bind.Position = dsPos;              //还原到上一次备份的位置
    getPage();
}
```

如图 6-27 所示,在用户浏览每一条学生数据时,可以直接修改除"学号"字段外的其他数据并单击"确定修改"按钮,执行以下代码更新当前学生数据。

```
private void button6_Click(object sender, EventArgs e)
{
    conn.Open();
    string updSql = "UPDATE student SET 姓名 = '" + textBox2.Text + "',性别 = '"
+ comboBox1.Text + "',专业 = '" + comboBox2.Text + "',年级 = '"+comboBox3.Text
+"',生日 = #" + dateTimePicker1.Value.ToShortDateString() + "# WHRER 学号 = '"
+ textBox1.Text + "'";
    OleDbCommand cmd = new OleDbCommand(updSql, conn);
    int i = cmd.ExecuteNonQuery();
    if (i > 0)
    {
```

```
        MessageBox.Show("成功更新学生信息！");
        dsPos = bind.Position;              //备份更新前的位置
        updDs();                            //更新 ds
    }
    else
    {
        MessageBox.Show("遇到未知错误,更新学生信息失败！");
    }
    conn.Close();
}
```

在进行数据库更新操作时,切记主键字段的值是不能被修改的。因此,在这里我们在窗体载入时,可事先将"学号"对应的 textBox1 控件设置成只读,即 ReadOnly 属性为 True。"学生信息修改"窗口(Form4)的完整源代码请参考本例配套的实验程序。

单击主菜单"学生管理"→"学生信息删除"项,弹出如图 6-28 所示的"学生信息删除"窗口(Form5),实现对学生基本信息的删除功能。该程序在 6.4.3 节中介绍的例 6.10 程序的基础上完善,能实现先对学生数据进行筛选,再选择学生单条删除或在筛选范围内批量删除。

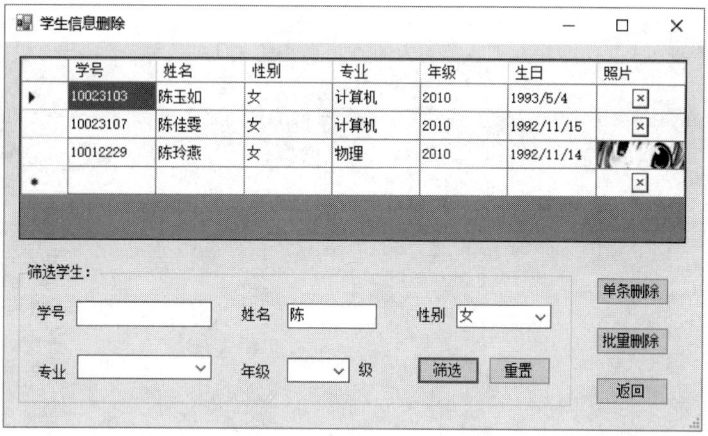

图 6-28 "学生信息删除"窗口

首先,将所有学生的数据复杂绑定到网格中,完成窗体的初始化操作。引用对应的名称空间、公共对象声明及窗体初始化的源代码与之前几个例子相似,这里不再介绍。

为在删除前能对学生数据进行筛选,先在"筛选"按钮的 Click 事件中编写以下程序源代码。

```
private void button1_Click(object sender, EventArgs e)
{
    strSql = "SELECT * FROM student WHERE True";
    if (textBox1.Text != "") strSql += " AND 学号 Like '" + textBox1.Text + "'";
```

```csharp
    if (textBox2.Text != "") strSql += " AND 姓名 like '%" + textBox2.Text + "%'";
    if(comboBox1.Text !="") strSql += " AND 性别 = '"+comboBox1.Text+ "'";
    if(comboBox2.Text !="") strSql += " AND 专业 = '"+comboBox2.Text +"'";
    if (comboBox3.Text != "") strSql += " AND 年级 = '" + comboBox3.Text +"'";
    strSql += " ORDER BY 年级,专业,学号";
    exeSQL(strSql );
}
```

每一次筛选数据后,都要调用以下 exeSQL() 函数,更新数据集。

```csharp
private void exeSQL(string sql)
{
    adap.SelectCommand = new OleDbCommand(sql, conn);      //执行 SQL
    ds.Clear();
    adap.Fill(ds, "学生信息");                              //重新填充
}
```

删除学生数据有两种方法:一种是用户在筛选结果中选中一条学生记录,单击"单条删除"按钮,删除单个学生信息;另一种是用户单击"批量删除"按钮,批量删除在网格中筛选出来的所有学生信息。以下是程序源代码。

```csharp
private void button3_Click(object sender, EventArgs e)
{
    if (MessageBox.Show("即将删除 1 条数据!\n\n确定要删除学生"+dataGridView1.
CurrentRow.Cells[1].Value.ToString()+"的信息吗?", "提示", MessageBoxButtons.
OKCancel) == DialogResult.Cancel)
        return;
    dataGridView1.Rows.RemoveAt(dataGridView1.CurrentRow.Index);
    delUpd();
}

private void button4_Click(object sender, EventArgs e)
{
    int rows = dataGridView1.Rows.Count ;   //网格中有 rows 条数据
    if (MessageBox.Show("即将删除"+ rows +"条数据!\n\n确定要删除这些学生的信息
吗?", "提示", MessageBoxButtons.OKCancel) == DialogResult.Cancel)
        return;
    
    for(int i = 0; i < rows; i++)
    {
        dataGridView1.Rows.RemoveAt(0);     //删除首行后,后面一行前移,因此一直是
                                            //删除第 1 行
    }
    delUpd();
}
```

删除的原理是：先在网格控件中删除指定的行数据，然后调用 delUpd( ) 函数，同步更新数据库及数据集。这与 6.4.3 节中的例 6.10 类似，需要利用 OleDbCommandBuilder 对象。

```
private void delUpd()
{
    OleDbCommandBuilder cb = new OleDbCommandBuilder();  //用于生成 SQL 语句
    cb.DataAdapter = adap;
    try
    {
        adap.Update(ds.Tables["学生信息"]);
        ds.AcceptChanges();
    }
    catch
    {
        MessageBox.Show("更新失败！可能因为主键重复，或主键为空。请重试！");
    }
}  //将网格中的数据同步更新到数据库及 ds
```

由于本窗口 Form5 仅实现学生信息删除功能，因此我们可以在窗体载入时添加以下两句代码，以禁止用户在网格控件中进行添加和修改数据。

```
dataGridView1.AllowUserToAddRows = false;      //禁止添加行
dataGridView1.ReadOnly = true;                  //禁止修改数据
```

(5) 课程信息管理模块

课程信息管理模块仅对 course 中的数据进行维护，因此"课程管理"菜单下仅有一个子项"课程数据维护"，如图 6-29(a)所示。在该窗口(Form6)中，通过复杂绑定技术，将 course 表中的数据绑定到网格，直接实现对课程数据的增、删、改操作，如图 6-29(b)所示。

(a) "课程管理" 菜单

(b) 课程信息维护

图 6-29　课程信息管理模块

该功能的实现与例 6.10 程序完全相同，请读者自行参考本书配套的程序源代码。注意，课程 ID 是主键，不能随意修改，其余各字段的值在修改时要匹配 course 表在设计时的字段类型。

(6) 成绩管理模块

在"成绩管理"菜单下，有"学生成绩录入""学生成绩维护"和"学生成绩查询"三个子项（如图 6-30 所示），分别对应程序的 Form7、Form8 和 Form9 三个窗口。

单击主菜单"成绩管理"→"学生成绩录入"项，弹出如图 6-31 所示的"学生成绩录入"窗口（Form7），实现对学生成绩的录入功能。学生成绩录入实际上就是将某个学生某门课程的得分通过 Insert 语句添加至 score 表中。根据 score 表结构，指定学生 ID（即学号）、课程 ID 和得分即可实现成绩录入。

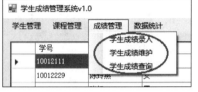

图 6-30 "成绩管理"菜单

通常情况下，管理员（或教师）在录入成绩时，总是以教学班为单位录入某门课的成绩。因此，为方便在录入成绩时缩小学生选择范围，可以事先指定录入课程，再按授课对象（例如以专业和年级为教学班）对"学生"下拉框中的学生列表进行过滤。如图 6-31(a)所示，当筛选的"专业"和"年级"分别为"计算机"和"2010 级"时，录入成绩的"学生"下拉框中就仅显示 2010 计算机专业的学生，这样就能很方便地在为某门课录成绩时查找对应的学生，从而连续批量地录入成绩，如图 6-31(b)所示。

(a) 筛选授课对象后缩小学生选择范围　　　　　　(b) 连续录入学生成绩

图 6-31 "学生成绩录入"窗口

首先，在窗体载入时通过连接对象、命令对象以及 DataReader 对象构造"课程""专业""年级"及"学生"下拉框。为方便之后往 score 表中插入学生及课程的 ID，构造下拉框时注意同时显示"学生 ID 姓名""课程 ID 课程名"，中间以半角空格隔开，以便将来向 score 表中只插入学生 ID 或课程 ID 时剥离。这些窗体及控件的初始化源代码与本章中前面介绍的例子类似，请读者自行参考配套的案例程序。

为实现通过"专业"和"年级"过滤出"学生"下拉框的功能，我们在"专业"和"年级"下拉框的默认事件触发时调用 studentFilter() 函数,执行 studentSQL() 返回的 SQL 字符串来构造出"学生"列表,以此缩小学生选择范围。程序源代码如下。

```csharp
private void comboBox2_SelectedIndexChanged(object sender, EventArgs e)
{
    studentFiler();
}

private void comboBox3_SelectedIndexChanged(object sender, EventArgs e)
{
    studentFiler();
}

private void studentFiler()
{
    conn.Open();
    OleDbCommand cmd = new OleDbCommand(studentSQL(), conn);
    OleDbDataReader dr = cmd.ExecuteReader();
    comboBox4.Items.Clear();
    while (dr.Read())
    {
        comboBox4.Items.Add(dr[0].ToString() + " " + dr[1].ToString());
    }
    dr.Close();
    conn.Close();
}

private string studentSQL(){
    if (comboBox2.Text == "" && comboBox3.Text == "")
        return "SELECT 学号,姓名 FROM student";
    else if (comboBox2.Text != "" && comboBox3.Text == "")
        return "SELECT 学号,姓名 FROM student WHERE 专业 = '" + comboBox2.Text
+ "'";
    else if (comboBox2.Text == "" && comboBox3.Text != "")
        return "SELECT 学号,姓名 FROM student WHERE 年级 = " + comboBox3.Text;
    else
        return "SELECT 学号,姓名 FROM student WHERE 专业 = '" + comboBox2.Text
+ "' AND 年级 = "+comboBox3.Text ;
}
```

接下来,就可以一个接一个地为指定课程录入成绩。在"录入"按钮的 Click 事件处理程序中编写如下代码。

```csharp
private void button1_Click(object sender, EventArgs e)
{
    if (comboBox1.Text == "" || comboBox4.Text == "" || textBox1.Text == "")
    {
        MessageBox.Show("必须输入课程、学生和得分!");
        return;
    }

    conn.Open();

    string studentString = comboBox4.Text;
    string studentID = studentString.Substring (0,studentString.IndexOf(" "));
                                                            //剥离出学生 ID
    string courseString = comboBox1.Text;
    string courseID = courseString.Substring(0, courseString.IndexOf(" "));
                                                            //剥离出课程 ID

    string strSql = "INSERT INTO score (学生ID,课程ID,得分) VALUES ('"+ studentID +"','"+ courseID +"','"+textBox1.Text +")";
    OleDbCommand cmd = new OleDbCommand(strSql, conn);
    try
    {
        int i = cmd.ExecuteNonQuery();
        MessageBox.Show("成功添加学生成绩!");
        comboBox4.SelectedIndex = -1;
        textBox1.Text = "";
    }
    catch
    {
        MessageBox.Show("添加记录失败!\n\n可能因为录入重复(1个学生1门课仅1个成绩),\n或成绩中包含非数字,\n请检查!");
    }

    conn.Close();
}
```

在以上程序源代码中，为了从"学生ID 姓名""课程ID 课程名"中剥离出ID部分，插入score表中的学生ID和课程ID字段，使用了字符串的IndexOf()及Substring()方法实现子串的剥离。

为避免双主键的不灵活，我们曾经在score表设计之时增设过一个自动编号类型的"成绩ID"字段作为主键(如表6-6所示)，通过Insert语句向数据表插入记录时，要避免给这个字段赋值，而使其自动加1编号。因此，在定义SQL字符串时，通过给出字段列表(学生ID、课程ID、得分)仅插入除主键以外的其他几个数据。

```
string strSql = "INSERT INTO score (学生ID,课程ID,得分) VALUES ('"+studentID
+"','"+ courseID +"','"+textBox1.Text +")";
```

对于主键设为自动编号的数据表,通常我们都会使用以上方法定义 SQL 字符串,向表中插入数据。而 Insert 语句放在 try...catch...代码块中执行,以保证成绩数据能始终按课程及学生保持其唯一性;因为在 score 表设计时,按"学生 ID"和"课程 ID"的组合创建过唯一索引,如图 6-23(b)所示。

单击主菜单"成绩管理"→"学生成绩维护"项,弹出如图 6-32 所示的"学生成绩维护"窗口(Form8),实现对学生成绩的批量修改与删除功能。通常,对成绩数据的修改与删除操作也需要定位到课程及授课对象(专业+年级),因此可以像成绩录入时那样,也做一个基于"课程""专业"和"年级"的筛选器,在网格中过滤出需要查找的批量数据。

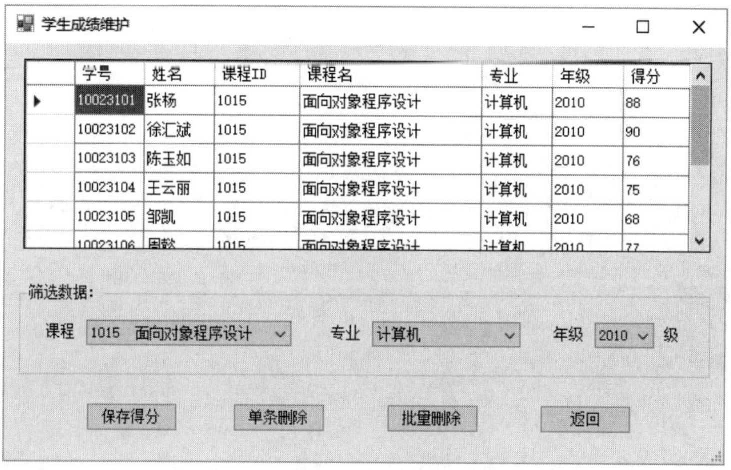

图 6-32 "学生成绩维护"窗口

本功能使用联合查询跨三表(student、course 和 score)筛选出"学生-课程-成绩"信息并将其复杂绑定到网格控件上。为实现如图 6-32 所示的查询效果,初始的 SQL 字符串应使用联合查询这样定义。

```
string strSql = "SELECT 学号,姓名,score.课程ID,课程名,专业,年级,得分 FROM
student,course,score WHERE student.学号 = score.学生ID AND course.课程ID =
score.课程ID ORDER BY 学号";
```

由于本窗口只能实现学生成绩的修改和记录的删除,因此使用以下代码禁止在网格中添加行,且禁止修改除"得分"以外的其他列数据。

```
dataGridView1.AllowUserToAddRows = false; //禁止添加行
for (int i = 0; i < dataGridView1.Columns.Count-1; i++)
{
    dataGridView1.Columns[i].ReadOnly = true;
} //除最后1列外,禁止编辑,即只能修改得分
```

其他关于名称空间和公共对象的声明、窗体及控件数据的初始化等代码以及筛选程序的编写方法与之前的几个案例相似,这里就不再具体介绍,请读者自行查看本章配套的实验源代码。

若要修改学生成绩,可以直接在如图 6-32 所示的网格控件中修改"得分"列的各行分值,但是这个操作只是在控件上作了修改,并没有同步更新到数据库。因此,还需要通过"保存得分"按钮把网格中整个"得分"列上的数据一起保存下来,这需要遍历筛选出来的每个学生的成绩,逐个更新 score 表中对应的记录。

在"保存得分"按钮的 Click 事件处理程序中编写以下代码。

```
private void button1_Click(object sender, EventArgs e)
{
    conn.Open();
    string updSQL,mark,sId,cId;
    OleDbCommand cmd;
    for (int i = 0; i < dataGridView1.Rows.Count; i++)
    {
        sId = dataGridView1.Rows[i].Cells[0].Value.ToString();
        cId = dataGridView1.Rows[i].Cells[2].Value.ToString();
        mark = dataGridView1.Rows[i].Cells[6].Value.ToString();
        updSQL = "UPDATE score SET 得分="+mark+" WHERE 学生ID='"+sId+"' AND 课程ID='"+cId+"'";
        cmd = new OleDbCommand(updSQL, conn);
        if (cmd.ExecuteNonQuery() == 1) ds.AcceptChanges();
        else
        {
            MessageBox.Show("遇到未知错误!更新中断!");
            conn.Close();
            return;
        }
    } //逐条更新 score 表中对应的学生得分
    MessageBox.Show("成功更新" + dataGridView1.Rows.Count + "条记录!");
    conn.Close();
}
```

在本窗口中,通过"单条删除"和"批量删除"按钮对筛选出来的学生成绩数据进行删除。由于绑定到网格的数据来源于 3 张表的联合查询,因此不能像例 6.10 及本例 Form5 学生信息删除那样做(先在网格中删除行数据,然后通过 OleDbCommandBuilder 对象和 DataAdapter 对象的 Update()方法实现更新库和 ds)。

对于单条删除,通过网格对象的 CurrentRow.Cells[0]和 CurrentRow.Cells[2]获取光标所在行的学生 ID 和课程 ID 数据(在 score 表中唯一);然后,利用 Command 对象执行 Delete 语句删除符合条件的 score 表行记录。程序源代码如下。

```
private void button2_Click(object sender, EventArgs e)
{
```

```csharp
    if (MessageBox.Show("确定要删除所选学生的成绩记录吗?", "提示",
MessageBoxButtons.OKCancel) == DialogResult.Cancel)
        return;
    conn.Open();
    string sId = dataGridView1.CurrentRow.Cells[0].Value.ToString();
    string cId = dataGridView1.CurrentRow.Cells[2].Value.ToString();
    string delSQL="DELETE FROM score WHERE 学生ID='"+sId +"' AND 课程ID='"+ cId +"'";
    OleDbCommand cmd = new OleDbCommand(delSQL, conn);
    if (cmd.ExecuteNonQuery() >= 1)
    {
        dataGridView1.Rows.RemoveAt(dataGridView1.CurrentRow.Index);
        ds.AcceptChanges();
        MessageBox.Show("成功删除1条学生成绩记录! ");
    }
    else MessageBox.Show("遇到未知错误! 更新中断! ");
    conn.Close();
}
```

对于批量删除,遍历网格中的每一行,逐行获取当前行的学生 ID 和课程 ID 数据;然后,利用 Command 对象执行 Delete 语句在 score 表中删除对应的记录。程序源代码如下。

```csharp
private void button3_Click(object sender, EventArgs e)
{
    int rows = dataGridView1.Rows.Count;
                    //网格中有 rows 条数据(不能添加,故不必除去最后1个空行)
    if (MessageBox.Show("即将删除" + rows + "条数据!\n\n确定要删除这些学生的成绩信息吗?", "提示", MessageBoxButtons.OKCancel) == DialogResult.Cancel)
        return;

    conn.Open();
    string delSQL, sId, cId;
    OleDbCommand cmd;
    for (int i = 0; i < rows ; i++)
    {
        sId = dataGridView1.Rows[0].Cells[0].Value.ToString();
        cId = dataGridView1.Rows[0].Cells[2].Value.ToString();
        delSQL = "DELETE FROM score WHERE 学生ID='" + sId + "' AND 课程ID = '" + cId + "'";
        cmd = new OleDbCommand(delSQL, conn);
        if (cmd.ExecuteNonQuery() == 1)
        {
            dataGridView1.Rows.RemoveAt(0);
            ds.AcceptChanges();
        }
```

```
            else { MessageBox.Show("遇到未知错误！批量删除中断！"); conn.Close(); 
return; }
        }
        MessageBox.Show("成功删除" + rows + "条记录！");
        conn.Close();
}
```

从以上代码可以看出，在网格删除一行数据后，后面的行会向前移，故在整个遍历删除的过程中，删除的永远是第 1 行数据，即 dataGridView1.Rows[0]。

单击主菜单"成绩管理"→"学生成绩查询"项，弹出如图 6-33 所示的"学生成绩查询"窗口(Form9)，可以按课程或学生查询成绩。由于只涉及查询操作，因此可以用以下两行代码在窗体载入时把网格控件的添加和编辑功能禁用掉。

```
dataGridView1.AllowUserToAddRows = false;      //禁止添加行
dataGridView1.ReadOnly = true;                 //只读不写
```

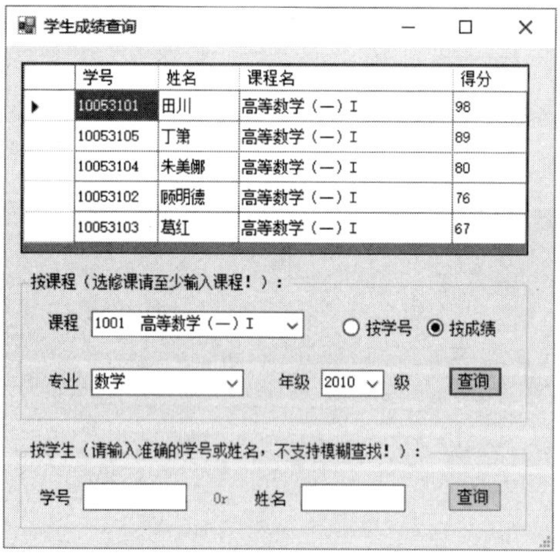

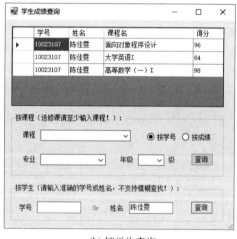

(a) 按课程查询　　　　　　　　　　　　(b) 按学生查询

图 6-33　"学生成绩查询"窗口

在本窗口中，实现按课程、按学生的两种成绩查询的方式与之前几个教学案例相似，这里就不再重复介绍，请读者自行查阅本章配套的程序源代码。

(7) 数据统计模块

在"数据统计"菜单下，有"大学绩点查询"和"大学绩点排名"两个子项。如图 6-34 所示，分别对应程序的 Form10、Form11 两个窗口。

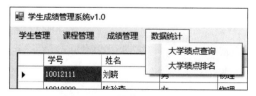

图 6-34　"数据统计"菜单

单击主菜单"数据统计"→"大学绩点查询"项,弹出如图 6-35 所示的"大学绩点查询"窗口(Form10),指定学生学号或姓名,计算出该生目前为止所有考试过的课程,综合计算出其大学课程的平均绩点。大学课程的绩点计算规则如表 6-7 所示。

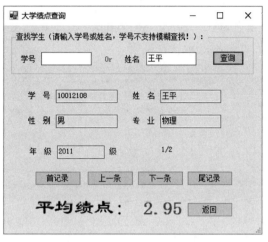

图 6-35 "大学绩点查询"窗口

表 6-7 国际通用的大学绩点计算标准

得　　分	等　　级	绩　　点
90～100	A	4.0
85～89	A−	3.7
82～84	B+	3.3
78～81	B	3.0
75～77	B−	2.7
72～74	C+	2.3
68～71	C	2.0
64～67	C−	1.5
60～63	D	1.3
补考 60	D−	1.0
60 以下	F	0

各课程的平均绩点计算公式如下。

$$\text{平均绩点} = \frac{\sum_{i=1}^{n} \text{课程 i 的(学分 * 绩点)}}{\sum_{i=1}^{n} \text{课程 i 的学分}}$$

由于按学生姓名支持模糊查找且可能存在同名同姓的情况,因此查询结果应使用简

第 6 章　数据库访问技术

单绑定技术,显示平均绩点的同时列出当前学生的基本信息,并且能通过"首记录""上一条""下一条""尾记录"等按钮,跳转到符合姓名条件的其他学生。注意,若查询结果中仅有一条记录,应把上述 4 个按钮禁用,以免误跳转引起程序错误。

当用户输入学号或姓名后,要想在显示学生基本信息(学号、姓名、性别、专业、年级等)的同时计算出平均绩点,就需要跨三表(student、course 和 score)进行联接(Join)查询。该查询语句虽然较为复杂,却能一次实现。

```
SELECT student.学号, student.姓名, student.性别, student.专业, student.年级,
Round(Sum(course.学分 * Switch(得分>=90,4,得分>=85,3.7,得分>=82,3.3,得分>=
78,3,得分>=75,2.7,得分>=72,2.3,得分>=68,2,得分>=64,1.5,得分>=60,1.3,True,
0))/Sum(course.学分),2) AS 平均绩点
FROM (course INNER JOIN score ON course.课程 ID = score.课程 ID) INNER JOIN
student ON score.学生 ID = student.学号
GROUP BY student.学号, student.姓名, student.性别, student.专业, student.年级;
```

在以上 Select 语句中,利用了 Access 支持的 SQL 语言中的 Switch()函数,计算出各门课程的绩点,即以下 SQL 部分实现了表 6-7 中的"得分-绩点"之间的换算。

```
Switch(得分>=90,4,得分>=85,3.7,得分>=82,3.3,得分>=78,3,得分>=75,2.7,得分>=
72,2.3,得分>=68,2,得分>=64,1.5,得分>=60,1.3,True,0)
```

而平均绩点的计算公式的实现则通过两个 Sum()函数相除完成。

```
Sum(course.学分 * Switch(...))/Sum(course.学分)
```

在这里,关于联接查询的详细内容请读者自行参考数据库 SQL 相关的书籍或资料。

为了使简单绑定时定义 SQL 字符串更容易,我们可以在 student_course.accdb 数据库中先创建一个名为"学生绩点查询"的查询,如图 6-36 所示,把所有学生的学号、姓名、性别、专业、年级和平均绩点查询出来。

然后,使用与 6.3.2 节中例 6.6 程序相同的方法,将"学生绩点查询"查询中的数据通过学号或姓名过滤,简单绑定到窗体上的各控件中去。因为在数据库中已经建好这个查询,故查询学生时,SQL 字符串的定义会相当容易。

在 SQL 字符串初始化时,查询出"学生绩点查询"中的所有数据。

```
string strSql = "SELECT * FROM 学生绩点查询 ORDER BY 学号";
```

按学号查找时,结果唯一,不需要排序。

```
strSql = "SELECT * FROM 学生绩点查询 WHERE 学号 = '" + textBox1.Text + "'";
```

或者,按姓名查找时,结果可能不唯一,有必要用 ORDER BY 排序。

```
strSql = "SELECT * FROM 学生绩点查询 WHERE 姓名 LIKE '%" + textBox2.Text + "%'
ORDER BY 学号";
```

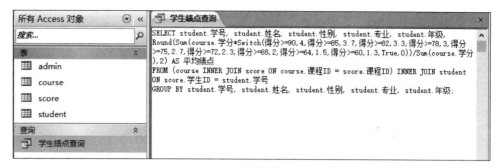

(a) SQL 视图

(b) 数据视图

图 6-36 创建"学生绩点查询"查询

具体的程序实现源代码与例 6.6 类似,这里不再具体介绍,读者请参考本章配套的程序源代码。

单击主菜单"数据统计"→"大学绩点排名"项,弹出如图 6-37 所示的"大学绩点排名"窗口(Form11),指定专业和年级,显示出指定范围内学生的大学绩点排名情况。

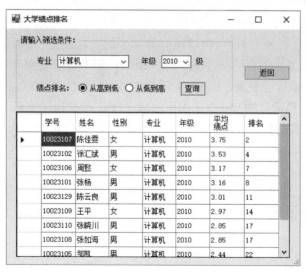

图 6-37 "大学绩点排名"窗口

我们已经在数据库中创建了查询"学生绩点查询",完成绩点排名的 SQL 语句可以在此查询的基础上进行嵌套查询。

```
strSql = "SELECT 学生绩点查询.*,(SELECT Count(*)+1 FROM 学生绩点查询 AS 排名查
询 WHERE 排名查询.平均绩点>学生绩点查询.平均绩点) AS 排名 FROM 学生绩点查询 WHERE
[筛选条件]";
```

根据筛选条件将查询结果复杂绑定至网格的方法在之前的几个实例中均有介绍,这里不再重复叙述。读者可查看例 6.11 程序源代码,对本程序的所有功能模块的编写进一步深入学习。

6.6 能力提高——一些重要的需求设计

本节介绍数据库应用程序开发过程中的一些非常重要的需求设计及其解决方案,帮助学习者创建功能更强大的数据库交互应用程序。

本节将借助 6.5 节中介绍的学生成绩管理系统,将其功能作进一步提升。我们将向读者介绍数据库应用程序开发过程中的一些非常实用的设计方案,例如登录加密及验证码机制、多用户权限管理、数据同步以及统计图表等十分有用的功能。

例 6.11(续) 在 6.5 节中介绍的例 6.11 程序的基础上,将学生成绩管理系统进行升级,要求能够实现以下几个功能。

① 图形验证码:登录窗口中随机产生图形验证码,要求用户输入正确的验证码后才能登录,如图 6-38 所示。

② 登录密码加密:使用 MD5 加密算法对用户密码进行加密、验证及存储,图 6-39 显示了密码在数据库中以 32 位密文存储。

③ 多用户权限管理:系统有管理员和学生两种用户,已经有的管理员用户可以行使学生成绩管理系统中的所有权限;再增设一类学生用户,该用户登录后,可以查询到自己的基本信息、各科成绩和平均绩点,如图 6-40 所示。用户可以在图 6-38 所示的登录窗口中自行选择用户类型后再登录。同时,实现相应的用户管理、密码维护等功能。

④ 删除操作后的数据同步:由于学生的成绩涉及课程和学生两个信息,在删除任何一个学生(或任何一门课程)时,要检查是否有对应的学生成绩记录。若该学生(或课程)已经录入了成绩,则应在删除前给予提示:用户仍继续选择删除学生(或课程)将清除对应的成绩记录。

6.6.1 图形验证码

验证码(CAPTCHA)这个词最早是在 2002 年由卡内基梅隆大学的 Luis von Ahn、Manuel Blum、Nicholas J. Hopper 以及 IBM 的 John Langford 提出。一种常用的 CAPTCHA 测试是让用户输入一个增加了一些干扰像素的图片上所显示的文字或数字,

增加干扰是为了避免被光学字符识别等计算机程序自动辨识出图片上的文字数字而失去效果。这个测试是由计算机来考人类,而不是标准图灵测试中那样由人类来考计算机,因此人们有时称 CAPTCHA 是一种反向图灵测试。其作用是为了有效防止黑客对某一个特定注册用户用特定程序暴力破解,最终可以防止恶意破解密码、刷票、论坛灌水和刷页。

大多数需要通信的应用程序或网站都在其登录界面增加了图形验证码,先由系统随机产生一个 n 位的序列号(可能是数字、大小写字母的组合),然后根据该序列号绘制一个添加了一些干扰像素的图形,如图 6-38 所示。用户只有输入了与验证码图形上显示的相同字符序列后才能进行后续的身份验证工作。

需要注意的是:验证码是随机产生的,有很大概率会出现无法清楚地用人眼识别的验证码图片,因此一般在登录页面(或窗口)都会有提示,如"看不清,换一张"等。如果没有提示,则直接单击当前的验证码图片,可以完成验证码的更换。同时,若用户在登录页面留太久,迟迟未登录,图形验证码应该具

图 6-38 升级后的系统登录窗口

有每隔一段时间(如 30 秒)刷新一次的功能。

关于图形验证码的绘制原理,我们曾在本书 5.6 节的例 5.17 中介绍过。为了将来使用方便,我们可以将产生图形验证码的程序封装成一个静态类 CAPTCHA.cs。执行"项目"菜单中的"添加类..."命令可以创建类。因为需要绘制图形,所以要引用 System.Drawing 和 System.Drawing.Drawing2D 名称空间。

CAPTCHA 类中包含了 3 个私有数据成员,其中 verifyCode 是产生的验证码序列,codeLen 和 f 是验证码长度和绘制出来的字体;程序集内部可访问的只读属性 VCode 用来在登录窗口中与用户在验证码文本框中输入的文本作比较;MakeCode()方法在其内部调用 DrawCodeImg()方法实现图形验证码的绘制。

CAPTCHA 类的大致结构如下。

```
...
using System.Drawing.Drawing2D;
using System.Drawing;

...
static class CAPTCHA
{
    private static string verifyCode;          //验证码
    private static int codeLen = 6;            //默认产生 6 位验证码
    private static Font f = new Font("Arial", 16, FontStyle.Italic);
                                                //默认验证码字体
```

```csharp
        internal static string VCode               //定义属性 VCode
        {
            get
            {
                return verifyCode;                  //提供对数据成员 verifyCode 的访问
            }
        }

        internal static Bitmap MakeCode()
        {
            ...                                     //算法:构造随机序列 checkCode,代码略
            verifyCode = checkCode;                 //作为验证码 verifyCode
            return DrawCodeImg();                   //绘制并返回图形验证码
        }

        private static Bitmap DrawCodeImg()
        {
            ...                                     //算法:绘制验证码图形,代码略
            return codeImg;                         //返回这个图形
        }
    }
```

以上代码中用"…"省略的部分对应于随机序列生成和绘制验证码图形两个算法,在例 5.17 中已有具体介绍,这里就不再重复,读者可以打开例 6.11(续)程序的源代码,查看 CAPTCHA.cs 文件中的完整内容。

关于图形验证码的调用,这里以例 6.11(续)为例,在登录窗口中,添加如图 6-38 所示的验证码文本框和图像框。在窗体载入事件中第一次加载图形验证码,并且利用时钟控件,使图形验证码每隔一段时间刷新一次。同时,应在用户看不清验证码内容时,通过单击图形,重新加载一个新的验证码图片。

以下是相关的程序源代码。

```csharp
private void Form1_Load(object sender, EventArgs e)
{
    pictureBox1.Image = CAPTCHA.MakeCode ();        //验证码载入图像框
    pictureBox1.SizeMode = PictureBoxSizeMode.AutoSize;
                                                    //图像框大小自适应验证码图形
    pictureBox1.BackColor = Color.White;            //图像框背景白色
    timer1.Enabled = true;
    timer1.Interval = 1000 * 30;                    //30秒切换一张验证码图
}
```

```
private void pictureBox1_Click(object sender, EventArgs e)
{
    pictureBox1.Image = CAPTCHA.MakeCode();        //生成新的验证码图形
}

private void timer1_Tick(object sender, EventArgs e)
{
    pictureBox1.Image = CAPTCHA.MakeCode();        //生成新的验证码图形
}
```

最后,在用户单击"登录"按钮时,首先验证用户名和密码是否为空,接着验证用户在验证码文本框中输入的内容是否与图形中的一致。为方便用户输入,可以在判断时忽略字母大小写。

```
private void button1_Click(object sender, EventArgs e)
{
    ...                                  //判断用户名和密码是否已经输入,代码略

    if (textBox3.Text.ToLower () != CAPTCHA.VCode.ToLower ())
    {
        MessageBox.Show("验证码有误,请重新输入!");
        textBox3.Text = "";
        textBox3.Focus();
        return;
    }                                    //验证码校验,忽略大小写

    ...                                  //登录信息校验,代码略
}
```

CAPTCHA 类的 VCode 只读属性用来获取真正的验证码 verifyCode 数据成员中的值,通过设置只读属性来访问类的数据成员是一个良好的面向对象程序设计习惯。

6.6.2 登录密码加密

在例 6.11 创建学生成绩管理系统时,管理员密码是以明文形式存放在数据库的 admin 表中的,如图 6-24(b)所示。实际上,这种身份验证的方法过于简单,设想如果数据库位于互联网上的一台服务器,那么用户提交的用户名和密码必然经过网络传输,在数据传递过程中,数据(用户名和密码)都是以明文形式传输的。如果有人在数据传输链路中使用一些工具进行网络抓包操作,那么用户名和密码必然会被黑客截获,危害很大。此外,假设数据库中的用户密码以明文形式存在,这就意味着只要拥有进入数据库的权限,就能获得系统每个用户的用户名和密码。如果某个心怀叵测的系统开发人员或维护人员进入数据库,他就能获得任何一个用户的用户名和密码,并且以这个用户的身份进行某些

恶意操作。如果数据库本身被攻破,黑客就能获得所有用户名和密码的清单,危害很大。

由此看来,普通的身份验证机制安全性过低,我们迫切需要一种解决方法,使所有用户的密码受到保护,不能轻易地被获得。因此,我们使用数据加密技术来保证密码在传输过程中的安全。这里,我们先将数据库中的密码通过一种单向的 MD5 算法加密为一个 32 位的密文,如图 6-39 所示,其对应的明文密码如图 6-24(b)所示。

用户名	密码
admin	6351623c8cef86fefabfa7da046fc619
manager	c52c9448f5abfc55488df99538391767

图 6-39　以密文形式存储密码

然后,在登录时,用户输入的密码虽然只显示＊＊＊＊＊＊＊＊(如图 6-38 所示),但实际上在程序中还是以明文形式处理的。我们需要在"登录"按钮的 Click 事件处理程序中,先将其用 MD5 算法加密,与数据库中对应的密文密码(如图 6-39 所示)进行比对;若比对成功,则说明是授权用户,登录成功。这样密码在整个传输的过程中始终以加密的形式存在,大大提高了其安全性。

.NET 在 System.Security.Cryptography 名称空间中有一个 MD5 类,提供了对这种加密算法的支持。这里,我们可以创建一个能将字符串转换成 32 位 MD5 序列的静态类 md5Encrypt.cs,注意引用 System.Security.Cryptography 名称空间。其源代码如下。

```
...
using System.Security.Cryptography;

...
static class md5Encrypt
{
    public static string GetMd5Hash(String input)
    {
        if (input == null)
        {
            return null;
        }
        MD5 md5Hash = MD5.Create();

        byte[] data = md5Hash.ComputeHash(Encoding.UTF8.GetBytes(input));
                    //将输入字符串转换为字节数组并计算哈希数据
        StringBuilder sBuilder = new StringBuilder();
                    //创建一个 Stringbuilder 来收集字节并创建字符串
        for (int i = 0; i < data.Length; i++)
        {
            sBuilder.Append(data[i].ToString("x2"));
```

```
                    }               //循环遍历哈希数据的每一个字节并格式化为十六进制字符串

        return sBuilder.ToString();         //返回 32 位的 MD5 序列
    }
}
```

然后,在"登录"按钮的 Click 事件中,在用户名、密码和验证码校验通过之后,先调用 md5Encrypt 类的 GetMd5Hash()方法,将密码框中的明文密码转换成 32 位的 MD5 加密序列。

```
string pass = md5Encrypt.GetMd5Hash(textBox2.Text);         //密码用 MD5 加密
```

接着,在定义 SQL 字符时,使用加密后的 pass 去验证数据库中的用户名和密码是否匹配。SQL 字符串定义语句如下。

```
strSql = "SELECT Count(*) FROM admin WHERE 用户名 = '" + textBox1.Text + "' AND 密码 = '" + pass + "'";
```

这样,在整个登录过程中,密码的传输始终是以密文形式存在,在一定程度上保证了安全性。完整的程序源代码请参考例 6.11(续)程序。

注意,在例 6.11(续)程序中创建的 md5Encrypt(MD 加密)和 CAPTCHA(图形验证码)具有一定的通用性,读者将来可以直接应用到自己所开发的其他程序中。

6.6.3 多用户权限管理

一个功能完备的数据库应用系统在大多数情况下会具有多种用户权限。例如,一个学生成绩管理系统除管理员外,还应该有教师、学生等用户,每种用户对系统应该具有不同的使用权限。系统管理员可以对所有的学生、课程及成绩数据进行查询、统计和维护;教师用户则可以对自己所授课程及学生成绩进行查询、统计和维护;而学生用户仅能查看自己的基本信息和学习成绩。

可以看出,前一节介绍的例 6.11 学生成绩管理系统中的各功能模块均为管理员用户使用。现在在此基础上增设一种学生用户,要求学生在如图 6-38 所示的登录窗口选择"学生"用户类型登录后,仅能查看当前登录学生的基本信息、学习成绩等数据,并且可以对自己的登录密码进行维护,如图 6-40 所示。

当一个数据库应用系统的用户类型为多个时,应该至少在用户登录信息的存储、用户权限分配以及用户管理等 3 个层面上予以考虑。

1. 用户登录信息的存储

通常情况下,若一个系统中有多种类型的用户,用户登录的数据有两种处理方法:一种是在唯一的用户表中增设"用户类型"字段,用户登录成功后,根据对应的用户类型跳转

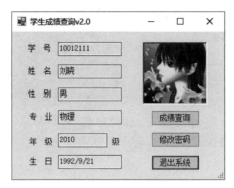

(a) 学生基本信息

(b) 学生成绩查询　　　　(c) 学生登录密码修改

图 6-40　学生用户权限

到相应的页面；还有一种是将不同类型的用户信息放在不同的用户表中，然后在登录窗口中通过选择用户类型（如图 6-38 所示）判断去哪个用户表中进行身份验证，验证成功后，跳转到不同的页面。

以例 6.11（续）中要求的学生成绩管理系统为例，admin 表中只存放了管理员的登录信息，我们要在系统中增设一类学生用户。由于学生基本信息之前已经存放到 student 表中，因此为保证与之前设计好的数据库统一，我们采用上述第二种方法，在 student 表中增设"登录密码"字段，存放学生密码，即将不同类型的用户信息放在不同的用户表中，如图 6-41（a）所示。注意，仍然要以 MD5 算法加密后的 32 位密文存储登录密码，如图 6-41（b）所示。

请注意：因为在 student 表中添加了"登录密码"字段，所以需要在如图 6-26 所示的"学生信息添加"窗口（Form3）的对应代码中，适当修改 Insert 语句的 SQL 字符串，保证包含了"登录密码"字段的数据行插入成功。这里可以先定义学生登录初始密码为 MD5 加密后的学号。

2. 用户权限分配

用户登录时，首先在如图 6-38 所示的登录窗口中输入用户名、密码并选择用户类型，

(a) student 表设计

(b) student 表数据

图 6-41 student 表中增设"登录密码"字段

以例 6.11(续)的程序为例,有"管理员"(对应单选按钮 radioButton1)和"学生"(对应单选按钮 radioButton2)两类用户。在登录身份验证时,可以根据用户所选择的身份类型确定查询数据库中的哪张用户表(admin 或 student)来验证用户名和密码是否正确。这可以在"登录"按钮的 Click 事件处理程序中将 SQL 字符串用 if…else…结构分别定义。

接着,在用户身份信息验证成功的情况下,用 if 语句判断单选按钮的 Checked 属性:若是管理员用户,则使其跳转到学生成绩查询界面(Form2),从该窗口开始,可以运行 Form3～Form13 行使管理员的权限(学生管理、课程管理、成绩管理、数据统计和用户管理);若是学生用户,则先记录下学生的学号,然后跳转到如图 6-40(a)所示的学生基本信息页(Form14),从该窗口开始,学生用户仅能行使成绩/绩点查询(Form16,如图 6-40(b)所示)和本人登录密码的修改(Form15,如图 6-40(c)所示)这两个权限。

```
private void button1_Click(object sender, EventArgs e)
{
    ...                                    //判断用户名、密码和验证码,代码略

    string pass = md5Encrypt.GetMd5Hash(textBox2.Text);   //密码用 MD5 加密

    ...                                    //声明连接字符串,创建连接对象,代码略

    //以下代码根据用户选择的用户类型确定去 admin 表还是 student 表验证登录信息
    string strSql;
    if (radioButton1.Checked)
        strSql = "SELECT Count(*) FROM admin WHERE 用户名 = '" + textBox1.Text
                + "' AND 密码 = '" + pass + "'";
    else
```

```
            strSql = "SELECT Count(*) FROM student WHERE 学号 = '" + textBox1.Text
        + "' AND 登录密码 = '" + pass + "'";
            conn.Open();
            OleDbCommand cmd = new OleDbCommand(strSql, conn);
            int i = (int)cmd.ExecuteScalar();
            if (i > 0)
            {
                MessageBox.Show("登录成功!");
                conn.Close();
                if (radioButton2.Checked) studentInfo.sId = textBox1.Text;
                                                //若是学生,记录学号
                button2_Click(sender, e);       //调用"重置"按钮,清空登录表单
                Form2 f2 = new Form2();
                Form14 f14 = new Form14();
                this.Hide();
                if (radioButton1.Checked)
                    f2.ShowDialog();            //管理员,跳转至 Form2
                else
                    f14.ShowDialog();           //学生,跳转至 Form14
                this.Show();
            }
            else
            {
                MessageBox.Show("登录失败,请重试!");
                conn.Close();
                button2_Click(sender, e);       //调用"重置"按钮,清空登录表单
            }
        }
```

需要注意的是:若以学生的身份登录,为了按学号查询学生本人信息、成绩和修改密码,需要将登录成功后的学号记录下来,使之在登录和退出之前都保存在系统内存中,方便随时查询当前用户本人的各种信息(对应 Form14~Form16)。这可以通过创建一个 studentInfo 静态类(studentInfo.cs)实现,其中包含一个数据成员 sId,用来记录登录时的学号。

studentInfo 类的声明以及 Form14~Form16 程序源代码的编写方法与之前介绍的类似,这里就不再详细介绍,请读者自行查看本例配套的程序源代码。

3. 用户管理

系统中现有两类用户,为管理员用户添加一个用户管理模块来对两类用户进行密码维护也是必不可少的。图 6-42 显示了该模块中所具有的功能,程序涉及对 admin 表的添加、修改和删除操作(Form12),以及对 student 表的修改操作(Form13)。代码与之前介绍的程序类似,但其中也涉及一些编码技巧,请读者自行查看本书配套的程序源代码。

(a) "用户管理"菜单

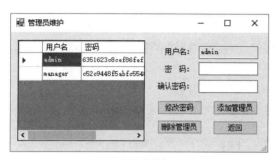

(b) 管理员维护

(c) 学生密码管理

图 6-42　用户管理模块

请注意：在如图 6-42(c)所示的"学生密码维护"窗口中，有一个"批量维护"链接，单击它可以弹出一个"批量维护学生密码"窗口，如图 6-43 所示（对应程序中的窗体 initStudentPass.cs）。其作用是将 student 表中所有学生记录的登录密码字段值以学号的 MD5 序列初始化。这是由于 Access 数据库的 SQL 语言中没有直接的 MD5 加密函数，我们需要在这里利用.NET 的 MD5 类自行编写一个初始化加密学生登录密码的程序，从而使系统在调试时，能使用 student 表中已经提供的学生用户登录成功。

图 6-43　批量维护学生密码

但是，该功能通常只在系统测试运行初期才会使用，一旦投入正常运行后，基本不用；因为学生用户可能会自行修改自己的密码，此时若再对所有密码进行初始化，必然会造成其使用自定义密码登录失败的尴尬情况。

6.6.4　数据同步

在关系数据库中，表与表之间的关系通过某些字段相关联。例如：在 student_course.

accdb 数据库中，score 表中的"学生 ID"字段与 student 表中的"学号"字段相关联，通过该字段，我们可以在查询成绩的同时获得对应学生的姓名、专业、年级等基本信息；score 表中的"课程 ID"字段和 course 表中的"课程 ID"字段相关联，通过该字段，我们可以在查询成绩的同时获得对应课程的名称、学分等信息。

有时，我们在对数据表内容更新时，可能会删除或修改那些与外表相关联的字段值，这种情况下，做好与外表对应数据的同步工作就变得十分重要。例如：在学生成绩管理系统中，学生的成绩记录在 score 表中，对应的数据行仅存储了学生 ID、课程 ID 的值，而在真正的查询结果中，我们通常希望得到"学号、姓名、课程名、得分"这样的显示序列，如图 6-44 所示。这就需要通过诸如学生 ID、课程 ID 这样的关联字段去外表中搜索对应的姓名或课程名。因此，这 3 张表中的数据应该是同步的。

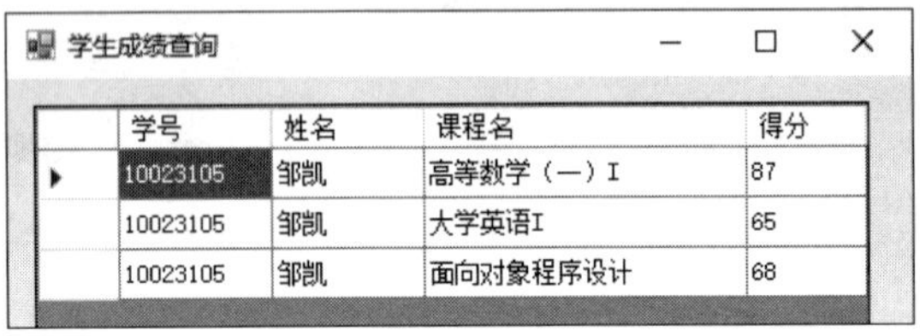

图 6-44　学生成绩查询案例

设想发生这样的情况：学生 10023105 邹凯有三门课程的成绩记录在了 score 表中，可以在例 6.11 中介绍的"学生成绩查询"窗口中查询，如图 6-44 所示。此时，管理员想进入如图 6-28 所示的"学生信息删除"窗口中删除这个学生，如果直接执行 DELETE 命令在 student 表中进行删除操作，则学号为 10023105 的记录将在 student 表中消失。但是，由于没有做好数据的同步工作，该学号在 score 表中对应的成绩记录还在，这就造成了数据冗余。我们没有办法在查询成绩时去检索到学号 10023105 对应的姓名，因为该生的基本信息已经不在了，更严重的情况下会导致如图 6-44 所示的成绩查询程序运行失败。同理，如果我们在如图 6-29(b)所示的"课程信息维护"窗口中删除了一门课程，那么对应 score 表中与该课程 ID 相关的成绩记录也会成为冗余数据。因此，在删除或更新一个与外表相关联的字段值时，做好数据的同步工作显得十分重要。

例如，我们在例 6.11(续)要求的学生成绩管理系统的"学生信息删除"窗口中，如果单条或批量删除了任何学生，应该首先检查学生所涉及的成绩记录有多少条，然后在真正删除前给用户提示信息。如图 6-45 所示，正在删除学生 10012111 刘晓时，查询到其涉及 score 表中的 11 条成绩记录，弹出提示：建议用户不要删除，如用户仍然选择继续删除该生，则将同时清空他的成绩记录。

用户在"学生信息删除"窗口中单击"单条删除"(或批量删除)按钮时，首先根据网格控件中当前行的"学号"值(或所有行的"学号"值)，去检查 score 表中有没有对应的成绩记录。若有，则对用户弹出如图 6-45 的提示，如果用户仍然继续选择删除，则将要删除的学生学号加入一个公共的 delStudentIdQueue 变量。

```
string delStudentIdQueue = "";              //记录要删除的学生学号队列
```

图 6-45　删除学生时的提示信息

它构成一个类似于"'10012111', '10012112','10012113',…"的学号队列,可以用来临时存储单个或多个要删除的学生学号信息,以用来执行以下结构的 SQL 语句。

```
DELETE FROM student WHERE 学号 IN ('[学号1]','[学号2]',…,'[学号n]')
```

SQL 语法中的 IN 关键字可以在 WHERE 条件块中筛选出字段值满足指定集合中值的行数据。

以下代码对应"单条删除"按钮的 Click 事件。

```
private void button3_Click(object sender, EventArgs e)
{
    //以下代码在删除前检查要删除学生所涉及的成绩记录数
    conn.Open();
    string sId = dataGridView1.CurrentRow.Cells[0].Value.ToString();
    string strsql = "SELECT Count(*) FROM score WHERE 学生ID = '" + sId + "'";
    OleDbCommand cmd = new OleDbCommand(strsql, conn);
    int i = (int)cmd.ExecuteScalar();
    conn.Close();

    string msg = "";
    if (i > 0)
        msg = "该学生涉及" + i + "条成绩记录, \n\n建议不要删除! \n\n继续删除学生的同时会将这些成绩记录一并删除! \n\n";
    msg += "确定要删除选定的学生信息吗？";
    if (MessageBox.Show(msg, "提示", MessageBoxButtons.OKCancel) == DialogResult.Cancel)
        return;
```

```
        delStudentIdQueue += "'" + sId + "'";          //构造"单条删除"的单个学生队列
        dataGridView1.Rows.RemoveAt(dataGridView1.CurrentRow.Index);
                                                        //网格中删除当前行
        delUpd();                                       //同步更新数据库
}
```

以下代码对应"批量删除"按钮的 Click 事件。

```
private void button4_Click(object sender, EventArgs e)
{
    int rows = dataGridView1.Rows.Count ;    //网格中有 rows 条数据

    //以下代码先构造要删除的学生队列,然后检查所涉及的成绩记录数
    string sId;
    for (int i = 0; i < rows; i++)
    {
        sId = dataGridView1.Rows[i].Cells[0].Value.ToString();
        if (delStudentIdQueue.Length == 0)
            delStudentIdQueue += "'" + sId + "'";
        else
            delStudentIdQueue += ",'" + sId + "'";
    }
    conn.Open();
    string strsql = "SELECT Count(*) FROM score WHERE Student_ID IN (" + delStudentIdQueue + ")";
    OleDbCommand cmd = new OleDbCommand(strsql, conn);
    int j = (int)cmd.ExecuteScalar();
    conn.Close();
    string msg = "";
    if (j > 0)
        msg = "您正要删除的学生涉及" + j + "条成绩记录,\n\n建议不要删除!\n\n继续删除学生的同时会将这些成绩记录一并删除!\n\n";
    msg += "确定要批量删除学生信息吗?";
    if (MessageBox.Show(msg, "提示", MessageBoxButtons.OKCancel) ==
DialogResult.Cancel)
        return;
    for(int i = 0; i < rows; i++)                       //清空网格
        dataGridView1.Rows.RemoveAt(0);   //每次删除首行,后行前移,故始终是删除首行
    delUpd();                                           //同步更新数据库
}
```

接着,删除网络中对应的行数据并调用 delUpd() 函数,同步更新数据库,涉及

student 和 score 两张表。以下代码对应"单条删除"和"批量删除"中调用的 delUpd( ) 函数。

```
private void delUpd()
{
    OleDbCommandBuilder cb = new OleDbCommandBuilder();  //用于生成SQL语句
    cb.DataAdapter = adap;
    try
    {
        adap.Update(ds.Tables["学生信息"]);
        ds.AcceptChanges();
        //以下代码同步更新score表,与删除课程相关的score表中数据要一并删除
        if (delStudentIdQueue.Length != 0)
        {
            string delScoreSQL = "DELETE FROM score WHERE Student ID IN (" + delStudentIdQueue + ")";
            conn.Open();
            OleDbCommand cmd = new OleDbCommand(delScoreSQL, conn);
            int i = cmd.ExecuteNonQuery();
            MessageBox.Show("同时删除" + i + "条成绩记录!");
            delStudentIdQueue = "";                    //队列重新初始化
            conn.Close();
        }
    }
    catch
    {
        MessageBox.Show("更新失败！可能因为主键重复,或主键为空。请重试！");
    }
}
```

以上程序巧妙运用了 SQL 语法中的 IN 关键字并构造学号队列,实现批量删除。同时,根据例 6.11(续)的要求,我们在"课程信息维护"窗口中也应该做好类似的数据同步工作。如果删除了任何课程,应该首先检查该课所涉及的成绩记录有多少条,然后在真正删除前给用户提示信息。

如图 6-46 所示,正在删除课程 1007 Java 语言程序设计时,查询到其涉及 score 表中的 2 条成绩记录,弹出提示:建议用户不要删除,如用户仍然选择继续删除课程,则将同时清空该课对应的成绩记录。程序实现手段类似,请读者自行查看配套的程序源代码,这里不再重复。

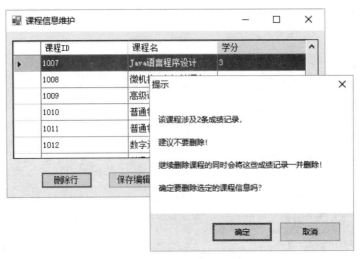

图 6-46 删除课程时的数据同步

上 机 实 验

1. 实验目的

① 掌握数据库与数据表的创建方法,理解表、记录、字段、键等基本概念,会根据表中的数据特点确定主键和唯一键(也称唯一索引)并为每个字段指定数据类型和约束;理解表与表之间的关系,能判断出两个表之间的主从关系并确定主表、从表及外键。

② 理解关系数据库标准语言 SQL,掌握 Select、Insert、Update 和 Delete 语句的格式和使用方法;能够进一步使用 Select 语句进行分组查询和跨表查询。

③ 掌握 Connection 对象、Command 对象、DataReader 对象和 DataAdapter 对象;理解 DataSet、DataTable(包括 DataTable、DataRow、DataColumn)及 DataRelation 之间的关系。

④ 掌握两种数据绑定技术及相关控件和组件的使用。

⑤ 学会使用连接方式和非连接方式建立数据库应用程序;能编写简单的数据库查询与编辑的程序并能处理二进制数据。

⑥ 能创建简单的数据库交互应用程序,并且能在数据加密与同步、图形图像、多用户权限管理等方面设计出功能多样和用户体验感强的应用程序。

2. 实验内容

实验 6-1 使用 Access 创建数据库 library.accdb,其中包含图书表 book、图书类型表 bookType、图书外借表 bookLent 以及用户表 user,数据结构如表 6-8 所示。然后,为每个数据表指定主键并向表中插入一些有效的数据。

表 6-8 library.accdb 数据库结构

图书表 book

字段名	id	title	author	press	pub_date
字段类型	自动编号	文本	文本	文本	日期/时间
字段大小	—	50	50	30	—
说明	图书编号	书名	作者	出版社	出版日期
字段名	price	isbn	for_book_type	cover	stock_total
字段类型	货币	文本	数字	OLE 对象	数字
字段大小	2 位小数	13	长整型	—	长整型
说明	定价	ISBN 号	图书类型	封面照	馆藏量

图书类型表 bookType

字段名	id	book_type_des
字段类型	自动编号	文本
字段大小	长整型	20
说明	图书类型 ID	图书类型描述

图书外借表 bookLent

字段名	id	for_book	for_user	lent_date	back_date
字段类型	自动编号	数字	文本	日期/时间	日期/时间
字段大小	长整型	长整型	10	—	—
说明	借书流水号	外借书的 ID	外借书的用户名	外借日期	归还日期

用户表 user

字段名	username	password	user_des	is_admin
字段类型	文本	文本	文本	是/否
字段大小	10	32	20	—
说明	用户名	密码	用户描述	管理员否

思考：有没有哪个字段需要设置成唯一键？为什么？哪些表之间存在主从关系？哪些字段是外键？

实验 6-2 编写 SQL 语句，为数据库 library.accdb 建立以下查询。

（1）简单查询

查询 1：查询人民邮电出版社 2017 年以后出版的图书，要求只显示书名、作者、出版日期，结果按出版日期降序排列（如图 6-47 所示）。

查询 2：查询出书名中包含"编程"或"程序"的图书，最终显示书名、作者、出版社、出版日期，结果按出版日期升序排列（如图 6-48 所示）。

图 6-47 查询 1 运行界面

图 6-48 查询 2 运行界面

(2) 分组查询

查询 3：统计每家出版社的图书数量，要求显示出版社名、图书数量，结果按图书数量的升序排列(如图 6-49 所示)。

图 6-49 查询 3 运行界面

(3) 跨表查询

查询 4：查询出所有 2018 年 9 月以后出版的图书，要求显示书名、作者、出版日期、图书类型描述(如图 6-50 所示)。

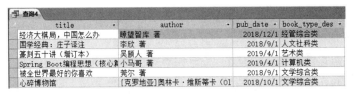

图 6-50 查询 4 运行界面

思考：如果要统计出每种类型的图书数量，最后只显示图书类型描述和图书数量，应该怎么办？

提示：先跨表查询出每本书的书名和图书类型描述（如图 6-51(a)所示），再对这个结果进行二次查询：按图书类型描述进行分组统计（如图 6-51(b)所示）。

（4）插入数据

查询 5：向 book 表中插入一条图书记录。

查询 6：向 user 表中插入一条用户记录。

查询 7：向 bookLent 表中插入一条借书记录。

思考：在以上 3 个表中插入数据时，哪些字段的值会受到外键的约束？

（5）修改数据

查询 8：将 bookLent 表中所有未归还的借书设置为今天归还。

提示：获取系统当前日期用 date()，判断某个字段值为空用 is null。

查询 9：将所有童书和计算机类图书的馆藏量翻倍。

(a) 图书类型查询　　　　　　　　(b) 图书类型统计

图 6-51　二次查询运行过程

（6）删除数据

查询 10：在 book 表中删除一条图书记录。

查询 11：在 user 表中删除一条用户记录。

查询 12：在 bookLent 表中删除一条借书记录。

思考：删除单条记录通常根据哪个字段指定？在 library 数据库中，哪些表中的记录被删除后，会在与之相关联的其他表中产生冗余数据？为什么？

查询 13：删除所有已归还的借书记录。

提示：判断某个字段值不为空用 is not null。

实验 6-3　编写一个登录注册程序，对 library.accdb 数据库中的 user 表进行查询和插入，模拟用户登录和注册的过程。程序运行界面如图 6-52 所示，项目名保存为 sy6-3。

提示：登录程序根据获取的用户名、密码查询 user 表，使用 Command 对象的 ExecuteScalar() 方法返回查询结果。注册程序请参考例 6.4 程序源代码。注意，通常情况下，管理员用户是不能随意注册的，因此在向 user 表中插入数据（即添加用户）时，is_admin 字段的值恒为 0。

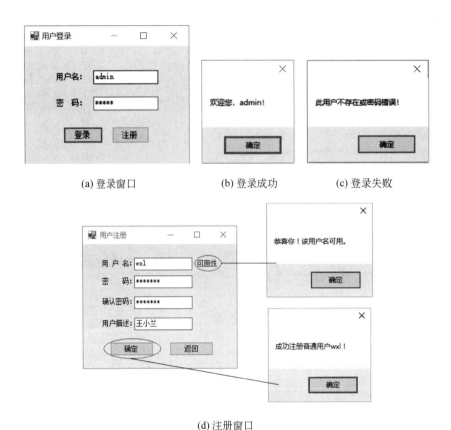

(a) 登录窗口　　(b) 登录成功　　(c) 登录失败

(d) 注册窗口

图 6-52　实验 6-3 程序运行界面(1)

思考：如果要在用户登录时判断出用户类型（根据 user 表的 is_admin 字段值判断），给出不同的欢迎提示（如图 6-53 所示），程序应该如何改写？

(a) 普通用户登录　　(b) 管理员用户登录

图 6-53　实验 6-3 程序运行界面(2)

提示：根据获取的用户名、密码查询 user 表，获取与对应用户名和密码匹配的记录行数据(user_des 和 is_admin 的值)，然后使用 Command 对象的 ExecuteReader()方法返回查询结果，判断并输出欢迎信息。

思考：在登录、注册时加入 6.6.1 节介绍的图形验证码、登录密码加密等功能，程序应该如何改进？

实验 6-4　编写一个"添加新书"程序，向 library.accdb 数据库的 book 表中插入图书记录，模拟新书上架过程，并且能检测输入的数据是否完整、有效。其中，出版社列表通过查询 book 表中相关字段，在窗体载入时初始化；图书分类列表通过查询 bookType 表中相关字段，在窗体载入时初始化，要求同时显示分类 ID 和分类名称。程序运行界面如图 6-54 所示，项目名保存为 sy6-4。

图 6-54　实验 6-4 程序运行界面

提示：在窗体载入时，执行以下两个查询。

```
SELECT DISTINCT press FROM book;
```

该查询结果通过 DataReader 对象绑定到 comboBox1 中。

```
SELECT * FROM bookType ORDER BY id;
```

该查询结果通过 DataReader 对象绑定到 comboBox2 中。要在下拉框中同时显示图书分类 ID 和分类名称，可以使用 dr[0]+ " "+dr[1]的方式获得。

注意：由于 book 表中只用 for_book_type 字段存放图书分类 ID，因此在添加的后台程序中，需要从 comboBox2.Text 中首先剥离出图书分类 ID，然后存入 book 表的 for_book_type 字段。可使用 String 类的 IndexOf()方法和 Remove()方法取出形如"1 文学综合类"(分类号 分类名)字符串中的"1"(分类号)部分。

实验 6-5　编写一个基于简单绑定的图书浏览程序，能实现对 library.accdb 数据库的 book 表中的图书记录进行浏览。要求：

① 出版社、图书类型(包括类型 ID 和类型描述)的下拉列表数据从 book 表、bookType 表中动态读出并绑定至 ComboBox 控件，出版日期绑定至 DateTimePicker 控件，其余绑定至 TextBox 控件(图书封面照 cover 字段暂不处理)。

② 图书编号、图书类型只读不写；出版社既能填写也能选择，图书类型（包括类型 ID 和类型描述）只能选择。

③ 图书类型对应的两个 ComboBox 控件（包括类型 ID 和类型描述）可以实现联动。

④ 能实现记录的浏览和翻页并显示当前页码。

程序运行界面如图 6-55 所示，项目名保存为 sy6-5。

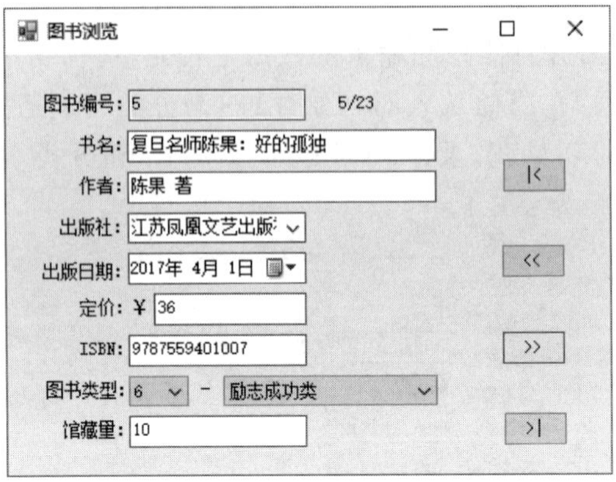

图 6-55　实验 6-5 程序运行界面

提示：参考 6.2.4 节中的例 6.4（续）程序实现出版社、图书分类下拉列表数据的构造。以下代码在窗体载入时执行，分别实现了出版社 comboBox1 以及图书分类（ID 及描述）comboBox2 和 comboBox3 的构造。

```
conn.Open();

//构造出版社 comboBox1
strSql = "SELECT DISTINCT press FROM book ORDER BY press";
cmd = new OleDbCommand(strSql,conn);
dr = cmd.ExecuteReader();
while (dr.Read())
{
    comboBox1.Items.Add(dr[0]);
}
dr.Close();

//构造图书分类(ID 及描述) comboBox2 和 comboBox3
strSql = "SELECT * FROM bookType ORDER BY id";
cmd = new OleDbCommand(strSql, conn);
dr = cmd.ExecuteReader();
while (dr.Read())
{
    comboBox2.Items.Add(dr[0]);
    comboBox3.Items.Add(dr[1]);
```

```
   }
   dr.Close();
   conn.Close();
```

通过 ReadOnly 属性设置控件只读不写,设置组合框控件的 DropDownStyle 属性值为 ComboBoxStyle.DropDownList,使之只能选择不能输入。

图书类型 ID 和类型描述对应的两个 ComboBox 控件相互联动,可以在其各自的 SelectedIndexChanged 事件触发时,设置对方的 SelectedIndex 属性值和自己一样。

```
private void comboBox2_SelectedIndexChanged(object sender, EventArgs e)
{
    comboBox3.SelectedIndex = comboBox2.SelectedIndex;
}

private void comboBox3_SelectedIndexChanged(object sender, EventArgs e)
{
    comboBox2.SelectedIndex = comboBox3.SelectedIndex;
}
```

记录的浏览和翻页可参考 6.3.2 节中的例 6.6 程序。

实验 6-6　编写一个基于复杂绑定的图书分类浏览程序,要求使用两个 DataGridView 控件显示 bookType 表和 book 表中的数据。当用户在 dataGridView1 中选中图书分类后,dataGridView2 自动显示当前图书分类下的图书信息(显示书名、作者、出版社、出版日期、定价)。程序运行界面如图 6-56 所示,项目名保存为 sy6-6。

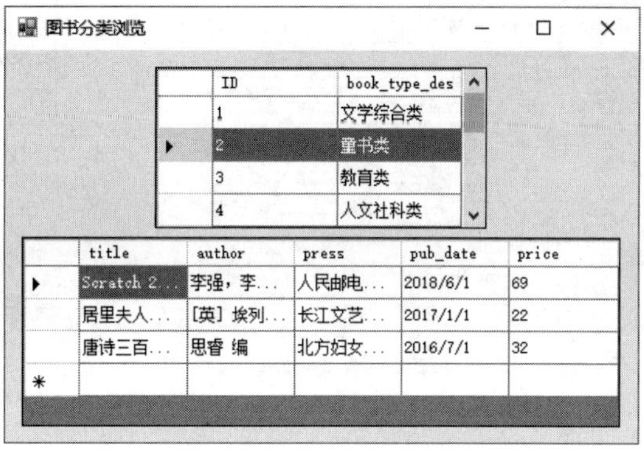

图 6-56　实验 6-6 程序运行界面

提示:请参考 6.3.4 节中介绍的例 6.7(续)程序源代码完成此程序。注意,在对 book 表进行查询时,必须同时查询出 for_book_type 字段,才能实现主从表之间的关联。但是,最终需要在 dataGridView2 中隐藏分类 ID(即 for_book_type 列)。可以使用以下语句隐藏复杂绑定到网格控件的某一列。

```
DataGridView对象.Columns[n].Visible = false;
```

这表示将指定网格控件的第 n 列数据隐藏,其中 n 从 0 开始。

实验 6-7 编写一个基于复杂绑定的图书查询程序,可以实现各种查询,使用 1 个 DataGridView 控件显示查询数据。要求:

① 在 library.accdb 数据库中先建立一个名为"图书查询"的跨表查询,从 book 表和 bookType 表中查询出如图 6-57 所示的各数据列(含所有图书的 ID、书名、作者、出版社、年份、定价、ISBN 号及类型)。

② 窗体载入时,把"图书查询"中的所有数据复杂绑定至网格,并且在"类型:""出版社:""出版年:"对应的下拉菜单中载入数据(可通过"图书查询"进行二次查询获得)。

③ 建立一个基于书名、作者和图书类型的组合查询,要求考虑查询条件的各种输入可能(共 8 种),书名、作者实现模糊查询。

④ 建立一个基于 ISBN 号的精确查询。

⑤ 建立一个基于价格区间的组合查询,要求考虑查询条件的各种输入可能(共 4 种)。

⑥ 建立一个基于出版社和出版年份的组合查询,要求考虑查询条件的各种输入可能(共 4 种)。

⑦ 单击"显示全部"按钮还原至最初的全查询,单击"重置条件"按钮清空所有查询条件。

程序运行界面如图 6-57 所示,项目名保存为 sy6-7。

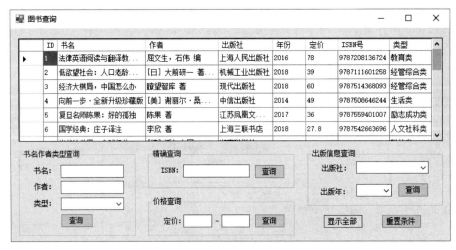

图 6-57 实验 6-7 程序运行界面

提示:首先,在 library.accdb 数据库中创建一个名为"图书查询"的跨表查询,对应的 SQL 语句如下。

```
SELECT book.id AS ID, title AS 书名, author AS 作者, press AS 出版社, year(pub_date) AS 年份, price AS 定价, isbn AS ISBN号, book_type_des AS 类型
FROM book, bookType
WHERE book.for_book_type = bookType.id;
```

然后，在程序中对这个查询进行二次查询。这样不但能简化程序设计过程中 SQL 语句编写的复杂度，也事先在数据库层面解决了 book 表和 bookType 表之间的跨表查询问题。

"类型：""出版社：""出版年："3 个下拉列表框的初始化可以参考 6.2.4 节中的例 6.4(续)程序。请注意，出版年份的下拉列表数据可以通过数据库查询获取，也可以直接获取系统当前年份，逆向循环构造。例如：

```
for (int i = DateTime.Now.Year; i >= 2000; i--)
    comboBox3.Items.Add(i);
```

这表示初始化一个从 2000 年到系统当前年份的下拉列表框 comboBox3。

在本程序中，有多个组合查询。其中，"价格查询"和"出版信息查询"各有 2 个查询条件，而"书名作者类型查询"有 3 个查询条件。在实现组合查询时，最重要的是根据用户输入（或选择）的查询条件构造合适的 SQL 语句。

当一个组合查询有 2 个查询条件时，应该考虑 4 种情况的组合，即考虑条件 1 和 2 同时未输入、条件 1 和 2 同时输入、条件 1 输入条件 2 未输入、条件 1 未输入条件 2 输入等 4 种情况，根据各种情况构造不同的 SQL 语句。

例如，在实现"价格查询"组合查询时，我们应考虑价格区间的最低价和最高价，是同时未输入？还是同时输入？或者只输入了其中的一个？假设最低价和最高价输入的控件分别是 textBox4 和 textBox5，我们使用以下 if 语句进行判断。

```
if (textBox4.Text == "" && textBox5.Text == "")          //未输入价格区间
{
    MessageBox.Show("请输入价格区间!");
    textBox4.Focus();
    return;
}

if (textBox4.Text != "" && textBox5.Text != "")          //有最低价和最高价
    strSql = "SELECT * FROM 图书查询 WHERE 定价>=" + textBox4.Text + " AND 定价<" + textBox5.Text;

if (textBox4.Text != "" && textBox5.Text == "")          //只有最低价
    strSql = "SELECT * FROM 图书查询 WHERE 定价>=" + textBox4.Text;

if (textBox4.Text == "" && textBox5.Text != "")          //只有最高价
    strSql = "SELECT * FROM 图书查询 WHERE 定价<" + textBox5.Text;
```

最终构造出来的 strSql 执行后即可实现一个完整的价格查询程序。同理，"出版信息查询"也是根据"出版社"和"出版年"2 个查询条件构成的 4 种组合实现 SQL 语句的构造。然而，对于"书名作者类型查询"，由于有 3 个查询条件，因此必须考虑 3 个条件同时未输入、3 个条件同时输入、只输入其中 1 个条件（3 种可能）以及只输入其中 2 个条件（3

种可能)等 8 种组合实现 SQL 语句的构造。

请读者自行尝试实现本程序,建议先完成本题要求①和②,然后按从易到难的顺序先完成最简单的"精确查询"(要求④),再完成"价格查询"(要求⑤)和"出版信息查询"(要求⑥),最终完成最复杂的"书名作者类型查询"(要求③),如有困难可参考本章配套的习题源代码。

实验 6-8 编写一个基于复杂绑定的借书管理程序,要求使用 1 个 DataGridView 控件显示 bookLent 表中的数据,并且可以直接在网格控件中对该表中的数据实现添加、修改和删除。程序运行界面如图 6-58 所示,项目名保存为 sy6-8。

提示:参考 6.4.3 节中的例 6.10 程序实现对图书外借表 bookLent 的数据维护。

思考:在该程序中添加、修改数据时,向每个字段输入的值应该有哪些约束?当输入什么样的数据后,程序会出现运行错误?当输入什么样的数据后,程序能正常运行,但是却会影响 bookLent 表与其他数据表(book 表和 user 表)之间的关联?

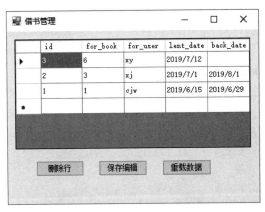

图 6-58　实验 6-8 程序运行界面

为实现更好的用户 UI,本书配套了一个"图书外借"程序,不仅能实现对图书外借信息的浏览、查询,还可以进行借书、还书等操作。另外在借书窗口中,实现了书名和书号、用户名和姓名的联动选择,以及在借书操作前自动检查某本图书的在馆数量以判断其目前是否可以外借。

该程序的设计思路及实现过程较为复杂,适合熟练程度较高的学习者,感兴趣的读者可以根据本书配套的程序源代码自主学习,并且思考为什么要这样设计以及这样设计有什么好处。相关内容详见实验 6-8(续)程序源代码,程序运行效果如图 6-59 所示。

实验 6-9 编写一个"图书封面管理"程序,可以实现对 book 表中每一本图书的封面进行浏览、载入和清除。要求按以下步骤完成程序设计工作。

① 窗体上放置 2 个标签、2 个组合框和 1 个图像框;在 2 个组合框中分别载入所有书号和书名并实现联动。

② 切换书号(或书名)时,显示当前图书的封面照,即读取 book 表中 cover 字段的二进制数据并显示至图像框控件,程序阶段运行效果如图 6-60(a)所示。

③ 添加 4 个按钮"|<""<<"">>"和">|",实现图书的顺序浏览。

(a) 图书外借查询

(b) 借书窗口

图 6-59　实验 6-8(续)程序运行效果

④ 添加 2 个按钮("载入"和"清除"),实现当前图书封面照的加载和移除,程序最终运行效果如图 6-60(b)所示。

(a) 阶段效果

(b) 最终效果

图 6-60　实验 6-9 程序运行效果

第 6 章　数据库访问技术

提示：首先，利用 DataReader 构造书号（comboBox1）、书名（comboBox2）对应的组合框下拉菜单。两个组合框控件之间的相互联动与实验 6-5 中的处理方式相同。当用户切换图书时（书号或书名），根据当前书号从 book 表中查询出当前图书的 cover 字段值（二进制数据）并将其还原成图像，显示至图像框（pictureBox1）中。

在书号（或书名）对应的组合框控件的 SelectIndex_Changed 事件中调用以下方法。

```
public void displayImage(string bookId) {
    conn.Open();
    strSql = "SELECT cover FROM book WHERE id = " + bookId;
    cmd = new OleDbCommand(strSql, conn);
    object coverImg = cmd.ExecuteScalar();
    conn.Close();

    if (coverImg != DBNull.Value)
    {
        byte[] imagebytes = (byte[])coverImg;
        MemoryStream ms = new MemoryStream(imagebytes);
        pictureBox1.Image = System.Drawing.Image.FromStream(ms);
    }
    else
        pictureBox1.Image = null;
}
```

其中 bookId 是当前图书的 ID 号，即书号对应的组合框中的选中项值。

然后，添加 4 个 Button 控件。在对应的切换按钮中，通过修改 comboBox1 的 SelectedIndex 属性值来将当前图书记录定位到第一本、上一本、下一本和最后一本。例如，要将当前图书定位到第一本书，可以在"|＜"按钮中编写以下代码。

```
comboBox1.SelectedIndex = 0;
```

同理，要定位到最后一本书时，可以在"＞|"按钮中编写以下代码。

```
comboBox1.SelectedIndex = comboBox1.Items.Count - 1;
```

又如，要定位到下一本书，可以在"＞＞"按钮中编写以下代码。

```
if(comboBox1.SelectedIndex<comboBox1.Items.Count-1)
    comboBox1.SelectedIndex++;
```

加上 if 控制语句是为了防止浏览到最后一本书时再往下一本切换，从而造成组合框的 SelectedIndex 值溢出错误。同理，定位到上一本书时（"＜＜"按钮）也应做好类似的控制。

接着，添加"载入"按钮，利用"打开文件"对话框选择要加载的图像文件，并且参考

6.4.4 节中的二进制数据处理方法,将图像文件转成二进制数据并更新至 book 表中对应书的 cover 字段,再调用上述 displayImage()方法将新加载的图书封面照片显示出来。

最后,添加"清除"按钮,根据当前书号(comboBox1 中选中的内容)设置 book 表中对应记录的 cover 字段值为空,并且清除显示在图像框中的内容。

实验 6-10 将实验 6-3~实验 6-9 进行整合,完成一个能实现用户分权的"图书管理系统"程序,从而实现一个小型图书馆的一般图书及其借阅管理的日常工作。具体要求如下:

① 登录和注册模块。它能实现用户登录功能(Form1)和普通用户的注册功能(Form2)。登录注册的实现方法可参考实验 6-3,效果详见图 6-52 和图 6-53。

② 普通用户端——图书及个人借书信息浏览模块。如图 6-61 所示,如果是普通用户,则打开个人用户界面时,只能对图书馆藏书进行一般浏览和查看本人的借书记录(Form10)。网格中的数据载入方法可参考实验 6-7 和实验 6-8(续)中的部分内容。

(a) 图书浏览

(b) 本人借书记录查询

图 6-61 普通用户查询窗口(Form10)

③ 管理员端——图书查询模块。如果是管理员用户,则进行后台管理。如图 6-62 所示,登录后首先进入图书查询窗口(Form3),可对馆藏书目进行各类查询操作。程序实现可参考实验 6-7。

④ 管理员端——图书管理模块。如图 6-63 所示,展开"图书查询"窗口上方的"图书管理"菜单,可以进行图书基本信息维护(Form4),对所有图书进行浏览、添加(Form5)、修改与删除操作;同时,能对每本图书的封面照片进行维护(Form7),进行基本的浏览、载入和清除操作。

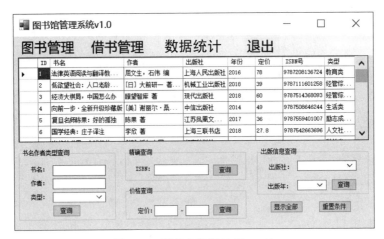

图 6-62　图书查询窗口（Form3）

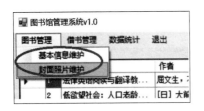

(a) "图书管理" 菜单

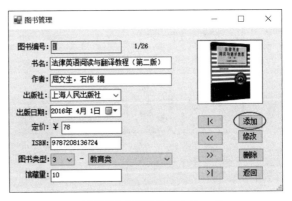

(b) 图书基本信息维护窗口 (Form4)

(c) 图书添加窗口 (Form5)

(d) 图书封面管理窗口 (Form7)

图 6-63　图书管理模块

程序可参考实验 6-4、实验 6-5 和实验 6-9,还能参考 6.4.3 节中提到的例 6.6(续 1)及 6.4.4 节中提到的例 6.6(续 2)程序。

⑤ 管理员端——借书管理模块。如图 6-64 所示,展开图书查询窗口上方的"借书管理"菜单,可以进行借书与还书(Form8)操作:在该窗口中单击"借书"按钮,弹出借书窗口(Form9)进行相应操作;若要进行还书操作,可以先选中已经外借的书,单击"还书"按钮,即能实现图书的归还操作。同时,对于精通后台数据表的管理员用户,还提供了能直接对借书表进行维护(Form6)的操作。

(a) "借书管理"菜单

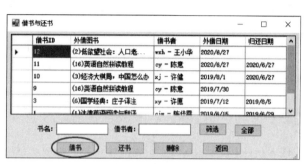

(b) 借书与还书窗口 (Form8)

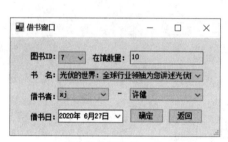

(c) 借书窗口 (Form9)

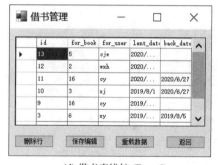

(d) 借书表维护 (Form6)

图 6-64　借书管理模块

程序可参考实验 6-8 和实验 6-8(续),还能参考 6.4.3 节中提到的例 6.10 程序。

实验篇:数据库访问技术实验

图书资源支持

感谢您一直以来对清华版图书的支持和爱护。为了配合本书的使用,本书提供配套的资源,有需求的读者请扫描下方的"书圈"微信公众号二维码,在图书专区下载,也可以拨打电话或发送电子邮件咨询。

如果您在使用本书的过程中遇到了什么问题,或者有相关图书出版计划,也请您发邮件告诉我们,以便我们更好地为您服务。

我们的联系方式:

地　　址:北京市海淀区双清路学研大厦A座714

邮　　编:100084

电　　话:010-83470236　010-83470237

客服邮箱:2301891038@qq.com

QQ:2301891038(请写明您的单位和姓名)

资源下载: 关注公众号"书圈"下载配套资源。

书　圈

获取最新书目

观看课程直播